玩转幻中之幻

詹森　詹晓颖　著

22	8	19	5	11		65
9	20	1	12	23		65
16	2	13	24	10		65
3	14	25	6	17		65
15	21	7	18	4		65
65	65	65	65	65		

HITP 哈爾濱工業大學出版社
HARBIN INSTITUTE OF TECHNOLOGY PRESS

内容简介

幻方是中国传统游戏之一，本书从引子“奇数平方阶的最完美幻方”开始，努力将读者引入幻方与幻立方的更高殿堂。全书主要内容共分三个部分：

第1部分，玩转平面幻中之幻：讲述单偶数阶幻方的简单构造法、$6+8n$ 阶幻方之王、普朗克型单偶数阶完美幻方、镶边幻方、小正方形取等值的双偶数阶中心对称幻方、象飞马跳幻方、方中含方的双偶数阶完美幻方、超级幻方、偏心幻方、多重镶边幻方和多重镶边偏心幻方，奇数平方阶二次幻方等的构造方法。

第2部分，玩转空间幻中之幻：讲述两类幻长立方、5^k 阶空间对称完美幻立方、$3n$ 阶空间对称完美幻立方、小立方体取等值的双偶数阶空间中心对称幻立方、双偶数阶空间最完美幻立方和奇数平方阶空间最完美幻立方的构造方法。

第3部分，变形幻方及其他：介绍了六合图和幻圆、便携式完美幻方生成器和幻方华容道。

在历史的长河中，无论东方还是西方，人们从未停止过对幻方与幻立方的探索，并不断有所发现，有所创新，一次又一次获得惊喜，一次又一次被幻方与幻立方的和谐美、协调美、深层美所震撼。虽然探索幻方和幻立方的道路是艰深的，但本书讲述的是那些返璞归真的成果，仍有可能带领你去玩转一番。

本书可以启迪读者的思维，开阔读者的视野，是集科学性、创造性、应用性于一体的科普读物，具有中学水平的读者就可以阅读本书。阅读本书不仅可以提高读者智力，还可以为幻方爱好者及研究者提供一些帮助。

图书在版编目(CIP)数据

玩转幻中之幻/詹森，詹晓颖著. —哈尔滨：哈尔滨工业大学出版社，2023.8

ISBN 978-7-5767-0811-0

Ⅰ.①玩… Ⅱ.①詹… ②詹… Ⅲ.①幻方 Ⅳ.①O157

中国国家版本馆 CIP 数据核字(2023)第 100629 号

WANZHUAN HUAN ZHONGZHI HUAN

策划编辑 刘培杰 张永芹
责任编辑 关虹玲 穆方圆
封面设计 孙茵艾
出版发行 哈尔滨工业大学出版社
社　　址 哈尔滨市南岗区复华四道街 10 号 邮编 150006
传　　真 0451-86414749
网　　址 http://hitpress.hit.edu.cn
印　　刷 哈尔滨圣铂印刷有限公司
开　　本 880 mm×1 230 mm 1/16 印张 21.25 字数 576 千字
版　　次 2023 年 8 月第 1 版 2023 年 8 月第 1 次印刷
书　　号 ISBN 978-7-5767-0811-0
定　　价 88.00 元

◎

前言

这本《玩转幻中之幻》是作者继《你亦可以造幻方》(丛书:棘手又迷人的数学,詹森,科学出版社,2012,03),《幻中之幻》(詹森,詹晓颖,世界图书出版公司,2016,01)之后,专论幻方和幻立方及其构造方法的第三本著作。

本书囊括了奇数阶、偶数阶主要类型的幻方、幻立方和构造它们的方法。不同于传统或幻方研究者所用的常见方法,三本书中的方法都一脉相承,带有作者强烈的个人色彩,因为作者遇到问题时总要问三个问题:有这么复杂吗?就那么难吗?更高阶时还能构造出来吗?力图返璞归真还其本来面目,所以读者见到的方法,大都有简单的三或五步,有的方法甚至两步即可完成。各类幻立方的问题出于对平面向三维空间推广的考虑而提出并找到解决办法。

本书承继了前两本书的五个特点:

(1)不仅向读者展示要讲述的各类幻方和幻立方,还通过简单的图示法,让读者自己也能造出该类幻方和幻立方。

(2)不仅可以构造出单个幻方(幻立方),还能构造出众多的该类幻方(幻立方)。

(3)不仅可以构造出指定阶数的该类幻方(幻立方),还能在多数情况下构造出任意阶的该类幻方(幻立方)。

(4)这些方法或给出理论证明,并发表在专业期刊上,或没有给出理论证明,但与作者已发表的论文密切相关,并且直接给出了一般的方法。

(5)所讲述的这些类型的"玩转幻中之幻",它们的构造方法许多都是未曾有人解决过的,甚至其本身也未曾有人提出过,比如双偶数阶空间最完美幻立方和奇数平方阶的空间最完美幻立方就是这样的例子。

《玩转幻中之幻》从引子"奇数平方阶的最完美幻方"开始,之后内容分为三个部分。

第1部分,玩转平面幻中之幻。如何构造一个单偶数阶幻方一直是个不太顺利的问题,现有方法都不明晰,《幻中之幻》一书中给出的四步法亦是如此,所以我们首先讲述更加明晰的、由奇数阶幻方构造单偶数阶幻方的三步法,然后探讨在什么条件下可获得单偶数阶完美幻方，即$6+8n$阶幻方之王和普朗克型单偶数阶完美幻方的构造方法。第4章至第6章分别介绍了单偶数、双偶数，以及奇数阶同心亲子幻方。第7章介绍了2×2方阵取等值的双偶数阶中心对称幻方。以双偶数阶最完美幻方为基础，在随后的第8章至第10章展开讲述象飞马跳幻方、方中含方的双偶数阶完美幻方、双偶数阶超级幻方。第11章至第13章介绍了罕见的偏心幻方与多重镶边幻方和多重镶边偏心幻方。第14章介绍了奇数平方阶二次幻方。

第2部分，玩转空间幻中之幻，共七章，分别讲述两类幻长立方、5^k阶空间对称完美幻立方、$3n(n=2m+1, m$为正整数)阶空间对称完美幻立方、小立方体($2\times2\times2$)取等值的双偶数阶空间中心对称幻立方以及以其为基础获得的双偶数阶空间最完美幻立方、奇数平方阶空间最完美幻立方。

第3部分，变形幻方及其他，共2章。第22章给出了幻方的变形，第23章介绍了作者2012年取得的实用新型专利：便携式完美幻方生成器和幻方华容道。

作者这三本书试图对主要类型的幻方和幻立方及其“任意阶”的构造方法做一系统性的整理，把晦涩难懂的论文以图示方式献给大众，以求中华传统文化之幻方能在中国大地得以普及，发挥其启智作用和其他应有作用。至于高维高次幻方，那是行家里手研究的课题，在这一方面我国处于世界的前沿，取得了许多优秀的成果，但作者还没有看到过系统的描述，更遑论就每一类问题的解决方法给出理论证明，这是需要人们继续探索的领域。

我们以上讲述的这些类型的幻方和幻立方，探索的道路是艰深的，但本书呈献给读者的是返璞归真的结果，证明它们其实不是许多人想象的那么高不可攀，中学水平的读者就可以参考阅读。幻方好玩，只要去玩就会玩出名堂。

《玩转幻中之幻》给出的方法显然不具有唯一性，你同样可以玩出你的一套方法。《玩转幻中之幻》与作者前两本书一样，也都是作者玩出来的。

祈望我们的中小学教育能从应试教育中真正解脱出来，唯有如此，中小学生才有得玩，大家才有得玩。幻方或幻立方会令人变得更加聪明，为何不玩一玩？大家一起嗨起来吧！

作者

2022年9月

◎ 目录

第 2 部分　玩转空间幻中之幻

第3部分　变形幻方及其他

引子　奇数平方阶的最完美幻方

本书是玩出来的,怎么玩？首先要不以为然,广州话：有咁难咩。有质疑即有了问题,就要寻求解决问题的方法。常规办法是不行的，要不按常规出牌，把自己当作小学生“胡思乱想” 即可，反反复复从你所能想到的不同角度出发去观察，想得专注了，自然就会突发灵感，看出门道来，于是问题愈来愈清晰，解决办法也就出现了。作者就是这样玩的。

双偶数阶的最完美幻方,其奇妙而丰富的特性既迷人,又让人感到棘手。如何构造出一个双偶数阶的最完美幻方？这个问题难倒了许多人。据吴鹤龄《幻方及其他》(丛书：好玩的数学。北京：科学出版社，2004 年 10 月第二版)介绍，英国的凯瑟琳・奥伦肖(K. Ollcrenshaw)和戴维・勃利(David Bree)在 1998 年出版了一部专著《最完美的泛对角线幻方：它们的构造方法和数量》(由位于伦敦以东的海港城市绍森德的数学及其应用研究所出版),该作者通过 “可逆方”构造双偶数阶的最完美幻方。

作者看到《幻方及其他》中的有关描述和给出的一个 12 阶最完美幻方时,第一反映是对该书两位作者的敬意，因为以前人们只限于给出具体的某个或某阶的双偶数阶最完美幻方,两位作者第一次给出了任意双偶数阶最完美幻方的构造方法并给出其理论证明,实在是难能可贵；随后是疑惑：真有那么复杂？那么难？换个方式思考如何？成功了!

作者的论文《构造最完美幻方的三步法》给出了新的方法及其理论证明,并已在 2013 年发表于《海南师范大学学报》上,随后在作者的《幻中之幻》的第 1 章,以图示的方式给出了 “构造双偶数阶最完美幻方的三步法”。作为读者的你,同样可以轻轻松松用三步法构造出任意双偶数阶最完美幻方，数量与专著中相同。在本书中我们将会继续向读者展示双偶数阶最完美幻方的奇妙而丰富的特性。

奇数阶有类似的最完美幻方吗？有,不过只有奇数平方阶才可能有,其他奇数阶不存在类似的最完美幻方,这是一目了然的。作者在这里给出的也是个三步法,一学就会。

所谓的 n^2($n=2m+1$，m 是正整数)阶最完美幻方是一个中心对称完美幻方且满足：

(1)在此幻方中任意位置上截取一个 $n\times n$ 方阵,包括跨边界的 $n\times n$ 方阵,其 n^2 个数的和都等于 n^2 阶幻方的幻方常数。

(2)从此幻方中任何一个位置出发,按国际象棋中的马步,沿一个方向走下去,历经 n^2 步必回到出发点。所历经的 n^2 个数字之和都等于 n^2 阶幻方的幻方常数。

(3)从此幻方中任一点出发,在同一行中每隔一个位置取一个数,直至取到第 n 个数,再以这些数为起点,在同一列中向下每隔一个位置取一个数,直至取到第 n 个数,由这些数组成一个 $n\times n$ 方阵,包括跨边界的 $n\times n$ 方阵在内,其中 n^2 个数字的和都等于 n^2 阶幻方的幻方常数。每隔 k 个($k=1,2,\cdots,n-1$)位置所取得的 $n\times n$ 方阵结果相同。

人们会想,要构造出一个奇数平方阶最完美幻方自然是一件很困难的事情,对于坚持固定的思维模式的人而言,的确如此。但不急,我们这就告诉你,简简单单的三步就够了,这三步就可以构造出所有 n^2($n=2m+1$，m 是正整数)阶最完美幻方。对于每一个 $n=2m+1$ 阶幻方我们可以构造出 1 个 n^2 阶最完美幻方。但使用作者在《你亦可以造幻方》中提出的二步法,你可以构造出$(n!)((n-1)!)$个不同的 $n=2m+1$ 阶幻方,$(n!)^2$ 个不同的 $n=2m+1$ 阶完美幻方,可见两个方法结合起来就可以构造出 $(n!)((n-1)!)+(n!)^2$ 个不同的 n^2 阶最完美幻方,事情并不像人们想象的那么复杂和困难。

有时候不妨放弃固定的思维模式,换个角度思考,你也许会打破研究瓶颈,获得新的突破。难道不是如此吗?

谨以此三步法作为本书的引子。

0.1　构造9阶最完美幻方

第1步,构造基方阵A。

给定一个3阶幻方,如图0-1所示。

8	1	6		15
3	5	7		15
4	9	2		15
15	15	15		

图0-1　3阶幻方

从3阶幻方中间一行开始由下至上,把它的各行逐行排列成一个1×9的矩阵,称为基本行,如图0-2所示。

3	5	7	8	1	6	4	9	2

图0-2　基本行

以基本行作为基方阵A的第1行,第1行右移3个位置得第2行,第2行右移3个位置得第3行,第1,4和7行相同,第2,5和8行相同,第3,6和9行相同,所得基方阵A如图0-3所示。

第2步,求基方阵A的转置方阵B。

把基方阵A的列作为方阵B的行,把基方阵A的行作为方阵B的列,所得方阵B就是基方阵A的转置方阵,如图0-4所示。

3	5	7	8	1	6	4	9	2
4	9	2	3	5	7	8	1	6
8	1	6	4	9	2	3	5	7
3	5	7	8	1	6	4	9	2
4	9	2	3	5	7	8	1	6
8	1	6	4	9	2	3	5	7
3	5	7	8	1	6	4	9	2
4	9	2	3	5	7	8	1	6
8	1	6	4	9	2	3	5	7

图0-3　基方阵A

3	4	8	3	4	8	3	4	8
5	9	1	5	9	1	5	9	1
7	2	6	7	2	6	7	2	6
8	3	4	8	3	4	8	3	4
1	5	9	1	5	9	1	5	9
6	7	2	6	7	2	6	7	2
4	8	3	4	8	3	4	8	3
9	1	5	9	1	5	9	1	5
2	6	7	2	6	7	2	6	7

图0-4　转置方阵B

第3步,基方阵A中的项减1后乘以9再加上转置方阵B的对应项,所得就是9阶最完美幻方,如图0-5所示。

21	40	62	66	4	53	30	76	17		369
32	81	10	23	45	55	68	9	46		369
70	2	51	34	74	15	25	38	60		369
26	39	58	71	3	49	35	75	13		369
28	77	18	19	41	63	64	5	54		369
69	7	47	33	79	11	24	43	56		369
22	44	57	67	8	48	31	80	12		369
36	73	14	27	37	59	72	1	50		369
65	6	52	29	78	16	20	42	61		369
369	369	369	369	369	369	369	369	369		

图 0－5　9 阶最完美幻方

不难验证,这真的是一个 9 阶最完美幻方!

该幻方中心对称位置上的两个数之和显然都等于 $1+9^2=82$。

图 0－6 是以该幻方从左上到右下方向上的对角线和泛对角线为行的方阵 C,各行的和为 369。

21	81	51	71	41	11	31	1	61		369
32	2	58	19	79	48	72	42	17		369
70	39	18	33	8	59	20	76	46		369
26	77	47	67	37	16	30	9	60		369
28	7	57	27	78	53	68	38	13		369
69	44	14	29	4	55	25	75	54		369
22	73	52	66	45	15	35	5	56		369
36	6	62	23	74	49	64	43	12		369
65	40	10	34	3	63	24	80	50		369

图 0－6　方阵 C

图 0－7 是以该幻方从右上到左下方向上的对角线和泛对角线为行的方阵 D,各行的和为 369。

17	9	25	49	41	33	57	73	65		369
46	38	35	63	79	67	14	6	21		369
60	75	64	11	8	27	52	40	32		369
13	5	24	48	37	29	62	81	70		369
54	43	31	59	78	66	10	2	26		369
56	80	72	16	4	23	51	39	28		369
12	1	20	53	45	34	58	77	69		369
50	42	30	55	74	71	18	7	22		369
61	76	68	15	3	19	47	44	36		369

图 0－7　方阵 D

由方阵 C 与方阵 D 可知,该幻方确是完美幻方。

在此幻方中任意位置上截取一个 3×3 方阵,包括跨边界的 3×3 方阵,其 9 个数的和都等于 9 阶幻方的幻方常数 369。例如,图 0－8 是图 0－5 的一个跨边界的 3×3 方阵,其 9 个数的和是 369。

61	65	6		132
17	21	40		78
46	32	81		159
				369

图 0-8　跨边界的 3×3 方阵

从此幻方中任意一个位置出发，按国际象棋中的马步，沿一个方向走下去，历经 9 步必回到出发点。所历经的 9 个数字之和都等于 9 阶幻方的幻方常数 369。例如，从 75 出发，按马步，沿左下方向走下去，历经 9 步回到出发点 75，其轨迹如图 0-9 所示；所历经的 9 个数字之和等于 369，如图 0-10 所示。

75	24	59	4	34	18	44	65	46	75

图 0-9　马步轨迹图

75	24	59	4	34	18	44	65	46		369

图 0-10

从此幻方中任意一点出发，在同一行中每隔一个位置取一个数，直至取到第 3 个数，再以这些数为起点在同一列中向下每隔一个位置取一个数，直至取到第 3 个数，由这些数组成一个 3×3 方阵，包括跨边界的 3×3 方阵在内，其中 9 个数字的和都等于 9 阶幻方的幻方常数 369。每隔两个位置所取得的 3×3 方阵结果相同。

例如，从 2 出发，每隔一个位置所取得的方阵 E，如图 0-11 所示。从 2 出发，每隔两个位置所取得的方阵 F，如图 0-12 所示。

2		34		15		51
77		19		63		159
44		67		48		159
						369

图 0-11　方阵 E

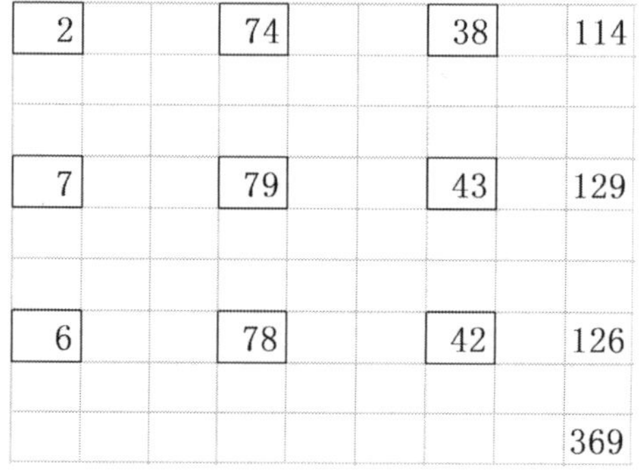

2			74			38			114
7			79			43			129
6			78			42			126
									369

图 0-12　方阵 F

不同的 3 阶幻方可得不同的 9 阶最完美幻方。

0.2　构造 25 阶最完美幻方

为免赘述，我们只给出每一步所得的结果。

第 1 步，给定 5 阶幻方和所得的 25 阶基方阵 A，如图 0-13 和图 0-14 所示。

9	12	20	3	21		65
18	1	24	7	15		65
22	10	13	16	4		65
11	19	2	25	8		65
5	23	6	14	17		65
65	65	65	65	65		

图 0－13　5 阶幻方

22	10	13	16	4	18	1	24	7	15	9	12	20	3	21	5	23	6	14	17	11	19	2	25	8
11	19	2	25	8	22	10	13	16	4	18	1	24	7	15	9	12	20	3	21	5	23	6	14	17
5	23	6	14	17	11	19	2	25	8	22	10	13	16	4	18	1	24	7	15	9	12	20	3	21
9	12	20	3	21	5	23	6	14	17	11	19	2	25	8	22	10	13	16	4	18	1	24	7	15
18	1	24	7	15	9	12	20	3	21	5	23	6	14	17	11	19	2	25	8	22	10	13	16	4
22	10	13	16	4	18	1	24	7	15	9	12	20	3	21	5	23	6	14	17	11	19	2	25	8
11	19	2	25	8	22	10	13	16	4	18	1	24	7	15	9	12	20	3	21	5	23	6	14	17
5	23	6	14	17	11	19	2	25	8	22	10	13	16	4	18	1	24	7	15	9	12	20	3	21
9	12	20	3	21	5	23	6	14	17	11	19	2	25	8	22	10	13	16	4	18	1	24	7	15
18	1	24	7	15	9	12	20	3	21	5	23	6	14	17	11	19	2	25	8	22	10	13	16	4
22	10	13	16	4	18	1	24	7	15	9	12	20	3	21	5	23	6	14	17	11	19	2	25	8
11	19	2	25	8	22	10	13	16	4	18	1	24	7	15	9	12	20	3	21	5	23	6	14	17
5	23	6	14	17	11	19	2	25	8	22	10	13	16	4	18	1	24	7	15	9	12	20	3	21
9	12	20	3	21	5	23	6	14	17	11	19	2	25	8	22	10	13	16	4	18	1	24	7	15
18	1	24	7	15	9	12	20	3	21	5	23	6	14	17	11	19	2	25	8	22	10	13	16	4
22	10	13	16	4	18	1	24	7	15	9	12	20	3	21	5	23	6	14	17	11	19	2	25	8
11	19	2	25	8	22	10	13	16	4	18	1	24	7	15	9	12	20	3	21	5	23	6	14	17
5	23	6	14	17	11	19	2	25	8	22	10	13	16	4	18	1	24	7	15	9	12	20	3	21
9	12	20	3	21	5	23	6	14	17	11	19	2	25	8	22	10	13	16	4	18	1	24	7	15
18	1	24	7	15	9	12	20	3	21	5	23	6	14	17	11	19	2	25	8	22	10	13	16	4
22	10	13	16	4	18	1	24	7	15	9	12	20	3	21	5	23	6	14	17	11	19	2	25	8
11	19	2	25	8	22	10	13	16	4	18	1	24	7	15	9	12	20	3	21	5	23	6	14	17
5	23	6	14	17	11	19	2	25	8	22	10	13	16	4	18	1	24	7	15	9	12	20	3	21
9	12	20	3	21	5	23	6	14	17	11	19	2	25	8	22	10	13	16	4	18	1	24	7	15
18	1	24	7	15	9	12	20	3	21	5	23	6	14	17	11	19	2	25	8	22	10	13	16	4

图 0－14　25 阶基方阵 A

第 2 步，求基方阵 A 的转置方阵，如图 0－15 所示。

第 3 步，25 阶最完美幻方，如图 0－16 所示。

不同的 5 阶幻方可得出不同的 25 阶最完美幻方。

建议读者随意验证一下，很有趣的哦！

读者不妨按照这里给出的方法，构造出属于你自己的 9 阶或 25 阶最完美幻方，是不是很畅快？就简简单单的三步！

22	11	5	9	18	22	11	5	9	18	22	11	5	9	18	22	11	5	9	18	22	11	5	9	18
10	19	23	12	1	10	19	23	12	1	10	19	23	12	1	10	19	23	12	1	10	19	23	12	1
13	2	6	20	24	13	2	6	20	24	13	2	6	20	24	13	2	6	20	24	13	2	6	20	24
16	25	14	3	7	16	25	14	3	7	16	25	14	3	7	16	25	14	3	7	16	25	14	3	7
4	8	17	21	15	4	8	17	21	15	4	8	17	21	15	4	8	17	21	15	4	8	17	21	15
18	22	11	5	9	18	22	11	5	9	18	22	11	5	9	18	22	11	5	9	18	22	11	5	9
1	10	19	23	12	1	10	19	23	12	1	10	19	23	12	1	10	19	23	12	1	10	19	23	12
24	13	2	6	20	24	13	2	6	20	24	13	2	6	20	24	13	2	6	20	24	13	2	6	20
7	16	25	14	3	7	16	25	14	3	7	16	25	14	3	7	16	25	14	3	7	16	25	14	3
15	4	8	17	21	15	4	8	17	21	15	4	8	17	21	15	4	8	17	21	15	4	8	17	21
9	18	22	11	5	9	18	22	11	5	9	18	22	11	5	9	18	22	11	5	9	18	22	11	5
12	1	10	19	23	12	1	10	19	23	12	1	10	19	23	12	1	10	19	23	12	1	10	19	23
20	24	13	2	6	20	24	13	2	6	20	24	13	2	6	20	24	13	2	6	20	24	13	2	6
3	7	16	25	14	3	7	16	25	14	3	7	16	25	14	3	7	16	25	14	3	7	16	25	14
21	15	4	8	17	21	15	4	8	17	21	15	4	8	17	21	15	4	8	17	21	15	4	8	17
5	9	18	22	11	5	9	18	22	11	5	9	18	22	11	5	9	18	22	11	5	9	18	22	11
23	12	1	10	19	23	12	1	10	19	23	12	1	10	19	23	12	1	10	19	23	12	1	10	19
6	20	24	13	2	6	20	24	13	2	6	20	24	13	2	6	20	24	13	2	6	20	24	13	2
14	3	7	16	25	14	3	7	16	25	14	3	7	16	25	14	3	7	16	25	14	3	7	16	25
17	21	15	4	8	17	21	15	4	8	17	21	15	4	8	17	21	15	4	8	17	21	15	4	8
11	5	9	18	22	11	5	9	18	22	11	5	9	18	22	11	5	9	18	22	11	5	9	18	22
19	23	12	1	10	19	23	12	1	10	19	23	12	1	10	19	23	12	1	10	19	23	12	1	10
2	6	20	24	13	2	6	20	24	13	2	6	20	24	13	2	6	20	24	13	2	6	20	24	13
25	14	3	7	16	25	14	3	7	16	25	14	3	7	16	25	14	3	7	16	25	14	3	7	16
8	17	21	15	4	8	17	21	15	4	8	17	21	15	4	8	17	21	15	4	8	17	21	15	4

图 0－15　转置方阵 *B*

547	236	305	384	93	447	11	580	159	368	222	286	480	59	518	122	561	130	334	418	272	461	30	609	193	7825
260	469	48	612	176	535	244	323	387	76	435	19	598	162	351	210	294	498	62	501	110	569	148	337	401	7825
113	552	131	345	424	263	452	31	620	199	538	227	306	395	99	438	2	581	170	374	213	277	481	70	524	7825
216	300	489	53	507	116	575	139	328	407	266	475	39	603	182	541	250	314	378	82	441	25	589	153	357	7825
429	8	592	171	365	204	283	492	71	515	104	558	142	346	415	254	458	42	621	190	529	233	317	396	90	7825
543	247	311	380	84	443	22	586	155	359	218	297	486	55	509	118	572	136	330	409	268	472	36	605	184	7825
251	460	44	623	187	526	235	319	398	87	426	10	594	173	362	201	285	494	73	512	101	560	144	348	412	7825
124	563	127	331	420	274	463	27	606	195	549	238	302	381	95	449	13	577	156	370	224	288	477	56	520	7825
207	291	500	64	503	107	566	150	339	403	257	466	50	614	178	532	241	325	389	78	432	16	600	164	353	7825
440	4	583	167	371	215	279	483	67	521	115	554	133	342	421	265	454	33	617	196	540	229	308	392	96	7825
534	243	322	386	80	434	18	597	161	355	209	293	497	61	505	109	568	147	336	405	259	468	47	611	180	7825
262	451	35	619	198	537	226	310	394	98	437	1	585	169	373	212	276	485	69	523	112	551	135	344	423	7825
120	574	138	327	406	270	474	38	602	181	545	249	313	377	81	445	24	588	152	356	220	299	488	52	506	7825
203	282	491	75	514	103	557	141	350	414	253	457	41	625	189	528	232	316	400	89	428	7	591	175	364	7825
446	15	579	158	367	221	290	479	58	517	121	565	129	333	417	271	465	29	608	192	546	240	304	383	92	7825
530	234	318	397	86	430	9	593	172	361	205	284	493	72	511	105	559	143	347	411	255	459	43	622	186	7825
273	462	26	610	194	548	237	301	385	94	448	12	576	160	369	223	287	476	60	519	123	562	126	335	419	7825
106	570	149	338	402	256	470	49	613	177	531	245	324	388	77	431	20	599	163	352	206	295	499	63	502	7825
214	278	482	66	525	114	553	132	341	425	264	453	32	616	200	539	228	307	391	100	439	3	582	166	375	7825
442	21	590	154	358	217	296	490	54	508	117	571	140	329	408	267	471	40	604	183	542	246	315	379	83	7825
536	230	309	393	97	436	5	584	168	372	211	280	484	68	522	111	555	134	343	422	261	455	34	618	197	7825
269	473	37	601	185	544	248	312	376	85	444	23	587	151	360	219	298	487	51	510	119	573	137	326	410	7825
102	556	145	349	413	252	456	45	624	188	527	231	320	399	88	427	6	595	174	363	202	281	495	74	513	7825
225	289	478	57	516	125	564	128	332	416	275	464	28	607	191	550	239	303	382	91	450	14	578	157	366	7825
433	17	596	165	354	208	292	496	65	504	108	567	146	340	404	258	467	46	615	179	533	242	321	390	79	7825
7825	7825	7825	7825	7825	7825	7825	7825	7825	7825	7825	7825	7825	7825	7825	7825	7825	7825	7825	7825	7825	7825	7825	7825	7825	

图 0－16　25 阶最完美幻方

0.3 n^2 ($n=2m+1$, m 是正整数)阶最完美幻方

构造 n^2($n=2m+1$, m 是正整数)阶最完美幻方的三步法。

第 1 步，构造 n^2 阶基方阵 A。

给定一个 n 阶幻方，从中间一行开始由下至上逐行排列成一个 $1\times n^2$ 的矩阵，称为基本行。以基本行作为基方阵 A 的第一行，第一行右移 n 个位置得第二行，第二行右移 n 个位置得第三行，依此类推直至得到第 n 行。第 $1+k\cdot n$ 行($k=0,1,\cdots,n-1$)相同，第 $2+k\cdot n$ 行($k=0,1,\cdots,n-1$)相同，……，第 $n+k\cdot n$ 行($k=0,1,\cdots,n-1$)相同，所得就是基方阵 A。

第 2 步，求基方阵 A 的转置方阵 B。

把基方阵 A 的列作为方阵 B 的行，把基方阵 A 的行作为方阵 B 的列，所得方阵 B 就是基方阵 A 的转置方阵。

第 3 步，基方阵 A 中的项减 1 后乘以 n^2 再加上转置方阵 B 的对应项，所得就是 n^2 阶最完美幻方。不同的 n($n=2m+1$, m 是正整数)阶幻方可得出不同的 n^2 阶最完美幻方。

使用《你亦可以造幻方》中提出的二步法，读者可以构造出$(n!)((n-1)!)+(n!)^2$个 n 个阶幻方，从而得出$(n!)((n-1)!)+(n!)^2$个不同的 n^2 阶最完美幻方。

双偶数阶最完美幻方或奇数平方阶最完美幻方的奇妙虽然令人叹为观止，但是随之产生了一个疑问，它们可以推广到三维空间吗？作者在本书的第 20 章和第 21 章会为你解疑，与你共享成果。

第1部分　玩转平面幻中之幻

“玩转平面幻中之幻”比“平面的幻中之幻”(《幻中之幻》的第一部分)向读者呈献了更多新的更精美、结构更复杂、更难构造的幻方,它们各有各的神奇,各有各的精彩。

本部分的第1章,“造个单偶数阶幻方可以更简单些吗”讲述由奇数阶幻方构造单偶数阶幻方的三步法,比已有的方法更清晰简单,更易为读者所掌握。

正规的单偶数阶完美幻方是不存在的,但去掉连续自然数这一条件,又能否构造出一个单偶数阶完美幻方呢?历经多年,也只是在近年出现了仅有的两个6阶幻方之王,即具有某些特性的非正规6阶完美幻方。

这两个6阶幻方之王虽没给出构造方法,但指出了所用“材料”,即它们由哪些数字所构成。既然如此,我们就有可能构造出不同于它们的6阶幻方之王,甚至更高阶的幻方之王,以及找到构造这类幻方的一般方法。我们做到了,在第2章“$6+8n$阶幻方之王”中,主要讲述的就是这些成果。

“6阶幻方之王”是人们共赏的“孤芳”,读者将会看到有时候“阳春白雪”的确可以化作“下里巴人”,只要读者掌握其中规律。在科技发展的过去和现在不也是屡次三番出现这一幕吗?

第3章介绍了普朗克型单偶数阶完美幻方和对称幻方。

同心亲子幻方即镶边幻方是另一个话题。许多人在镶边时盲目地试来试去,企求成功,但瞎子摸象,不知子丑寅卯,又如何能达到目的呢?第4章至第6章讲述的就是三类镶边幻方的构造方法。你只要简单地套公式、填数字,就可以得出各类各阶同心亲子幻方。

第7章是2×2方阵取等值的双偶数阶中心对称幻方,其在三维空间上的推广是在第19章小立方体$(2\times2\times2)$取等值的空间中心对称幻立方中讲述的,又以此为基础就可得出双偶数阶空间最完美幻立方。

象飞马跳幻方及方中含方幻方是关注度比较高的两类幻方,“众里寻他千百度,蓦然回首,那人却在,灯火阑珊处”。其实,按《幻中之幻》中的三步法构造出来的最完美幻方,同时也是这两类幻方。我们将在第8章和第9章中讲述。

第10章讲述如何由双偶数阶最完美幻方得到超级幻方。

第11章至第13章是罕见的偏心幻方与多重偏心幻方。

第14章是奇数平方阶二次幻方。

这些创新性成果,作者以便于大众接受的方式表述,更利于幻方知识的普及。

在本书中,各类幻方的构造过程,全部以图表显示,并以灰方格标示关键位置及行列变换的顺移过程。

第 1 章　造个单偶数阶幻方可以更简单些吗?

此处所谓单偶数,指的是形如 $n=2(2m+1)$ 的偶数,其中 m 为大于 1 的正整数(即能被 2 除尽而不能被 4 除尽的偶数);双偶数自然就是能被 4 除尽的偶数。单偶数阶幻方的构造比双偶数阶幻方、奇数阶幻方的构造更加困难。经典的斯特雷奇(Ralph Strachey)法和 LUX 法,不易为一般读者所掌握。作者在《幻中之幻》中讲述的四步法,给读者提供了另一种选择,但由于其图解法中涉及一个局部的细微之处,读者稍不注意就会出错。

本章讲述作者新发现的,又一种更简单明了的方法。这四种方法对同一个 $n=2m+1$ 阶幻方而言,所产生的 $n=2(2m+1)$ 阶幻方是完全不同的。

1.1　由 5 阶幻方得出 10 阶幻方

第 1 步,给定一个 5 阶幻方,如图 1-1 所示。

22	8	19	5	11		65
9	20	1	12	23		65
16	2	13	24	10		65
3	14	25	6	17		65
15	21	7	18	4		65
65	65	65	65	65		

图 1-1　5 阶幻方

图 1-1 中的每一个数用一个以其为单一元素的 2×2 方阵代替,得一个 10 阶方阵 A,如图 1-2 所示。

22	22	8	8	19	19	5	5	11	11
22	22	8	8	19	19	5	5	11	11
9	9	20	20	1	1	12	12	23	23
9	9	20	20	1	1	12	12	23	23
16	16	2	2	13	13	24	24	10	10
16	16	2	2	13	13	24	24	10	10
3	3	14	14	25	25	6	6	17	17
3	3	14	14	25	25	6	6	17	17
15	15	21	21	7	7	18	18	4	4
15	15	21	21	7	7	18	18	4	4

图 1-2　10 阶方阵 A

第 2 步,给定一个由代码 1~4 组成的 10 阶代码方阵 B,如图 1-3 所示。

3	1	2	4	2	4	2	4	1	2
2	4	3	1	3	1	3	1	4	3
3	1	2	4	2	4	1	2	2	4
2	4	3	1	3	1	4	3	3	1
3	1	2	4	2	4	2	4	2	1
2	4	3	1	3	1	3	1	3	4
3	1	4	2	2	4	2	1	2	4
2	4	1	3	3	1	3	4	3	1
3	1	2	4	2	4	2	4	2	1
2	4	3	1	3	1	3	1	3	4

图 1－3　10 阶代码方阵 *B*

以 0,1 · 5^2,2 · 5^2,3 · 5^2 即 0,25,50,75 分别取代方阵 *B* 中的代码 1,2,3,4,得结构方阵 *C*,如图 1－4 所示。

50	0	25	75	25	75	25	75	0	25
25	75	50	0	50	0	50	0	75	50
50	0	25	75	25	75	0	25	25	75
25	75	50	0	50	0	75	50	50	0
50	0	25	75	25	75	25	75	25	0
25	75	50	0	50	0	50	0	50	75
50	0	75	25	25	75	25	0	25	75
25	75	0	50	50	0	50	75	50	0
50	0	25	75	25	75	25	75	25	0
25	75	50	0	50	0	50	0	50	75

图 1－4　10 阶结构方阵 *C*

第 3 步，图 1－2 的 10 阶方阵 *A* 与图 1－4 的 10 阶结构方阵 *C* 对应元素相加，得 10 阶幻方,如图 1－5 所示。

72	22	33	83	44	94	30	80	11	36		505
47	97	58	8	69	19	55	5	86	61		505
59	9	45	95	26	76	12	37	48	98		505
34	84	70	20	51	1	87	62	73	23		505
66	16	27	77	38	88	49	99	35	10		505
41	91	52	2	63	13	74	24	60	85		505
53	3	89	39	50	100	31	6	42	92		505
28	78	14	64	75	25	56	81	67	17		505
65	15	46	96	32	82	43	93	29	4		505
40	90	71	21	57	7	68	18	54	79		505
505	505	505	505	505	505	505	505	505	505		

72	97	45	20	38	13	31	81	29	79		505
36	86	37	87	88	63	39	14	15	40		505

图 1－5　10 阶幻方

注意，第 2 步中的 10 阶结构方阵 C，对任意给定的 5 阶幻方都是适用的，可用于产生 10 阶幻方。比如图 1－6 是又一个 5 阶幻方，由其所产生的 10 阶幻方如图 1－7 所示。

22	3	16	9	15		65
19	10	12	23	1		65
13	21	4	20	7		65
5	17	8	11	24		65
6	14	25	2	18		65
65	65	65	65	65		

图 1－6　5 阶幻方

72	22	28	78	41	91	34	84	15	40		505
47	97	53	3	66	16	59	9	90	65		505
69	19	35	85	37	87	23	48	26	76		505
44	94	60	10	62	12	98	73	51	1		505
63	13	46	96	29	79	45	95	32	7		505
38	88	71	21	54	4	70	20	57	82		505
55	5	92	42	33	83	36	11	49	99		505
30	80	17	67	58	8	61	86	74	24		505
56	6	39	89	50	100	27	77	43	18		505
31	81	64	14	75	25	52	2	68	93		505
505	505	505	505	505	505	505	505	505	505		

72	97	35	10	29	4	36	86	43	93		505
40	90	48	98	79	54	42	17	6	31		505

图 1－7　10 阶幻方

1.2　由 7 阶幻方得出 14 阶幻方

第 1 步，给定一个 7 阶完美幻方，如图 1－8 所示。

9	46	34	3	36	19	28		175
31	1	40	21	23	11	48		175
42	16	25	13	45	29	5		175
27	10	43	33	7	37	18		175
47	35	2	39	20	24	8		175
4	41	17	22	12	49	30		175
15	26	14	44	32	6	38		175
175	175	175	175	175	175	175		

图 1－8　7 阶完美幻方

图 1－8 中的每一个数用一个以其为单一元素的 2×2 方阵代替，得一个 14 阶方阵 A，如图 1－9 所示。

9	9	46	46	34	34	3	3	36	36	19	19	28	28
9	9	46	46	34	34	3	3	36	36	19	19	28	28
31	31	1	1	40	40	21	21	23	23	11	11	48	48
31	31	1	1	40	40	21	21	23	23	11	11	48	48
42	42	16	16	25	25	13	13	45	45	29	29	5	5
42	42	16	16	25	25	13	13	45	45	29	29	5	5
27	27	10	10	43	43	33	33	7	7	37	37	18	18
27	27	10	10	43	43	33	33	7	7	37	37	18	18
47	47	35	35	2	2	39	39	20	20	24	24	8	8
47	47	35	35	2	2	39	39	20	20	24	24	8	8
4	4	41	41	17	17	22	22	12	12	49	49	30	30
4	4	41	41	17	17	22	22	12	12	49	49	30	30
15	15	26	26	14	14	44	44	32	32	6	6	38	38
15	15	26	26	14	14	44	44	32	32	6	6	38	38

图 1-9　14 阶方阵 *A*

第 2 步,给定一个由代码 1 ~4 组成的 14 阶代码方阵 B,如图 1-10 所示。

3	1	3	1	2	4	2	4	2	4	2	4	1	2
2	4	2	4	3	1	3	1	3	1	3	1	4	3
3	1	3	1	2	4	2	4	2	4	1	2	2	4
2	4	2	4	3	1	3	1	3	1	4	3	3	1
3	1	3	1	2	4	2	4	2	4	2	4	2	1
2	4	2	4	3	1	3	1	3	1	3	1	3	4
3	1	3	1	2	4	2	4	2	4	2	4	2	1
2	4	2	4	3	1	3	1	3	1	3	1	3	4
3	1	3	1	4	2	2	4	2	4	2	4	2	1
2	4	2	4	1	3	3	1	3	1	3	1	3	4
3	1	3	1	2	4	2	4	2	4	2	1	2	4
2	4	2	4	3	1	3	1	3	1	3	4	3	1
3	1	3	1	2	4	2	4	2	4	2	4	2	1
2	4	2	4	3	1	3	1	3	1	3	1	3	4

图 1-10　14 阶代码方阵 *B*

以 $0,1\cdot 7^2,2\cdot 7^2,3\cdot 7^2$ 即 0,49,98,147 分别取代方阵 B 中的代码 1,2,3,4,得结构方阵 C,如图1-11 所示。

第 3 步,图 1-9 的 14 阶方阵 A 与图 1-11 的 14 阶结构方阵 C 对应元素相加,得 14 阶幻方,如图1-12 所示。

98	0	98	0	49	147	49	147	49	147	49	147	0	49
49	147	49	147	98	0	98	0	98	0	98	0	147	98
98	0	98	0	49	147	49	147	49	147	0	49	49	147
49	147	49	147	98	0	98	0	98	0	147	98	98	0
98	0	98	0	49	147	49	147	49	147	49	147	49	0
49	147	49	147	98	0	98	0	98	0	98	0	98	147
98	0	98	0	49	147	49	147	49	147	49	147	49	0
49	147	49	147	98	0	98	0	98	0	98	0	98	147
98	0	98	0	147	49	49	147	49	147	49	147	49	0
49	147	49	147	0	98	98	0	98	0	98	0	98	147
98	0	98	0	49	147	49	147	49	147	49	0	49	147
49	147	49	147	98	0	98	0	98	0	98	147	98	0
98	0	98	0	49	147	49	147	49	147	49	147	49	0
49	147	49	147	98	0	98	0	98	0	98	0	98	147

图 1－11　14 阶结构方阵 *C*

107	9	144	46	83	181	52	150	85	183	68	166	28	77		1379
58	156	95	193	132	34	101	3	134	36	117	19	175	126		1379
129	31	99	1	89	187	70	168	72	170	11	60	97	195		1379
80	178	50	148	138	40	119	21	121	23	158	109	146	48		1379
140	42	114	16	74	172	62	160	94	192	78	176	54	5		1379
91	189	65	163	123	25	111	13	143	45	127	29	103	152		1379
125	27	108	10	92	190	82	180	56	154	86	184	67	18		1379
76	174	59	157	141	43	131	33	105	7	135	37	116	165		1379
145	47	133	35	149	51	88	186	69	167	73	171	57	8		1379
96	194	84	182	2	100	137	39	118	20	122	24	106	155		1379
102	4	139	41	66	164	71	169	61	159	98	49	79	177		1379
53	151	90	188	115	17	120	22	110	12	147	196	128	30		1379
113	15	124	26	63	161	93	191	81	179	55	153	87	38		1379
64	162	75	173	112	14	142	44	130	32	104	6	136	185		1379
1379	1379	1379	1379	1379	1379	1379	1379	1379	1379	1379	1379	1379	1379		
107	156	99	148	74	25	82	33	69	20	98	196	87	185		1379
77	175	60	158	192	143	180	131	51	2	41	90	15	64		1379

图 1－12　14 阶幻方

注意，第 2 步中的 14 阶结构方阵 *C*，对任意给定的 7 阶幻方都是适用的，可用于产生 14 阶幻方。

1.3　由 9 阶幻方得出 18 阶幻方

第 1 步，给定一个 9 阶幻方，如图 1－13 所示。

47	30	67	14	24	61	80	9	37		369
31	68	15	25	62	81	1	38	48		369
69	16	26	63	73	2	39	49	32		369
17	27	55	74	3	40	50	33	70		369
19	56	75	4	41	51	34	71	18		369
57	76	5	42	52	35	72	10	20		369
77	6	43	53	36	64	11	21	58		369
7	44	54	28	65	12	22	59	78		369
45	46	29	66	13	23	60	79	8		369
369	369	369	369	369	369	369	369	369		

图 1－13　9 阶幻方

图 1－13 中的每一个数用一个以其为单一元素的 2×2 方阵代替之，得一个 18 阶方阵 A，如图 1－14 所示。

47	47	30	30	67	67	14	14	24	24	61	61	80	80	9	9	37	37
47	47	30	30	67	67	14	14	24	24	61	61	80	80	9	9	37	37
31	31	68	68	15	15	25	25	62	62	81	81	1	1	38	38	48	48
31	31	68	68	15	15	25	25	62	62	81	81	1	1	38	38	48	48
69	69	16	16	26	26	63	63	73	73	2	2	39	39	49	49	32	32
69	69	16	16	26	26	63	63	73	73	2	2	39	39	49	49	32	32
17	17	27	27	55	55	74	74	3	3	40	40	50	50	33	33	70	70
17	17	27	27	55	55	74	74	3	3	40	40	50	50	33	33	70	70
19	19	56	56	75	75	4	4	41	41	51	51	34	34	71	71	18	18
19	19	56	56	75	75	4	4	41	41	51	51	34	34	71	71	18	18
57	57	76	76	5	5	42	42	52	52	35	35	72	72	10	10	20	20
57	57	76	76	5	5	42	42	52	52	35	35	72	72	10	10	20	20
77	77	6	6	43	43	53	53	36	36	64	64	11	11	21	21	58	58
77	77	6	6	43	43	53	53	36	36	64	64	11	11	21	21	58	58
7	7	44	44	54	54	28	28	65	65	12	12	22	22	59	59	78	78
7	7	44	44	54	54	28	28	65	65	12	12	22	22	59	59	78	78
45	45	46	46	29	29	66	66	13	13	23	23	60	60	79	79	8	8
45	45	46	46	29	29	66	66	13	13	23	23	60	60	79	79	8	8

图 1－14　18 阶方阵 A

第 2 步，给定一个由代码 1～4 组成的 18 阶代码方阵 B，如图 1－15 所示。

以 $0, 1\cdot9^2, 2\cdot9^2, 3\cdot9^2$ 即 0，81，162，243 分别取代方阵 B 中的代码 1，2，3，4，得结构方阵 C，如图 1－16 所示。

3	1	3	1	3	1	2	4	2	4	2	4	2	4	2	4	1	2
2	4	2	4	2	4	3	1	3	1	3	1	3	1	3	1	4	3
3	1	3	1	3	1	2	4	2	4	2	4	2	4	1	2	2	4
2	4	2	4	2	4	3	1	3	1	3	1	3	1	4	3	3	1
3	1	3	1	3	1	2	4	2	4	2	4	2	4	2	4	2	1
2	4	2	4	2	4	3	1	3	1	3	1	3	1	3	1	3	4
3	1	3	1	3	1	2	4	2	4	2	4	2	4	2	4	2	1
2	4	2	4	2	4	3	1	3	1	3	1	3	1	3	1	3	4
3	1	3	1	3	1	2	4	2	4	2	4	2	4	2	4	2	1
2	4	2	4	2	4	3	1	3	1	3	1	3	1	3	1	3	4
3	1	3	1	3	1	4	2	2	4	2	4	2	4	2	4	2	1
2	4	2	4	2	4	1	3	3	1	3	1	3	1	3	1	3	4
3	1	3	1	3	1	2	4	2	4	2	4	2	4	2	4	2	1
2	4	2	4	2	4	3	1	3	1	3	1	3	1	3	1	3	4
3	1	3	1	3	1	2	4	2	4	2	4	2	4	2	1	2	4
2	4	2	4	2	4	3	1	3	1	3	1	3	1	3	4	3	1
3	1	3	1	3	1	2	4	2	4	2	4	2	4	2	4	2	1
2	4	2	4	2	4	3	1	3	1	3	1	3	1	3	1	3	4

图 1－15　18 阶代码方阵 *B*

162	0	162	0	162	0	81	243	81	243	81	243	81	243	81	243	0	81
81	243	81	243	81	243	162	0	162	0	162	0	162	0	162	0	243	162
162	0	162	0	162	0	81	243	81	243	81	243	81	243	0	81	81	243
81	243	81	243	81	243	162	0	162	0	162	0	162	0	243	162	162	0
162	0	162	0	162	0	81	243	81	243	81	243	81	243	81	243	81	0
81	243	81	243	81	243	162	0	162	0	162	0	162	0	162	0	162	243
162	0	162	0	162	0	81	243	81	243	81	243	81	243	81	243	81	0
81	243	81	243	81	243	162	0	162	0	162	0	162	0	162	0	162	243
162	0	162	0	162	0	81	243	81	243	81	243	81	243	81	243	81	0
81	243	81	243	81	243	162	0	162	0	162	0	162	0	162	0	162	243
162	0	162	0	162	0	243	81	81	243	81	243	81	243	81	243	81	0
81	243	81	243	81	243	0	162	162	0	162	0	162	0	162	0	162	243
162	0	162	0	162	0	81	243	81	243	81	243	81	243	81	243	81	0
81	243	81	243	81	243	162	0	162	0	162	0	162	0	162	0	162	243
162	0	162	0	162	0	81	243	81	243	81	243	81	243	81	0	81	243
81	243	81	243	81	243	162	0	162	0	162	0	162	0	162	243	162	0
162	0	162	0	162	0	81	243	81	243	81	243	81	243	81	243	81	0
81	243	81	243	81	243	162	0	162	0	162	0	162	0	162	0	162	243

图 1－16　18 阶结构方阵 *C*

第 3 步, 图 1－14 的 18 阶方阵 *A* 与图 1－16 的 18 阶结构方阵 *C* 对应元素相加, 得 18 阶幻方,如图 1－17 所示。

209	47	192	30	229	67	95	257	105	267	142	304	161	323	90	252	37	118	2925
128	290	111	273	148	310	176	14	186	24	223	61	242	80	171	9	280	199	2925
193	31	230	68	177	15	106	268	143	305	162	324	82	244	38	119	129	291	2925
112	274	149	311	96	258	187	25	224	62	243	81	163	1	281	200	210	48	2925
231	69	178	16	188	26	144	306	154	316	83	245	120	282	130	292	113	32	2925
150	312	97	259	107	269	225	63	235	73	164	2	201	39	211	49	194	275	2925
179	17	189	27	217	55	155	317	84	246	121	283	131	293	114	276	151	70	2925
98	260	108	270	136	298	236	74	165	3	202	40	212	50	195	33	232	313	2925
181	19	218	56	237	75	85	247	122	284	132	294	115	277	152	314	99	18	2925
100	262	137	299	156	318	166	4	203	41	213	51	196	34	233	71	180	261	2925
219	57	238	76	167	5	285	123	133	295	116	278	153	315	91	253	101	20	2925
138	300	157	319	86	248	42	204	214	52	197	35	234	72	172	10	182	263	2925
239	77	168	6	205	43	134	296	117	279	145	307	92	254	102	264	139	58	2925
158	320	87	249	124	286	215	53	198	36	226	64	173	11	183	21	220	301	2925
169	7	206	44	216	54	109	271	146	308	93	255	103	265	140	59	159	321	2925
88	250	125	287	135	297	190	28	227	65	174	12	184	22	221	302	240	78	2925
207	45	208	46	191	29	147	309	94	256	104	266	141	303	160	322	89	8	2925
126	288	127	289	110	272	228	66	175	13	185	23	222	60	241	79	170	251	2925
2925	2925	2925	2925	2925	2925	2925	2925	2925	2925	2925	2925	2925	2925	2925	2925	2925	2925	

209	290	230	311	188	269	155	74	122	41	116	35	92	11	140	302	89	251	2925
118	280	119	281	282	201	283	202	284	203	123	42	43	124	44	125	45	126	2925

图 1－17　18 阶幻方

注意，第 2 步中的 18 阶结构方阵 C，对任意给定的 9 阶幻方都是适用的，可用于产生 18 阶幻方。

1.4　由奇数阶幻方得出单偶数阶幻方

由奇数阶幻方得出单偶数阶幻方的方法：

第 1 步，给定一个 $n=2m+1$（m 为大于 1 的正整数）阶幻方，幻方中的每一个数用一个以其为单一元素的 2×2 方阵代替，得一个 $n=2(2m+1)$ 阶方阵 A。

第 2 步，构造一个由代码 1～4 组成的 $n=2(2m+1)$ 阶代码方阵 B，可把其看作由 2×2 方阵组成的 $2m+1$ 阶方阵。其构造方法如下：其左边 $m-1$ 列由形如

3	1
2	4

的 2×2 方阵组成。位于第 $m+2$ 行，第 m 列的 2×2 方阵由形如

4	2
1	3

的 2×2 方阵组成。位于第 1 行，第 $2m+1$ 列及位于第 2 行，第 $2m$ 列的 2×2 方阵由形如

1	2
4	3

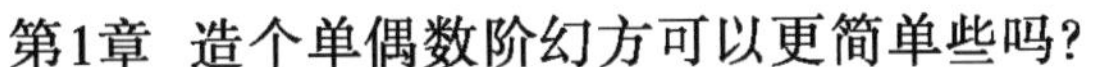

的 2×2 方阵组成。位于第 $3\sim2m-1$ 行，第 $2m+1$ 列；位于第 $2m+1$ 行，第 $2m+1$ 列及位于第 $2m$ 行，第 $2m$ 列的 2×2 方阵由形如

2	1
3	4

的 2×2 方阵组成。其余位置由形如

2	4
3	1

的 2×2 方阵组成。以 $0,1\cdot(2m+1)^2,2\cdot(2m+1)^2,3\cdot(2m+1)^2$ 分别取代方阵 B 中的代码 1,2,3,4,得结构方阵 C。

第 3 步，$n=2(2m+1)$ 阶方阵 A 与 $n=2(2m+1)$ 阶结构方阵 C 对应元素相加，得 $n=2(2m+1)$ 阶幻方。

第2章　6+8n阶幻方之王

《乐在其中的数学》(丛书:好玩的数学,谈祥柏,科学出版社,2005,08) 中有一节专门介绍6阶幻方之王。从普鲁士腓特烈大帝“36军官问题”的典故，到大数学家欧拉认为国王的要求是无法满足的,再到南京市邮电局丁宗智先生造出了6阶幻方之王,其文叙述精彩，吸人眼球，读罢方休。谈祥柏先生视之为“稀世奇珍”。

6阶幻方之王是什么东西?为何称其为王?其实,它是一个带有特殊性质的6阶完美幻方。众所周知，由1至n的自然数构成的单偶数阶完美幻方，即正规的单偶数阶完美幻方是不存在的,而构造一个非正规的单偶数阶完美幻方,也是一件非常困难的事。迄今为止，世界上只出现过两个非正规的带有这些特殊性质的6阶完美幻方，未出现过带有这些特殊性质的任何其他单偶数阶非正规完美幻方。由于罕见和带有很漂亮的性质，称其为“王”也就顺理成章了。

丁宗智先生的方法无从得知,但在其6阶幻方之王的基础上,作者侥幸得出构造6+8n阶(其中,n=0,1,2,…)幻方之王的方法,且所得幻方具有6阶幻方之王所有的特性。

2.1　6阶幻方之王

丁宗智先生的6阶幻方之王,如图2-1所示。

1	42	29	7	36	35		150
48	9	20	44	13	16		150
5	38	33	3	40	31		150
43	14	15	49	8	21		150
6	37	34	2	41	30		150
47	10	19	45	12	17		150
150	150	150	150	150	150		

图2-1　6阶幻方之王

每行、每列、每条对角线或泛对角线上6个数字之和都等于幻方常数150,是一个非正规的6阶完美幻方。

除此之外，在其每条对角线或泛对角线上,相距3个位置的两个数字之和都等于50,还有八个如图2-2~图2-9所示的性质。

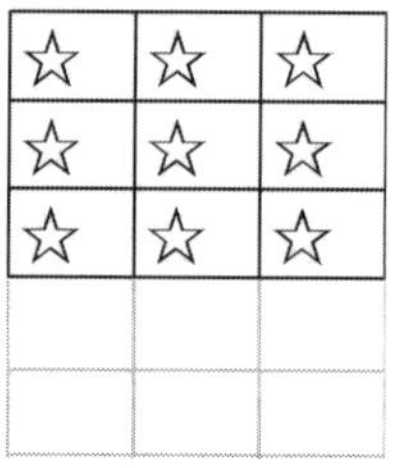

☆	☆	☆
☆	☆	☆
☆	☆	☆

图2-2

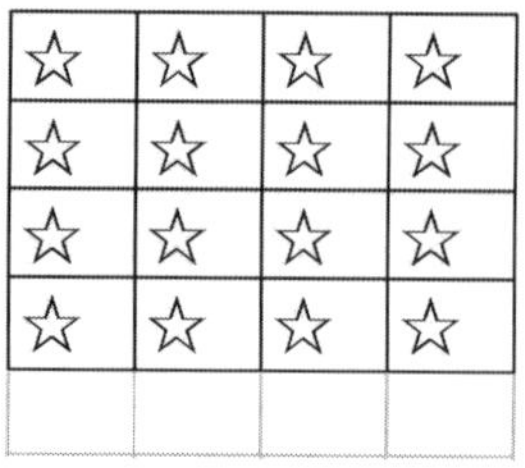

☆	☆	☆	☆
☆	☆	☆	☆
☆	☆	☆	☆
☆	☆	☆	☆

图2-3

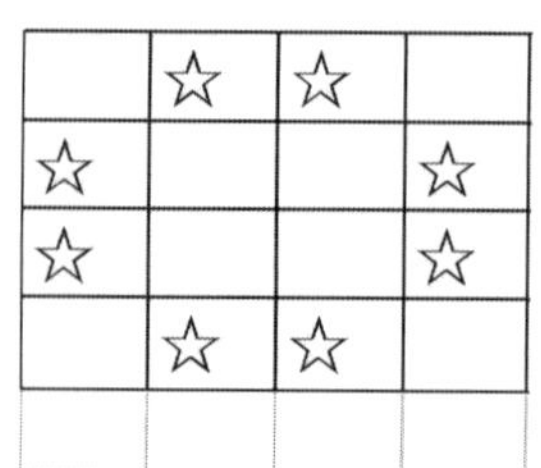

图2-4

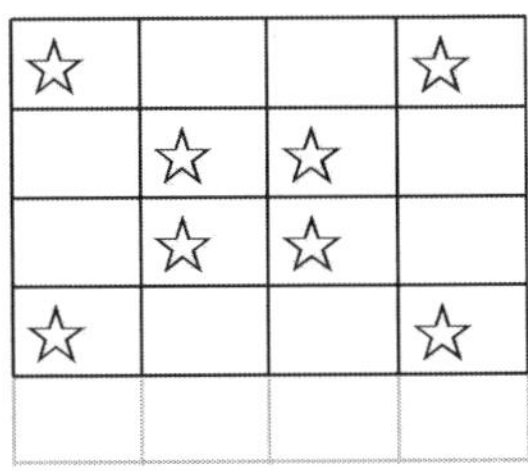

图 2 – 5

☆	☆	☆	☆
☆			☆
☆			☆
☆	☆	☆	☆

图 2 – 6

	☆		
☆	☆		
		☆	☆
		☆	

图 2 – 7

☆	☆	☆
☆		☆
☆		☆
☆	☆	☆

图 2 – 8

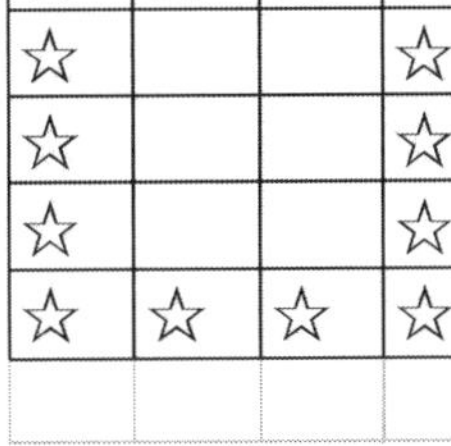

图 2 – 9

以上八个图形可在 6 阶幻方之王中任意截取,包括跨边界截取。比如第 6 行视作与第 1 行相邻,第 6 列视作与第 1 列相邻。

所有八个图形中每个图形有☆号的这些数字之和等于 25 × ☆的个数。

图 2 – 8 和图 2 – 9 无论直摆,还是横放,其结果相同。

如何构造 6 阶幻方之王?

第 1 步,构造 6 阶方阵 A。

6 阶幻方之王由哪些数组成?

把 1 ~ 49 的自然数排成如图 2 – 10 所示的 7 阶方阵,去掉中间一行和中间一列的那些数,6 阶幻方之王由剩下的数构成。

1	2	3	4	5	6	7
8	9	10	11	12	13	14
15	16	17	18	19	20	21
22	23	24	25	26	27	28
29	30	31	32	33	34	35
36	37	38	39	40	41	42
43	44	45	46	47	48	49

图 2 – 10

把

1	2	3	5	6	7

分成个数相同、其和相等的两组。例如

1	5	6

和

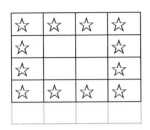

2	3	7

取图2－10中1,5,6行和1,5,6列交叉处的数字作为图2－11左上角的3×3数字方阵,图2－10中1,5,6行和2,3,7列交叉处的数字作为图2－11右上角的3×3数字方阵,图2－10中2,3,7行和1,5,6列交叉处的数字作为图2－11左下角的3×3数字方阵,图2－10中2,3,7行和2,3,7列交叉处的数字作为图2－11右下角的3×3数字方阵,最后形式如图2－11所示。

1	5	6	12	2	3	7	12
29	33	34	96	30	31	35	96
36	40	41	117	37	38	42	117
66	78	81		69	72	84	
8	12	13	33	9	10	14	33
15	19	20	54	16	17	21	54
43	47	48	138	44	45	49	138
66	78	81		69	72	84	

图2－11

四个3×3数字方阵外的数字是相应行、列三个数字之和。由此四个3×3数字方阵构造一个行、列数字之和都等于150的6阶方阵。左上3×3数字方阵在6阶方阵中保持原样，右上3×3数字方阵置于6阶方阵中左下区但由右到左，左下3×3数字方阵置于6阶方阵中右下区但上下颠倒且由右到左，右下3×3数字方阵置于6阶方阵中右上区但上下颠倒,最后得6阶方阵*A*,如图2－12所示。

第2步,6阶方阵*A*左右两部分各列错开得6阶方阵*B*,如图2－13所示。

1	5	6	44	45	49
29	33	34	16	17	21
36	40	41	9	10	14
7	3	2	48	47	43
35	31	30	20	19	15
42	38	37	13	12	8

图2－12　6阶方阵*A*

1	44	5	45	6	49
29	16	33	17	34	21
36	9	40	10	41	14
7	48	3	47	2	43
35	20	31	19	30	15
42	13	38	12	37	8

图2－13　6阶方阵*B*

第3步,6阶方阵*B*右半部分翻转得6阶方阵*C*,如图2－14所示。

第4步,6阶方阵*C*偶数列上下两部分交换得6阶方阵*D*,如图2－15所示。

1	44	5	49	6	45
29	16	33	21	34	17
36	9	40	14	41	10
7	48	3	43	2	47
35	20	31	15	30	19
42	13	38	8	37	12

图2－14　6阶方阵*C*

1	48	5	43	6	47
29	20	33	15	34	19
36	13	40	8	41	12
7	44	3	49	2	45
35	16	31	21	30	17
42	9	38	14	37	10

图2－15　6阶方阵*D*

第 5 步，注意到 6 阶方阵 D 中第 1 行上的数与第 4 行向右顺延 3 个位置上的数对称，第 2 行上的数与第 5 行向右顺延 3 个位置上的数对称，第 3 行上的数与第 6 行向右顺延 3 个位置上的数对称，在第 1,2,3 行中任取两行作为要构建的新的 6 阶方阵 E 中的第 1 行、第 3 行，比如 6 阶方阵 D 的第 3 行作为 6 阶方阵 E 的第 1 行，第 2 行作为 6 阶方阵 E 的第 3 行。6 阶方阵 D 第 1,2,3 行中剩下那行的对称行作为 6 阶方阵 E 的第 2 行，也就是 6 阶方阵 D 的第 4 行作为 6 阶方阵 E 的第 2 行。为了保持原有的对称性，6 阶方阵 D 第 6,1,5 行依次作为 6 阶方阵 E 的第 4,5,6 行。6 阶方阵 E，如图 2－16 所示。

36	13	40	8	41	12		150
7	44	3	49	2	45		150
29	20	33	15	34	19		150
42	9	38	14	37	10		150
1	48	5	43	6	47		150
35	16	31	21	30	17		150
150	150	150	150	150	150		

图 2－16　6 阶方阵 E

6 阶方阵 E，其每行、每列、每条对角线或泛对角线上 6 个数字之和都等于幻方常数 150，是一个非正规的 6 阶完美幻方。其验算如图 2－17 和图 2－18 所示。

36	44	33	14	6	17		150
7	20	38	43	30	12		150
29	9	5	21	41	45		150
42	48	31	8	2	19		150
1	16	40	49	34	10		150
35	13	3	15	37	47		150

图 2－17

12	2	15	38	48	35		150
45	34	14	5	16	36		150
19	37	43	31	13	7		150
10	6	21	40	44	29		150
47	30	8	3	20	42		150
17	41	49	33	9	1		150

图 2－18

除此之外，在其每条对角线或泛对角线上相距 3 个位置的两个数字之和都等于 50，还有八个如图 2－2～图 2－9 所示的性质，以上八个图形可在 6 阶幻方之王中任意截取，包括跨边界截取。

示例如图 2－19～图 2－26 所示。

36	13	40		89		37	10	42		89
7	44	3		54		6	47	1		54
29	20	33		82		30	17	35		82
				225						225

图 2－19

44	3	49	2		98
20	33	15	34		102
9	38	14	37		98
48	5	43	6		102
					400

图 2－20

	8	41			49
3			45		48
33			19		52
	14	37			51
					200

图 2－21

20			34		54
	38	14			52
	5	43			48
16			30		46
					200

图 2－22

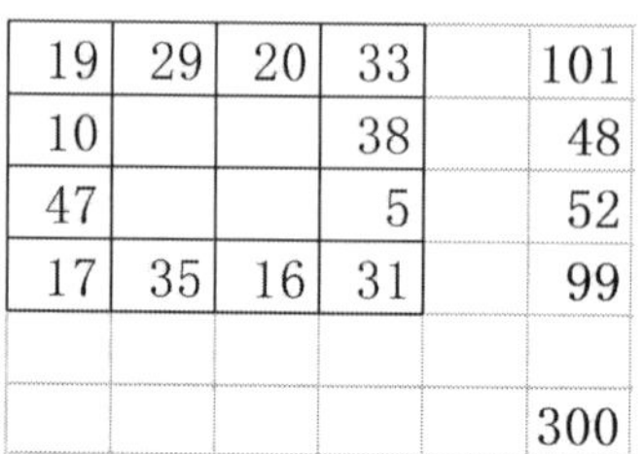

19	29	20	33		101
10			38		48
47			5		52
17	35	16	31		99
					300

图 2－23

	40				40
44	3				47
		15	34		49
		14			14
					150

图 2－24

7	44	3	49		103
29			15		44
42	9	38	14		103
					250

图 2－25

49	2	45	7		103
15			29		44
14			42		56
43			1		44
21	30	17	35		103
					350

图 2－26

6 阶方阵 E 也是一个 6 阶幻方之王，因为它有丁宗智先生所造出的 6 阶幻方之王的所有特性。读者很易验证，不再赘述。

用本节所描述的方法，我们可造出多少个不同的 6 阶幻方之王呢？可造出 3！＝6 个不同的 6 阶幻方之王。

2.2 14 阶幻方之王

我们还能构造出单偶数更高阶具有相同特性的幻方之王吗？能。

构造 14 阶幻方之王。

如何构造 14 阶幻方之王？

第 1 步，构造 14 阶方阵 A。

14 阶幻方之王由哪些数组成？

把 1～225 的自然数排成如图 2－27 所示的 15 阶方阵，去掉中间一行和中间一列的那些数，14 阶幻方之王由剩下的数构成。

1	2	3	4	5	6	7	8	9	10	11	12	13	14	15
16	17	18	19	20	21	22	23	24	25	26	27	28	29	30
31	32	33	34	35	36	37	38	39	40	41	42	43	44	45
46	47	48	49	50	51	52	53	54	55	56	57	58	59	60
61	62	63	64	65	66	67	68	69	70	71	72	73	74	75
76	77	78	79	80	81	82	83	84	85	86	87	88	89	90
91	92	93	94	95	96	97	98	99	100	101	102	103	104	105
106	107	108	109	110	111	112	113	114	115	116	117	118	119	120
121	122	123	124	125	126	127	128	129	130	131	132	133	134	135
136	137	138	139	140	141	142	143	144	145	146	147	148	149	150
151	152	153	154	155	156	157	158	159	160	161	162	163	164	165
166	167	168	169	170	171	172	173	174	175	176	177	178	179	180
181	182	183	184	185	186	187	188	189	190	191	192	193	194	195
196	197	198	199	200	201	202	203	204	205	206	207	208	209	210
211	212	213	214	215	216	217	218	219	220	221	222	223	224	225

图 2－27

把

1	2	3	4	5	6	7	9	10	11	12	13	14	15

分成个数相同、其和相等的两组

1	2	7	10	11	12	13

和

3	4	5	6	9	14	15

的两组，取图 2－27 中 1,2,7,10,11,12,13 行和 1,2,7,10,11,12,13 列交叉处的数字作为图2－28左上角的 7×7 数字方阵，图 2－27 中 1,2,7,10,11,12,13 行和 3,4,5,6,9,14,15 列交叉处的数字作为图 2－28 右上角的 7×7 数字方阵，图 2－27 中 3,4,5,6,9,14,15 行和 1,2,7,10,11,12,13 列交叉处的数字作为图 2－28 左下角的 7×7 数字方阵，图 2－27 中 3,4,5,6,9,14,15 行和 3,4,5,6,9,14,15 列交叉处的数字作为图 2－28 右下角的 7×7 数字方阵，如图 2－28 所示。

1	2	7	10	11	12	13	56
16	17	22	25	26	27	28	161
91	92	97	100	101	102	103	686
136	137	142	145	146	147	148	1001
151	152	157	160	161	162	163	1106
166	167	172	175	176	177	178	1211
181	182	187	190	191	192	193	1316
742	749	784	805	812	819	826	

3	4	5	6	9	14	15	56
18	19	20	21	24	29	30	161
93	94	95	96	99	104	105	686
138	139	140	141	144	149	150	1001
153	154	155	156	159	164	165	1106
168	169	170	171	174	179	180	1211
183	184	185	186	189	194	195	1316
756	763	770	777	798	833	840	

31	32	37	40	41	42	43	266
46	47	52	55	56	57	58	371
61	62	67	70	71	72	73	476
76	77	82	85	86	87	88	581
121	122	127	130	131	132	133	896
196	197	202	205	206	207	208	1421
211	212	217	220	221	222	223	1526
742	749	784	805	812	819	826	

33	34	35	36	39	44	45	266
48	49	50	51	54	59	60	371
63	64	65	66	69	74	75	476
78	79	80	81	84	89	90	581
123	124	125	126	129	134	135	896
198	199	200	201	204	209	210	1421
213	214	215	216	219	224	225	1526
756	763	770	777	798	833	840	

图 2－28

四个 7×7 数字方阵外的数字是相应行、列 7 个数字之和。由此四个 7×7 数字方阵构造一个行、列数字之和都等于 1582 的 14 阶方阵。左上方 7×7 数字方阵在 14 阶方阵中保持原样，右上方 7×7 数字方阵置于 14 阶方阵中左下区但由右到左，左下方 7×7 数字方阵置于 14 阶方阵中右下区但上下颠倒且由右到左，右下方 7×7 数字方阵置于 14 阶方阵中右上区但上下颠倒，得 14 阶方阵 A，如图 2－29 所示。

1	2	7	10	11	12	13	213	214	215	216	219	224	225
16	17	22	25	26	27	28	198	199	200	201	204	209	210
91	92	97	100	101	102	103	123	124	125	126	129	134	135
136	137	142	145	146	147	148	78	79	80	81	84	89	90
151	152	157	160	161	162	163	63	64	65	66	69	74	75
166	167	172	175	176	177	178	48	49	50	51	54	59	60
181	182	187	190	191	192	193	33	34	35	36	39	44	45
15	14	9	6	5	4	3	223	222	221	220	217	212	211
30	29	24	21	20	19	18	208	207	206	205	202	197	196
105	104	99	96	95	94	93	133	132	131	130	127	122	121
150	149	144	141	140	139	138	88	87	86	85	82	77	76
165	164	159	156	155	154	153	73	72	71	70	67	62	61
180	179	174	171	170	169	168	58	57	56	55	52	47	46
195	194	189	186	185	184	183	43	42	41	40	37	32	31

图 2－29　14 阶方阵 A

第 2 步，14 阶方阵 A 左右两部分各列错开得 14 阶方阵 B，如图 2－30 所示。

1	213	2	214	7	215	10	216	11	219	12	224	13	225
16	198	17	199	22	200	25	201	26	204	27	209	28	210
91	123	92	124	97	125	100	126	101	129	102	134	103	135
136	78	137	79	142	80	145	81	146	84	147	89	148	90
151	63	152	64	157	65	160	66	161	69	162	74	163	75
166	48	167	49	172	50	175	51	176	54	177	59	178	60
181	33	182	34	187	35	190	36	191	39	192	44	193	45
15	223	14	222	9	221	6	220	5	217	4	212	3	211
30	208	29	207	24	206	21	205	20	202	19	197	18	196
105	133	104	132	99	131	96	130	95	127	94	122	93	121
150	88	149	87	144	86	141	85	140	82	139	77	138	76
165	73	164	72	159	71	156	70	155	67	154	62	153	61
180	58	179	57	174	56	171	55	170	52	169	47	168	46
195	43	194	42	189	41	186	40	185	37	184	32	183	31

图 2－30　14 阶方阵 B

第 3 步，14 阶方阵 B 右半部分翻转得 14 阶方阵 C，如图 2－31 所示。

1	213	2	214	7	215	10	225	13	224	12	219	11	216
16	198	17	199	22	200	25	210	28	209	27	204	26	201
91	123	92	124	97	125	100	135	103	134	102	129	101	126
136	78	137	79	142	80	145	90	148	89	147	84	146	81
151	63	152	64	157	65	160	75	163	74	162	69	161	66
166	48	167	49	172	50	175	60	178	59	177	54	176	51
181	33	182	34	187	35	190	45	193	44	192	39	191	36
15	223	14	222	9	221	6	211	3	212	4	217	5	220
30	208	29	207	24	206	21	196	18	197	19	202	20	205
105	133	104	132	99	131	96	121	93	122	94	127	95	130
150	88	149	87	144	86	141	76	138	77	139	82	140	85
165	73	164	72	159	71	156	61	153	62	154	67	155	70
180	58	179	57	174	56	171	46	168	47	169	52	170	55
195	43	194	42	189	41	186	31	183	32	184	37	185	40

图 2－31　14 阶方阵 C

第 4 步，14 阶方阵 C 偶数列上下两部分交换得 14 阶方阵 D，如图 2－32 所示。

第 5 步，注意到 14 阶方阵 D 中第 1～7 行的数依次与第 8～14 行向右顺延 7 个位置的数对称，在第 1～7 行中任取四行作为要构建的新的 14 阶方阵 E 中的第 1，3，5，7 行，比如 14 阶方阵 D 的第 1，2，3，4 行依次作为 14 阶方阵 E 的第 1，3，5，7 行，14 阶方阵 D 第 1～7 行中剩下那三行的对称行任意取定一个顺序依次作为 14 阶方阵 E 的第 2，4，6 行，比如说 14 阶方阵 D 的第 14，13，12 行依次作为 14 阶方阵 E 的第 2，4，6 行，为了保持原有的对称性，14 阶方阵 D 第 8，7，9，6，10，5，11 行，依次作为 14 阶方阵 E 的第 8～14 行。综上得 14 阶方阵 E，如图 2－33 所示。

1	223	2	222	7	221	10	211	13	212	12	217	11	220
16	208	17	207	22	206	25	196	28	197	27	202	26	205
91	133	92	132	97	131	100	121	103	122	102	127	101	130
136	88	137	87	142	86	145	76	148	77	147	82	146	85
151	73	152	72	157	71	160	61	163	62	162	67	161	70
166	58	167	57	172	56	175	46	178	47	177	52	176	55
181	43	182	42	187	41	190	31	193	32	192	37	191	40
15	213	14	214	9	215	6	225	3	224	4	219	5	216
30	198	29	199	24	200	21	210	18	209	19	204	20	201
105	123	104	124	99	125	96	135	93	134	94	129	95	126
150	78	149	79	144	80	141	90	138	89	139	84	140	81
165	63	164	64	159	65	156	75	153	74	154	69	155	66
180	48	179	49	174	50	171	60	168	59	169	54	170	51
195	33	194	34	189	35	186	45	183	44	184	39	185	36

图 2－32　14 阶方阵 *D*

1	223	2	222	7	221	10	211	13	212	12	217	11	220		1582
195	33	194	34	189	35	186	45	183	44	184	39	185	36		1582
16	208	17	207	22	206	25	196	28	197	27	202	26	205		1582
180	48	179	49	174	50	171	60	168	59	169	54	170	51		1582
91	133	92	132	97	131	100	121	103	122	102	127	101	130		1582
165	63	164	64	159	65	156	75	153	74	154	69	155	66		1582
136	88	137	87	142	86	145	76	148	77	147	82	146	85		1582
15	213	14	214	9	215	6	225	3	224	4	219	5	216		1582
181	43	182	42	187	41	190	31	193	32	192	37	191	40		1582
30	198	29	199	24	200	21	210	18	209	19	204	20	201		1582
166	58	167	57	172	56	175	46	178	47	177	52	176	55		1582
105	123	104	124	99	125	96	135	93	134	94	129	95	126		1582
151	73	152	72	157	71	160	61	163	62	162	67	161	70		1582
150	78	149	79	144	80	141	90	138	89	139	84	140	81		1582
1582	1582	1582	1582	1582	1582	1582	1582	1582	1582	1582	1582	1582	1582		

图 2－33　14 阶方阵 *E*

14 阶方阵 E 是一个 14 阶幻方之王，因为它有 6 阶幻方之王的所有特性。

14 阶幻方之王 E 每行、每列、每条对角线或泛对角线上 14 个数字之和都等于幻方常数 1582，是一个非正规 14 阶完美幻方。为免赘述，完美性的验证留给读者。

除此之外，在其每条对角线或泛对角线上相距 7 个位置的两个数字之和都等于 226，还有八个如图 2－34～图 2－41 所示的性质。

☆	☆	☆	☆	☆	☆	☆
☆	☆	☆	☆	☆	☆	☆
☆	☆	☆	☆	☆	☆	☆
☆	☆	☆	☆	☆	☆	☆
☆	☆	☆	☆	☆	☆	☆
☆	☆	☆	☆	☆	☆	☆
☆	☆	☆	☆	☆	☆	☆

图 2－34

☆	☆	☆	☆
☆	☆	☆	☆
☆	☆	☆	☆
☆	☆	☆	☆

图 2－35

	☆	☆	
☆			☆
☆			☆
	☆	☆	

图 2－36

☆			☆
	☆	☆	
	☆	☆	
☆			☆

图 2－37

☆	☆	☆	☆
☆			☆
☆			☆
☆	☆	☆	☆

图 2－38

	☆	☆	☆				
☆	☆	☆	☆				
☆	☆	☆	☆				
☆	☆	☆	☆				
				☆	☆	☆	☆
				☆	☆	☆	☆
				☆	☆	☆	☆
				☆	☆	☆	

图 2－39

☆	☆	☆	☆	☆	☆	☆
☆						☆
☆						☆
☆						☆
☆						☆
☆						☆
☆						☆
☆	☆	☆	☆	☆	☆	☆

图 2－40

☆	☆	☆	☆	☆	☆	☆	☆
☆							☆
☆							☆
☆							☆
☆							☆
☆							☆
☆							☆
☆							☆
☆	☆	☆	☆	☆	☆	☆	☆

图 2－41

以上八个图形可在 14 阶幻方之王 E 中任意截取，包括跨边界截取，比如第 14 行视作与第 1 行相邻，第 14 列视作与第 1 列相邻。

在八个图形中有☆号的这些数字之和等于 113 × ☆的个数。

图 2－40 和图 2－41 无论直摆，还是横放，结果相同。作为例证我们在 14 阶幻方之王 E 中截取以上八个图形，依次如图 2－42～图 2－49 所示。

179	49	174	50	171	60	168		851
92	132	97	131	100	121	103		776
164	64	159	65	156	75	153		836
137	87	142	86	145	76	148		821
14	214	9	215	6	225	3		686
182	42	187	41	190	31	193		866
29	199	24	200	21	210	18		701
		113	×	49				5537

图 2－42

49	174	50	171		444
132	97	131	100		460
64	159	65	156		444
87	142	86	145		460
113	×	16			1808

图 2－43

	174	50			224
132			100		232
64			156		220
	142	86			228
113	×	8			904

图 2－44

49			171		220
	97	131			228
	159	65			224
87			145		232
113	×	8			904

图 2－45

49	174	50	171		444
132			100		232
64			156		220
87	142	86	145		460
113	×	12			1356

图 2－46

	17	207	22						246
48	179	49	174						450
133	92	132	97						454
63	164	64	159						450
				86	145	76	148		455
				215	6	225	3		449
				41	190	31	193		455
				200	21	210			431
	113	×	30						3390

图 2－47

100	121	103	122	102	127	101		776
156						155		311
145						146		291
6						5		11
190						191		381
21						20		41
175						176		351
96	135	93	134	94	129	95		776
	113	×	26					2938

图 2－48

189	35	186	45	183	44	184	39		905
22							202		224
174							54		228
97							127		224
159							69		228
142							82		224
9							219		228
187							37		224
24	200	21	210	18	209	19	204		905
	113	×	30						3390

图 2－49

横放的图 2－41 的实例如图 2－50 所示。

133	92	132	97	131	100	121	103	122		1031
63								74		137
88								77		165
213								224		437
43								32		75
198								209		407
58								47		105
123	104	124	99	125	96	135	93	134		1033
		113	×	30						3390

图 2－50

所以 14 阶方阵 E 的确是一个 14 阶幻方之王。用本节所描述的方法，我们可造出多少个不同的 14 阶幻方之王呢？可造出 7！＝5040 个不同的 14 阶幻方之王。

2.3 构造 $6+8n$ 阶幻方之王的方法

如何构造 $6+8n$ 阶（其中，$n=0,1,2,\cdots$）幻方之王？为使读者更清晰地了解方法，我们先扼要讲一下如何构造 22 阶幻方之王。

第 1 步，构造 22 阶方阵 A。把 1～529 的自然数按从左到右、从上到下的顺序排成一个 23×23 的数字方阵，去掉中间一行和中间一列的那些数，22 阶幻方之王由剩下的数构成。

把 1，2，3，4，5，6，7，8，9，10，11；13，14，15，16，17，18，19，20，21，22，23 分成个数相同、其和相等的两组

1	2	3	10	11	15	16	17	18	19	20		132

和

4	5	6	7	8	9	13	14	21	22	23		132

的两组，取上面那个 23×23 的数字方阵中 1，2，3，10，11，15，16，17，18，19，20 行和 1，2，3，10，11，15，16，17，18，19，20 列交叉处的数字作为左上角的 11×11 数字方阵，上面那个 23×23 的数字方阵中 1，2，3，10，11，15，16，17，18，19，20 行和 4，5，6，7，8，9，13，14，21，22，23 列交叉处的数字作为右上角的 11×11 数字方阵，上面那个 23×23 的数字方阵中 4，5，6，7，8，9，13，14，21，22，23 行和 1，2，3，10，11，15，16，17，18，19，20 列交叉处的数字作为左下角的 11×11 数字方阵，上面那个 23×23 的数字方阵中 4，5，6，7，8，9，13，14，21，22，23 行和 4，5，6，7，8，9，13，14，21，22，23 列交叉处的数字作为右下角的 11×11 数字方阵。经过以上步骤，得一图形。

由此四个 11×11 数字方阵构造一个行、列数字之和都等于 5830 的 22 阶方阵。左上方 11×11 数字方阵在 22 阶方阵中保持原样。右上方 11×11 数字方阵置于 22 阶方阵中左下区但由右到左，左下方 11×11 数字方阵置于 22 阶方阵中右下区但上下颠倒且由右到左，右下方 11×11 数字方阵置于 22 阶方阵中右上区但上下颠倒，最终得 22 阶方阵 A。

第 2 步，22 阶方阵 A 左右两部分各列错开得 22 阶方阵 B。

第 3 步，22 阶方阵 B 右半部分翻转得 22 阶方阵 C。

第 4 步,22 阶方阵 C 偶数列上下两部分交换得 22 阶方阵 D。

第 5 步,注意到 22 阶方阵 D 中第 1 ~ 11 行的数依次与第 12 ~ 22 行向右顺延 11 个位置的数对称，在第 1 ~ 11 行中任取 6 行作为要构建的新的 22 阶方阵 E 中的第 1,3,5,7,9,11 行，22 阶方阵 D 中第 1 ~ 11 行中剩下那 5 行的对称行任意取定一个顺序依次作为 22 阶方阵 E 的第 2,4,6,8,10 行。

保持原有的对称性，安装 22 阶方阵 E 的第 12 ~ 22 行。以上所得的 22 阶方阵 E,就是所求 22 阶幻方之王。

22 阶幻方之王 E 每行、每列、每条对角线或泛对角线上 22 个数字之和都等于幻方常数 5830,是一个非正规 22 阶完美幻方。在每条对角线或泛对角线上相距 11 个位置的两个数字之和都等于 530,还有八个类似于图 2 - 2 ~ 图 2 - 9 所示的性质。

类似于图 2 - 2 的是 11 阶方阵，图 2 - 3 ~ 图 2 - 6 保持不变。类似于图 2 - 7 的是两个缺角 6 阶方阵，类似于图 2 - 8 的是 12×11 长方阵，类似于图 2 - 9 的是 13×12 长方阵。

所有八个图形有☆号的这些数字之和等于 265 × ☆的个数。

注意到从 22 阶方阵 D 到给出 22 阶方阵 E 的过程中的任意性,我们可得出 11！ = 39916800 个不同的 22 阶幻方之王。

构造 $6+8n$ 阶(其中,$n=0,1,2,\cdots$)幻方之王。

第 1 步,构造 $6+8n$ 阶方阵 A。

把 $1 \sim (7+8n)^2$ 的自然数按从左到右、从上到下的顺序排成一个$(7+8n)\times(7+8n)$的数字方阵，去掉中间一行和中间一列的那些数，$6+8n$ 阶幻方之王由剩下的数构成。

把 $1 \sim (3+4n)$;$(5+4n) \sim (7+8n)$ 的自然数分成个数同为 $3+4n$、其和相等的两组，记为第 1 组和第 2 组，在上面那个$(7+8n)\times(7+8n)$的数字方阵中,取第 1 组中数字对应的行与第 1 组中数字对应的列交叉处的数字为第 1 个$(3+4n)\times(3+4n)$ 数字方阵。取第 1 组中数字对应的行与第 2 组中数字对应的列交叉处的数字为第 2 个$(3+4n)\times(3+4n)$ 数字方阵。取第 2 组中数字对应的行与第 1 组中数字对应的列交叉处的数字为第 3 个$(3+4n)\times(3+4n)$ 数字方阵。取第 2 组中数字对应的行与第 2 组中数字对应的列交叉处的数字为第 4 个$(3+4n)\times(3+4n)$ 数字方阵。

由此四个$(3+4n)\times(3+4n)$ 数字方阵构造一个行、列数字之和都等于$((7+8n)^2+1)\cdot(3+4n)$的 $6+8n$阶方阵。$6+8n$ 阶方阵的左上角是第 1 个$(3+4n)\times(3+4n)$数字方阵,保持原样。左下角是第 2 个$(3+4n)\times(3+4n)$数字方阵,但由右到左。右上角是第 4 个$(3+4n)\times(3+4n)$数字方阵,但上下颠倒。右下角是第 3 个$(3+4n)\times(3+4n)$ 数字方阵,但上下颠倒且由右到左。经过以上步骤,得 $6+8n$ 阶方阵 A。

第 2 步,$6+8n$ 阶方阵 A 左右两部分各列错开得 $6+8n$ 阶方阵 B。

第 3 步,$6+8n$ 阶方阵 B 右半部分翻转得 $6+8n$ 阶方阵 C。

第 4 步,$6+8n$ 阶方阵 C 偶数列上下两部分交换得 $6+8n$ 阶方阵 D。

第 5 步，注意到 $6+8n$ 阶方阵 D 中第 $1 \sim 3+4n$ 行依次与第$(4+4n) \sim (6+8n)$ 行向右顺延 $3+4n$ 个位置对称，在第 $1 \sim 3+4n$ 行中任取 $2+2n$ 行作为要构建的新的$6+8n$阶方阵 E 中的第 $1,3,5,\cdots,3+4n$ 行，$6+8n$阶方阵 D 第 $1 \sim 3+4n$ 行中剩下那 $1+2n$ 行的对称行任意取定一个顺序依次作为 $6+8n$ 阶方阵 E 的第 $2,4,6,\cdots,2+4n$ 行。

保持原有的对称性，安装 $6+8n$ 阶方阵 E 的第 $(4+4n) \sim (6+8n)$ 行。以上所得的 $6+8n$ 阶方阵 E,就是所求 $6+8n$ 阶幻方之王。

$6+8n$ 阶幻方之王 E 每行、每列、每条对角线或泛对角线上 $6+8n$ 个数字之和都等于幻方常数$((7+8n)^2+1)\cdot(3+4n)$,是一个非正规的 $6+8n$ 阶完美幻方。在每条对角线或泛对角线上相距 $3+4n$ 个位置的两个数字之和都等于$(7+8n)^2+1$,还有八个类似于图2－2～图2－9所示的性质。

类似于图2－2的是$3+4n$阶方阵，图2－3～图2－6保持不变，类似于图2－7的是两个缺角的$2(n+1)$阶方阵，类似于图2－8的是$(4+4n)\times(3+4n)$长方阵，类似于图2－9的是$(5+4n)\times(4+4n)$长方阵。

所有八个图形有☆号的这些数字之和等于$\frac{1}{2}((7+8n)^2+1)\times$☆的个数。

注意到从$6+8n$阶方阵D到给出$6+8n$阶方阵E的过程中的任意性,我们可得出$(3+4n)!$个不同的$6+8n$阶幻方之王。

第 3 章　普朗克型单偶数阶完美幻方和对称幻方

单偶数阶的正规幻方不可能构成完美幻方或对称幻方。如果要求生成单偶数阶的完美幻方或对称幻方,那就只能用非连续数了。随意用一些非连续数去构造单偶数阶的完美幻方或对称幻方,既无理论价值亦无实际意义。普朗克(C. Planck)在 1919 年提出了一种用最接近于连续数的非连续数构成单偶的 n 阶完美幻方或对称幻方的简便方法。但事实上囿于客观条件,我们也还未能见到构造普朗克型幻方,哪怕是 6 阶普朗克型幻方的方法。退而求其次,我们提出用“接近度”(稍逊于普朗克方法)的非连续数构成单偶的 n 阶完美幻方或对称幻方的方法。

所谓的 $n=2(2m+1)$(m 是正整数)单偶数阶普朗克型完美幻方,指的是这样的完美幻方——在其中任取一个 $(2m+1)\times(2m+1)$ 的小方阵,其 $(2m+1)^2$ 个数之和相等。

3.1　普朗克型 6 阶完美幻方和对称幻方

普朗克型 6 阶完美幻方和对称幻方是如何构造出来的?

普朗克型 6 阶完美幻方

第 1 步,这两个幻方由如下数字组成，如图 3 – 1 所示。

1	7		11	17		21	27		31	37
2	8		12	18		22	28		32	38
3	9		13	19		23	29		33	39
4			14			24			34	
5			15			25			35	
6			16			26			36	

图 3 – 1

其中有 18 对数，两数之和为 40 的一对数称之为对称数。

第 2 步,把上述 36 个数字分为个数相同、其和亦相等的两组数，对称数不可处于同一组中。把图 3 – 1 灰方格中的数字排成三行，各行数字之和相等,且各列 3 个数字之和两两相等，其和相等的两列置于相距 3 个位置之处，如图 3 – 2 所示。

26	8	28	21	1	36		120
22	29	34	9	24	2		120
7	23	3	25	35	27		120
55	60	65	55	60	65		

图 3 – 2

第 3 步,根据对角线或泛对角线上相距 3 个位置的两个数字之和等于 40 的原则，很易得出方阵的第 4,

5 和 6 行，所得方阵就是普朗克型 6 阶完美幻方，如图 3－3 所示。

26	8	28	21	1	36		120
22	29	34	9	24	2		120
7	23	3	25	35	27		120
19	39	4	14	32	12		120
31	16	38	18	11	6		120
15	5	13	33	17	37		120
120	120	120	120	120	120		

图 3－3　普朗克型 6 阶完美幻方

普朗克型 6 阶完美幻方完美性的验算如图 3－4 和 3－5 所示。

26	29	3	14	11	37		120
22	23	4	18	17	36		120
7	39	38	33	1	2		120
19	16	13	21	24	27		120
31	5	28	9	35	12		120
15	8	34	25	32	6		120

图 3－4

36	24	25	4	16	15		120
2	35	14	38	5	26		120
27	32	18	13	8	22		120
12	11	33	28	29	7		120
6	17	21	34	23	19		120
37	1	9	3	39	31		120

图 3－5

由于上半部分其和相等的两列置于相距 3 个位置之处，且左右两部分 9 个数字之和都等于 180，所以在普朗克型 6 阶完美幻方中任取一个 3×3 的方阵，包括跨边界的 3×3 的方阵，其中 9 个数字之和都等于 180。示例如图 3－6 所示。

11	6	31		48		3	25	35		63
17	37	15		69		4	14	32		50
1	36	26		63		38	18	11		67
				180						180

图 3－6

普朗克型 6 阶对称幻方

当我们把上述第 2 步中其和相等的两列置于中心对称位置之处，如图 3－7 所示。

26	8	28	36	1	21		120
22	29	34	2	24	9		120
7	23	3	27	35	25		120
55	60	65	65	60	55		

图 3－7

根据中心对称位置上两个数字之和等于 40 的原则，很易得出方阵的第 4,5 和 6 行。根据以上步骤,所得方阵就是普朗克型 6 阶对称幻方，如图 3－8 所示。

26	8	28	36	1	21		120
22	29	34	2	24	9		120
7	23	3	27	35	25		120
15	5	13	37	17	33		120
31	16	38	6	11	18		120
19	39	4	12	32	14		120
120	120	120	120	120	120		

图 3－8　普朗克型 6 阶对称幻方

由于第 2 步中存在一定的随意性,我们可得到多个不同的普朗克型 6 阶完美幻方和普朗克型 6 阶对称幻方。

3.2　普朗克型 10 阶完美幻方和对称幻方

普朗克型 10 阶完美幻方和对称幻方是如何构造出来的?

普朗克型 10 阶完美幻方

第 1 步,这两个幻方由如下数字组成，如图 3－9 所示。

1	11	21		31	41	51		61	71	81		91	101	111
2	12	22		32	42	52		62	72	82		92	102	112
3	13	23		33	43	53		63	73	83		93	103	113
4	14	24		34	44	54		64	74	84		94	104	114
5	15	25		35	45	55		65	75	85		95	105	115
6	16			36	46			66	76			96	106	
7	17			37	47			67	77			97	107	
8	18			38	48			68	78			98	108	
9	19			39	49			69	79			99	109	
10	20			40	50			70	80			100	110	

图 3－9

其中 50 对数，两数之和为 116，称之为对称数。

第 2 步,把上述 100 个数字分为个数相同、其和亦相等的两组数，对称数不可处于同一组中。把图 3－9

灰方格中的数字排成五行，各行数字之和相等，且各列5个数字之和两两相等、其和相等的两列置于相距5个位置之处，过程如图3－10～图3－12所示。

1	9	10	31	39	70	61	69	130
2	7	9	32	37	69	62	67	129
3	10	13	33	40	73	63	70	133
4	8	12	34	38	72	64	68	132
5	6	11	35	36	71	65	66	131

71	94	165	96	104	200
72	92	164	97	102	199
73	95	168	98	105	203
74	93	167	99	103	202
75	91	166	100	101	201

图3－10

1	9	32	37	63	70	74	93	100	101		580
2	7	33	40	64	68	75	91	96	104		580
3	10	34	38	65	66	71	94	97	102		580
4	8	35	36	61	69	72	92	98	105		580
5	6	31	39	62	67	73	95	99	103		580

图3－11

32	37	63	70	1	74	93	100	101	9		580
64	68	75	91	33	96	104	2	7	40		580
71	94	97	102	65	3	10	34	38	66		580
98	105	4	8	92	35	36	61	69	72		580
5	6	31	39	99	62	67	73	95	103		580
270	310	270	310	290	270	310	270	310	290		

图3－12

第3步，根据对角线或泛对角线上相距5个位置的两个数字之和等于116的原则，很易得出方阵的第6,7,8,9行和第10行，所得方阵就是普朗克型10阶完美幻方，如图3－13所示。

32	37	63	70	1	74	93	100	101	9		580
64	68	75	91	33	96	104	2	7	40		580
71	94	97	102	65	3	10	34	38	66		580
98	105	4	8	92	35	36	61	69	72		580
5	6	31	39	99	62	67	73	95	103		580
42	23	16	15	107	84	79	53	46	115		580
20	12	114	109	76	52	48	41	25	83		580
113	106	82	78	50	45	22	19	14	51		580
81	80	55	47	44	18	11	112	108	24		580
54	49	43	21	13	111	110	85	77	17		580
580	580	580	580	580	580	580	580	580	580		

图3－13 普朗克型10阶完美幻方

普朗克型 10 阶完美幻方完美性的验算如图 3 – 14 和图 3 – 15 所示。

32	68	97	8	99	84	48	19	108	17		580
64	94	4	39	107	52	22	112	77	9		580
71	105	31	15	76	45	11	85	101	40		580
98	6	16	109	50	18	110	100	7	66		580
5	23	114	78	44	111	93	2	38	72		580
42	12	82	47	13	74	104	34	69	103		580
20	106	55	21	1	96	10	61	95	115		580
113	80	43	70	33	3	36	73	46	83		580
81	49	63	91	65	35	67	53	25	51		580
54	37	75	102	92	62	79	41	14	24		580

图 3 – 14

9	7	34	36	62	107	109	82	80	54		580
40	38	61	67	84	76	78	55	49	32		580
66	69	73	79	52	50	47	43	37	64		580
72	95	53	48	45	44	21	63	68	71		580
103	46	41	22	18	13	70	75	94	98		580
115	25	19	11	111	1	91	97	105	5		580
83	14	112	110	74	33	102	4	6	42		580
51	108	85	93	96	65	8	31	23	20		580
24	77	100	104	3	92	39	16	12	113		580
17	101	2	10	35	99	15	114	106	81		580

图 3 – 15

由于上半部分其和相等的两列置于相距 5 个位置之处，且左右两边各 25 个数字之和都等于 1450，所以在普朗克型 10 阶完美幻方中任取一个 5 × 5 的方阵，包括跨边界的 5 × 5 的方阵，其中 25 个数字之和都等于 1450。示例如图 3 – 16 和图 3 – 17 所示。

14	51	113	106	82		366
108	24	81	80	55		348
77	17	54	49	43		240
101	9	32	37	63		242
7	40	64	68	75		254
						1450

图 3 – 16

94	97	102	65	3		361
105	4	8	92	35		244
6	31	39	99	62		237
23	16	15	107	84		245
12	114	109	76	52		363
						1450

图 3 – 17

普朗克型 10 阶对称幻方

当我们把上述第 2 步中其和相等的两列置于中心对称位置之处，如图 3 – 18 所示。

32	37	63	70	1	9	93	100	101	74		580
64	68	75	91	33	40	104	2	7	96		580
71	94	97	102	65	66	10	34	38	3		580
98	105	4	8	92	72	36	61	69	35		580
5	6	31	39	99	103	67	73	95	62		580
270	310	270	310	290	290	310	270	310	270		

图 3 – 18

根据中心对称位置上两个数字之和等于 116 的原则，很易得出方阵的第 6，7，8，9 和 10 行，所得方阵就是普朗克型 10 阶对称幻方，如图 3 – 19 所示。

32	37	63	70	1	9	93	100	101	74		580
64	68	75	91	33	40	104	2	7	96		580
71	94	97	102	65	66	10	34	38	3		580
98	105	4	8	92	72	36	61	69	35		580
5	6	31	39	99	103	67	73	95	62		580
54	21	43	49	13	17	77	85	110	111		580
81	47	55	80	44	24	108	112	11	18		580
113	78	82	106	50	51	14	19	22	45		580
20	109	114	12	76	83	25	41	48	52		580
42	15	16	23	107	115	46	53	79	84		580
580	580	580	580	580	580	580	580	580	580		

图 3 – 19　普朗克型 10 阶对称幻方

由于第 2 步中存在一定的随意性，我们可得到多个不同的普朗克型 10 阶完美幻方和普朗克型 10 阶对称幻方。

3.3　普朗克型 14 阶完美幻方和对称幻方

普朗克型 14 阶完美幻方和对称幻方是如何构造出来的？

普朗克型 14 阶完美幻方

第 1 步，这两个幻方由如下数字组成，如图 3 – 20 所示。

1	8	15	22	29	36	43
2	9	16	23	30	37	44
3	10	17	24	31	38	45
4	11	18	25	32	39	46
5	12	19	26	33	40	47
6	13	20	27	34	41	48
7	14	21	28	35	42	49

51	58	65	72	79	86	93
52	59	66	73	80	87	94
53	60	67	74	81	88	95
54	61	68	75	82	89	96
55	62	69	76	83	90	97
56	63	70	77	84	91	98
57	64	71	78	85	92	99

101	108	115	122	129	136	143
102	109	116	123	130	137	144
103	110	117	124	131	138	145
104	111	118	125	132	139	146
105	112	119	126	133	140	147
106	113	120	127	134	141	148
107	114	121	128	135	142	149

151	158	165	172	179	186	193
152	159	166	173	180	187	194
153	160	167	174	181	188	195
154	161	168	175	182	189	196
155	162	169	176	183	190	197
156	163	170	177	184	191	198
157	164	171	178	185	192	199

图 3－20

其中 98 对数，两数之和为 200，称之为对称数。

第 2 步，把上述 196 个数字分为个数相同、其和亦相等的两组数，对称数不可处于同一组中。把图 3－20灰方格中的数字排成 7 行，各行数字之和相等，且各列 7 个数字之和两两相等、其和相等的两列置于相距 7 个位置之处，过程如图 3－21～图 3－25 所示。

15	27	42	29	63	92	65	77	142	79	91	170
16	25	41	30	61	91	66	75	141	80	89	169
17	23	40	31	59	90	67	73	140	81	87	168
18	28	46	32	64	96	68	78	146	82	92	174
19	26	45	33	62	95	69	76	145	83	90	173
20	24	44	34	60	94	70	74	144	84	88	172
21	22	43	35	58	93	71	72	143	85	86	171

101	148	249	151	163	314	186	198	384
102	146	248	152	161	313	187	196	383
103	144	247	153	159	312	188	194	382
104	149	253	154	164	318	189	199	388
105	147	252	155	162	317	190	197	387
106	145	251	156	160	316	191	195	386
107	143	250	157	158	315	192	193	385

图 3－21

15	27	30	61	67	73	82	92	105	147	156	160	192	193		1400
16	25	31	59	68	78	83	90	106	145	157	158	186	198		1400
17	23	32	64	69	76	84	88	107	143	151	163	187	196		1400
18	28	33	62	70	74	85	86	101	148	152	161	188	194		1400
19	26	34	60	71	72	79	91	102	146	153	159	189	199		1400
20	24	35	58	65	77	80	89	103	144	154	164	190	197		1400
21	22	29	63	66	75	81	87	104	149	155	162	191	195		1400

图 3－22

15	27	30	61	67	73	82	92	105	147	156	160	192	193		1400
31	59	68	78	83	90	106	145	157	158	186	198	16	25		1400
69	76	84	88	107	143	151	163	187	196	17	23	32	64		1400
85	86	101	148	152	161	188	194	18	28	33	62	70	74		1400
102	146	153	159	189	199	19	26	34	60	71	72	79	91		1400
154	164	190	197	20	24	35	58	65	77	80	89	103	144		1400
191	195	21	22	29	63	66	75	81	87	104	149	155	162		1400
647	753	647	753	647	753	647	753	647	753	647	753	647	753		

图 3－23

15	27	30	61	67	73	82	92	147	105	156	160	192	193		1400
31	59	68	78	83	90	106	145	158	157	186	198	16	25		1400
69	76	84	88	107	143	151	163	187	196	17	23	32	64		1400
85	86	101	148	152	161	188	194	28	18	33	62	70	74		1400
102	146	153	159	189	199	19	26	34	60	71	72	79	91		1400
154	164	190	197	20	24	35	58	65	77	80	89	103	144		1400
191	195	21	22	29	63	66	75	81	87	104	149	155	162		1400
647	753	647	753	647	753	647	753	700	700	647	753	647	753		

图 3－24

15	27	30	61	67	73	147	82	92	156	160	192	193	105		1400
31	59	68	78	83	90	158	106	145	186	198	16	25	157		1400
69	76	84	88	107	143	187	151	163	17	23	32	64	196		1400
85	86	101	148	152	161	28	188	194	33	62	70	74	18		1400
102	146	153	159	189	199	34	19	26	71	72	79	91	60		1400
154	164	190	197	20	24	65	35	58	80	89	103	144	77		1400
191	195	21	22	29	63	81	66	75	104	149	155	162	87		1400
647	753	647	753	647	753	700	647	753	647	753	647	753	700		

图 3－25

第 3 步，根据对角线或泛对角线上相距 7 个位置的两个数字之和等于 200 的原则，很易得出方阵的第 8，9，10，11，12，13 和第 14 行，所得方阵就是普朗克型 14 阶完美幻方，如图 3－26 所示。

15	27	30	61	67	73	147	82	92	156	160	192	193	105		1400
31	59	68	78	83	90	158	106	145	186	198	16	25	157		1400
69	76	84	88	107	143	187	151	163	17	23	32	64	196		1400
85	86	101	148	152	161	28	188	194	33	62	70	74	18		1400
102	146	153	159	189	199	34	19	26	71	72	79	91	60		1400
154	164	190	197	20	24	65	35	58	80	89	103	144	77		1400
191	195	21	22	29	63	81	66	75	104	149	155	162	87		1400
118	108	44	40	8	7	95	185	173	170	139	133	127	53		1400
94	55	14	2	184	175	43	169	141	132	122	117	110	42		1400
49	37	183	177	168	136	4	131	124	116	112	93	57	13		1400
12	6	167	138	130	126	182	115	114	99	52	48	39	172		1400
181	174	129	128	121	109	140	98	54	47	41	11	1	166		1400
165	142	120	111	97	56	123	46	36	10	3	180	176	135		1400
134	125	96	51	45	38	113	9	5	179	178	171	137	119		1400
1400	1400	1400	1400	1400	1400	1400	1400	1400	1400	1400	1400	1400	1400		

图 3－26　普朗克型 14 阶完美幻方

普朗克型 14 阶完美幻方完美性的验算如图 3－27 和图 3－28 所示。

15	59	84	148	189	24	81	185	141	116	52	11	176	119		1400
31	76	101	159	20	63	95	169	124	99	41	180	137	105		1400
69	86	153	197	29	7	43	131	114	47	3	171	193	157		1400
85	146	190	22	8	175	4	115	54	10	178	192	25	196		1400
102	164	21	40	184	136	182	98	36	179	160	16	64	18		1400
154	195	44	2	168	126	140	46	5	156	198	32	74	60		1400
191	108	14	177	130	109	123	9	92	186	23	70	91	77		1400
118	55	183	138	121	56	113	82	145	17	62	79	144	87		1400
94	37	167	128	97	38	147	106	163	33	72	103	162	53		1400
49	6	129	111	45	73	158	151	194	71	89	155	127	42		1400
12	174	120	51	67	90	187	188	26	80	149	133	110	13		1400
181	142	96	61	83	143	28	19	58	104	139	117	57	172		1400
165	125	30	78	107	161	34	35	75	170	122	93	39	166		1400
134	27	68	88	152	199	65	66	173	132	112	48	1	135		1400

图 3－27

由于上半部分其和相等的两列置于相距 7 个位置之处，且左右两边各 49 个数字之和都等于 4900，所以在普朗克型 14 阶完美幻方中任取一个 7×7 的方阵，包括跨边界的 7×7 的方阵，其中 49 个数字之和都等于 4900。示例如图 3－29 和图 3－30 所示。

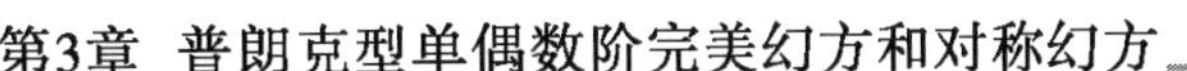

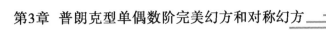

105	25	32	62	71	58	66	95	175	168	138	129	142	134		1400
157	64	70	72	80	75	185	43	136	130	128	120	125	15		1400
196	74	79	89	104	173	169	4	126	121	111	96	27	31		1400
18	91	103	149	170	141	131	182	109	97	51	30	59	69		1400
60	144	155	139	132	124	115	140	56	45	61	68	76	85		1400
77	162	133	122	116	114	98	123	38	67	78	84	86	102		1400
87	127	117	112	99	54	46	113	73	83	88	101	146	154		1400
53	110	93	52	47	36	9	147	90	107	148	153	164	191		1400
42	57	48	41	10	5	82	158	143	152	159	190	195	118		1400
13	39	11	3	179	92	106	187	161	189	197	21	108	94		1400
172	1	180	178	156	145	151	28	199	20	22	44	55	49		1400
166	176	171	160	186	163	188	34	24	29	40	14	37	12		1400
135	137	192	198	17	194	19	65	63	8	2	183	6	181		1400
119	193	16	23	33	26	35	81	7	184	177	167	174	165		1400

图 3－28

39	172	12	6	167	138	130		664
1	166	181	174	129	128	121		900
176	135	165	142	120	111	97		946
137	119	134	125	96	51	45		707
193	105	15	27	30	61	67		498
25	157	31	59	68	78	83		501
64	196	69	76	84	88	107		684
								4900

图 3－29

187	151	163	17	23	32	64		637
28	188	194	33	62	70	74		649
34	19	26	71	72	79	91		392
65	35	58	80	89	103	144		574
81	66	75	104	149	155	162		792
95	185	173	170	139	133	127		1022
43	169	141	132	122	117	110		834
								4900

图 3－30

普朗克型 14 阶对称幻方

当我们把上述第 2 步中其和相等的两列置于中心对称位置之处，如图 3－31 所示。

30	61	67	73	82	92	147	105	160	192	193	15	27	156		1400
68	78	83	90	106	145	158	157	198	16	25	31	59	186		1400
84	88	107	143	151	163	187	196	23	32	64	69	76	17		1400
101	148	152	161	188	194	28	18	62	70	74	85	86	33		1400
153	159	189	199	19	26	34	60	72	79	91	102	146	71		1400
190	197	20	24	35	58	65	77	89	103	144	154	164	80		1400
21	22	29	63	66	75	81	87	149	155	162	191	195	104		1400
647	753	647	753	647	753	700	700	753	647	753	647	753	647		

图 3－31

根据中心对称位置上两个数字之和等于 200 的原则，很易得出方阵的第 8，9，10，11，12，13 和 14 行，所得方阵就是普朗克型 14 阶对称幻方，如图 3－32 所示。

30	61	67	73	82	92	147	105	160	192	193	15	27	156		1400
68	78	83	90	106	145	158	157	198	16	25	31	59	186		1400
84	88	107	143	151	163	187	196	23	32	64	69	76	17		1400
101	148	152	161	188	194	28	18	62	70	74	85	86	33		1400
153	159	189	199	19	26	34	60	72	79	91	102	146	71		1400
190	197	20	24	35	58	65	77	89	103	144	154	164	80		1400
21	22	29	63	66	75	81	87	149	155	162	191	195	104		1400
96	5	9	38	45	51	113	119	125	134	137	171	178	179		1400
120	36	46	56	97	111	123	135	142	165	176	180	3	10		1400
129	54	98	109	121	128	140	166	174	181	1	11	41	47		1400
167	114	115	126	130	138	182	172	6	12	39	48	52	99		1400
183	124	131	136	168	177	4	13	37	49	57	93	112	116		1400
14	141	169	175	184	2	43	42	55	94	110	117	122	132		1400
44	173	185	7	8	40	95	53	108	118	127	133	139	170		1400
1400	1400	1400	1400	1400	1400	1400	1400	1400	1400	1400	1400	1400	1400		

图 3－32　普朗克型 14 阶对称幻方

由于第 2 步中存在一定的随意性，我们可得到多个不同的普朗克型 14 阶完美幻方和普朗克型 14 阶对称幻方。

对于更高阶的普朗克型单偶数阶完美幻方和普朗克型单偶数阶对称幻方，你知道怎样构造了吗？试一试，你会成功的。

第 4 章　单偶镶双偶

2008 年北京奥运会，首次颁发了金镶玉式样的奖牌，引发了人们广泛的关注与兴趣，于是金镶玉、玉镶金的饰物就更得到人们的青睐，并流行起来。这也不难理解，在中华传统文化的观念中，以玉比德，以金喻福，金玉良缘，它是祝福的化身。这样美好的事物，幻方中同样存在，那就是同心亲子幻方。

这里的单偶镶双偶，指的是单偶数阶同心亲子幻方。经典的构造是由给定的双偶数阶幻方得出单偶数阶同心亲子幻方的镶边法，其所镶边上数字的填法有原则，但无具体方法，就如同瞎子摸象那样，不知子丑寅卯。如果需靠运气才能成功，那么对于单偶数高阶同心亲子幻方而言，那就未必有此种运气了。

本章讲述由给定的双偶数阶幻方得出单偶数阶同心亲子幻方的代码法，对于任何双偶数阶幻方都简单适用，不必再靠运气。我们这种方法的特点是借助代码进行镶边，而且镶边时外层数字的安装不必经过反复试探来确定，按我们给出的规则直接填写即可。

当然，这也是一种构造单偶数阶幻方的方法。

4.1　由 4 阶幻方得 6 阶同心亲子幻方

第 1 步，给定一个 4 阶最完美幻方，如图 4－1 所示。

3	6	15	10
13	12	1	8
2	7	14	11
16	9	4	5

图 4－1　4 阶最完美幻方

因为我们要构造的是 $n=2m=6$ 阶的幻方，所以图 4－1 所示的幻方中的每一个数都要加 $2\cdot(6-1)=10$，加 10 后的加值幻方，如图 4－2 所示。

13	16	25	20
23	22	11	18
12	17	24	21
26	19	14	15

图 4－2　加值后的 4 阶最完美幻方

第 2 步，构造空心的 6 阶代码方阵 A。

以 $a(i,j)(i,j=1,2,\cdots,6)$ 表示代码方阵 A 的位于第 i 行、第 j 列的元素，按以下规则安装代码方阵 A 边框上的各个元素

$$a(1,1+h)=(-1)^{[\frac{h}{2}]+1}(2\cdot 3^2-2\cdot 2+1+h)$$

其中 $h=0,1,2,3$，即

$$a(1,1)=-15,a(1,2)=-16,a(1,3)=17,a(1,4)=18$$

$$a(1,5)=2\cdot 3^2-4\cdot 2=10, a(1,6)=-(2\cdot 3^2-2\cdot 2)=-14$$

$$a(1+h,1)=(-1)^{[\frac{h}{2}]+1}(2\cdot 3^2-2\cdot 2-h)$$

其中 $h=1,2,3$，即

$$a(2,1)=-13, a(3,1)=12, a(4,1)=11$$

$$a(5,1)=-(2\cdot 3^2-4\cdot 2-1)=-9$$

$$a(6,1)=2\cdot 3^2-2\cdot 2=14$$

在双对称的位置上取相反数(代码)。所谓"双对称"，指的是空心方阵位于对角线上的数中心对称。除四个角外第一行的其余数字与最下面一行相应数字，以中间一"行"为轴，轴对称。除四个角外第一列的其余数字与最右边一列相应数字，以中间一"列"为轴，轴对称。经过以上步骤，得所求 6 阶镶边幻方最外一圈的代码，称之为空心的 6 阶代码方阵 A，如图 4－3 所示。

−15	−16	17	18	10	−14
−13					13
12					−12
11					−11
−9					9
14	16	−17	−18	−10	15

图 4－3　空心的 6 阶代码方阵 A

第 3 步，注意到对于 6 阶方阵，1～18 对应的代码依次为－18～－1；19～36 对应的代码依次为 1～18。把图 4－3 中的代码换成与其相应的自然数后，再把图 4－2 镶入其中，得到的 6 阶镶边幻方，如图 4－4 所示。

4	3	35	36	28	5		111
6	13	16	25	20	31		111
30	23	22	11	18	7		111
29	12	17	24	21	8		111
10	26	19	14	15	27		111
32	34	2	1	9	33		111
111	111	111	111	111	111		

图 4－4　6 阶同心亲子幻方

两对角线上数字之和的验算，如图 4－5 所示。

4	13	22	24	15	33		111
5	20	11	17	26	32		111

图 4－5

图 4－4 中的方阵本身是一个幻方常数为 111 的正规的 6 阶幻方，包含一个同心的幻方常数为 74 的非正规 4 阶最完美幻方。

注意，图 4－3 的空心的 6 阶代码方阵 A 对一切 4 阶幻方都是适用的，如图 4－6 是又一个 4 阶最完美幻方，其加值后的 4 阶最完美幻方，如图 4－7 所示。

11	2	7	14
8	13	12	1
10	3	6	15
5	16	9	4

图 4-6 4 阶最完美幻方

21	12	17	24
18	23	22	11
20	13	16	25
15	26	19	14

图 4-7 加值后的 4 阶最完美幻方

由其得到的 6 阶同心亲子幻方，如图 4-8 所示。

4	3	35	36	28	5		111
6	21	12	17	24	31		111
30	18	23	22	11	7		111
29	20	13	16	25	8		111
10	15	26	19	14	27		111
32	34	2	1	9	33		111
111	111	111	111	111	111		

图 4-8 6 阶同心亲子幻方

两对角线上数字之和的验算，如图 4-9 所示。

4	21	23	16	14	33		111
5	24	22	13	15	32		111

图 4-9

图 4-8 与图 4-4 的边框是相同的。

4.2 由 8 阶幻方得 10 阶同心亲子幻方

第 1 步，给定一个 8 阶最完美幻方，如图 4-10 所示。

因为我们要构造的是 $n=2m=10$ 阶的幻方，所以图 4-10 幻方中的每一个数都要加 $2\cdot(10-1)=18$，加 18 后的加值幻方，如图 4-11 所示。

6	11	22	27	62	51	46	35
57	56	41	40	1	16	17	32
5	12	21	28	61	52	45	36
63	50	47	34	7	10	23	26
3	14	19	30	59	54	43	38
64	49	48	33	8	9	24	25
4	13	20	29	60	53	44	37
58	55	42	39	2	15	18	31

图 4－10　8 阶最完美幻方

24	29	40	45	80	69	64	53
75	74	59	58	19	34	35	50
23	30	39	46	79	70	63	54
81	68	65	52	25	28	41	44
21	32	37	48	77	72	61	56
82	67	66	51	26	27	42	43
22	31	38	47	78	71	62	55
76	73	60	57	20	33	36	49

图 4－11　加值后的 8 阶最完美幻方

第 2 步，构造空心的 10 阶代码方阵 A。

以 $a(i,j)(i,j=1,2,\cdots,10)$表示代码方阵 A 的位于第 i 行、第 j 列的元素，按以下规则安装代码方阵 A 边框上的各个元素

$$a(1,1+h)=(-1)^{\left[\frac{h}{2}\right]+1}(2m^2-2m+3+h)$$

其中 $h=0,1,\cdots,7$，即

$$a(1,1)=-43,a(1,2)=-44,a(1,3)=45,a(1,4)=46$$

$$a(1,5)=-47,a(1,6)=-48,a(1,7)=49,a(1,8)=50$$

$$a(1,9)=2\cdot 5^2-4\cdot 5+4=34,a(1,10)=-2\cdot 5^2+2\cdot 5-2=-42$$

$$a(1+h,1)=(-1)^{\left[\frac{h}{2}\right]+1}(2m^2-2m+2-h)$$

其中 $h=1,2,\cdots,7$，即

$$a(2,1)=-41,a(3,1)=40,a(4,1)=39,a(5,1)=-38$$

$$a(6,1)=-37,a(7,1)=36,a(8,1)=35$$

$$a(9,1)=-2\cdot 5^2+2\cdot 10-3=-33,a(10,1)=2\cdot 5^2-2\cdot 5+2=42$$

在双对称的位置上取相反数(代码)，得所求 10 阶镶边幻方最外一圈的代码，称之为空心的 10 阶代码方阵 A，如图 4－12 所示。

第 3 步，注意到对于 10 阶方阵，1～50 对应的代码依次为 －50～－1；51～100 对应的代码依次为 1～50。把图 4－12 中的代码换成与其相应的自然数后，再把图 4－11 镶入其中，得到的 10 阶镶边幻方，如图 4－13 所示。

两对角线上数字之和的验算，如图 4－14 所示。

-43	-44	45	46	-47	-48	49	50	34	-42
-41									41
40									-40
39									-39
-38									38
-37									37
36									-36
35									-35
-33									33
42	44	-45	-46	47	48	-49	-50	-34	43

图 4－12　空心的 10 阶代码方阵 *A*

8	7	95	96	4	3	99	100	84	9		505
10	24	29	40	45	80	69	64	53	91		505
90	75	74	59	58	19	34	35	50	11		505
89	23	30	39	46	79	70	63	54	12		505
13	81	68	65	52	25	28	41	44	88		505
14	21	32	37	48	77	72	61	56	87		505
86	82	67	66	51	26	27	42	43	15		505
85	22	31	38	47	78	71	62	55	16		505
18	76	73	60	57	20	33	36	49	83		505
92	94	6	5	97	98	2	1	17	93		505
505	505	505	505	505	505	505	505	505	505		

图 4－13　10 阶同心亲子幻方

8	24	74	39	52	77	27	62	49	93		505
9	53	35	70	25	48	66	31	76	92		505

图 4－14

图 4－13 中的方阵本身是一个幻方常数为 505 的正规的 10 阶幻方，包含一个同心的幻方常数为 404 的非正规 8 阶最完美幻方。

注意，图 4－12 空心的 10 阶代码方阵 *A* 对一切 8 阶幻方都是适用的，如图 4－15 是又一个 8 阶最完美幻方。

5	12	21	28	61	52	45	36
58	55	42	39	2	15	18	31
8	9	24	25	64	49	48	33
59	54	43	38	3	14	19	30
4	13	20	29	60	53	44	37
63	50	47	34	7	10	23	26
1	16	17	32	57	56	41	40
62	51	46	35	6	11	22	27

图 4－15　8 阶最完美幻方

其加值后的 8 阶最完美幻方，如图 4－16 所示。

23	30	39	46	79	70	63	54
76	73	60	57	20	33	36	49
26	27	42	43	82	67	66	51
77	72	61	56	21	32	37	48
22	31	38	47	78	71	62	55
81	68	65	52	25	28	41	44
19	34	35	50	75	74	59	58
80	69	64	53	24	29	40	45

图 4－16　加值后的 8 阶最完美幻方

由其得到的 10 阶同心亲子幻方，如图 4－17 所示。

8	7	95	96	4	3	99	100	84	9		505
10	23	30	39	46	79	70	63	54	91		505
90	76	73	60	57	20	33	36	49	11		505
89	26	27	42	43	82	67	66	51	12		505
13	77	72	61	56	21	32	37	48	88		505
14	22	31	38	47	78	71	62	55	87		505
86	81	68	65	52	25	28	41	44	15		505
85	19	34	35	50	75	74	59	58	16		505
18	80	69	64	53	24	29	40	45	83		505
92	94	6	5	97	98	2	1	17	93		505
505	505	505	505	505	505	505	505	505	505		

图 4－17　10 阶同心亲子幻方

两对角线上数字之和的验算，如图 4－18 所示。

8	23	73	42	56	78	28	59	45	93		505
9	54	36	67	21	47	65	34	80	92		505

图 4－18

图 4－17 与图 4－13 的边框是相同的。

4.3　由 12 阶幻方得 14 阶同心亲子幻方

第 1 步，给定一个 12 阶最完美幻方，如图 4－19 所示。

因为我们要构造的是 $n=2m=14$ 阶的幻方，所以图 4－19 幻方中的每一个数都要加 $2\cdot(14-1)=26$，加 26 后的加值幻方，如图 4－20 所示。

9	16	33	40	57	64	141	124	117	100	93	76
137	128	113	104	89	80	5	20	29	44	53	68
12	13	36	37	60	61	144	121	120	97	96	73
134	131	110	107	86	83	2	23	26	47	50	71
7	18	31	42	55	66	139	126	115	102	91	78
135	130	111	106	87	82	3	22	27	46	51	70
4	21	28	45	52	69	136	129	112	105	88	81
140	125	116	101	92	77	8	17	32	41	56	65
1	24	25	48	49	72	133	132	109	108	85	84
143	122	119	98	95	74	11	14	35	38	59	62
6	19	30	43	54	67	138	127	114	103	90	79
142	123	118	99	94	75	10	15	34	39	58	63

图 4－19　12 阶最完美幻方

35	42	59	66	83	90	167	150	143	126	119	102
163	154	139	130	115	106	31	46	55	70	79	94
38	39	62	63	86	87	170	147	146	123	122	99
160	157	136	133	112	109	28	49	52	73	76	97
33	44	57	68	81	92	165	152	141	128	117	104
161	156	137	132	113	108	29	48	53	72	77	96
30	47	54	71	78	95	162	155	138	131	114	107
166	151	142	127	118	103	34	43	58	67	82	91
27	50	51	74	75	98	159	158	135	134	111	110
169	148	145	124	121	100	37	40	61	64	85	88
32	45	56	69	80	93	164	153	140	129	116	105
168	149	144	125	120	101	36	41	60	65	84	89

图 4－20　加值后的 12 阶最完美幻方

第 2 步，构造空心的 14 阶代码方阵 A。

以 $a(i,j)(i,j=1,2,\cdots,14)$ 表示代码方阵 A 的位于第 i 行、第 j 列的元素，按以下规则安装代码方阵 A 边框上的各个元素

$$a(1,1+h)=(-1)^{[\frac{h}{2}]+1}(2m^2-2m+3+h)$$

其中 $h=0,1,\cdots,11$，即

$$a(1,1)=-87, a(1,2)=-88, a(1,3)=89, a(1,4)=90$$

$$a(1,5)=-91, a(1,6)=-92, a(1,7)=93, a(1,8)=94$$

$$a(1,9)=-95, a(1,10)=-96, a(1,11)=97, a(1,12)=98$$

$$a(1,13)=2\cdot 7^2-4\cdot 7+4=74$$

$$a(1,14)=-2\cdot 7^2+2\cdot 7-2=-86$$

$$a(1+h,1)=(-1)^{[\frac{h}{2}]+1}(2m^2-2m+2-h)$$

其中 $h=1,2,\cdots,11$，即

$$a(2,1)=-85, a(3,1)=84, a(4,1)=83, a(5,1)=-82$$

$$a(6,1)=-81, a(7,1)=80, a(8,1)=79, a(9,1)=-78$$

$$a(10,1) = -77, a(11,1) = 76, a(12,1) = 75$$

$$a(13,1) = -2 \cdot 7^2 + 2 \cdot 14 - 3 = -73$$

$$a(14,1) = 2 \cdot 7^2 - 2 \cdot 7 + 2 = 86$$

在双对称的位置上取相反数(代码),得所求 14 阶镶边幻方最外一圈的代码,称之为空心的 14 阶代码方阵 A,如图 4－21 所示。

-87	-88	89	90	-91	-92	93	94	-95	-96	97	98	74	-86
-85													85
84													-84
83													-83
-82													82
-81													81
80													-80
79													-79
-78													78
-77													77
76													-76
75													-75
-73													73
86	88	-89	-90	91	92	-93	-94	95	96	-97	-98	-74	87

图 4－21　空心的 14 阶代码方阵 A

第 3 步,注意到对于 14 阶方阵,1 ~98 对应的代码依次为 －98 ~ －1;99 ~196 对应的代码依次为 1 ~98。把图 4－21 中的代码换成与其相应的自然数后，再把图 4－20 镶入其中,得到的 14 阶镶边幻方,如图 4－22 所示。

12	11	187	188	8	7	191	192	4	3	195	196	172	13		1379
14	35	42	59	66	83	90	167	150	143	126	119	102	183		1379
182	163	154	139	130	115	106	31	46	55	70	79	94	15		1379
181	38	39	62	63	86	87	170	147	146	123	122	99	16		1379
17	160	157	136	133	112	109	28	49	52	73	76	97	180		1379
18	33	44	57	68	81	92	165	152	141	128	117	104	179		1379
178	161	156	137	132	113	108	29	48	53	72	77	96	19		1379
177	30	47	54	71	78	95	162	155	138	131	114	107	20		1379
21	166	151	142	127	118	103	34	43	58	67	82	91	176		1379
22	27	50	51	74	75	98	159	158	135	134	111	110	175		1379
174	169	148	145	124	121	100	37	40	61	64	85	88	23		1379
173	32	45	56	69	80	93	164	153	140	129	116	105	24		1379
26	168	149	144	125	120	101	36	41	60	65	84	89	171		1379
184	186	10	9	189	190	6	5	193	194	2	1	25	185		1379
1379	1379	1379	1379	1379	1379	1379	1379	1379	1379	1379	1379	1379	1379		

图 4－22　14 阶同心亲子幻方

图 4－22 中的方阵本身是一个幻方常数为 1379 的正规的 14 阶幻方，包含一个同心的幻方常数为 1182 的非正规 12 阶最完美幻方。

两对角线上数字之和的验算,如图 4－23 所示。

12	35	154	62	133	81	108	162	43	135	64	116	89	185		1379
13	102	79	123	52	152	29	95	118	74	145	45	168	184		1379

图 4－23

注意，图 4－21 所示的空心的 14 阶代码方阵 A 对一切 12 阶幻方都是适用的，可用于由 12 阶幻方产生 14 阶同心亲子幻方。

4.4 由双偶数阶幻方得单偶数阶同心亲子幻方

由双偶数 $4k$（k 为正整数）阶幻方产生单偶数 $n=2m=2(2k+1)$ 阶同心亲子幻方的方法：

第 1 步，对任意给定的一个双偶数 $4k$（k 为正整数）阶幻方 A，其每一个数都加 $2\cdot(n-1)$ 得一个加值后的双偶数 $4k$（k 为正整数）阶加值幻方。

第 2 步，构造空心的 $n=2m=2(2k+1)$ 阶代码方阵 A。

以 $a(i,j)(i,j=1,2,\cdots,n)$ 表示代码方阵 A 的位于第 i 行、第 j 列的元素，按以下规则安装空心的代码方阵 A 边框上的各个元素

$$a(1,1+h)=(-1)^{[\frac{h}{2}]+1}(2m^2-2m+3+h),\quad h=0,1,\cdots,n-3$$

$$a(1,n-1)=2m^2-4m+4$$

$$a(1,n)=-2m^2+2m-2$$

$$a(1+h,1)=(-1)^{[\frac{h}{2}]+1}(2m^2-2m+2-h),\quad h=1,2,\cdots,n-3$$

$$a(n-1,1)=-2m^2+2n-3$$

$$a(n,1)=2m^2-2m+2$$

在双对称的位置上取相反数（代码），得所求 $n=2m=2(2k+1)$ 阶镶边幻方最外一圈的代码，称之为空心的 $n=2m=2(2k+1)$ 阶代码方阵 A。

第 3 步，注意到对于 $n=2m=2(2k+1)$ 阶方阵，自然数 $1\sim\frac{n^2}{2}$，对应的代码依次为 $-\frac{n^2}{2}\sim-1$，$\frac{n^2}{2}+1\sim n^2$ 对应的代码依次为 $1\sim\frac{n^2}{2}$。

把空心的代码方阵 A 中的代码换成与其相应的自然数后，再把第 1 步中的加值幻方镶入其中，就得到一个单偶数 $n=2m=2(2k+1)$ 阶同心亲子幻方。

注意，空心的 $n=2m=2(2k+1)$ 阶代码方阵 A 对一切 $4k$ 阶幻方都是适用的。

第5章　双偶镶单偶

这里的双偶镶单偶，指的是双偶数阶同心亲子幻方。经典的方法是由给定的单偶数阶幻方得出双偶数阶同心亲子幻方的镶边法,其所镶边上数字的填法有原则,但无具体方法,因而需要靠运气才能成功,对于双偶数高阶同心亲子幻方那就未必有此运气了。

本章讲述如何由给定的单偶数阶幻方得出双偶数阶同心亲子幻方的代码法，对于任何单偶数阶幻方都简单适用，不必再靠运气。我们这种方法的特点是借助代码进行镶边，而且镶边时外层数字的安装不必经过反复试探来确定，按我们给出的规则直接填写即可。

5.1　由6阶幻方得8阶同心亲子幻方

第1步，给定一个6阶幻方，比如南宋杨辉“六六图”中的阳图,如图5－1所示。

13	22	18	27	11	20
31	4	36	9	29	2
12	21	14	23	16	25
30	3	5	32	34	7
17	26	10	19	15	24
8	35	28	1	6	33

图5－1　6阶幻方

因为我们要构造的是 $n=2m=8$ 阶的幻方，所以图5－1幻方中的每一个数都要加 $2\cdot(8-1)=14$,加14后的加值幻方，如图5－2所示。

27	36	32	41	25	34
45	18	50	23	43	16
26	35	28	37	30	39
44	17	19	46	48	21
31	40	24	33	29	38
22	49	42	15	20	47

图5－2　加值后的6阶幻方

第2步,构造空心的8阶代码方阵 A。

以 $a(i,j)(i,j=1,2,\cdots,8)$ 表示代码方阵 A 的位于第 i 行、第 j 列的元素,按以下规则安装代码方阵 A 边框上的各个元素

$$a(1,1+h)=(-1)^{\left[\frac{h+1}{2}\right]}(2\cdot4^2-2\cdot4+3+h)=(-1)^{\left[\frac{h+1}{2}\right]}(27+h)$$

其中 $h=0,1,\cdots,5$,即

$$a(1,1)=27,a(1,2)=-28,a(1,3)=-29$$

$$a(1,4)=30,a(1,5)=31,a(1,6)=-32$$

$$a(1,7)=-(2\cdot4^2-2\cdot4+1)=-25,a(1,8)=2\cdot4^2-2\cdot4+2=26$$

$$a(1+h,1)=(-1)^{[\frac{h}{2}]+1}(2\cdot4^2-2\cdot4+1-h)=(-1)^{[\frac{h}{2}]+1}(25-h)$$

其中 $h=1,2,\cdots,6$,即

$$a(2,1)=-24,a(3,1)=23,a(4,1)=22$$

$$a(5,1)=-21,a(6,1)=-20,a(7,1)=19$$

$$a(8,1)=-(2\cdot4^2-2\cdot4+2)=-26$$

在双对称的位置上取相反数(代码)。经过以上步骤,得所求 8 阶镶边幻方最外一圈的代码，称之为空心的 8 阶代码方阵 A,如图 5－3 所示。

27	-28	-29	30	31	-32	-25	26
-24							24
23							-23
22							-22
-21							21
-20							20
19							-19
-26	28	29	-30	-31	32	25	-27

图 5－3　空心的 8 阶代码方阵 *A*

第 3 步,注意到对于 8 阶方阵,1 ~ 32 对应的代码依次为 －32 ~ －1 ;33 ~ 64 对应的代码依次为 1 ~ 32。把图 5－3 中的代码换成与其相应的自然数后，再把图 5－2 镶入其中,得到的 8 阶镶边幻方,如图 5－4 所示。

59	5	4	62	63	1	8	58		260
9	27	36	32	41	25	34	56		260
55	45	18	50	23	43	16	10		260
54	26	35	28	37	30	39	11		260
12	44	17	19	46	48	21	53		260
13	31	40	24	33	29	38	52		260
51	22	49	42	15	20	47	14		260
7	60	61	3	2	64	57	6		260
260	260	260	260	260	260	260	260		

图 5－4　8 阶同心亲子幻方

两对角线上数字之和的验算,如图 5－5 所示。

59	27	18	28	46	29	47	6		260
58	34	43	37	19	40	22	7		260

图 5－5

图 5－4 中的方阵本身是一个幻方常数为 260 的正规的 8 阶幻方，包含一个同心的幻方常数为 195 的非正规 6 阶幻方。

注意,图 5 -3 所示的空心的 8 阶代码方阵 A 对一切 6 阶幻方都是适用的,如图 5 -6 是南宋杨辉六六图中的阴图。

4	13	36	27	29	2
22	31	18	9	11	20
3	21	23	32	25	7
30	12	5	14	16	34
17	26	19	28	6	15
35	8	10	1	24	33

图 5 -6　6 阶幻方

其加值后的 6 阶幻方，如图 5 -7 所示。

18	27	50	41	43	16
36	45	32	23	25	34
17	35	37	46	39	21
44	26	19	28	30	48
31	40	33	42	20	29
49	22	24	15	38	47

图 5 -7　加值后的 6 阶幻方

由其得到的 8 阶同心亲子幻方，如图 5 -8 所示。

59	5	4	62	63	1	8	58		260
9	18	27	50	41	43	16	56		260
55	36	45	32	23	25	34	10		260
54	17	35	37	46	39	21	11		260
12	44	26	19	28	30	48	53		260
13	31	40	33	42	20	29	52		260
51	49	22	24	15	38	47	14		260
7	60	61	3	2	64	57	6		260
260	260	260	260	260	260	260	260		

图 5 -8　8 阶同心亲子幻方

两对角线上数字之和的验算,如图 5 -9 所示。

59	18	45	37	28	20	47	6		260
58	16	25	46	19	40	49	7		260

图 5 -9

图 5 -8 与图 5 -4 的边框是相同的。

5.2 由 10 阶幻方得 12 阶同心亲子幻方

第 1 步，给定一个 10 阶幻方，比如第 1 章中的图 1－5，如图 5－10 所示。

72	22	33	83	44	94	30	80	11	36
47	97	58	8	69	19	55	5	86	61
59	9	45	95	26	76	12	37	48	98
34	84	70	20	51	1	87	62	73	23
66	16	27	77	38	88	49	99	35	10
41	91	52	2	63	13	74	24	60	85
53	3	89	39	50	100	31	6	42	92
28	78	14	64	75	25	56	81	67	17
65	15	46	96	32	82	43	93	29	4
40	90	71	21	57	7	68	18	54	79

图 5－10　10 阶幻方

因为我们要构造的是 $n=2m=12$ 阶的幻方，所以图 5－10 幻方中的每一个数都要加 $2\cdot(12-1)=22$，加 22 后的加值幻方，如图 5－11 所示。

94	44	55	105	66	116	52	102	33	58
69	119	80	30	91	41	77	27	108	83
81	31	67	117	48	98	34	59	70	120
56	106	92	42	73	23	109	84	95	45
88	38	49	99	60	110	71	121	57	32
63	113	74	24	85	35	96	46	82	107
75	25	111	61	72	122	53	28	64	114
50	100	36	86	97	47	78	103	89	39
87	37	68	118	54	104	65	115	51	26
62	112	93	43	79	29	90	40	76	101

图 5－11　加值后的 10 阶幻方

第 2 步，构造空心的 12 阶代码方阵 A。

以 $a(i,j)(i,j=1,2,\cdots,12)$ 表示代码方阵 A 的位于第 i 行、第 j 列的元素，按以下规则安装代码方阵 A 边框上的各个元素

$$a(1,1+h)=(-1)^{[\frac{h+1}{2}]}(2\cdot 6^2-2\cdot 6+3+h)=(-1)^{[\frac{h+1}{2}]}(63+h)$$

其中 $h=0,1,\cdots,9$，即

$$a(1,1)=63,a(1,2)=-64,a(1,3)=-65,a(1,4)=66$$

$$a(1,5)=67,a(1,6)=-68,a(1,7)=-69,a(1,8)=70$$

$$a(1,9)=71,a(1,10)=-72$$

$$a(1,11)=-(2\cdot 6^2-2\cdot 6+1)=-61,a(1,12)=2\cdot 6^2-2\cdot 6+2=62$$

$$a(1+h,1)=(-1)^{[\frac{h}{2}]+1}(2\cdot 6^2-2\cdot 6+1-h)=(-1)^{[\frac{h}{2}]+1}(61-h)$$

其中 $h=1,2,\cdots,10$，即

$$a(2,1)=-60,a(3,1)=59,a(4,1)=58,a(5,1)=-57$$
$$a(6,1)=-56,a(7,1)=55,a(8,1)=54,a(9,1)=-53$$
$$a(10,1)=-52,a(11,1)=51$$
$$a(12,1)=-(2\cdot 6^2-2\cdot 6+2)=-62$$

在双对称的位置上取相反数(代码),得所求 12 阶镶边幻方最外一圈的代码，称之为空心的 12 阶代码方阵 A,如图 5－12 所示。

63	-64	-65	66	67	-68	-69	70	71	-72	-61	62
-60											60
59											-59
58											-58
-57											57
-56											56
55											-55
54											-54
-53											53
-52											52
51											-51
-62	64	65	-66	-67	68	69	-70	-71	72	61	-63

图 5－12　空心的 12 阶代码方阵 A

第 3 步,注意到对于 12 阶方阵,1～72 对应的代码依次为－72～－1;73～144 对应的代码依次为 1～72。把图 5－12 中的代码换成与其相应的自然数后，再把图 5－11 镶入其中,得到的 12 阶镶边幻方,如图 5－13 所示。

135	9	8	138	139	5	4	142	143	1	12	134		870
13	94	44	55	105	66	116	52	102	33	58	132		870
131	69	119	80	30	91	41	77	27	108	83	14		870
130	81	31	67	117	48	98	34	59	70	120	15		870
16	56	106	92	42	73	23	109	84	95	45	129		870
17	88	38	49	99	60	110	71	121	57	32	128		870
127	63	113	74	24	85	35	96	46	82	107	18		870
126	75	25	111	61	72	122	53	28	64	114	19		870
20	50	100	36	86	97	47	78	103	89	39	125		870
21	87	37	68	118	54	104	65	115	51	26	124		870
123	62	112	93	43	79	29	90	40	76	101	22		870
11	136	137	7	6	140	141	3	2	144	133	10		870
870	870	870	870	870	870	870	870	870	870	870	870		

图 5－13　12 阶同心亲子幻方

两对角线上数字之和的验算,如图 5－14 所示。

135	94	119	67	42	60	35	53	103	51	101	10		870
134	58	108	59	109	110	85	61	36	37	62	11		870

图 5－14

图 5－13 中的方阵本身是一个幻方常数为 870 的正规的 12 阶幻方，包含一个同心的幻方常数为 725 的

非正规 10 阶幻方。

注意,图 5－12 所示的空心的 12 阶代码方阵 A 对一切 10 阶幻方都是适用的,可用于由 10 阶幻方产生 12 阶同心亲子幻方。

5.3 由 14 阶幻方得 16 阶同心亲子幻方

第 1 步,给定一个 14 阶幻方, 比如第 1 章中的图 1－12,如图 5－15 所示。

107	9	144	46	83	181	52	150	85	183	68	166	28	77
58	156	95	193	132	34	101	3	134	36	117	19	175	126
129	31	99	1	89	187	70	168	72	170	11	60	97	195
80	178	50	148	138	40	119	21	121	23	158	109	146	48
140	42	114	16	74	172	62	160	94	192	78	176	54	5
91	189	65	163	123	25	111	13	143	45	127	29	103	152
125	27	108	10	92	190	82	180	56	154	86	184	67	18
76	174	59	157	141	43	131	33	105	7	135	37	116	165
145	47	133	35	149	51	88	186	69	167	73	171	57	8
96	194	84	182	2	100	137	39	118	20	122	24	106	155
102	4	139	41	66	164	71	169	61	159	98	49	79	177
53	151	90	188	115	17	120	22	110	12	147	196	128	30
113	15	124	26	63	161	93	191	81	179	55	153	87	38
64	162	75	173	112	14	142	44	130	32	104	6	136	185

图 5－15 14 阶幻方

因为我们要构造的是 $n=2m=16$ 阶的幻方, 所以图 5－15 幻方中的每一个数都要加 $2\cdot(16-1)=30$, 加 30 后的加值幻方, 如图 5－16 所示。

137	39	174	76	113	211	82	180	115	213	98	196	58	107
88	186	125	223	162	64	131	33	164	66	147	49	205	156
159	61	129	31	119	217	100	198	102	200	41	90	127	225
110	208	80	178	168	70	149	51	151	53	188	139	176	78
170	72	144	46	104	202	92	190	124	222	108	206	84	35
121	219	95	193	153	55	141	43	173	75	157	59	133	182
155	57	138	40	122	220	112	210	86	184	116	214	97	48
106	204	89	187	171	73	161	63	135	37	165	67	146	195
175	77	163	65	179	81	118	216	99	197	103	201	87	38
126	224	114	212	32	130	167	69	148	50	152	54	136	185
132	34	169	71	96	194	101	199	91	189	128	79	109	207
83	181	120	218	145	47	150	52	140	42	177	226	158	60
143	45	154	56	93	191	123	221	111	209	85	183	117	68
94	192	105	203	142	44	172	74	160	62	134	36	166	215

图 5－16 加值后的 14 阶幻方

第 2 步, 构造空心的 16 阶代码方阵 A。

以 $a(i,j)(i,j=1,2,\cdots,16)$ 表示代码方阵 A 的位于第 i 行、第 j 列的元素，按以下规则安装代码方阵 A 边框上的各个元素

$$a(1,1+h)=(-1)^{[\frac{h+1}{2}]}(2\cdot 8^2-2\cdot 8+3+h)=(-1)^{[\frac{h+1}{2}]}(115+h)$$

其中 $h=0,1,\cdots,13$，即

$$a(1,1)=115,a(1,2)=-116,a(1,3)=-117,a(1,4)=118$$
$$a(1,5)=119,a(1,6)=-120,a(1,7)=-121,a(1,8)=122$$
$$a(1,9)=123,a(1,10)=-124,a(1,11)=-125,a(1,12)=126$$
$$a(1,13)=127,a(1,14)=-128$$
$$a(1,15)=-(2\cdot 8^2-2\cdot 8+1)=-113,a(1,16)=2\cdot 8^2-2\cdot 8+2=114$$
$$a(1+h,1)=(-1)^{[\frac{h}{2}]+1}(2\cdot 8^2-2\cdot 8+1-h)=(-1)^{[\frac{h}{2}]+1}(113-h)$$

其中 $h=1,2,\cdots,14$，即

$$a(2,1)=-112,a(3,1)=111,a(4,1)=110,a(5,1)=-109$$
$$a(6,1)=-108,a(7,1)=107,a(8,1)=106,a(9,1)=-105$$
$$a(10,1)=-104,a(11,1)=103,a(12,1)=102,a(13,1)=-101$$
$$a(14,1)=-100,a(15,1)=99$$
$$a(16,1)=-(2\cdot 8^2-2\cdot 8+2)=-114$$

在双对称的位置上取相反数(代码)，得所求 16 阶镶边幻方最外一圈的代码，称之为空心的 16 阶代码方阵 A，如图 5－17 所示。

115	-116	-117	118	119	-120	-121	122	123	-124	-125	126	127	-128	-113	114
-112															112
111															-111
110															-110
-109															109
-108															108
107															-107
106															-106
-105															105
-104															104
103															-103
102															-102
-101															101
-100															100
99															-99
-114	116	117	-118	-119	120	121	-122	-123	124	125	-126	-127	128	113	-115

图 5－17　空心的 16 阶代码方阵 *A*

第 3 步，注意到对于 16 阶方阵，1 ~ 128 对应的代码依次为 －128 ~ －1；129 ~ 256 对应的代码依次为 1 ~ 128。把图 5－17 中的代码换成与其相应的自然数后，再把图 5－16 镶入其中，得到的 16 阶镶边幻方，如图 5－18 所示。

两对角线上数字之和的验算，如图 5－19 所示。

图 5－18 中的方阵本身是一个幻方常数为 2056 的正规的 16 阶幻方，包含一个同心的幻方常数为1799 的非正规 14 阶幻方。

注意，图 5－17 所示的空心的 16 阶代码方阵 A，对一切 14 阶幻方都是适用的，可用于由 14 阶幻方产生

16 阶同心亲子幻方。

243	13	12	246	247	9	8	250	251	5	4	254	255	1	16	242	2056
17	137	39	174	76	113	211	82	180	115	213	98	196	58	107	240	2056
239	88	186	125	223	162	64	131	33	164	66	147	49	205	156	18	2056
238	159	61	129	31	119	217	100	198	102	200	41	90	127	225	19	2056
20	110	208	80	178	168	70	149	51	151	53	188	139	176	78	237	2056
21	170	72	144	46	104	202	92	190	124	222	108	206	84	35	236	2056
235	121	219	95	193	153	55	141	43	173	75	157	59	133	182	22	2056
234	155	57	138	40	122	220	112	210	86	184	116	214	97	48	23	2056
24	106	204	89	187	171	73	161	63	135	37	165	67	146	195	233	2056
25	175	77	163	65	179	81	118	216	99	197	103	201	87	38	232	2056
231	126	224	114	212	32	130	167	69	148	50	152	54	136	185	26	2056
230	132	34	169	71	96	194	101	199	91	189	128	79	109	207	27	2056
28	83	181	120	218	145	47	150	52	140	42	177	226	158	60	229	2056
29	143	45	154	56	93	191	123	221	111	209	85	183	117	68	228	2056
227	94	192	105	203	142	44	172	74	160	62	134	36	166	215	30	2056
15	244	245	11	10	248	249	7	6	252	253	3	2	256	241	14	2056
2056	2056	2056	2056	2056	2056	2056	2056	2056	2056	2056	2056	2056	2056	2056	2056	

图 5－18　16 阶同心亲子幻方

243	137	186	129	178	104	55	112	63	99	50	128	226	117	215	14	2056
242	107	205	90	188	222	173	210	161	81	32	71	120	45	94	15	2056

图 5－19

5.4　由单偶数阶幻方得双偶数阶同心亲子幻方

由单偶数 $2(2k+1)$（k 为正整数）阶幻方产生双偶数 $n=2m=2(2k+2)$ 阶同心亲子幻方的方法：

第 1 步，对任意给定的一个单偶数 $2(2k+1)$（k 为正整数）阶幻方，其每一个数都加 $2\cdot(n-1)$ 得一个加值后的单偶数 $2(2k+1)$（k 为正整数）阶加值幻方。

第 2 步，构造空心的 $n=2m=2(2k+2)$ 阶代码方阵 A。

以 $a(i,j)(i,j=1,2,\cdots,n)$ 表示代码方阵 A 的位于第 i 行、第 j 列的元素，按以下规则安装空心的代码方阵 A 边框上的各个元素

$$a(1,1+h)=(-1)^{\left[\frac{h+1}{2}\right]}(2m^2-2m+3+h),\quad h=0,1,\cdots,n-3$$

$$a(1,n-1)=-(2m^2-2m+1)$$

$$a(1,n)=2m^2-2m+2$$

$$a(1+h,1)=(-1)^{\left[\frac{h}{2}\right]+1}(2m^2-2m+1-h),\quad h=1,2,\cdots,n-2$$

$$a(n,1)=-(2m^2-2m+2)$$

在双对称的位置上取相反数（代码），得所求 $n=2m=2(2k+2)$ 阶镶边幻方最外一圈的代码，称之为空心的 $n=2m=2(2k+2)$ 阶代码方阵 A。

第 3 步，注意到对于 $n=2m=2(2k+2)$ 阶方阵，自然数 $1\sim\frac{n^2}{2}$，对应的代码依次为 $-\frac{n^2}{2}\sim-1$，$\frac{n^2}{2}+1\sim n^2$

对应的代码依次为 $1\sim\frac{n^2}{2}$。

把空心的代码方阵 A 中的代码换成与其相应的自然数后，再把第 1 步中的加值幻方镶入其中，就得到一个双偶数 $n=2m=2(2k+2)$（k 为正整数）阶同心亲子幻方。

注意，空心的 $n=2m=2(2k+2)$ 阶代码方阵 A，对一切 $2(2k+1)$ 阶幻方都是适用的。

第6章 奇 镶 奇

这里的奇镶奇，指的是奇数阶同心亲子幻方。经典的方法是由给定 $n-2$ 奇数阶幻方得出 $n=2m+1$ （m 为大于 1 的正整数）奇数阶同心亲子幻方的镶边法，其所镶边上数字的填法有原则，但无具体方法，因而需要靠运气才能成功，对于奇数高阶同心亲子幻方那就未必有此种运气了。

本章讲述如何由给定的 $n-2$ 奇数阶幻方得出 $n=2m+1$ （m 为大于 1 的正整数）奇数阶同心亲子幻方的代码法，对于任何奇数阶幻方都简单适用，不必再靠运气。我们的方法的特点是借助代码进行镶边，而且镶边时外层数字的安装不必经过反复试探来确定，按我们给出的规则直接填写即可。

6.1 由 3 阶幻方得 5 阶同心亲子幻方

第 1 步，给定一个 3 阶幻方，比如洛书幻方，如图 6－1 所示。

4	9	2
3	5	7
8	1	6

图 6－1 洛书 3 阶幻方

因为我们要构造的是 $n=2m+1=5$ 阶的幻方，所以图 6－1 幻方中的每一个数都加 $2\cdot(5-1)=8$，加 8 后的加值幻方，如图 6－2 所示。

12	17	10
11	13	15
16	9	14

图 6－2 加值后的 3 阶幻方

第 2 步，构造空心的 5 阶代码方阵 A。

以 $a(i,j)\ (i,j=1,2,\cdots,5)$ 表示代码方阵 A 的位于第 i 行、第 j 列的元素，按以下规则安装代码方阵 A 边框上的各个元素

$$a(1,1)=2\cdot 2^2+2=10$$

$$a(1,3-h)=-(2\cdot 2^2+2\cdot 2)+h=-12+h$$

其中 $h=0,1$，即

$$a(1,2)=-11, a(1,3)=-12$$

$$a(1,3+h)=2\cdot 2^2-h=8-h$$

其中 $h=1,2$，即

$$a(1,4)=7, a(1,5)=6$$

$$a(1+h,1)=(2\cdot 2^2+2)-h=10-h$$

其中 $h=1$,即

$$a(2,1)=9$$
$$a(3,1)=-2\cdot 2^2=-8$$
$$a(5-h,1)=-(2\cdot 2^2-2)+h=-6+h$$

其中 $h=0,1$,即

$$a(4,1)=-5, a(5,1)=-6$$

在双对称的位置上取相反数(代码)。经过以上步骤,得到所求 5 阶镶边幻方最外一圈的代码,称之为空心的 5 阶代码方阵 A,如图 6-3 所示。

10	-11	-12	7	6
9				-9
-8				8
-5				5
-6	11	12	-7	-10

图 6-3　空心的 5 阶代码方阵 A

第 3 步,注意到对于 5 阶方阵,1 ~ 12 对应的代码依次为 -12 ~ -1;13 对应的代码为 0;14 ~ 25 对应的代码依次为 1 ~ 12。把图 6-3 中的代码换成与其相应的自然数后,再把图 6-2 镶入其中,得到的 5 阶镶边幻方,如图 6-4 所示。

23	2	1	20	19		65
22	12	17	10	4		65
5	11	13	15	21		65
8	16	9	14	18		65
7	24	25	6	3		65
65	65	65	65	65		

图 6-4　5 阶同心亲子幻方

两对角线上数字之和的验算,如图 6-5 所示。

23	12	13	14	3		65
19	10	13	16	7		65

图 6-5

图 6-4 中的方阵本身是一个幻方常数为 65 的正规的 5 阶幻方,包含一个同心的幻方常数为 39 的非正规 3 阶幻方。

注意,图 6-3 所示的空心的 5 阶代码方阵 A,对一切 3 阶幻方都是适用的。

6.2 由5阶幻方得7阶同心亲子幻方

第1步，给定一个5阶完美幻方，如图6-6所示。

3	22	10	11	19
6	14	18	2	25
17	5	21	9	13
24	8	12	20	1
15	16	4	23	7

图6-6 5阶完美幻方

因为我们要构造的是 $n=2m+1=7$ 阶的幻方，所以图6-6幻方中的每一个数都加 $2\cdot(7-1)=12$，加12后的加值幻方，如图6-7所示。

15	34	22	23	31
18	26	30	14	37
29	17	33	21	25
36	20	24	32	13
27	28	16	35	19

图6-7 加值后的5阶完美幻方

第2步，构造空心的7阶代码方阵 A。

以 $a(i,j)(i,j=1,2,\cdots,7)$ 表示代码方阵 A 的位于第 i 行、第 j 列的元素，按以下规则安装代码方阵 A 边框上的各个元素

$$a(1,1)=2\cdot 3^2+3=21$$
$$a(1,4-h)=-(2\cdot 3^2+2\cdot 3)+h=-24+h$$

其中 $h=0,1,2$，即

$$a(1,2)=-22,a(1,3)=-23,a(1,4)=-24$$
$$a(1,4+h)=2\cdot 3^2-h=18-h$$

其中 $h=1,2,3$，即

$$a(1,5)=17,a(1,6)=16,a(1,7)=15$$
$$a(1+h,1)=(2\cdot 3^2+3)-h=21-h$$

其中 $h=1,2$，即

$$a(2,1)=20,a(3,1)=19$$
$$a(4,1)=-2\cdot 3^2=-18$$
$$a(7-h,1)=-(2\cdot 3^2-3)+h=-15+h$$

其中 $h=0,1,2$，即

$$a(5,1)=-13,a(6,1)=-14,a(7,1)=-15$$

在双对称的位置上取相反数(代码)，得所求7阶镶边幻方最外一圈的代码，称之为空心的7阶代码方阵 A，如图6-8所示。

第3步,注意到对于7阶方阵,1～24对应的代码依次为－24～－1;25对应的代码为0;26～49对应的代码依次为1～24。把图6－8中的代码换成与其相应的自然数后,再把图6－7镶入其中,得到的7阶镶边幻方,如图6－9所示。

21	－22	－23	－24	17	16	15
20						－20
19						－19
－18						18
－13						13
－14						14
－15	22	23	24	－17	－16	－21

图6－8　空心的7阶代码方阵 A

46	3	2	1	42	41	40		175
45	15	34	22	23	31	5		175
44	18	26	30	14	37	6		175
7	29	17	33	21	25	43		175
12	36	20	24	32	13	38		175
11	27	28	16	35	19	39		175
10	47	48	49	8	9	4		175
175	175	175	175	175	175	175		

图6－9　7阶同心亲子幻方

两对角线上数字之和的验算,如图6－10所示。

46	15	26	33	32	19	4		175
40	31	14	33	20	27	10		175

图6－10

图6－9中的方阵本身是一个幻方常数为175的正规的7阶幻方,包含一个同心的幻方常数为125的非正规的5阶完美幻方。

注意,图6－8所示的空心的7阶代码方阵 A,对一切5阶幻方都是适用的。比如,对图6－4的5阶同心亲子幻方,我们有又一个7阶同心亲子幻方,如图6－11所示。

46	3	2	1	42	41	40		175
45	35	14	13	32	31	5		175
44	34	24	29	22	16	6		175
7	17	23	25	27	33	43		175
12	20	28	21	26	30	38		175
11	19	36	37	18	15	39		175
10	47	48	49	8	9	4		175
175	175	175	175	175	175	175		

图6－11　又一个7阶同心亲子幻方

两对角线上数字之和的验算，如图 6－12 所示。

46	35	24	25	26	15	4		175
40	31	22	25	28	19	10		175

图 6－12

图 6－11 的 7 阶同心亲子幻方，包含一个同心的幻方常数为 125 的 5 阶子幻方和一个同心的幻方常数为 75 的 3 阶子幻方。

6.3 由 7 阶幻方得 9 阶同心亲子幻方

第 1 步，给定一个 7 阶完美幻方，如图 6－13 所示。

14	39	17	47	2	27	29
19	44	6	22	35	11	38
1	28	32	10	40	16	48
31	12	37	20	43	7	25
41	15	49	4	24	33	9
46	3	26	30	13	36	21
23	34	8	42	18	45	5

图 6－13　7 阶完美幻方

因为我们要构造的是 $n=2m+1=9$ 阶的幻方，所以图 6－13 幻方中的每一个数都加 $2\cdot(9-1)=16$，加 16 后的加值幻方，如图 6－14 所示。

30	55	33	63	18	43	45
35	60	22	38	51	27	54
17	44	48	26	56	32	64
47	28	53	36	59	23	41
57	31	65	20	40	49	25
62	19	42	46	29	52	37
39	50	24	58	34	61	21

图 6－14　加值后的 7 阶完美幻方

第 2 步，构造空心的 9 阶代码方阵 A。

以 $a(i,j)(i,j=1,2,\cdots,9)$ 表示代码方阵 A 的位于第 i 行、第 j 列的元素，按以下规则安装代码方阵 A 边框上的各个元素

$$a(1,1)=2\cdot 4^2+4=36$$

$$a(1,5-h)=-(2\cdot 4^2+2\cdot 4)+h=-40+h$$

其中 $h=0,1,2,3$，即

$$a(1,2)=-37,a(1,3)=-38,a(1,4)=-39,a(1,5)=-40$$

$$a(1,5+h)=2\cdot 4^2-h=32-h$$

其中 $h=1,2,3,4$，即

$$a(1,6)=31,a(1,7)=30,a(1,8)=29,a(1,9)=28$$

$$a(1+h,1)=(2\cdot 4^2+4)-h=36-h$$

其中 $h=1,2,3$，即

$$a(2,1)=35,a(3,1)=34,a(4,1)=33$$

$$a(5,1)=-2\cdot 4^2=-32$$

$$a(9-h,1)=-(2\cdot 4^2-4)+h=-28+h$$

其中 $h=0,1,2,3$，即

$$a(6,1)=-25,a(7,1)=-26,a(8,1)=-27,a(9,1)=-28$$

在双对称的位置上取相反数(代码)，得所求 9 阶镶边幻方最外一圈的代码，称之为空心的 9 阶代码方阵 A，如图 6－15 所示。

36	-37	-38	-39	-40	31	30	29	28
35								-35
34								-34
33								-33
-32								32
-25								25
-26								26
-27								27
-28	37	38	39	40	-31	-30	-29	-36

图 6－15　空心的 9 阶代码方阵 A

第 3 步，注意到对于 9 阶方阵，1～40 对应的代码依次为 －40～－1；41 对应的代码为 0；42～81 对应的代码依次为 1～40。把图 6－15 中的代码换成与其相应的自然数后，再把图 6－14 镶入其中，得到的 9 阶镶边幻方，如图 6－16 所示。

77	4	3	2	1	72	71	70	69		369
76	30	55	33	63	18	43	45	6		369
75	35	60	22	38	51	27	54	7		369
74	17	44	48	26	56	32	64	8		369
9	47	28	53	36	59	23	41	73		369
16	57	31	65	20	40	49	25	66		369
15	62	19	42	46	29	52	37	67		369
14	39	50	24	58	34	61	21	68		369
13	78	79	80	81	10	11	12	5		369
369	369	369	369	369	369	369	369	369		

图 6－16　9 阶同心亲子幻方

两对角线上数字之和的验算，如图 6－17 所示。

77	30	60	48	36	40	52	21	5		369
69	45	27	56	36	65	19	39	13		369

图 6－17

图 6－16 中的方阵本身是一个幻方常数为 369 的正规的 9 阶幻方，包含一个同心的幻方常数为 287 的非正规的 7 阶完美幻方。

注意，图 6－15 所示的空心的 9 阶代码方阵 A，对一切 7 阶幻方都是适用的。比如，对图 6－11 所示的 7 阶同心亲子幻方，我们有又一个 9 阶同心亲了幻方，如图 6－18 所示。

77	4	3	2	1	72	71	70	69		369
76	62	19	18	17	58	57	56	6		369
75	61	51	30	29	48	47	21	7		369
74	60	50	40	45	38	32	22	8		369
9	23	33	39	41	43	49	59	73		369
16	28	36	44	37	42	46	54	66		369
15	27	35	52	53	34	31	55	67		369
14	26	63	64	65	24	25	20	68		369
13	78	79	80	81	10	11	12	5		369
369	369	369	369	369	369	369	369	369		

图 6－18　又一个 9 阶同心亲子幻方

两对角线上数字之和的验算，如图 6－19 所示。

77	62	51	40	41	42	31	20	5		369
69	56	47	38	41	44	35	26	13		369

图 6－19

图 6－18 所示的 9 阶同心亲子幻方，包含一个同心的幻方常数为 287 的非正规的 7 阶幻方、一个同心的幻方常数为 205 的非正规的 5 阶幻方和一个同心的幻方常数为 123 的非正规的 3 阶幻方。

6.4　由奇数 $n-2$ 阶幻方得出奇数 $n=2m+1$ 阶同心亲子幻方

由奇数 $n-2$ 阶幻方得出奇数 $n=2m+1$（m 为大于 1 的正整数）阶同心亲子幻方的方法。

第 1 步，对任意给定的一个奇数 $n-2$ 阶幻方，其每一个数都加 $2(n-1)$ 得一个加值后的奇数 $n-2$ 阶幻方。

第 2 步，构造空心的 $n=2m+1$（m 为大于 1 的正整数）阶代码方阵 A。

以 $a(i,j)(i,j=1,2,\cdots,n)$ 表示代码方阵 A 的位于第 i 行、第 j 列的元素，按以下规则安装空心的代码方阵 A 边框上的各个元素

$$a(1,1)=2m^2+m$$

$$a(1,m+1-h)=-(2m^2+2m)+h,\quad h=0,1,\cdots,m-1$$

$$a(1,m+1+h)=2m^2-h,\quad h=1,2,\cdots,m$$

$$a(1+h,1)=(2m^2+m)-h,\quad h=1,2,\cdots,m-1$$
$$a(m+1,1)=-2m^2$$
$$a(n-h,1)=-(2m^2-m)+h,\quad h=0,1,\cdots,m-1$$

在双对称的位置上取相反数(代码)，得所求 $n=2m+1$（m 为大于 1 的正整数）奇数阶镶边幻方最外一圈的代码，称之为空心的 $n=2m+1$ 阶代码方阵 A。

第 3 步，注意到对于 $n=2m+1$ 阶方阵，自然数 $1\sim\frac{n^2-1}{2}$，对应的代码依次 $-\frac{n^2-1}{2}\sim-1$，自然数$\frac{n^2+1}{2}$ 对应的代码为 0，自然数$\frac{n^2+1}{2}+1\sim n^2$ 对应的代码依次为 $1\sim\frac{n^2-1}{2}$。

把空心的代码方阵 A 中的代码换成与其相应的自然数后，再把加值后的奇数 $n-2$ 阶幻方镶入其中，就得到一个 $n=2m+1$（m 为大于 1 的正整数）奇数阶同心亲子幻方。

注意，空心的奇数 $n=2m+1$ 阶代码方阵 A，对一切奇数 $n-2$ 阶幻方都是适用的。

第 7 章　2×2 方阵取等值的双偶数阶中心对称幻方

本章讲述的是 2×2 方阵取等值的双偶数 $n=4m$（m 为正整数）阶中心对称幻方的构造方法，其位于“中心”对称位置上两个数字之和都等于 n^2+1。将该幻方分割成四个 $2m\times2m$ 方阵后，在每一个 $2m\times2m$ 方阵任意位置上截取一个 2×2 的小方阵，包括由一半在这个方阵的第 1 行（或第 1 列），另一半在这个方阵的第 $2m$ 行（或第 $2m$ 列）所组成的跨边界 2×2 小方阵，其中 4 数之和都等于 $2(n^2+1)$。

7.1　2×2 方阵取等值的 8 阶中心对称幻方

如何把 1～64 的自然数安装入 8×8 的方阵中，使之构成一个 2×2 方阵取等值的 8 阶中心对称幻方？

7.1.1　最简单的 2×2 方阵取等值的 8 阶中心对称幻方

第 1 步，安装 8 阶基方阵 A。

把 1～64 的自然数按从小到大均分为 8 组。第 1 列按自上而下的顺序安装自然数 1～8，第 2 列按自下而上的顺序安装自然数 9～16；第 3 列按自上而下的顺序安装自然数 17～24，第 4 列按自下而上的顺序安装自然数 25～32。

第 5 列按自下而上的顺序安装自然数 33～40，第 6 列按自上而下的顺序安装自然数 41～48，第 7 列自下而上的顺序安装自然数 49～56，第 8 列按自上而下的顺序安装自然数 57～64。经过以上步骤，所得到的 8 阶方阵叫作基方阵 A。基方阵 A 的每一行数字之和都等于幻方常数 260，如图 7－1 所示。

1	16	17	32	40	41	56	57
2	15	18	31	39	42	55	58
3	14	19	30	38	43	54	59
4	13	20	29	37	44	53	60
5	12	21	28	36	45	52	61
6	11	22	27	35	46	51	62
7	10	23	26	34	47	50	63
8	9	24	25	33	48	49	64

图 7－1　基方阵 A

第 2 步，基方阵 A 上半部分偶数行左右翻转，下半部分奇数行左右翻转，所得到的就是一个 2×2 方阵取等值的 8 阶中心对称幻方，如图 7－2 所示。

1	16	17	32	40	41	56	57		260
58	55	42	39	31	18	15	2		260
3	14	19	30	38	43	54	59		260
60	53	44	37	29	20	13	4		260
61	52	45	36	28	21	12	5		260
6	11	22	27	35	46	51	62		260
63	50	47	34	26	23	10	7		260
8	9	24	25	33	48	49	64		260
260	260	260	260	260	260	260	260		

图7－2　最简单的2×2方阵取等值的8阶中心对称幻方

其位于中心对称位置上两个数字之和都等于65。将该幻方分割成四个4×4方阵后,在每一个4×4方阵任意位置上截取一个2×2的小方阵,包括由一半在这个方阵的第1行（或第1列),另一半在这个方阵的第4行(或第4列)所组成的跨边界2×2小方阵,其中4数之和都等于130。其幻方常数为260。

7.1.2　2×2方阵取等值的8阶中心对称幻方

第1步，安装8阶基方阵A。

把1～64的自然数按从小到大均分为8组。注意到1～8的自然数列中处于中心对称位置上的两个自然数,其和都等于8+1=9。我们共有4对这样的自然数1,8；2,7；3,6和4,5，在每对自然数中随意选取一个自然数,将这4个自然数随意排序,余下的4个自然数的排序必须使处于中心对称位置上的两个自然数,其和都等于8+1=9。比如我们取2,6,5,1,8,4,3,7这样的顺序,相应的9～16自然数重新按2+8=10,6+8=14,5+8=13,1+8=9,8+8=16,4+8=12,3+8=11,7+8=15排序；自然数17～24重新按18,22,21,17,24,20,19,23排序。自然数25～32重新按26,30,29,25,32,28,27,31排序。自然数33～40重新按34,38,37,33,40,36,35,39排序。自然数41～48重新按42,46,45,41,48,44,43,47排序。自然数49～56重新按50,54,53,49,56,52,51,55排序。自然数57～64重新按58,62,61,57,64,60,59,63排序。

与构造最简单的2×2方阵取等值的8阶中心对称幻方二步法的第1步相同;第1列自上而下按2,6,5,1,8,4,3,7的顺序安装1～8的自然数;第2列自下而上按10,14,13,9,16,12,11,15的顺序安装自然数9～16;第3列自上而下按18,22,21,17,24,20,19,23的顺序安装自然数17～24;第4列自下而上按26,30,29,25,32,28,27,31的顺序安装自然数25～32;第5列自下而上按34,38,37,33,40,36,35,39的顺序安装自然数33～40;第6列自上而下按42,46,45,41,48,44,43,47的顺序安装自然数41～48;第7列自下而上按50,54,53,49,56,52,51,55的顺序安装自然数49～56;第8列自上而下按58,62,61,57,64,60,59,63的顺序安装自然数57～64。经过以上步骤,所得到的8阶方阵叫作基方阵A。

基方阵A的每一行数字之和都等于幻方常数260，如图7－3所示。

第2步，基方阵A上半部分偶数行左右翻转，下半部分奇数行左右翻转，所得到的就是一个2×2方阵取等值的8阶中心对称幻方,如图7－4所示。

2	15	18	31	39	42	55	58
6	11	22	27	35	46	51	62
5	12	21	28	36	45	52	61
1	16	17	32	40	41	56	57
8	9	24	25	33	48	49	64
4	13	20	29	37	44	53	60
3	14	19	30	38	43	54	59
7	10	23	26	34	47	50	63

图 7－3 基方阵 *A*

2	15	18	31	39	42	55	58		260
62	51	46	35	27	22	11	6		260
5	12	21	28	36	45	52	61		260
57	56	41	40	32	17	16	1		260
64	49	48	33	25	24	9	8		260
4	13	20	29	37	44	53	60		260
59	54	43	38	30	19	14	3		260
7	10	23	26	34	47	50	63		260
260	260	260	260	260	260	260	260		

图 7－4 2×2 方阵取等值的 8 阶中心对称幻方

其位于“中心”对称位置上两个数字之和都等于 65。将该幻方分割成四个 4×4 方阵后，在每一个 4×4 方阵任意位置上截取一个 2×2 的小方阵，包括由一半在这个方阵的第 1 行（或第 1 列），另一半在这个方阵的第 4 行（或第 4 列）所组成的跨边界 2×2 小方阵，其中 4 数之和都等于 130。其幻方常数为 260。

7.2 2×2 方阵取等值的 12 阶中心对称幻方

如何把 1～144 的自然数安装入 12×12 的方阵中，使之构成一个 2×2 方阵取等值的 12 阶中心对称幻方？

第 1 步，安装 12 阶基方阵 *A*。

把 1～144 的自然数按从小到大均分为 12 组。注意到 1～12 的自然数列中处于“中心”对称位置上的两个自然数，其和都等于 12＋1＝13。我们共有 6 对这样的自然数 1,12；2,11；3,10；4,9；5,8 和 6,7。在每对自然数中随意选取一个自然数，将这 6 个自然数随意排序，余下的 6 个自然数的排序必须使处于“中心”对称位置上的两个自然数，其和都等于 12＋1＝13。

比如我们取 6,10,5,1,11,4,9,2,12,8,3,7 这样的顺序，相应的自然数 13～24 重新按 6＋12＝18,10＋12＝22,5＋12＝17,1＋12＝13,11＋12＝23,4＋12＝16,9＋12＝21,2＋12＝14,12＋12＝24,8＋12＝20,3＋12＝15,7＋12＝19 排序。其余各组亦按同样规则重新排序。

第 1,3,5 列自上而下按排好的顺序安装第 1,3,5 组的数。

第 2,4,6 列自下而上按排好的顺序安装第 2,4,6 组的数。

第 7,9,11 列自下而上按排好的顺序安装第 7,9,11 组的数。

第 8,10,12 列自上而下按排好的顺序安装第 8,10,12 组的数。

经过以上步骤,所得到的 12 阶方阵叫作基方阵 A, 基方阵 A 的每一行数字之和都等于幻方常数 870, 如图 7 – 5 所示。

6	19	30	43	54	67	79	90	103	114	127	138
10	15	34	39	58	63	75	94	99	118	123	142
5	20	29	44	53	68	80	89	104	113	128	137
1	24	25	48	49	72	84	85	108	109	132	133
11	14	35	38	59	62	74	95	98	119	122	143
4	21	28	45	52	69	81	88	105	112	129	136
9	16	33	40	57	64	76	93	100	117	124	141
2	23	26	47	50	71	83	86	107	110	131	134
12	13	36	37	60	61	73	96	97	120	121	144
8	17	32	41	56	65	77	92	101	116	125	140
3	22	27	46	51	70	82	87	106	111	130	135
7	18	31	42	55	66	78	91	102	115	126	139

图 7 – 5　12 阶基方阵 A

第 2 步, 基方阵 A 上半部分偶数行左右翻转,下半部分奇数行左右翻转,所得到的就是一个 2 × 2 方阵取等值的 12 阶中心对称幻方,如图 7 – 6 所示。

6	19	30	43	54	67	79	90	103	114	127	138		870
142	123	118	99	94	75	63	58	39	34	15	10		870
5	20	29	44	53	68	80	89	104	113	128	137		870
133	132	109	108	85	84	72	49	48	25	24	1		870
11	14	35	38	59	62	74	95	98	119	122	143		870
136	129	112	105	88	81	69	52	45	28	21	4		870
141	124	117	100	93	76	64	57	40	33	16	9		870
2	23	26	47	50	71	83	86	107	110	131	134		870
144	121	120	97	96	73	61	60	37	36	13	12		870
8	17	32	41	56	65	77	92	101	116	125	140		870
135	130	111	106	87	82	70	51	46	27	22	3		870
7	18	31	42	55	66	78	91	102	115	126	139		870
870	870	870	870	870	870	870	870	870	870	870	870		

图 7 – 6　2 × 2 方阵取等值的 12 阶中心对称幻方

其位于“中心”对称位置上两个数字之和都等于 145。将该幻方分割成四个 6 × 6 方阵后,在每一个 6 × 6 方阵任意位置上截取一个 2 × 2 的小方阵,包括由一半在这个方阵的第 1 行（或第 1 列）, 另一半在这个方阵的第 6 行（或第 6 列）所组成的跨边界 2 × 2 小方阵, 其中 4 数之和都等于 290。其幻方常数为 870。

7.3 2×2 方阵取等值的 16 阶中心对称幻方

如何把 1～256 的自然数安装入 16×16 的方阵中，使之构成一个 2×2 方阵取等值的 16 阶中心对称幻方？

第 1 步，安装 16 阶基方阵 A。

把 1～256 的自然数按从小到大均分为 16 组。注意到 1～16 的自然数列中处于“中心”对称位置上的两个自然数，其和都等于 16＋1＝17，我们共有 8 对这样的自然数 1，16；2，15；3，14；4，13；5，12；6，11；7，10 和 8，9。在每对自然数中随意选取一个自然数，将这 8 个自然数随意排序，余下的 8 个自然数的排序必须使处于“中心”对称位置上的两个自然数，其和都等于 16＋1＝17。

比如我们取 5，11，3，8，15，1，13，7，10，4，16，2，9，14，6，12 这样的顺序，相应的自然数 17～32 重新按 21，27，19，24，31，17，29，23，26，20，32，18，25，30，22，28 排序，其余各组亦按同样规则重新排序。

第 1，3，5，7 列自上而下按排好的顺序安装第 1，3，5，7 组的数。

第 2，4，6，8 列自下而上按排好的顺序安装第 2，4，6，8 组的数。

第 9，11，13，15 列自下而上按排好的顺序安装第 9，11，13，15 组的数。

第 10，12，14，16 列自上而下按排好的顺序安装第 10，12，14，16 组的数。

经过以上步骤，所得到的 16 阶方阵叫作基方阵 A，基方阵 A 的每一行数字之和都等于幻方常数 2056，如图7－7所示。

5	28	37	60	69	92	101	124	140	149	172	181	204	213	236	245
11	22	43	54	75	86	107	118	134	155	166	187	198	219	230	251
3	30	35	62	67	94	99	126	142	147	174	179	206	211	238	243
8	25	40	57	72	89	104	121	137	152	169	184	201	216	233	248
15	18	47	50	79	82	111	114	130	159	162	191	194	223	226	255
1	32	33	64	65	96	97	128	144	145	176	177	208	209	240	241
13	20	45	52	77	84	109	116	132	157	164	189	196	221	228	253
7	26	39	58	71	90	103	122	138	151	170	183	202	215	234	247
10	23	42	55	74	87	106	119	135	154	167	186	199	218	231	250
4	29	36	61	68	93	100	125	141	148	173	180	205	212	237	244
16	17	48	49	80	81	112	113	129	160	161	192	193	224	225	256
2	31	34	63	66	95	98	127	143	146	175	178	207	210	239	242
9	24	41	56	73	88	105	120	136	153	168	185	200	217	232	249
14	19	46	51	78	83	110	115	131	158	163	190	195	222	227	254
6	27	38	59	70	91	102	123	139	150	171	182	203	214	235	246
12	21	44	53	76	85	108	117	133	156	165	188	197	220	229	252

图 7－7 16 阶基方阵 A

第 2 步，基方阵 A 上半部分偶数行左右翻转，下半部分奇数行左右翻转，所得到的就是一个 2×2 方阵取等值的 16 阶中心对称幻方，如图 7－8 所示。

其位于“中心”对称位置上两个数字之和都等于 257。将该幻方分割成四个 8×8 方阵后，在每一个 8×8 方阵任意位置上截取一个 2×2 的小方阵，包括由一半在这个方阵的第 1 行（或第 1 列），另一半在这个方阵的第 8 行（或第 8 列）所组成的跨边界 2×2 小方阵，其中 4 数之和都等于 514，其幻方常数为 2056。作为例证,取右下角的 8 ×8 方阵,如图 7 –9 和图 7 –10 所示。

5	28	37	60	69	92	101	124	140	149	172	181	204	213	236	245		2056
251	230	219	198	187	166	155	134	118	107	86	75	54	43	22	11		2056
3	30	35	62	67	94	99	126	142	147	174	179	206	211	238	243		2056
248	233	216	201	184	169	152	137	121	104	89	72	57	40	25	8		2056
15	18	47	50	79	82	111	114	130	159	162	191	194	223	226	255		2056
241	240	209	208	177	176	145	144	128	97	96	65	64	33	32	1		2056
13	20	45	52	77	84	109	116	132	157	164	189	196	221	228	253		2056
247	234	215	202	183	170	151	138	122	103	90	71	58	39	26	7		2056
250	231	218	199	186	167	154	135	119	106	87	74	55	42	23	10		2056
4	29	36	61	68	93	100	125	141	148	173	180	205	212	237	244		2056
256	225	224	193	192	161	160	129	113	112	81	80	49	48	17	16		2056
2	31	34	63	66	95	98	127	143	146	175	178	207	210	239	242		2056
249	232	217	200	185	168	153	136	120	105	88	73	56	41	24	9		2056
14	19	46	51	78	83	110	115	131	158	163	190	195	222	227	254		2056
246	235	214	203	182	171	150	139	123	102	91	70	59	38	27	6		2056
12	21	44	53	76	85	108	117	133	156	165	188	197	220	229	252		2056
2056	2056	2056	2056	2056	2056	2056	2056	2056	2056	2056	2056	2056	2056	2056	2056		

图 7 –8　2 ×2 方阵取等值的 16 阶中心对称幻方

119	106	87	74	55	42	23	10
141	148	173	180	205	212	237	244
113	112	81	80	49	48	17	16
143	146	175	178	207	210	239	242
120	105	88	73	56	41	24	9
131	158	163	190	195	222	227	254
123	102	91	70	59	38	27	6
133	156	165	188	197	220	229	252

图 7 –9

173	180		353		244	141		385		156	165		321
81	80		161		16	113		129		106	87		193
			514					514					514

图 7 –10

7.4　2 ×2 方阵取等值的双偶数 $n = 4m$ 阶中心对称幻方

构造 2 ×2 方阵取等值的双偶数 $n = 4m$(m 为正整数)阶中心对称幻方的步骤如下。

第 1 步，安装 $n = 4m$(m 为正整数)阶基方阵 A。

把 $1\sim n^2$ 的自然数按从小到大均分为 n 组。注意到 $1\sim n$ 的正整数数列中处于“中心”对称位置上的两个自然数，其和都等于 $n+1$，我们共有 $2m$ 对这样的自然数，在每对自然数中随意选取一个自然数，将这 $2m$ 个自然数随意排序依次记为 $d_k(k=1,2,\cdots,2m)$，余下的 $2m$ 个自然数记为 $d_{n+1-k}(k=1,2,\cdots,2m)$，但必须满足条件 $d_k+d_{n+1-k}=n+1(k=1,2,\cdots,2m)$

令 $c_j=j-1(j=1,2,\cdots,n)$，则有：

对于第 j 列，当 $1\leqslant j\leqslant 2m$ 时，若 j 为奇数，自上而下按 $n\cdot c_j+d_k(k=1,2,\cdots,n)$ 的顺序安装相继的数至该列最下面的第 n 行；若 j 为偶数，自下而上按 $n\cdot c_j+d_k(k=1,2,\cdots,n)$ 的顺序安装相继的数至该列最上面的第 1 行。

对于第 j 列，当 $2m+1\leqslant j\leqslant 4m$ 时，若 j 为奇数，自下而上按 $n\cdot c_j+d_k(k=1,2,\cdots,n)$ 的顺序安装相继的数至该列最上面的第 1 行；若 j 为偶数，自上而下按 $n\cdot c_j+d_k(k=1,2,\cdots,n)$ 的顺序安装相继的数至该列最下面的第 n 行。

经过以上步骤，所得到的 n 阶方阵叫作基方阵 A，基方阵 A 的每一行数字之和都等于幻方常数 $\frac{n}{2}(n^2+1)$。

第 2 步，基方阵 A 上半部分偶数行左右翻转，下半部分奇数行左右翻转，所得到的就是一个 2×2 方阵取等值的双偶数 $n=4m$（m 为正整数）阶中心对称幻方。

用上述二步法可构造出 $2^{2m}((2m)!)$ 个不同的 2×2 方阵取等值的双偶数 $n=4m$（m 为正整数）阶中心对称幻方。其位于“中心”对称位置上两个数字之和都等于 n^2+1。将该幻方分割成四个 $2m\times 2m$ 方阵后，在每一个 $2m\times 2m$ 方阵任意位置上截取一个 2×2 的小方阵，包括由一半在这个方阵的第 1 行（或第 1 列），另一半在这个方阵的第 $2m$ 行（或第 $2m$ 列）所组成的跨边界 2×2 小方阵，其中 4 数之和都等于 $2(n^2+1)$。

注意到每一个由二步法得到的 2×2 方阵取等值的 $n=4m$（m 为正整数）阶中心对称幻方，其左半部分 $2m$ 列在左半部分中向右顺移，右半部分亦做相应的左移，所得仍是一个 2×2 方阵取等值的 $n=4m$（m 为正整数）阶中心对称幻方，即可得 $2m$ 个不同的 2×2 方阵取等值的 $n=4m$（m 为正整数）阶中心对称幻方（包括这个 2×2 方阵取等值的 $n=4m$（m 为正整数）阶中心对称幻方）。所以由二步法实际上可构造出 $2^{2m}((2m)!)(2m)$ 个不同的 2×2 方阵取等值的双偶数 $n=4m$（m 为正整数）阶中心对称幻方。

第 8 章　象飞马跳幻方，啊哈！原来如此

谈祥柏在《乐在其中的数学》中有一节专门论及大英博物馆收藏的，在印度传教多年的英国圣公会牧师弗洛斯特遗物中，一块玉器挂件上的八阶幻方，称之为象飞马跳，大行其道。在该幻方中任选一个起点按国际象棋中马步的走法，沿一个方向走下去，必定可以回到出发点，且所经 8 个数字之和都等于幻方常数 260。在该幻方中任选一个起点，按国际象棋中象的走法，沿一个方向斜着走下去即斜飞，飞越的格数不限，也必定可以回到出发点，且所经数字之和等于同一个常数。再者，幻方中任意一个 2×2 方阵中 4 个数字之和都等于幻方常数的一半，即 130。人们称赞其是一个神奇无比的幻方。

其实它就是一个双偶数 8 阶最完美幻方，因为是最完美幻方，按照最完美幻方的定义，其对角线或泛对角线上彼此相距 4 个位置上两个元素是对称的，自然可以象飞，且幻方中任意一个 2×2 方阵中四个数字之和都等于幻方常数的一半，即 130。问题是在双偶数 8 阶最完美幻方上，马能不能跳？

大英博物馆收藏的神奇无比的幻方是 8 阶的，有更高阶的这样的神奇幻方吗？有。简单的三步就可造出的双偶数 $n=4m$ 阶最完美幻方就是这样的神奇幻方。我们还要告诉读者的是，双偶数阶最完美幻方当 m 为偶数时不但象能飞，马亦能跳，当 m 为奇数时只能象飞，马不能跳。

下面按作者《幻中之幻》第 1 章讲述的构造双偶数 $n=4m(m=1,2,\cdots)$ 阶最完美幻方的三步法，构造双偶数 8，12，16，20 阶最完美幻方，看看是否果真如此？

8.1　象飞马跳的 8 阶最完美幻方

按构造双偶数 $n=4m(m=1,2,\cdots)$ 阶最完美幻方的三步法，构造 8 阶最完美幻方。

第 1 步，构造 8 阶基方阵 A，各组中数的顺序是按中心对称的原则任意取定的，如图 8-1 所示。

3	14	19	30	59	54	43	38
7	10	23	26	63	50	47	34
1	16	17	32	57	56	41	40
4	13	20	29	60	53	44	37
5	12	21	28	61	52	45	36
8	9	24	25	64	49	48	33
2	15	18	31	58	55	42	39
6	11	22	27	62	51	46	35

图 8-1　8 阶基方阵 A

第 2 步，对基方阵 A 作行变换，基方阵 A 上半部分不变，第 5，6，7，8 行依次作为新方阵的第 8，7，6，5 行，所得方阵记为 B，如图 8-2 所示。

3	14	19	30	59	54	43	38
7	10	23	26	63	50	47	34
1	16	17	32	57	56	41	40
4	13	20	29	60	53	44	37
6	11	22	27	62	51	46	35
2	15	18	31	58	55	42	39
8	9	24	25	64	49	48	33
5	12	21	28	61	52	45	36

图8-2 行变换后所得方阵 *B*

第3步,方阵 B 偶数行左右两部分交换所得方阵记为 C,所得的8阶方阵 C 就是一个8阶最完美幻方,如图8-3所示。

3	14	19	30	59	54	43	38
63	50	47	34	7	10	23	26
1	16	17	32	57	56	41	40
60	53	44	37	4	13	20	29
6	11	22	27	62	51	46	35
58	55	42	39	2	15	18	31
8	9	24	25	64	49	48	33
61	52	45	36	5	12	21	28

图8-3 8阶最完美幻方 *C*

8阶最完美幻方 C 每一行,每一列上的8个数字之和都等于260,对角线或泛对角线上8个数之和亦都等于260。对角线或泛对角线上,相距4个位置的2个数字之和都等于 $8^2+1=65$。任意位置上截取一个 2×2 的小方阵,其中4数之和都等于 $2(8^2+1)=130$。

由于象是在同一条对角线或泛对角线上飞的,当按中国象棋中象走田字步往前飞时,所经数字之和就是幻方常数的一半。

当飞越一格,即按中国象棋中象走田字步,任意选定一个起点,比如43,在对角线或泛对角线上,顺着一个方向往右下走,直到回到起点。轨迹是43,1,22,64,43。

$$43+1+22+64=130$$

是幻方常数260的一半。顺着一个方向往左下走,轨迹是43,57,22,8,43。

$$43+57+22+8=130$$

是幻方常数260的一半。

当飞越两格时,仍选43作为起点顺着一个方向往右下走,直到回到起点,看看情况又如何?此时轨迹是43,53,64,26,22,12,1,39,43。

$$43+53+64+26+22+12+1+39=260$$

顺着一个方向往右上走,直到回到起点。轨迹是43,39,1,12,22,26,64,53,43。

$$43+39+1+12+22+26+64+53=260$$

象飞的其他方式不再赘述。

马能跳吗?能。任意选定一个起点,比如47,顺着一个方向往右下跳,马跳的轨迹是47,37,2,12,23,

29,58,52,47。

$$47+37+2+12+23+29+58+52=260$$

建议读者也随意选些起点验证是否真的能象飞马跳。

8.2　象飞的12阶最完美幻方

按构造双偶数 $n=4m(m=1,2,\cdots)$ 阶最完美幻方的三步法，构造12阶最完美幻方。

第1步，构造12阶基方阵 A，各组中数的顺序是按中心对称的原则任意取定的，如图8－4所示。

3	22	27	46	51	70	135	130	111	106	87	82
11	14	35	38	59	62	143	122	119	98	95	74
4	21	28	45	52	69	136	129	112	105	88	81
7	18	31	42	55	66	139	126	115	102	91	78
1	24	25	48	49	72	133	132	109	108	85	84
8	17	32	41	56	65	140	125	116	101	92	77
5	20	29	44	53	68	137	128	113	104	89	80
12	13	36	37	60	61	144	121	120	97	96	73
6	19	30	43	54	67	138	127	114	103	90	79
9	16	33	40	57	64	141	124	117	100	93	76
2	23	26	47	50	71	134	131	110	107	86	83
10	15	34	39	58	63	142	123	118	99	94	75

图8－4　12阶基方阵 A

第2步，对基方阵 A 作行变换，基方阵 A 上半部分不变，第7,8,9,10,11,12行依次作为新方阵的第12,11,10,9,8,7行，所得方阵记为 B，如图8－5所示。

3	22	27	46	51	70	135	130	111	106	87	82
11	14	35	38	59	62	143	122	119	98	95	74
4	21	28	45	52	69	136	129	112	105	88	81
7	18	31	42	55	66	139	126	115	102	91	78
1	24	25	48	49	72	133	132	109	108	85	84
8	17	32	41	56	65	140	125	116	101	92	77
10	15	34	39	58	63	142	123	118	99	94	75
2	23	26	47	50	71	134	131	110	107	86	83
9	16	33	40	57	64	141	124	117	100	93	76
6	19	30	43	54	67	138	127	114	103	90	79
12	13	36	37	60	61	144	121	120	97	96	73
5	20	29	44	53	68	137	128	113	104	89	80

图8－5　行变换后所得方阵 B

第3步，方阵 B 偶数行左右两部分交换所得方阵记为 C，所得的12阶方阵 C 就是一个12阶最完美幻方，如图8－6所示。

3	22	27	46	51	70	135	130	111	106	87	82
143	122	119	98	95	74	11	14	35	38	59	62
4	21	28	45	52	69	136	129	112	105	88	81
139	126	115	102	91	78	7	18	31	42	55	66
1	24	25	48	49	72	133	132	109	108	85	84
140	125	116	101	92	77	8	17	32	41	56	65
10	15	34	39	58	63	142	123	118	99	94	75
134	131	110	107	86	83	2	23	26	47	50	71
9	16	33	40	57	64	141	124	117	100	93	76
138	127	114	103	90	79	6	19	30	43	54	67
12	13	36	37	60	61	144	121	120	97	96	73
137	128	113	104	89	80	5	20	29	44	53	68

图 8-6 12 阶最完美幻方 C

12 阶最完美幻方 C 每一行、每一列上的 12 个数字之和都等于 870,对角线或泛对角线上 12 个数之和亦都等于 870。对角线或泛对角线上,相距 6 个位置的 2 个数字之和都等于$12^2+1=145$。任意位置上截取一个 2×2 的小方阵,其中 4 数之和都等于 $2(12^2+1)=290$。

由于象是在同一条对角线或泛对角线上飞的,当按中国象棋中象走田字步往前飞时,所经数字之和就是幻方常数的一半。

当飞越一格,即按中国象棋中象走田字步,任意选定一个起点,比如 112 顺着一个方向往右上走,轨迹是 112,87,12,33,58,133,112。

$$112+87+12+33+58+133=435$$

是幻方常数 870 的一半。顺着一个方向往右下走,轨迹是 112,85,10,33,60,135,112。

$$112+85+10+33+60+135=435$$

是幻方常数 870 的一半。

当飞越两格时,仍选 112 作为起点顺着一个方向往左下走,看看情况又如何?此时轨迹是 112,77,33,68,112。

$$112+77+33+68=290$$

是幻方常数 870 的三分之一。顺着一个方向往左上走轨迹是 112,80,33,65,112。

$$112+80+33+65=290$$

是幻方常数 870 的三分之一。

象飞的其他方式不再赘述。

建议读者也随意选些起点验证象是否真的能飞。

8.3 象飞马跳的 16 阶最完美幻方

按构造双偶数 $n=4m(m=1,2,\cdots)$ 阶最完美幻方的三步法,构造 16 阶最完美幻方。

第 1 步,构造 16 阶基方阵 A,各组中数的顺序是按中心对称的原则任意取定的,如图 8-7 所示。

5	28	37	60	69	92	101	124	245	236	213	204	181	172	149	140
8	25	40	57	72	89	104	121	248	233	216	201	184	169	152	137
11	22	43	54	75	86	107	118	251	230	219	198	187	166	155	134
2	31	34	63	66	95	98	127	242	239	210	207	178	175	146	143
14	19	46	51	78	83	110	115	254	227	222	195	190	163	158	131
10	23	42	55	74	87	106	119	250	231	218	199	186	167	154	135
1	32	33	64	65	96	97	128	241	240	209	208	177	176	145	144
13	20	45	52	77	84	109	116	253	228	221	196	189	164	157	132
4	29	36	61	68	93	100	125	244	237	212	205	180	173	148	141
16	17	48	49	80	81	112	113	256	225	224	193	192	161	160	129
7	26	39	58	71	90	103	122	247	234	215	202	183	170	151	138
3	30	35	62	67	94	99	126	243	238	211	206	179	174	147	142
15	18	47	50	79	82	111	114	255	226	223	194	191	162	159	130
6	27	38	59	70	91	102	123	246	235	214	203	182	171	150	139
9	24	41	56	73	88	105	120	249	232	217	200	185	168	153	136
12	21	44	53	76	85	108	117	252	229	220	197	188	165	156	133

图 8－7　16 阶基方阵 A

第 2 步，对基方阵 A 作行变换。基方阵 A 上半部分不变，第 9，10，11，12，13，14，15，16 行依次作为新方阵的第 16，15，14，13，12，11，10，9 行，所得方阵记为 B，如图 8－8 所示。

5	28	37	60	69	92	101	124	245	236	213	204	181	172	149	140
8	25	40	57	72	89	104	121	248	233	216	201	184	169	152	137
11	22	43	54	75	86	107	118	251	230	219	198	187	166	155	134
2	31	34	63	66	95	98	127	242	239	210	207	178	175	146	143
14	19	46	51	78	83	110	115	254	227	222	195	190	163	158	131
10	23	42	55	74	87	106	119	250	231	218	199	186	167	154	135
1	32	33	64	65	96	97	128	241	240	209	208	177	176	145	144
13	20	45	52	77	84	109	116	253	228	221	196	189	164	157	132
12	21	44	53	76	85	108	117	252	229	220	197	188	165	156	133
9	24	41	56	73	88	105	120	249	232	217	200	185	168	153	136
6	27	38	59	70	91	102	123	246	235	214	203	182	171	150	139
15	18	47	50	79	82	111	114	255	226	223	194	191	162	159	130
3	30	35	62	67	94	99	126	243	238	211	206	179	174	147	142
7	26	39	58	71	90	103	122	247	234	215	202	183	170	151	138
16	17	48	49	80	81	112	113	256	225	224	193	192	161	160	129
4	29	36	61	68	93	100	125	244	237	212	205	180	173	148	141

图 8－8　行变换后所得方阵 B

第 3 步，方阵 B 偶数行左右两部分交换所得方阵记为 C，所得的 16 阶方阵 C 就是一个 16 阶最完美幻方，如图 8－9 所示。

5	28	37	60	69	92	101	124	245	236	213	204	181	172	149	140
248	233	216	201	184	169	152	137	8	25	40	57	72	89	104	121
11	22	43	54	75	86	107	118	251	230	219	198	187	166	155	134
242	239	210	207	178	175	146	143	2	31	34	63	66	95	98	127
14	19	46	51	78	83	110	115	254	227	222	195	190	163	158	131
250	231	218	199	186	167	154	135	10	23	42	55	74	87	106	119
1	32	33	64	65	96	97	128	241	240	209	208	177	176	145	144
253	228	221	196	189	164	157	132	13	20	45	52	77	84	109	116
12	21	44	53	76	85	108	117	252	229	220	197	188	165	156	133
249	232	217	200	185	168	153	136	9	24	41	56	73	88	105	120
6	27	38	59	70	91	102	123	246	235	214	203	182	171	150	139
255	226	223	194	191	162	159	130	15	18	47	50	79	82	111	114
3	30	35	62	67	94	99	126	243	238	211	206	179	174	147	142
247	234	215	202	183	170	151	138	7	26	39	58	71	90	103	122
16	17	48	49	80	81	112	113	256	225	224	193	192	161	160	129
244	237	212	205	180	173	148	141	4	29	36	61	68	93	100	125

图 8－9　16 阶最完美幻方 *C*

16 阶最完美幻方 C 每一行,每一列上的 16 个数字之和都等于 2056,对角线或泛对角线上 16 个数之和亦都等于 2056。对角线或泛对角线上,相距 8 个位置的 2 个数字之和都等于$16^2+1=257$。任意位置上截取一个 2×2 的小方阵,其中 4 数之和都等于 $2(16^2+1)=514$。

由于象是在同一条对角线或泛对角线上飞的,当按中国象棋中象走田字步往前飞时,所经数字之和就是幻方常数的一半。

当飞越一格,即按中国象棋中象走田字步,任意选定一个起点,比如 190,顺着一个方向往右下走,轨迹是 190,145,12,38,67,112,245,219,190。

$$190+145+12+38+67+112+245+219=1028$$

是幻方常数 2056 的一半。顺着一个方向往左下走,轨迹 190,209,252,102,67,48,5,155,190。

$$190+209+252+102+67+48+5+155=1028$$

是幻方常数 2056 的一半。

当飞越两格时,仍选 190 作为起点顺着一个方向往左下走,看看情况又如何?此时轨迹是 190,20,102,202,5,95,209,136,67,237,155,55,252,162,48,121,190。

$$190+20+102+202+5+95+209+136+67+237+155+55+252+162+48+121=2056$$

是幻方常数。

象飞的其他方式不再赘述。

马能跳吗?能。任意选定一个起点,比如 179,顺着一个方向往左下跳,马跳的轨迹是 179,193,213,230,254,128,108,91,67,49,37,22,14,144,156,171,179。

$$179+193+213+230+254+128+108+91+67+49+37+22+14+144+156+171=2056$$

是幻方常数。

建议读者也随意选些起点验证是否真的能象飞马跳。

8.4 象飞的20阶最完美幻方

按构造双偶数 $n=4m(m=1,2,\cdots)$ 阶最完美幻方的三步法,构造20阶最完美幻方。

第1步,构造20阶基方阵 A,各组中数的顺序是按中心对称的原则任意取定的,如图8-10所示。

13	28	53	68	93	108	133	148	173	188	393	368	353	328	313	288	273	248	233	208
4	37	44	77	84	117	124	157	164	197	384	377	344	337	304	297	264	257	224	217
2	39	42	79	82	119	122	159	162	199	382	379	342	339	302	299	262	259	222	219
16	25	56	65	96	105	136	145	176	185	396	365	356	325	316	285	276	245	236	205
20	21	60	61	100	101	140	141	180	181	400	361	360	321	320	281	280	241	240	201
7	34	47	74	87	114	127	154	167	194	387	374	347	334	307	294	267	254	227	214
11	30	51	70	91	110	131	150	171	190	391	370	351	330	311	290	271	250	231	210
6	35	46	75	86	115	126	155	166	195	386	375	346	335	306	295	266	255	226	215
12	29	52	69	92	109	132	149	172	189	392	369	352	329	312	289	272	249	232	209
18	23	58	63	98	103	138	143	178	183	398	363	358	323	318	283	278	243	238	203
3	38	43	78	83	118	123	158	163	198	383	378	343	338	303	298	263	258	223	218
9	32	49	72	89	112	129	152	169	192	389	372	349	332	309	292	269	252	229	212
15	26	55	66	95	106	135	146	175	186	395	366	355	326	315	286	275	246	235	206
10	31	50	71	90	111	130	151	170	191	390	371	350	331	310	291	270	251	230	211
14	27	54	67	94	107	134	147	174	187	394	367	354	327	314	287	274	247	234	207
1	40	41	80	81	120	121	160	161	200	381	380	341	340	301	300	261	260	221	220
5	36	45	76	85	116	125	156	165	196	385	376	345	336	305	296	265	256	225	216
19	22	59	62	99	102	139	142	179	182	399	362	359	322	319	282	279	242	239	202
17	24	57	64	97	104	137	144	177	184	397	364	357	324	317	284	277	244	237	204
8	33	48	73	88	113	128	153	168	193	388	373	348	333	308	293	268	253	228	213

图8-10 20阶基方阵 A

第2步,对基方阵 A 作行变换。基方阵 A 上半部分不变,第11,12,13,14,15,16,17,18,19,20行依次作为新方阵的第20,19,18,17,16,15,14,13,12,11行,所得方阵记为 B。如图8-11所示。

13	28	53	68	93	108	133	148	173	188	393	368	353	328	313	288	273	248	233	208
4	37	44	77	84	117	124	157	164	197	384	377	344	337	304	297	264	257	224	217
2	39	42	79	82	119	122	159	162	199	382	379	342	339	302	299	262	259	222	219
16	25	56	65	96	105	136	145	176	185	396	365	356	325	316	285	276	245	236	205
20	21	60	61	100	101	140	141	180	181	400	361	360	321	320	281	280	241	240	201
7	34	47	74	87	114	127	154	167	194	387	374	347	334	307	294	267	254	227	214
11	30	51	70	91	110	131	150	171	190	391	370	351	330	311	290	271	250	231	210
6	35	46	75	86	115	126	155	166	195	386	375	346	335	306	295	266	255	226	215
12	29	52	69	92	109	132	149	172	189	392	369	352	329	312	289	272	249	232	209
18	23	58	63	98	103	138	143	178	183	398	363	358	323	318	283	278	243	238	203
8	33	48	73	88	113	128	153	168	193	388	373	348	333	308	293	268	253	228	213
17	24	57	64	97	104	137	144	177	184	397	364	357	324	317	284	277	244	237	204
19	22	59	62	99	102	139	142	179	182	399	362	359	322	319	282	279	242	239	202
5	36	45	76	85	116	125	156	165	196	385	376	345	336	305	296	265	256	225	216
1	40	41	80	81	120	121	160	161	200	381	380	341	340	301	300	261	260	221	220
14	27	54	67	94	107	134	147	174	187	394	367	354	327	314	287	274	247	234	207
10	31	50	71	90	111	130	151	170	191	390	371	350	331	310	291	270	251	230	211
15	26	55	66	95	106	135	146	175	186	395	366	355	326	315	286	275	246	235	206
9	32	49	72	89	112	129	152	169	192	389	372	349	332	309	292	269	252	229	212
3	38	43	78	83	118	123	158	163	198	383	378	343	338	303	298	263	258	223	218

图8-11 行变换后所得方阵 B

第 3 步,方阵 B 偶数行左右两部分交换所得方阵记为 C,所得的 20 阶方阵 C 就是一个 20 阶最完美幻方,如图 8 - 12 所示。

13	28	53	68	93	108	133	148	173	188	393	368	353	328	313	288	273	248	233	208
384	377	344	337	304	297	264	257	224	217	4	37	44	77	84	117	124	157	164	197
2	39	42	79	82	119	122	159	162	199	382	379	342	339	302	299	262	259	222	219
396	365	356	325	316	285	276	245	236	205	16	25	56	65	96	105	136	145	176	185
20	21	60	61	100	101	140	141	180	181	400	361	360	321	320	281	280	241	240	201
387	374	347	334	307	294	267	254	227	214	7	34	47	74	87	114	127	154	167	194
11	30	51	70	91	110	131	150	171	190	391	370	351	330	311	290	271	250	231	210
386	375	346	335	306	295	266	255	226	215	6	35	46	75	86	115	126	155	166	195
12	29	52	69	92	109	132	149	172	189	392	369	352	329	312	289	272	249	232	209
398	363	358	323	318	283	278	243	238	203	18	23	58	63	98	103	138	143	178	183
8	33	48	73	88	113	128	153	168	193	388	373	348	333	308	293	268	253	228	213
397	364	357	324	317	284	277	244	237	204	17	24	57	64	97	104	137	144	177	184
19	22	59	62	99	102	139	142	179	182	399	362	359	322	319	282	279	242	239	202
385	376	345	336	305	296	265	256	225	216	5	36	45	76	85	116	125	156	165	196
1	40	41	80	81	120	121	160	161	200	381	380	341	340	301	300	261	260	221	220
394	367	354	327	314	287	274	247	234	207	14	27	54	67	94	107	134	147	174	187
10	31	50	71	90	111	130	151	170	191	390	371	350	331	310	291	270	251	230	211
395	366	355	326	315	286	275	246	235	206	15	26	55	66	95	106	135	146	175	186
9	32	49	72	89	112	129	152	169	192	389	372	349	332	309	292	269	252	229	212
383	378	343	338	303	298	263	258	223	218	3	38	43	78	83	118	123	158	163	198

图 8 - 12　20 阶最完美幻方 C

20 阶最完美幻方 C 每一行、每一列上的 20 个数字之和都等于 4010,对角线或泛对角线上 20 个数之和亦都等于 4010。对角线或泛对角线上,相距 10 个位置的 2 个数字之和都等于 $20^2+1=401$。任意位置上截取一个 2×2 的小方阵,其中 4 数之和都等于 $2(20^2+1)=802$。

由于象是在同一条对角线或泛对角线上飞的,当按中国象棋中象走田字步往前飞时,所经数字之和就是幻方常数的一半。

当飞越一格,即按中国象棋中象走田字步,任意选定一个起点,比如 324 顺着一个方向往右上走,轨迹是 324,283,255,214,25,77,118,146,187,376,324。

$$324+283+255+214+25+77+118+146+187+376=2005$$

是幻方常数 4010 的一半。

顺着一个方向往右下走,轨迹是 324,296,247,206,38,77,105,154,195,363,324。

$$324+296+247+206+38+77+105+154+195+363=2005$$

是幻方常数 4010 的一半。

象飞的其他方式不再赘述。

建议读者也随意选些起点验证象是否真的能飞。

双偶数 $n=4m(m=1,2,\cdots)$ 阶最完美幻方,当 m 为奇数时,象能飞;当 m 为偶数时,象能飞,马亦能跳。

第 9 章　方中含方的双偶数阶完美幻方

沈康身的《数学的魅力》(上海辞书出版社,2006 年 7 月)介绍了近年日本片桐善直构造的一个 8 阶完美幻方,幻方中含有四个幻方常数都是 130 的 4 阶最完美幻方,即它们的幻方常数是 8 阶幻方的幻方常数的一半,真是神乎其神了。

其实,按构造双偶数 $n=4m(m=1,2,\cdots)$ 阶最完美幻方的三步法所得到的双偶数阶最完美幻方,当 m 为偶数时,再经历简单的三步,就可以得到所要的完美幻方,其方中含有四个 $2m$ 阶最完美幻方。它们的幻方常数是 $n=4m$ 阶幻方的幻方常数的一半。

9.1　方中含方的 8 阶完美幻方

给出按构造双偶数 $n=4m(m=1,2,\cdots)$ 阶最完美幻方的三步法,构造的一个 8 阶最完美幻方,如图 9－1 所示。

7	10	23	26	63	50	47	34
59	54	43	38	3	14	19	30
4	13	20	29	60	53	44	37
64	49	48	33	8	9	24	25
2	15	18	31	58	55	42	39
62	51	46	35	6	11	22	27
5	12	21	28	61	52	45	36
57	56	41	40	1	16	17	32

图 9－1　8 阶最完美幻方

再以此 8 阶最完美幻方为基础构造所要的完美幻方,读者可能感到奇怪,好好的最完美幻方,怎么就要费力去退化为完美幻方?要明白有所得就有所失,一切只是为了更好的得到。

第 1 步,把该 8 阶最完美幻方分为左右两个 8×4 矩阵,每个矩阵两端不变,左边那个矩阵中间两列与右边那个矩阵中间两列互换。列互换后的方阵,如图 9－2 所示。

7	50	47	26	63	10	23	34
59	14	19	38	3	54	43	30
4	53	44	29	60	13	20	37
64	9	24	33	8	49	48	25
2	55	42	31	58	15	18	39
62	11	22	35	6	51	46	27
5	52	45	28	61	12	21	36
57	16	17	40	1	56	41	32

图 9－2　列互换后的方阵

第 2 步,列互换后的方阵分为左右两个 8 ×4 矩阵,在每一个矩阵中其最右边两列互换。再次列互换后的方阵,如图 9 –3 所示。

7	50	26	47	63	10	34	23
59	14	38	19	3	54	30	43
4	53	29	44	60	13	37	20
64	9	33	24	8	49	25	48
2	55	31	42	58	15	39	18
62	11	35	22	6	51	27	46
5	52	28	45	61	12	36	21
57	16	40	17	1	56	32	41

图 9 –3　再次列互换后的方阵

第 3 步, 每两行为一组,共四组,组序是奇数的组不变,组序是偶数的组左右两部分互换。经过以上步骤,所得就是所求的方中含方的 8 阶完美幻方,如图 9 –4 所示。

7	50	26	47	63	10	34	23		260
59	14	38	19	3	54	30	43		260
60	13	37	20	4	53	29	44		260
8	49	25	48	64	9	33	24		260
2	55	31	42	58	15	39	18		260
62	11	35	22	6	51	27	46		260
61	12	36	21	5	52	28	45		260
1	56	32	41	57	16	40	17		260
260	260	260	260	260	260	260	260		

图 9 –4　方中含方的 8 阶完美幻方

因为对角线或泛对角线上相距 4 个位置的 2 个数是对称的,所以它确实是一个 8 阶完美幻方。

上述 8 阶完美幻方的奇数列组成 1 个 8 ×4 矩阵, 如图 9 –5 所示。

7	26	63	34
59	38	3	30
60	37	4	29
8	25	64	33
2	31	58	39
62	35	6	27
61	36	5	28
1	32	57	40

图 9 –5　奇数列组成的 8 ×4 矩阵

上述矩阵奇数行组成的 4 ×4 方阵, 偶数行组成的 4 ×4 方阵, 分别如图 9 –6 中左右两图所示。

7	26	63	34		130		59	38	3	30		130
60	37	4	29		130		8	25	64	33		130
2	31	58	39		130		62	35	6	27		130
61	36	5	28		130		1	32	57	40		130
130	130	130	130				130	130	130	130		

图 9－6

验证奇数行组成的 4×4 方阵的完美性，如图 9－7 所示。

7	37	58	28		130		34	4	31	61		130
60	31	5	34		130		29	58	36	7		130
2	36	63	29		130		39	5	26	60		130
61	26	4	39		130		28	63	37	2		130

图 9－7

验证偶数行组成的 4×4 方阵的完美性，如图 9－8 所示。

59	25	6	40		130		30	64	35	1		130
8	35	57	30		130		33	6	32	59		130
62	32	3	33		130		27	57	38	8		130
1	38	64	27		130		40	3	25	62		130

图 9－8

图 9－6 中两个 4×4 方阵对角线或泛对角线上相距两个位置两个数字的和都等于 65。它们都是 4 阶最完美幻方。

2×2 方阵取定值的验证留给读者。

上述 8 阶完美幻方的偶数列组成 1 个 8×4 矩阵，如图 9－9 所示。

50	47	10	23
14	19	54	43
13	20	53	44
49	48	9	24
55	42	15	18
11	22	51	46
12	21	52	45
56	41	16	17

图 9－9　偶数列组成的 8×4 矩阵

上述矩阵奇数行组成的 4×4 方阵，偶数行组成的 4×4 方阵，分别如图 9－10 中左右两图所示。

50	47	10	23		130		14	19	54	43		130
13	20	53	44		130		49	48	9	24		130
55	42	15	18		130		11	22	51	46		130
12	21	52	45		130		56	41	16	17		130
130	130	130	130				130	130	130	130		

图 9－10

验证奇数行组成的 4×4 方阵的完美性,如图 9－11 所示。

50	20	15	45		130		23	53	42	12		130
13	42	52	23		130		44	15	21	50		130
55	21	10	44		130		18	52	47	13		130
12	47	53	18		130		45	10	20	55		130

图 9－11

验证偶数行组成的 4×4 方阵的完美性,如图 9－12 所示。

14	48	51	17		130		43	9	22	56		130
49	22	16	43		130		24	51	41	14		130
11	41	54	24		130		46	16	19	49		130
56	19	9	46		130		17	54	48	11		130

图 9－12

图 9－10 中两个 4×4 方阵对角线或泛对角线上相距两个位置两个数字的和都等于 65。它们都是 4 阶最完美幻方。

2×2 方阵取定值的验证留给读者。

综上所述,图 9－4 中的方阵，确是一个方中含方的 8 阶完美幻方。

9.2 方中含方的 16 阶完美幻方

首先按构造双偶数 $n=4m(m=1,2,\cdots)$ 阶最完美幻方的三步法,构造一个 16 阶最完美幻方，如图 9－13 所示。

再以此 16 阶最完美幻方为基础构造所要的完美幻方。

第 1 步，把该 16 阶最完美幻方依次分为四个 16×4 矩阵。每个矩阵两端不变,第 1 个矩阵中间两列与第 2 个矩阵中间两列互换。第 3 个矩阵中间两列与第 4 个矩阵中间两列互换。列互换后的方阵如图 9－14 所示。

6	27	38	59	70	91	102	123	246	235	214	203	182	171	150	139
254	227	222	195	190	163	158	131	14	19	46	51	78	83	110	115
10	23	42	55	74	87	106	119	250	231	218	199	186	167	154	135
242	239	210	207	178	175	146	143	2	31	34	63	66	95	98	127
12	21	44	53	76	85	108	117	252	229	220	197	188	165	156	133
249	232	217	200	185	168	153	136	9	24	41	56	73	88	105	120
4	29	36	61	68	93	100	125	244	237	212	205	180	173	148	141
241	240	209	208	177	176	145	144	1	32	33	64	65	96	97	128
11	22	43	54	75	86	107	118	251	230	219	198	187	166	155	134
243	238	211	206	179	174	147	142	3	30	35	62	67	94	99	126
7	26	39	58	71	90	103	122	247	234	215	202	183	170	151	138
255	226	223	194	191	162	159	130	15	18	47	50	79	82	111	114
5	28	37	60	69	92	101	124	245	236	213	204	181	172	149	140
248	233	216	201	184	169	152	137	8	25	40	57	72	89	104	121
13	20	45	52	77	84	109	116	253	228	221	196	189	164	157	132
256	225	224	193	192	161	160	129	16	17	48	49	80	81	112	113

图 9－13　16 阶最完美幻方

6	91	102	59	70	27	38	123	246	171	150	203	182	235	214	139
254	163	158	195	190	227	222	131	14	83	110	51	78	19	46	115
10	87	106	55	74	23	42	119	250	167	154	199	186	231	218	135
242	175	146	207	178	239	210	143	2	95	98	63	66	31	34	127
12	85	108	53	76	21	44	117	252	165	156	197	188	229	220	133
249	168	153	200	185	232	217	136	9	88	105	56	73	24	41	120
4	93	100	61	68	29	36	125	244	173	148	205	180	237	212	141
241	176	145	208	177	240	209	144	1	96	97	64	65	32	33	128
11	86	107	54	75	22	43	118	251	166	155	198	187	230	219	134
243	174	147	206	179	238	211	142	3	94	99	62	67	30	35	126
7	90	103	58	71	26	39	122	247	170	151	202	183	234	215	138
255	162	159	194	191	226	223	130	15	82	111	50	79	18	47	114
5	92	101	60	69	28	37	124	245	172	149	204	181	236	213	140
248	169	152	201	184	233	216	137	8	89	104	57	72	25	40	121
13	84	109	52	77	20	45	116	253	164	157	196	189	228	221	132
256	161	160	193	192	225	224	129	16	81	112	49	80	17	48	113

图 9－14　列互换后的方阵

第 2 步，列互换后的方阵分为四个 16 ×4 矩阵，在每一个矩阵中其最右边两列互换，再次列互换后的方阵如图 9－15 所示。

第 3 步，每两行为一组，共八组。组序是奇数的组不变，组序是偶数的组左右两部分互换，所得就是所求的方中含方的 16 阶完美幻方，如图 9－16 所示。

6	91	59	102	70	27	123	38	246	171	203	150	182	235	139	214
254	163	195	158	190	227	131	222	14	83	51	110	78	19	115	46
10	87	55	106	74	23	119	42	250	167	199	154	186	231	135	218
242	175	207	146	178	239	143	210	2	95	63	98	66	31	127	34
12	85	53	108	76	21	117	44	252	165	197	156	188	229	133	220
249	168	200	153	185	232	136	217	9	88	56	105	73	24	120	41
4	93	61	100	68	29	125	36	244	173	205	148	180	237	141	212
241	176	208	145	177	240	144	209	1	96	64	97	65	32	128	33
11	86	54	107	75	22	118	43	251	166	198	155	187	230	134	219
243	174	206	147	179	238	142	211	3	94	62	99	67	30	126	35
7	90	58	103	71	26	122	39	247	170	202	151	183	234	138	215
255	162	194	159	191	226	130	223	15	82	50	111	79	18	114	47
5	92	60	101	69	28	124	37	245	172	204	149	181	236	140	213
248	169	201	152	184	233	137	216	8	89	57	104	72	25	121	40
13	84	52	109	77	20	116	45	253	164	196	157	189	228	132	221
256	161	193	160	192	225	129	224	16	81	49	112	80	17	113	48

图 9－15　再次列互换后的方阵

6	91	59	102	70	27	123	38	246	171	203	150	182	235	139	214		2056
254	163	195	158	190	227	131	222	14	83	51	110	78	19	115	46		2056
250	167	199	154	186	231	135	218	10	87	55	106	74	23	119	42		2056
2	95	63	98	66	31	127	34	242	175	207	146	178	239	143	210		2056
12	85	53	108	76	21	117	44	252	165	197	156	188	229	133	220		2056
249	168	200	153	185	232	136	217	9	88	56	105	73	24	120	41		2056
244	173	205	148	180	237	141	212	4	93	61	100	68	29	125	36		2056
1	96	64	97	65	32	128	33	241	176	208	145	177	240	144	209		2056
11	86	54	107	75	22	118	43	251	166	198	155	187	230	134	219		2056
243	174	206	147	179	238	142	211	3	94	62	99	67	30	126	35		2056
247	170	202	151	183	234	138	215	7	90	58	103	71	26	122	39		2056
15	82	50	111	79	18	114	47	255	162	194	159	191	226	130	223		2056
5	92	60	101	69	28	124	37	245	172	204	149	181	236	140	213		2056
248	169	201	152	184	233	137	216	8	89	57	104	72	25	121	40		2056
253	164	196	157	189	228	132	221	13	84	52	109	77	20	116	45		2056
16	81	49	112	80	17	113	48	256	161	193	160	192	225	129	224		2056
2056	2056	2056	2056	2056	2056	2056	2056	2056	2056	2056	2056	2056	2056	2056	2056		

图 9－16　方中含方的 16 阶完美幻方

因为对角线或泛对角线上相距 8 个位置的 2 个数是对称的，所以它确实是一个 16 阶完美幻方。

上述 16 阶完美幻方的奇数列组成 1 个 16×8 矩阵，如图 9－17 所示。

6	59	70	123	246	203	182	139
254	195	190	131	14	51	78	115
250	199	186	135	10	55	74	119
2	63	66	127	242	207	178	143
12	53	76	117	252	197	188	133
249	200	185	136	9	56	73	120
244	205	180	141	4	61	68	125
1	64	65	128	241	208	177	144
11	54	75	118	251	198	187	134
243	206	179	142	3	62	67	126
247	202	183	138	7	58	71	122
15	50	79	114	255	194	191	130
5	60	69	124	245	204	181	140
248	201	184	137	8	57	72	121
253	196	189	132	13	52	77	116
16	49	80	113	256	193	192	129

图 9－17　奇数列组成的 16×8 矩阵

上述矩阵奇数行组成的 8×8 方阵，偶数行组成的 8×8 方阵，分别如图 9－18 中左右两图所示。

6	59	70	123	246	203	182	139	1028
250	199	186	135	10	55	74	119	1028
12	53	76	117	252	197	188	133	1028
244	205	180	141	4	61	68	125	1028
11	54	75	118	251	198	187	134	1028
247	202	183	138	7	58	71	122	1028
5	60	69	124	245	204	181	140	1028
253	196	189	132	13	52	77	116	1028
1028	1028	1028	1028	1028	1028	1028	1028	

254	195	190	131	14	51	78	115	1028
2	63	66	127	242	207	178	143	1028
249	200	185	136	9	56	73	120	1028
1	64	65	128	241	208	177	144	1028
243	206	179	142	3	62	67	126	1028
15	50	79	114	255	194	191	130	1028
248	201	184	137	8	57	72	121	1028
16	49	80	113	256	193	192	129	1028
1028	1028	1028	1028	1028	1028	1028	1028	

图 9－18

验证奇数行组成的 8×8 方阵的完美性，如图 9－19 所示。

6	199	76	141	251	58	181	116	1028
250	53	180	118	7	204	77	139	1028
12	205	75	138	245	52	182	119	1028
244	54	183	124	13	203	74	133	1028
11	202	69	132	246	55	188	125	1028
247	60	189	123	10	197	68	134	1028
5	196	70	135	252	61	187	122	1028
253	59	186	117	4	198	71	140	1028

139	74	197	4	118	183	60	253	1028
119	188	61	251	138	69	196	6	1028
133	68	198	7	124	189	59	250	1028
125	187	58	245	132	70	199	12	1028
134	71	204	13	123	186	53	244	1028
122	181	52	246	135	76	205	11	1028
140	77	203	10	117	180	54	247	1028
116	182	55	252	141	75	202	5	1028

图 9－19

验证偶数行组成的 8×8 方阵的完美性，如图 9－20 所示。

图 9－18 中两个 8×8 方阵对角线或泛对角线上相距 4 个位置两个数字的和都等于 257。它们都是幻方常数为 1028 的 8 阶最完美幻方。

254	63	185	128	3	194	72	129		1028
2	200	65	142	255	57	192	115		1028
249	64	179	114	8	193	78	143		1028
1	206	79	137	256	51	178	120		1028
243	50	184	113	14	207	73	144		1028
15	201	80	131	242	56	177	126		1028
248	49	190	127	9	208	67	130		1028
16	195	66	136	241	62	191	121		1028

115	178	56	241	142	79	201	16		1028
143	73	208	3	114	184	49	254		1028
120	177	62	255	137	80	195	2		1028
144	67	194	8	113	190	63	249		1028
126	191	57	256	131	66	200	1		1028
130	72	193	14	127	185	64	243		1028
121	192	51	242	136	65	206	15		1028
129	78	207	9	128	179	50	248		1028

图 9－20

2×2 方阵取定值的验证留给读者。

上述 16 阶完美幻方的偶数列组成 1 个 16×8 矩阵，如图 9－21 所示。

91	102	27	38	171	150	235	214
163	158	227	222	83	110	19	46
167	154	231	218	87	106	23	42
95	98	31	34	175	146	239	210
85	108	21	44	165	156	229	220
168	153	232	217	88	105	24	41
173	148	237	212	93	100	29	36
96	97	32	33	176	145	240	209
86	107	22	43	166	155	230	219
174	147	238	211	94	99	30	35
170	151	234	215	90	103	26	39
82	111	18	47	162	159	226	223
92	101	28	37	172	149	236	213
169	152	233	216	89	104	25	40
164	157	228	221	84	109	20	45
81	112	17	48	161	160	225	224

图 9－21　偶数列组成的 16×8 矩阵

上述矩阵奇数行组成的 8×8 方阵，偶数行组成的 8×8 方阵，分别如图 9－22 中左右两图所示。

91	102	27	38	171	150	235	214		1028
167	154	231	218	87	106	23	42		1028
85	108	21	44	165	156	229	220		1028
173	148	237	212	93	100	29	36		1028
86	107	22	43	166	155	230	219		1028
170	151	234	215	90	103	26	39		1028
92	101	28	37	172	149	236	213		1028
164	157	228	221	84	109	20	45		1028
1028	1028	1028	1028	1028	1028	1028	1028		

163	158	227	222	83	110	19	46		1028
95	98	31	34	175	146	239	210		1028
168	153	232	217	88	105	24	41		1028
96	97	32	33	176	145	240	209		1028
174	147	238	211	94	99	30	35		1028
82	111	18	47	162	159	226	223		1028
169	152	233	216	89	104	25	40		1028
81	112	17	48	161	160	225	224		1028
1028	1028	1028	1028	1028	1028	1028	1028		

图 9－22

验证奇数行组成的 8×8 方阵的完美性，如图 9－23 所示。

验证偶数行组成的 8×8 方阵的完美性，如图 9－24 所示。

91	154	21	212	166	103	236	45	1028
167	108	237	43	90	149	20	214	1028
85	148	22	215	172	109	235	42	1028
173	107	234	37	84	150	23	220	1028
86	151	28	221	171	106	229	36	1028
170	101	228	38	87	156	29	219	1028
92	157	27	218	165	100	230	39	1028
164	102	231	44	93	155	26	213	1028

214	23	156	93	43	234	101	164	1028
42	229	100	166	215	28	157	91	1028
220	29	155	90	37	228	102	167	1028
36	230	103	172	221	27	154	85	1028
219	26	149	84	38	231	108	173	1028
39	236	109	171	218	21	148	86	1028
213	20	150	87	44	237	107	170	1028
45	235	106	165	212	22	151	92	1028

图 9－23

163	98	232	33	94	159	25	224	1028
95	153	32	211	162	104	225	46	1028
168	97	238	47	89	160	19	210	1028
96	147	18	216	161	110	239	41	1028
174	111	233	48	83	146	24	209	1028
82	152	17	222	175	105	240	35	1028
169	112	227	34	88	145	30	223	1028
81	158	31	217	176	99	226	40	1028

46	239	105	176	211	18	152	81	1028
210	24	145	94	47	233	112	163	1028
41	240	99	162	216	17	158	95	1028
209	30	159	89	48	227	98	168	1028
35	226	104	161	222	31	153	96	1028
223	25	160	83	34	232	97	174	1028
40	225	110	175	217	32	147	82	1028
224	19	146	88	33	238	111	169	1028

图 9－24

图 9－22 中两个 8×8 方阵对角线或泛对角线上相距 4 个位置两个数字的和都等于 257。它们都是幻方常数为 1028 的 8 阶最完美幻方。

2×2 方阵取定值的验证留给读者。

综上所述，图 9－16 中的方阵，确是一个方中含方的 16 阶完美幻方。

9.3 方中含方的双偶数阶完美幻方

首先按构造双偶数 $n=4m(m=1,2,\cdots)$ 阶最完美幻方的三步法，构造一个双偶数 $n=4m(m=2,4,\cdots)$ 阶最完美幻方。

再以此最完美幻方为基础构造所要的方中含方的完美幻方。

第 1 步，把该 $n=4m(m=2,4,\cdots)$ 阶最完美幻方依次从左到右分为 m 个 $n\times4$ 矩阵，每个矩阵两端不变，奇数序号矩阵中间两列与其右边相邻矩阵中间两列互换，得列互换后的方阵。

第 2 步，列互换后的方阵依次从左到右分为 m 个 $n\times4$ 矩阵，在每一个矩阵中其最右边两列互换，互换后得列再互换后的方阵。

第 3 步，列再互换后的方阵，每两行为一组，共 $2m$ 组。组序是奇数的组不变，组序是偶数的组左右两部分互换，所得就是所求的方中含方的 $n=4m$（其中，m 为正偶数）阶完美幻方。

因为对角线或泛对角线上相距 $2m$ 个位置的 2 个数是对称的，所以它确实是一个 $n=4m$ 阶完美幻方。

上述完美幻方的奇数列组成 1 个 $n\times2m$ 矩阵，此矩阵奇数行组成的 $2m\times2m$ 方阵，偶数行组成的 $2m\times2m$ 方阵，都是 $2m$ 阶最完美幻方。它们的幻方常数是 $n=4m$ 阶幻方的幻方常数的一半。

上述完美幻方的偶数列组成 1 个 $n\times2m$ 矩阵，此矩阵奇数行组成的 $2m\times2m$ 方阵，偶数行组成的 $2m\times2m$ 方阵，亦都是 $2m$ 阶最完美幻方。它们的幻方常数是 $n=4m$ 阶幻方的幻方常数的一半。

第 10 章　双偶数阶超级幻方

此处所指的双偶数 $n=4m(m=1,2,\cdots)$ 阶超级幻方，是一种比双偶数 $n=4m(m=1,2,\cdots)$ 阶最完美幻方更优的完美幻方。我们知道，最完美幻方除了其完美性之外，任意位置上截取一个 2×2 的小方阵，包括由一半在这个幻方的第 1 行（或第 1 列），另一半在幻方第 n 行（或第 n 列），所组成的跨边界 2×2 小方阵，其中 4 数之和都等于 $2(n^2+1)$。双偶数阶超级幻方除此之外，它还含有 m^2 个 4 阶超级幻方、m^2 个 8 阶超级幻方、m^2 个 12 阶超级幻方，直至 m^2 个 $4(m-1)$ 阶超级幻方。显然，超级幻方，当 m 为偶数时，是一种不同心的亲子完美幻方；当 m 为大于 1 的奇数时，就是一种既同心又不同心的亲子完美幻方。

这样的幻方能构造出一个已属不易，能构造出更多这样的幻方吗？有一般方法吗？更高阶可以吗？能。基础就是作者在《幻中之幻》中给出的构造双偶数阶最完美幻方的三步法。在双偶数阶最完美幻方的基础上，经历三步就得到超级幻方，不信？请看下文。

为免累赘，我们直接使用第 8 章中已构造出的 3 个不同阶的双偶数阶最完美幻方。

10.1　8 阶超级幻方

给定一个由构造双偶数阶最完美幻方的三步法构造出的 8 阶最完美幻方，如图 10－1 所示。

3	14	19	30	59	54	43	38
63	50	47	34	7	10	23	26
1	16	17	32	57	56	41	40
60	53	44	37	4	13	20	29
6	11	22	27	62	51	46	35
58	55	42	39	2	15	18	31
8	9	24	25	64	49	48	33
61	52	45	36	5	12	21	28

图 10－1　8 阶最完美幻方

如何构造一个 8 阶超级幻方？

第 1 步，作列变换。

把 1～8 的自然数，作如图 10－2 那样的 2×4 矩阵。

1	4	5	8
2	3	6	7

图 10－2　2×4 矩阵

每行上 4 个数字之和相等。把 8 阶最完美幻方中第 1,4,5,8;2,3,6,7 列，从左到右顺次排列，所得方阵如图 10－3 所示。

3	30	59	38	14	19	54	43
63	34	7	26	50	47	10	23
1	32	57	40	16	17	56	41
60	37	4	29	53	44	13	20
6	27	62	35	11	22	51	46
58	39	2	31	55	42	15	18
8	25	64	33	9	24	49	48
61	36	5	28	52	45	12	21

图 10－3　列变换后所得方阵

第 2 步，作行变换。

列变换后所得方阵的上半部分、下半部分，分别以相邻两行为一组，上半部各组与下半部各组顺次相间排列，所得方阵如图 10－4 所示。

3	30	59	38	14	19	54	43
63	34	7	26	50	47	10	23
6	27	62	35	11	22	51	46
58	39	2	31	55	42	15	18
1	32	57	40	16	17	56	41
60	37	4	29	53	44	13	20
8	25	64	33	9	24	49	48
61	36	5	28	52	45	12	21

图 10－4　行变换后所得方阵

第 3 步，行变换后所得方阵右半部分翻转，所得就是 8 阶超级幻方，如图 10－5 所示。

3	30	59	38	43	54	19	14		260
63	34	7	26	23	10	47	50		260
6	27	62	35	46	51	22	11		260
58	39	2	31	18	15	42	55		260
1	32	57	40	41	56	17	16		260
60	37	4	29	20	13	44	53		260
8	25	64	33	48	49	24	9		260
61	36	5	28	21	12	45	52		260
260	260	260	260	260	260	260	260		

图 10－5　8 阶超级幻方

第 3 步所得 8 阶方阵，其每行、每列以及对角线和泛对角线上 8 个数字之和都等于 260。所以该 8 阶方阵是个完美幻方。

8 阶超级幻方完美性的验算，如图 10－6 和图 10－7 所示。

3	34	62	31	41	13	24	52		260
63	27	2	40	20	49	45	14		260
6	39	57	29	48	12	19	50		260
58	32	4	33	21	54	47	11		260
1	37	64	28	43	10	22	55		260
60	25	5	38	23	51	42	16		260
8	36	59	26	46	15	17	53		260
61	30	7	35	18	56	44	9		260

图 10 – 6

14	47	51	18	40	4	25	61		260
50	22	15	41	29	64	36	3		260
11	42	56	20	33	5	30	63		260
55	17	13	48	28	59	34	6		260
16	44	49	21	38	7	27	58		260
53	24	12	43	26	62	39	1		260
9	45	54	23	35	2	32	60		260
52	19	10	46	31	57	37	8		260

图 10 – 7

因为该完美幻方中，任意相邻两行，奇数列两数之和相等，偶数列两数之和相等；任意相邻两列，奇数行两数之和相等，偶数行两数之和相等。所以在这个完美幻方的任意位置上截取一个 2×2 的小方阵，包括跨边界 2×2 小方阵，其中 4 数之和仍都等于 130，保留了双偶数阶最完美幻方 2×2 小方阵取定值这一特性。

把图 10 – 5 所示的 8 阶超级幻方分成 4 个 4×4 方阵，其中对角线和泛对角线上相距 2 个位置的两个数字是对称的，即两个数字之和为 65，所以对角线和泛对角线上 4 个数字之和都等于 130。又每行、每列 4 个数字之和都等于 130，所以这 4 个 4×4 方阵都是完美幻方。在 4×4 方阵任意位置上截取一个 2×2 的小方阵，包括跨边界的 2×2 小方阵，其中 4 数之和都等于 130，所以这 4 个 4×4 方阵都是 4 阶最完美幻方。而这个 8 阶完美幻方确是一个 8 阶超级幻方，亦是一个不同心的亲子完美幻方。

8 阶超级幻方所包含的 4 个 4 阶最完美幻方，如图 10 – 8 所示。

3	30	59	38	43	54	19	14
63	34	7	26	23	10	47	50
6	27	62	35	46	51	22	11
58	39	2	31	18	15	42	55
1	32	57	40	41	56	17	16
60	37	4	29	20	13	44	53
8	25	64	33	48	49	24	9
61	36	5	28	21	12	45	52

图 10 – 8

10.2 12 阶超级幻方

给定一个由构造双偶数阶最完美幻方的三步法构造出的 12 阶最完美幻方，如图 10－9 所示。

3	22	27	46	51	70	135	130	111	106	87	82
143	122	119	98	95	74	11	14	35	38	59	62
4	21	28	45	52	69	136	129	112	105	88	81
139	126	115	102	91	78	7	18	31	42	55	66
1	24	25	48	49	72	133	132	109	108	85	84
140	125	116	101	92	77	8	17	32	41	56	65
10	15	34	39	58	63	142	123	118	99	94	75
134	131	110	107	86	83	2	23	26	47	50	71
9	16	33	40	57	64	141	124	117	100	93	76
138	127	114	103	90	79	6	19	30	43	54	67
12	13	36	37	60	61	144	121	120	97	96	73
137	128	113	104	89	80	5	20	29	44	53	68

图 10－9 12 阶最完美幻方

如何构造一个 12 阶超级幻方？

第 1 步，作列变换。

把 1～12 的自然数，作如图 10－10 所示的 3×4 矩阵。

1	6	7	12
2	5	8	11
3	4	9	10

图 10－10 3×4 矩阵

每行上四个数字之和相等。把 12 阶最完美幻方中第 1，6，7，12；2，5，8，11；3，4，9，10 列，从左到右顺次排列，所得方阵如图 10－11 所示。

3	70	135	82	22	51	130	87	27	46	111	106
143	74	11	62	122	95	14	59	119	98	35	38
4	69	136	81	21	52	129	88	28	45	112	105
139	78	7	66	126	91	18	55	115	102	31	42
1	72	133	84	24	49	132	85	25	48	109	108
140	77	8	65	125	92	17	56	116	101	32	41
10	63	142	75	15	58	123	94	34	39	118	99
134	83	2	71	131	86	23	50	110	107	26	47
9	64	141	76	16	57	124	93	33	40	117	100
138	79	6	67	127	90	19	54	114	103	30	43
12	61	144	73	13	60	121	96	36	37	120	97
137	80	5	68	128	89	20	53	113	104	29	44

图 10－11 列变换后所得方阵

第 2 步，作行变换。

列变换后所得方阵的上半部分、下半部分，以相邻两行为一组，顺次相间排列，所得方阵如图10－12所示。

3	70	135	82	22	51	130	87	27	46	111	106
143	74	11	62	122	95	14	59	119	98	35	38
10	63	142	75	15	58	123	94	34	39	118	99
134	83	2	71	131	86	23	50	110	107	26	47
4	69	136	81	21	52	129	88	28	45	112	105
139	78	7	66	126	91	18	55	115	102	31	42
9	64	141	76	16	57	124	93	33	40	117	100
138	79	6	67	127	90	19	54	114	103	30	43
1	72	133	84	24	49	132	85	25	48	109	108
140	77	8	65	125	92	17	56	116	101	32	41
12	61	144	73	13	60	121	96	36	37	120	97
137	80	5	68	128	89	20	53	113	104	29	44

图 10－12 行变换后所得方阵

第 3 步，行变换后所得方阵均分为 3 个 12 ×4 的矩阵，中间那个翻转，所得就是 12 阶超级幻方，如图 10－13 所示。

3	70	135	82	87	130	51	22	27	46	111	106	870
143	74	11	62	59	14	95	122	119	98	35	38	870
10	63	142	75	94	123	58	15	34	39	118	99	870
134	83	2	71	50	23	86	131	110	107	26	47	870
4	69	136	81	88	129	52	21	28	45	112	105	870
139	78	7	66	55	18	91	126	115	102	31	42	870
9	64	141	76	93	124	57	16	33	40	117	100	870
138	79	6	67	54	19	90	127	114	103	30	43	870
1	72	133	84	85	132	49	24	25	48	109	108	870
140	77	8	65	56	17	92	125	116	101	32	41	870
12	61	144	73	96	121	60	13	36	37	120	97	870
137	80	5	68	53	20	89	128	113	104	29	44	870
870	870	870	870	870	870	870	870	870	870	870	870	

图 10－13 12 阶超级幻方

第 3 步所得 12 阶方阵，其每行、每列以及对角线和泛对角线上 12 个数字之和都等于 870，所以该 12 阶方阵是个完美幻方。

12 阶超级幻方完美性的验算，如图 10－14 和图 10－15 所示。

3	74	142	71	88	18	57	127	25	101	120	44	870
143	63	2	81	55	124	90	24	116	37	29	106	870
10	83	136	66	93	19	49	125	36	104	111	38	870
134	69	7	76	54	132	92	13	113	46	35	99	870
4	78	141	67	85	17	60	128	27	98	118	47	870
139	64	6	84	56	121	89	22	119	39	26	105	870
9	79	133	65	96	20	51	122	34	107	112	42	870
138	72	8	73	53	130	95	15	110	45	31	100	870
1	77	144	68	87	14	58	131	28	102	117	43	870
140	61	5	82	59	123	86	21	115	40	30	108	870
12	80	135	62	94	23	52	126	33	103	109	41	870
137	70	11	75	50	129	91	16	114	48	32	97	870

图 10－14

106	35	39	110	21	91	124	54	84	8	61	137	870
38	118	107	28	126	57	19	85	65	144	80	3	870
99	26	45	115	16	90	132	56	73	5	70	143	870
47	112	102	33	127	49	17	96	68	135	74	10	870
105	31	40	114	24	92	121	53	82	11	63	134	870
42	117	103	25	125	60	20	87	62	142	83	4	870
100	30	48	116	13	89	130	59	75	2	69	139	870
43	109	101	36	128	51	14	94	71	136	78	9	870
108	32	37	113	22	95	123	50	81	7	64	138	870
41	120	104	27	122	58	23	88	66	141	79	1	870
97	29	46	119	15	86	129	55	76	6	72	140	870
44	111	98	34	131	52	18	93	67	133	77	12	870

图 10－15

因为该完美幻方中，任意相邻两行，奇数列两数之和相等，偶数列两数之和相等；任意相邻两列，奇数行两数之和相等，偶数行两数之和相等。所以在这个完美幻方的任意位置上截取一个 2×2 的小方阵，包括跨边界 2×2 小方阵，其中 4 数之和都等于 290，保留了双偶数阶最完美幻方 2×2 小方阵取定值这一特性。

把 12 阶方阵分成 9 个 4×4 方阵，其中对角线和泛对角线上相距 2 个位置的两个数字是对称的，即两个数字之和为 145，所以对角线和泛对角线上 4 个数字之和都等于 290，又每行、每列 4 个数字之和都等于 290，所以这 9 个 4×4 方阵都是完美幻方。在 4×4 方阵任意位置上截取一个 2×2 的小方阵，包括跨边界 2×2 小方阵，其中 4 数之和都等于 290，所以这 9 个 4×4 方阵都是 4 阶最完美幻方。而这个 12 阶完美幻方是一个既同心又不同心的亲子完美幻方。

以这些 4 阶最完美幻方作为基础，在该 12 阶完美幻方中可截得 9 个 8 阶方阵（包括跨边界的 8 阶方阵），都是 8 阶完美幻方，比如图 10－16 所示的 8 阶方阵。

1	72	133	84	85	132	49	24		580
140	77	8	65	56	17	92	125		580
12	61	144	73	96	121	60	13		580
137	80	5	68	53	20	89	128		580
3	70	135	82	87	130	51	22		580
143	74	11	62	59	14	95	122		580
10	63	142	75	94	123	58	15		580
134	83	2	71	50	23	86	131		580
580	580	580	580	580	580	580	580		

图 10－16 8 阶方阵

图 10－16 所示的 8 阶方阵完美性的验算，如图 10－17 和图 10－18 所示。

1	77	144	68	87	14	58	131		580
140	61	5	82	59	123	86	24		580
12	80	135	62	94	23	49	125		580
137	70	11	75	50	132	92	13		580
3	74	142	71	85	17	60	128		580
143	63	2	84	56	121	89	22		580
10	83	133	65	96	20	51	122		580
134	72	8	73	53	130	95	15		580

图 10－17

24	92	121	53	82	11	63	134		580
125	60	20	87	62	142	83	1		580
13	89	130	59	75	2	72	140		580
128	51	14	94	71	133	77	12		580
22	95	123	50	84	8	61	137		580
122	58	23	85	65	144	80	3		580
15	86	132	56	73	5	70	143		580
131	49	17	96	68	135	74	10		580

图 10－18

图 10－16 所示的 8 阶方阵就是一个 8 阶完美幻方。由于在这个完美幻方的任意位置上截取一个 2×2 的小方阵，包括跨边界 2×2 小方阵，其中 4 数之和都等于 290。所以它也是一个 8 阶超级幻方。读者很易验证，图 10－13 所示的 12 阶完美幻方确是一个 12 阶超级幻方，亦是一个既同心又不同心的亲子幻方。

10.3 16 阶超级幻方

给定一个由构造双偶数阶最完美幻方的三步法构造出的 16 阶最完美幻方，如图 10－19 所示。

如何构造一个 16 阶超级幻方？

第 1 步，作列变换。

5	28	37	60	69	92	101	124	245	236	213	204	181	172	149	140
248	233	216	201	184	169	152	137	8	25	40	57	72	89	104	121
11	22	43	54	75	86	107	118	251	230	219	198	187	166	155	134
242	239	210	207	178	175	146	143	2	31	34	63	66	95	98	127
14	19	46	51	78	83	110	115	254	227	222	195	190	163	158	131
250	231	218	199	186	167	154	135	10	23	42	55	74	87	106	119
1	32	33	64	65	96	97	128	241	240	209	208	177	176	145	144
253	228	221	196	189	164	157	132	13	20	45	52	77	84	109	116
12	21	44	53	76	85	108	117	252	229	220	197	188	165	156	133
249	232	217	200	185	168	153	136	9	24	41	56	73	88	105	120
6	27	38	59	70	91	102	123	246	235	214	203	182	171	150	139
255	226	223	194	191	162	159	130	15	18	47	50	79	82	111	114
3	30	35	62	67	94	99	126	243	238	211	206	179	174	147	142
247	234	215	202	183	170	151	138	7	26	39	58	71	90	103	122
16	17	48	49	80	81	112	113	256	225	224	193	192	161	160	129
244	237	212	205	180	173	148	141	4	29	36	61	68	93	100	125

图 10－19　16 阶最完美幻方

把 1～16 的自然数,作如图 10－20 所示的 4×4 方阵。

1	8	9	16
2	7	10	15
3	6	11	14
4	5	12	13

图 10－20　4×4 方阵

每行上四个数字之和相等。把 16 阶最完美幻方中第 1,8,9,16；2,7,10,15；3,6,11,14；4,5,12,13 列,从左到右顺次排列,所得方阵如图 10－21 所示。

5	124	245	140	28	101	236	149	37	92	213	172	60	69	204	181
248	137	8	121	233	152	25	104	216	169	40	89	201	184	57	72
11	118	251	134	22	107	230	155	43	86	219	166	54	75	198	187
242	143	2	127	239	146	31	98	210	175	34	95	207	178	63	66
14	115	254	131	19	110	227	158	46	83	222	163	51	78	195	190
250	135	10	119	231	154	23	106	218	167	42	87	199	186	55	74
1	128	241	144	32	97	240	145	33	96	209	176	64	65	208	177
253	132	13	116	228	157	20	109	221	164	45	84	196	189	52	77
12	117	252	133	21	108	229	156	44	85	220	165	53	76	197	188
249	136	9	120	232	153	24	105	217	168	41	88	200	185	56	73
6	123	246	139	27	102	235	150	38	91	214	171	59	70	203	182
255	130	15	114	226	159	18	111	223	162	47	82	194	191	50	79
3	126	243	142	30	99	238	147	35	94	211	174	62	67	206	179
247	138	7	122	234	151	26	103	215	170	39	90	202	183	58	71
16	113	256	129	17	112	225	160	48	81	224	161	49	80	193	192
244	141	4	125	237	148	29	100	212	173	36	93	205	180	61	68

图 10－21　列变换后所得方阵

第 2 步，作行变换。

列变换后所得方阵的上半部分、下半部分，以相邻两行为一组，顺次相间排列，所得方阵如图 10 – 22 所示。

5	124	245	140	28	101	236	149	37	92	213	172	60	69	204	181
248	137	8	121	233	152	25	104	216	169	40	89	201	184	57	72
12	117	252	133	21	108	229	156	44	85	220	165	53	76	197	188
249	136	9	120	232	153	24	105	217	168	41	88	200	185	56	73
11	118	251	134	22	107	230	155	43	86	219	166	54	75	198	187
242	143	2	127	239	146	31	98	210	175	34	95	207	178	63	66
6	123	246	139	27	102	235	150	38	91	214	171	59	70	203	182
255	130	15	114	226	159	18	111	223	162	47	82	194	191	50	79
14	115	254	131	19	110	227	158	46	83	222	163	51	78	195	190
250	135	10	119	231	154	23	106	218	167	42	87	199	186	55	74
3	126	243	142	30	99	238	147	35	94	211	174	62	67	206	179
247	138	7	122	234	151	26	103	215	170	39	90	202	183	58	71
1	128	241	144	32	97	240	145	33	96	209	176	64	65	208	177
253	132	13	116	228	157	20	109	221	164	45	84	196	189	52	77
16	113	256	129	17	112	225	160	48	81	224	161	49	80	193	192
244	141	4	125	237	148	29	100	212	173	36	93	205	180	61	68

图 10 – 22　行变换后所得方阵

第 3 步，行变换后所得方阵均分为 4 个 16 ×4 的方阵，第 2 个和第 4 个这两个 16 ×4 的方阵翻转，所得就是 16 阶超级幻方，如图 10 – 23 所示。

5	124	245	140	149	236	101	28	37	92	213	172	181	204	69	60		2056
248	137	8	121	104	25	152	233	216	169	40	89	72	57	184	201		2056
12	117	252	133	156	229	108	21	44	85	220	165	188	197	76	53		2056
249	136	9	120	105	24	153	232	217	168	41	88	73	56	185	200		2056
11	118	251	134	155	230	107	22	43	86	219	166	187	198	75	54		2056
242	143	2	127	98	31	146	239	210	175	34	95	66	63	178	207		2056
6	123	246	139	150	235	102	27	38	91	214	171	182	203	70	59		2056
255	130	15	114	111	18	159	226	223	162	47	82	79	50	191	194		2056
14	115	254	131	158	227	110	19	46	83	222	163	190	195	78	51		2056
250	135	10	119	106	23	154	231	218	167	42	87	74	55	186	199		2056
3	126	243	142	147	238	99	30	35	94	211	174	179	206	67	62		2056
247	138	7	122	103	26	151	234	215	170	39	90	71	58	183	202		2056
1	128	241	144	145	240	97	32	33	96	209	176	177	208	65	64		2056
253	132	13	116	109	20	157	228	221	164	45	84	77	52	189	196		2056
16	113	256	129	160	225	112	17	48	81	224	161	192	193	80	49		2056
244	141	4	125	100	29	148	237	212	173	36	93	68	61	180	205		2056
2056	2056	2056	2056	2056	2056	2056	2056	2056	2056	2056	2056	2056	2056	2056	2056		

图 10 – 23　16 阶超级幻方

第 3 步所得 16 阶方阵，其每行、每列以及对角线和泛对角线上 16 个数字之和都等于 2056，所以该 16 阶方阵是个完美幻方。

16 阶超级幻方完美性的验算,如图 10 – 24 和图 10 – 25 所示。

5	137	252	120	155	31	102	226	46	167	211	90	177	52	80	205		2056
248	117	9	134	98	235	159	19	218	94	39	176	77	193	180	60		2056
12	136	251	127	150	18	110	231	35	170	209	84	192	61	69	201		2056
249	118	2	139	111	227	154	30	215	96	45	161	68	204	184	53		2056
11	143	246	114	158	23	99	234	33	164	224	93	181	57	76	200		2056
242	123	15	131	106	238	151	32	221	81	36	172	72	197	185	54		2056
6	130	254	119	147	26	97	228	48	173	213	89	188	56	75	207		2056
255	115	10	142	103	240	157	17	212	92	40	165	73	198	178	59		2056
14	135	243	122	145	20	112	237	37	169	220	88	187	63	70	194		2056
250	126	7	144	109	225	148	28	216	85	41	166	66	203	191	51		2056
3	138	241	116	160	29	101	233	44	168	219	95	182	50	78	199		2056
247	128	13	129	100	236	152	21	217	86	34	171	79	195	186	62		2056
1	132	256	125	149	25	108	232	43	175	214	82	190	55	67	202		2056
253	113	4	140	104	229	153	22	210	91	47	163	74	206	183	64		2056
16	141	245	121	156	24	107	239	38	162	222	87	179	58	65	196		2056

图 10 – 24

60	184	197	73	166	34	91	223	19	154	238	103	144	13	113	244		2056
201	76	56	187	95	214	162	46	231	99	26	145	116	256	141	5		2056
53	185	198	66	171	47	83	218	30	151	240	109	129	4	124	248		2056
200	75	63	182	82	222	167	35	234	97	20	160	125	245	137	12		2056
54	178	203	79	163	42	94	215	32	157	225	100	140	8	117	249		2056
207	70	50	190	87	211	170	33	228	112	29	149	121	252	136	11		2056
59	191	195	74	174	39	96	221	17	148	236	104	133	9	118	242		2056
194	78	55	179	90	209	164	48	237	101	25	156	120	251	143	6		2056
51	186	206	71	176	45	81	212	28	152	229	105	134	2	123	255		2056
199	67	58	177	84	224	173	37	233	108	24	155	127	246	130	14		2056
62	183	208	77	161	36	92	216	21	153	230	98	139	15	115	250		2056
202	65	52	192	93	213	169	44	232	107	31	150	114	254	135	3		2056
64	189	193	68	172	40	85	217	22	146	235	111	131	10	126	247		2056
196	80	61	181	89	220	168	43	239	102	18	158	119	243	138	1		2056
49	180	204	72	165	41	86	210	27	159	227	106	142	7	128	253		2056
205	69	57	188	88	219	175	38	226	110	23	147	122	241	132	16		2056

图 10 – 25

因为该完美幻方中,任意相邻两行,奇数列两数之和相等,偶数列两数之和相等;任意相邻两列,奇数行两数之和相等,偶数行两数之和相等。所以在这个完美幻方的任意位置上截取一个 2 ×2 的小方阵,包括跨边界 2 ×2 小方阵,其中 4 数之和都等于 514,保留了双偶数阶最完美幻方 2 ×2 小方阵取定值这一特性。

把 16 阶方阵分成 16 个 4 ×4 方阵,其中对角线和泛对角线上相距 2 个位置的两个数字是对称的,即两个数字之和为 257。所以对角线和泛对角线上 4 个数字之和都等于 514。又每行、每列 4 个数字之和都等于 514,所以这 16 个 4 ×4 方阵都是完美幻方。在 4 ×4 方阵任意位置上截取一个 2 ×2 的小方阵,包括跨边界 2 ×2 小方阵,其中 4 数之和都等于 514,所以这 16 个 4 ×4 方阵都是 4 阶最完美幻方。而这个 16 阶完美幻方是一个不同心的亲子完美幻方。

以这些 4 阶最完美幻方作基础,在该 16 阶完美幻方中可截得 16 个 8 阶方阵(包括跨边界的 8 阶方阵)都是 8 阶完美幻方，比如图 10－26 所示的 8 阶方阵。

43	86	219	166	187	198	75	54		1028
210	175	34	95	66	63	178	207		1028
38	91	214	171	182	203	70	59		1028
223	162	47	82	79	50	191	194		1028
46	83	222	163	190	195	78	51		1028
218	167	42	87	74	55	186	199		1028
35	94	211	174	179	206	67	62		1028
215	170	39	90	71	58	183	202		1028
1028	1028	1028	1028	1028	1028	1028	1028		

图 10－26　8 阶方阵

图 10－26 所示的 8 阶方阵完美性的验算,如图 10－27 和图 10－28 所示。

43	175	214	82	190	55	67	202		1028
210	91	47	163	74	206	183	54		1028
38	162	222	87	179	58	75	207		1028
223	83	42	174	71	198	178	59		1028
46	167	211	90	187	63	70	194		1028
218	94	39	166	66	203	191	51		1028
35	170	219	95	182	50	78	199		1028
215	86	34	171	79	195	186	62		1028

图 10－27

54	178	203	79	163	42	94	215		1028
207	70	50	190	87	211	170	43		1028
59	191	195	74	174	39	86	210		1028
194	78	55	179	90	219	175	38		1028
51	186	206	71	166	34	91	223		1028
199	67	58	187	95	214	162	46		1028
62	183	198	66	171	47	83	218		1028
202	75	63	182	82	222	167	35		1028

图 10－28

图 10－26 所示的 8 阶方阵就是一个 8 阶完美幻方，也是一个 8 阶超级幻方。读者很易验证。

以这些 4 阶最完美幻方作为基础,在该 16 阶完美幻方中还可截得 16 个 12 阶方阵(包括跨边界的 12 阶方阵)都是 12 阶完美幻方,比如图 10－29 所示的 12 阶方阵。

190	195	78	51	14	115	254	131	158	227	110	19		1542
74	55	186	199	250	135	10	119	106	23	154	231		1542
179	206	67	62	3	126	243	142	147	238	99	30		1542
71	58	183	202	247	138	7	122	103	26	151	234		1542
177	208	65	64	1	128	241	144	145	240	97	32		1542
77	52	189	196	253	132	13	116	109	20	157	228		1542
192	193	80	49	16	113	256	129	160	225	112	17		1542
68	61	180	205	244	141	4	125	100	29	148	237		1542
181	204	69	60	5	124	245	140	149	236	101	28		1542
72	57	184	201	248	137	8	121	104	25	152	233		1542
188	197	76	53	12	117	252	133	156	229	108	21		1542
73	56	185	200	249	136	9	120	105	24	153	232		1542
1542	1542	1542	1542	1542	1542	1542	1542	1542	1542	1542	1542		

图 10－29　12 阶方阵

图 10－29 所示的 12 阶方阵完美性的验算,如图 10－30 和图 10－31 所示。

190	55	67	202	1	132	256	125	149	25	108	232		1542
74	206	183	64	253	113	4	140	104	229	153	19		1542
179	58	65	196	16	141	245	121	156	24	110	231		1542
71	208	189	49	244	124	8	133	105	227	154	30		1542
177	52	80	205	5	137	252	120	158	23	99	234		1542
77	193	180	60	248	117	9	131	106	238	151	32		1542
192	61	69	201	12	136	254	119	147	26	97	228		1542
68	204	184	53	249	115	10	142	103	240	157	17		1542
181	57	76	200	14	135	243	122	145	20	112	237		1542
72	197	185	51	250	126	7	144	109	225	148	28		1542
188	56	78	199	3	138	241	116	160	29	101	233		1542
73	195	186	62	247	128	13	129	100	236	152	21		1542

图 10－30

19	154	238	103	144	13	113	244	60	184	197	73		1542
231	99	26	145	116	256	141	5	201	76	56	190		1542
30	151	240	109	129	4	124	248	53	185	195	74		1542
234	97	20	160	125	245	137	12	200	78	55	179		1542
32	157	225	100	140	8	117	249	51	186	206	71		1542
228	112	29	149	121	252	136	14	199	67	58	177		1542
17	148	236	104	133	9	115	250	62	183	208	77		1542
237	101	25	156	120	254	135	3	202	65	52	192		1542
28	152	229	105	131	10	126	247	64	189	193	68		1542
233	108	24	158	119	243	138	1	196	80	61	181		1542
21	153	227	106	142	7	128	253	49	180	204	72		1542
232	110	23	147	122	241	132	16	205	69	57	188		1542

图 10－31

图 10－29 所示的 12 阶方阵就是一个 12 阶完美幻方，也是一个 12 阶超级幻方。读者很易验证。而整个 16 阶完美幻方确是一个 16 阶超级幻方，亦是一个不同心的亲子幻方。

10.4 双偶数 $n=4m(m=1,2,\cdots)$ 阶超级幻方

给定一个双偶数 $n=4m(m=1,2,\cdots)$ 阶最完美幻方，如何构造一个双偶数 $n=4m(m=1,2,\cdots)$ 阶超级幻方？

第 1 步，作列变换。

把 $1\sim n(n=4m)$ 的自然数，按自然数的顺序由上至下由第 1 行排至第 m 行，再从下到上排至第 1 行，循环往复至得到一个 $m\times4$ 矩阵。把 $m\times4$ 矩阵中的数字作为给定双偶数 $n=4m$（$m=1,2,\cdots$，为正整数）阶最完美幻方的列序。从左到右、从上到下把 $m\times4$ 矩阵中的数字排成一行，把相应列从左到右顺次排列，所得方阵就是列变换后所得方阵。

第 2 步，作行变换。

列变换后所得方阵的上半部分、下半部分，以相邻两行为一组，顺次相间排列，所得方阵就是行变换后所得方阵。

第 3 步，行变换后所得方阵均分为 m 个 $n\times4$ 的矩阵，偶数序的矩阵翻转，所得就是一个双偶数 $n=4m$ $(m=1,2,\cdots)$ 阶超级幻方。

显然，超级幻方，当 m 为偶数时，是一种不同心的亲子完美幻方；当 m 为大于 1 的奇数时，就是一种既同心又不同心的亲子完美幻方。

第 11 章　偶数阶偏心幻方

谈祥柏先生在其《乐在其中的数学》中专门有一节介绍偏心幻方，给出了由一位日本人造出的似乎是世上独一无二的偏心幻方：8 阶偏心幻方(包含一个 5 阶幻方)，如图 11－1 所示，其中 5 阶幻方由以下 25 个数所组成。

50	12	13	52	47	26	37	23
24	32	6	55	7	64	51	21
22	62	63	5	30	4	29	45
53	9	56	8	57	34	18	25
28	2	3	38	60	61	19	49
33	59	36	58	10	1	43	20
39	40	42	27	35	16	15	46
11	44	41	17	14	54	48	31

1	6		30		55	60
2	7		32		56	61
3	8		34		57	62
4	9		36		58	63
5	10		38		59	64

图 11－1　8 阶偏心幻方

这是标新立异的。谈祥柏先生指出，标新立异在科学上从来就不是坏事。

作者去年造出几个 8 阶偏心幻方(包含一个 5 阶完美幻方)、几个 10 阶偏心幻方(包含一个 7 阶完美幻方)和一个 12 阶偏心幻方(包含一个 9 阶幻方)，将在本章中呈献给读者。

11.1　8 阶偏心幻方

日本人所构造的 8 阶偏心幻方中，5 阶幻方选取数字 30，32，34，36，38，增加了构造该幻方的难度，且不可能构出 5 阶完美幻方。为此作者另辟蹊径。我们把 1 ~ 64 的自然数，如图 11－2 所示进行排列。

1	6	11	16	21	26	30		39	44	49	54	59	
2	7	12	17	22	27	31	35	40	45	50	55	60	
3	8	13	18	23	28	32	36	41	46	51	56	61	
4	9	14	19	24	29	33	37	42	47	52	57	62	
5	10	15	20	25		34	38	43	48	53	58	63	64

图 11－2

灰方格中的数字用以构造 5 阶完美幻方，其他数字用以构造 8 阶偏心幻方的边框部分。

构造 8 阶偏心幻方的边框部分的过程，如图 11－3 ~ 图 11－5 所示。

			11	25	64		100
			12	43	45		100
			13	36	51		100
			14	38	48		100
			15	41	44		100
			16	37	47		100
			18	40	42		100
			19	29	52		100
			21	26	53		100
			22	28	50		100
			24	27	49		100
17	20	23	35	39	46		

图 11－3

11	43	51	38	15	47	35	20		260
42						40	18		100
19						29	52		100
26						53	21		100
50						28	22		100
49						27	24		100
46	45	13	14	41	37	25	39		260
17	12	36	48	44	16	23	64		260
260	100	100	100	100	100	260	260		

图 11－4

11	43	51	38	15	47	35	20		260
50						28	22		100
19						29	52		100
26						53	21		100
42						40	18		100
49						27	24		100
46	45	13	14	41	37	25	39		260
17	12	36	48	44	16	23	64		260
260	100	100	100	100	100	260	260		

图 11－5

构造 5 阶完美幻方时,注意到 8 阶偏心幻方的边框部分由右上至左下对角线上 4 个数字 20＋28＋45＋17＝110,所以 5 阶完美幻方左上角方格中应取 10。按构造 5 阶完美幻方的二步法,构造 8 阶偏心幻方中的 5 阶完美幻方,过程如图 11－6 和图 11－7 所示。

4	10	30	55	61		160
5	6	31	56	62		160
1	7	32	57	63		160
2	8	33	58	59		160
3	9	34	54	60		160

图 11－6

10	30	55	61	4		160
56	62	5	6	31		160
1	7	32	57	63		160
33	58	59	2	8		160
60	3	9	34	54		160
160	160	160	160	160		

图 11－7　5 阶完美幻方

把图 11－7 镶入图 11－5 的 8 阶偏心幻方的边框中，得 8 阶偏心幻方 A，如图 11－8 所示。

11	43	51	38	15	47	35	20		260
50	10	30	55	61	4	28	22		260
19	56	62	5	6	31	29	52		260
26	1	7	32	57	63	53	21		260
42	33	58	59	2	8	40	18		260
49	60	3	9	34	54	27	24		260
46	45	13	14	41	37	25	39		260
17	12	36	48	44	16	23	64		260
260	260	260	260	260	260	260	260		

图 11－8　8 阶偏心幻方 A

8 阶偏心幻方 A 中两对角线上数字之和的验算，以及其中所含 5 阶完美幻方完美性的验算，如图 11－9～图 11－11 所示。

11	10	62	32	2	54	25	64		260
20	28	31	57	59	3	45	17		260

图 11－9

10	62	32	2	54		160
56	7	59	34	4		160
1	58	9	61	31		160
33	3	55	6	63		160
60	30	5	57	8		160

图 11－10

4	6	32	58	60		160
31	57	59	3	10		160
63	2	9	30	56		160
8	34	55	62	1		160
54	61	5	7	33		160

图 11－11

适当调整图 11－5 所示的 8 阶偏心幻方的边框,得新的 8 阶偏心幻方的边框,如图 11－12 所示。

11	43	51	38	15	47	35	20		260
49						27	24		100
19						29	52		100
26						53	21		100
42						40	18		100
50						28	22		100
46	45	13	14	41	37	25	39		260
17	12	36	48	44	16	23	64		260
260	100	100	100	100	100	260	260		

图 11－12

构造相应的 5 阶完美幻方,过程如图 11－13 和图 11－14 所示。

5	9	30	55	61		160
4	6	31	56	63		160
1	7	32	58	62		160
2	8	34	57	59		160
3	10	33	54	60		160

图 11－13

9	30	55	61	5		160
56	63	4	6	31		160
1	7	32	58	62		160
34	57	59	2	8		160
60	3	10	33	54		160
160	160	160	160	160		

图 11－14　5 阶完美幻方

把图 11－14 镶入图 11－12 中,得 8 阶偏心幻方 B,如图 11－15 所示。

11	43	51	38	15	47	35	20		260
49	9	30	55	61	5	27	24		260
19	56	63	4	6	31	29	52		260
26	1	7	32	58	62	53	21		260
42	34	57	59	2	8	40	18		260
50	60	3	10	33	54	28	22		260
46	45	13	14	41	37	25	39		260
17	12	36	48	44	16	23	64		260
260	260	260	260	260	260	260	260		

图 11－15　8 阶偏心幻方 *B*

构造一个新的左上角取 9 的 5 阶完美幻方，过程如图 11－16 和图 11－17 所示。

58	9	30	2	61		160
57	6	31	3	63		160
54	7	32	5	62		160
55	8	34	4	59		160
56	10	33	1	60		160

图 11－16

9	30	2	61	58		160
3	63	57	6	31		160
54	7	32	5	62		160
34	4	59	55	8		160
60	56	10	33	1		160
160	160	160	160	160		

图 11－17　5 阶完美幻方

把图 11－17 镶入图 11－12 中，得 8 阶偏心幻方 *C*，如图 11－18 所示。

11	43	51	38	15	47	35	20		260
49	9	30	2	61	58	27	24		260
19	3	63	57	6	31	29	52		260
26	54	7	32	5	62	53	21		260
42	34	4	59	55	8	40	18		260
50	60	56	10	33	1	28	22		260
46	45	13	14	41	37	25	39		260
17	12	36	48	44	16	23	64		260
260	260	260	260	260	260	260	260		

图 11－18　8 阶偏心幻方 *C*

可见调整 8 阶偏心幻方的边框，或所含 5 阶完美幻方，都可得出新的 8 阶偏心幻方。显然远优于日本人的方法，但后人的成果总是建立在前人成果的基础上的，这是一个不争的事实。

11.2 10 阶偏心幻方

我们把 1 ~ 100 的自然数如图 11 – 19 所示进行排列。

1	8	15	22	29	36	43	47		58	65	72	79	86	93	
2	9	16	23	30	37	44	48		59	66	73	80	87	94	
3	10	17	24	31	38	45	49		60	67	74	81	88	95	
4	11	18	25	32	39	46	50	54	61	68	75	82	89	96	
5	12	19	26	33	40		51	55	62	69	76	83	90	97	
6	13	20	27	34	41		52	56	63	70	77	84	91	98	
7	14	21	28	35	42		53	57	64	71	78	85	92	99	100

图 11 – 19

灰方格中的数字用以构造 7 阶完美幻方,其他数字用以构造 10 阶偏心幻方的边框部分。

构造 10 阶偏心幻方的边框部分的过程,如图 11 – 20 ~ 图 11 – 22 所示。

构造 7 阶完美幻方时,注意到 10 阶偏心幻方的边框部分由右上至左下对角线上 4 个数字 60 + 73 + 74 + 34 = 241, 505 – 241 = 264, 350 – 264 = 86,所以 7 阶完美幻方左上角方格中应取 86,按构造 7 阶完美幻方的二步法,构造 10 阶偏心幻方中的 7 阶完美幻方,过程如图 11 – 23 和图 11 – 24 所示。

	22	33	100		155
	37	40	78		155
	36	42	77		155
	38	41	76		155
	35	45	75		155
	26	55	74		155
	24	58	73		155
	29	54	72		155
	25	59	71		155
	39	46	70		155
	30	56	69		155
	43	44	68		155
	31	57	67		155
	28	61	66		155
	27	63	65		155
32	34	23	62	60	64

图 11 – 20

22	55	44	76	45	37	71	72	23	60		505
64	74	43	41	35	40	59	54	33	62		505
34	26	68	38	75	78	25	29	32	100		505
	155	155	155	155	155	155	155				

图 11－21

22	55	44	76	45	37	71	72	23	60		505
58								73	24		155
70								46	39		155
56								69	30		155
31								67	57		155
66								61	28		155
27								65	63		155
77								36	42		155
64	74	43	41	35	40	59	54	33	62		505
34	26	68	38	75	78	25	29	32	100		505
505	155	155	155	155	155	155	155	505	505		

图 11－22

19	86	6	48	99	10	82		350
15	91	2	53	95	11	83		350
20	87	7	49	96	12	79		350
16	92	3	50	97	8	84		350
21	88	4	51	93	13	80		350
17	89	5	47	98	9	85		350
18	90	1	52	94	14	81		350

图 11－23

86	6	48	99	10	82	19		350
53	95	11	83	15	91	2		350
12	79	20	87	7	49	96		350
16	92	3	50	97	8	84		350
4	51	93	13	80	21	88		350
98	9	85	17	89	5	47		350
81	18	90	1	52	94	14		350
350	350	350	350	350	350	350		

图 11－24　7 阶完美幻方

把图 11－24 镶入图 11－22 的 10 阶偏心幻方的边框中，得 10 阶偏心幻方 D，如图 11－25 所示。

22	55	44	76	45	37	71	72	23	60		505
58	86	6	48	99	10	82	19	73	24		505
70	53	95	11	83	15	91	2	46	39		505
56	12	79	20	87	7	49	96	69	30		505
31	16	92	3	50	97	8	84	67	57		505
66	4	51	93	13	80	21	88	61	28		505
27	98	9	85	17	89	5	47	65	63		505
77	81	18	90	1	52	94	14	36	42		505
64	74	43	41	35	40	59	54	33	62		505
34	26	68	38	75	78	25	29	32	100		505
505	505	505	505	505	505	505	505	505	505		

图 11－25　10 阶偏心幻方 *D*

10 阶偏心幻方 D 中两对角线上数字之和的验算，以及其中所含 7 阶完美幻方完美性的验算，如图 11－26～图 11－28 所示。

22	86	95	20	50	80	5	14	33	100		505
60	73	2	49	97	13	85	18	74	34		505

图 11－26

86	95	20	50	80	5	14		350
53	79	3	13	89	94	19		350
12	92	93	17	52	82	2		350
16	51	85	1	10	91	96		350
4	9	90	99	15	49	84		350
98	18	48	83	7	8	88		350
81	6	11	87	97	21	47		350

图 11－27

19	91	7	50	93	9	81		350
2	49	97	13	85	18	86		350
96	8	80	17	90	6	53		350
84	21	89	1	48	95	12		350
88	5	52	99	11	79	16		350
47	94	10	83	20	92	4		350
14	82	15	87	3	51	98		350

图 11－28

构造一个新的左上角取 86 的 7 阶完美幻方，过程如图 11－29 和图 11－30 所示。

5	86	84	48	21	10	96		350
1	91	80	53	17	11	97		350
6	87	85	49	18	12	93		350
2	92	81	50	19	8	98		350
7	88	82	51	15	13	94		350
3	89	83	47	20	9	99		350
4	90	79	52	16	14	95		350

图 11－29

86	84	48	21	10	96	5		350
53	17	11	97	1	91	80		350
12	93	6	87	85	49	18		350
2	92	81	50	19	8	98		350
82	51	15	13	94	7	88		350
20	9	99	3	89	83	47		350
95	4	90	79	52	16	14		350
350	350	350	350	350	350	350		

图 11－30

把图 11－30 镶入图 11－22 中，得 10 阶偏心幻方 *E*，如图 11－31 所示。

22	55	44	76	45	37	71	72	23	60		505
58	86	84	48	21	10	96	5	73	24		505
70	53	17	11	97	1	91	80	46	39		505
56	12	93	6	87	85	49	18	69	30		505
31	2	92	81	50	19	8	98	67	57		505
66	82	51	15	13	94	7	88	61	28		505
27	20	9	99	3	89	83	47	65	63		505
77	95	4	90	79	52	16	14	36	42		505
64	74	43	41	35	40	59	54	33	62		505
34	26	68	38	75	78	25	29	32	100		505
505	505	505	505	505	505	505	505	505	505		

图 11－31　10 阶偏心幻方 *E*

调整 10 阶偏心幻方的边框，或所含 7 阶完美幻方，都可得出新的 10 阶偏心幻方。

11.3　12 阶偏心幻方

我们把 1～144 的自然数如图 11－32 排列。

灰方格中的数字用以构造 9 阶幻方，其他数字用以构造 12 阶偏心幻方的边框部分。

构造 12 阶偏心幻方的边框部分的过程，如图 11－33～图 11－35 所示。

1	10	19	28	37	46	55	64		68			81	90	99	108	117	126	135	
2	11	20	29	38	47	56	65		69			82	91	100	109	118	127	136	
3	12	21	30	39	48	57	66		70			83	92	101	110	119	128	137	
4	13	22	31	40	49	58	67		71			84	93	102	111	120	129	138	
5	14	23	32	41	50	59			72			85	94	103	112	121	130	139	
6	15	24	33	42	51	60			73		77	86	95	104	113	122	131	140	
7	16	25	34	43	52	61			74		78	87	96	105	114	123	132	141	
8	17	26	35	44	53	62			75		79	88	97	106	115	124	133	142	
9	18	27	36	45	54	63			76		80	89	98	107	116	125	134	143	144

图 11－32

	37	41	144		222
	48	67	107		222
	50	82	90		222
	51	66	105		222
	54	64	104		222
	56	63	103		222
	58	62	102		222
	60	61	101		222
	42	80	100		222
	44	79	99		222
	43	81	98		222
	40	85	97		222
	39	87	96		222
	49	78	95		222
	45	83	94		222
	52	77	93		222
	46	84	92		222
	47	86	89		222
	57	59	106		222
38	53	55	65	88	91

图 11－33

37	104	48	81	42	62	101	45	84	87	88	91		870
53	54	107	43	100	102	61	83	92	96	41	38		870
65	64	67	98	80	58	60	94	46	39	55	144		870
	222	222	222	222	222	222	222	222	222				

图 11－34

37	104	48	81	42	62	101	45	84	87	88	91		870
50										90	82		222
103										56	63		222
97										40	85		222
66										105	51		222
95										78	49		222
52										93	77		222
99										79	44		222
47										86	89		222
106										59	57		222
53	54	107	43	100	102	61	83	92	96	41	38		870
65	64	67	98	80	58	60	94	46	39	55	144		870
870	222	222	222	222	222	222	222	222	222	870	870		

图 11－35

构造一个 9 阶幻方，过程如图 11－36～图 11－38 所示。

6	16	26	36	68	109	119	129	139		648
7	17	27	28	69	110	120	130	140		648
8	18	19	29	70	111	121	131	141		648
9	10	20	30	71	112	122	132	142		648
1	11	21	31	72	113	123	133	143		648
2	12	22	32	73	114	124	134	135		648
3	13	23	33	74	115	125	126	136		648
4	14	24	34	75	116	117	127	137		648
5	15	25	35	76	108	118	128	138		648

图 11－36

109	119	129	139	6	16	26	36	68		648
120	130	140	7	17	27	28	69	110		648
131	141	8	18	19	29	70	111	121		648
142	9	10	20	30	71	112	122	132		648
1	11	21	31	72	113	123	133	143		648
12	22	32	73	114	124	134	135	2		648
23	33	74	115	125	126	136	3	13		648
34	75	116	117	127	137	4	14	24		648
76	108	118	128	138	5	15	25	35		648
648	648	648	648	648	648	648	648	648		

图 11－37

图 11－37 的第 1 行与第 9 行不变,对称行互换,得到新的 9 阶幻方,如图 11－38 所示。

109	119	129	139	6	16	26	36	68		648
34	75	116	117	127	137	4	14	24		648
23	33	74	115	125	126	136	3	13		648
12	22	32	73	114	124	134	135	2		648
1	11	21	31	72	113	123	133	143		648
142	9	10	20	30	71	112	122	132		648
131	141	8	18	19	29	70	111	121		648
120	130	140	7	17	27	28	69	110		648
76	108	118	128	138	5	15	25	35		648
648	648	648	648	648	648	648	648	648		

图 11－38　9 阶幻方

9 阶幻方两对角线上数字之和的验算,如图 11－39 所示。

109	75	74	73	72	71	70	69	35		648
68	14	136	124	72	20	8	130	76		648

图 11－39

把图 11－38 镶入图 11－35 中,得 12 阶偏心幻方 F,如图 11－40 所示。

12 阶偏心幻方 F 两对角线上数字之和的验算,如图 11－41 所示。

构造偶数阶偏心幻方的方法,你掌握了吗?你能构造出一个 14 阶偏心幻方吗?

37	104	48	81	42	62	101	45	84	87	88	91		870
50	109	119	129	139	6	16	26	36	68	90	82		870
103	34	75	116	117	127	137	4	14	24	56	63		870
97	23	33	74	115	125	126	136	3	13	40	85		870
66	12	22	32	73	114	124	134	135	2	105	51		870
95	1	11	21	31	72	113	123	133	143	78	49		870
52	142	9	10	20	30	71	112	122	132	93	77		870
99	131	141	8	18	19	29	70	111	121	79	44		870
47	120	130	140	7	17	27	28	69	110	86	89		870
106	76	108	118	128	138	5	15	25	35	59	57		870
53	54	107	43	100	102	61	83	92	96	41	38		870
65	64	67	98	80	58	60	94	46	39	55	144		870
870	870	870	870	870	870	870	870	870	870	870	870		

图 11 -40　12 阶偏心幻方 *F*

37	109	75	74	73	72	71	70	69	35	41	144		870
91	90	24	3	134	113	30	18	140	108	54	65		870

图 11 -41

第 12 章　奇数阶偏心幻方

奇数阶偏心幻方至今似乎还未曾出现过。作者于 2021 年在知乎上发表创作的“2022 年中英文幻方挂历”的过程中，构造出了几个 7 阶偏心幻方（包含一个 4 阶最完美幻方）、几个 11 阶偏心幻方（包含一个 8 阶最完美幻方），将在本章中呈献给读者。

12.1　7 阶偏心幻方

我们把 1 ~49 的自然数如图 12 –1 排列。

1	5	9	13	17	21	25	29	33	37	41	45	
2	6	10	14	18	22	26	30	34	38	42	46	
3	7	11	15	19	23	27	31	35	39	43	47	
4	8	12	16	20	24	28	32	36	40	44	48	49

图 12 –1

灰方格中的数字用以构造 4 阶最完美幻方，其他数字用以构造 7 阶偏心幻方的边框部分。

构造 7 阶偏心幻方的边框部分的过程，如图 12 –2 ~ 图 12 –4 所示。

构造 4 阶最完美幻方时，注意到 7 阶偏心幻方的边框部分由右上至左下对角线上 4 个数字 14 +25 +23 +16 =78，175 –78 =97，98 –97 =1，所以 4 阶最完美幻方左上角方格中应取 1。按构造 4 阶最完美幻方的三步法，构造 7 阶偏心幻方中的 4 阶最完美幻方，过程如图 12 –5 ~ 图 12 –7 所示。

把图 12 –7 镶入图 12 –4 的 7 阶偏心幻方的边框中，得 7 阶偏心幻方 A，如图 12 –8 所示。

9	30	38		77
10	33	34		77
12	26	39		77
13	15	49		77
17	29	31		77
18	19	40		77
20	21	36		77
22	23	32		77
24	25	28		77
11	14	16		
35	27	37		

图 12 –2

13	40	22	26	33	27	14		175
35	19	23	12	34	15	37		175
16	18	32	39	10	11	49		175
	77	77	77	77				

图 12－3

13	22	40	26	33	27	14		175
24					25	28		77
38					30	9		77
29					31	17		77
20					36	21		77
35	23	19	12	34	15	37		175
16	32	18	39	10	11	49		175
175	77	77	77	77	175	175		

图 12－4

1	8	45	44
2	7	46	43
3	6	47	42
4	5	48	41

图 12－5

1	8	45	44
2	7	46	43
4	5	48	41
3	6	47	42

图 12－6

1	8	45	44		98
46	43	2	7		98
4	5	48	41		98
47	42	3	6		98
98	98	98	98		

图 12－7　4 阶最完美幻方

13	22	40	26	33	27	14		175
24	1	8	45	44	25	28		175
38	46	43	2	7	30	9		175
29	4	5	48	41	31	17		175
20	47	42	3	6	36	21		175
35	23	19	12	34	15	37		175
16	32	18	39	10	11	49		175
175	175	175	175	175	175	175		

图 12-8　7 阶偏心幻方 *A*

7 阶偏心幻方 A 中两对角线上数字之和的验算，以及其中所含 4 阶最完美幻方完美性的验算，如图 12-9～图 12-11 所示。

13	1	43	48	6	15	49		175
14	25	7	48	42	23	16		175

图 12-9

1	43	48	6		98
46	5	3	44		98
4	42	45	7		98
47	8	2	41		98

图 12-10

44	2	5	47		98
7	48	42	1		98
41	3	8	46		98
6	45	43	4		98

图 12-11

其实，图 12-7 之所以是 4 阶最完美幻方是无须验证的，因为作者在相应论文中已给出理论证明，此处仅为加深读者印象。

适当调整图 12-4 所示的 7 阶偏心幻方的边框，得新的 7 阶偏心幻方的边框，，如图 12-12 所示。

13	40	22	26	33	27	14		175
20					36	21		77
24					25	28		77
38					30	9		77
29					31	17		77
35	19	23	12	34	15	37		175
16	18	32	39	10	11	49		175
175	77	77	77	77	175	175		

图 12-12

注意到7阶偏心幻方的边框部分由右上至左下对角线上4个数字14+36+19+16=85，175-85=90，98-90=8，所以镶入的4阶最完美幻方左上角方格中应取8，把图12-7所示的4阶最完美幻方简单变换一下就得所要的4阶最完美幻方，如图12-13所示。

8	45	44	1		98
43	2	7	46		98
5	48	41	4		98
42	3	6	47		98
98	98	98	98		

图12-13　新的4阶最完美幻方

把图12-13镶入图12-12的7阶偏心幻方的边框中，得7阶偏心幻方 B，如图12-14所示。

13	40	22	26	33	27	14		175
20	8	45	44	1	36	21		175
24	43	2	7	46	25	28		175
38	5	48	41	4	30	9		175
29	42	3	6	47	31	17		175
35	19	23	12	34	15	37		175
16	18	32	39	10	11	49		175
175	175	175	175	175	175	175		

图12-14　7阶偏心幻方 B

7阶偏心幻方 B 中两对角线上数字之和的验算，如图12-15所示。

13	8	2	41	47	15	49		175
14	36	46	41	3	19	16		175

图12-15

可见调整7阶偏心幻方的边框，或所含4阶最完美幻方，都可得出新的7阶偏心幻方。

12.2　11阶偏心幻方

我们把1~121的自然数如图12-16排列。

灰方格中的数字用以构造8阶最完美幻方，其他数字用以构造11阶偏心幻方的边框部分。

构造11阶偏心幻方的边框部分的过程，如图12-17~图12-19所示。

1	9	17	25	33	41	49	57	65	73	81	89	97	105	113	
2	10	18	26	34	42	50	58	66	74	82	90	98	106	114	
3	11	19	27	35	43	51	59	67	75	83	91	99	107	115	
4	12	20	28	36	44	52	60	68	76	84	92	100	108	116	
5	13	21	29	37	45	53	61	69	77	85	93	101	109	117	
6	14	22	30	38	46	54	62	70	78	86	94	102	110	118	
7	15	23	31	39	47	55	63	71	79	87	95	103	111	119	
8	16	24	32	40	48	56	64	72	80	88	96	104	112	120	121

图 12－16

33	66	88		187
34	67	86		187
36	69	82		187
39	72	76		187
40	62	85		187
42	61	84		187
43	71	73		187
44	68	75		187
45	64	78		187
46	60	81		187
47	63	77		187
48	59	80		187
49	51	87		187
50	54	83		187
52	65	70		187
53	55	79		187
56	57	74		187
35	37	38		
41	58	121		

图 12－17

33	39	69	67	40	83	52	55	74	121	38		671
41	72	36	86	85	50	65	79	56	66	35		671
58	76	82	34	62	54	70	53	57	37	88		671
	187	187	187	187	187	187	187	187				

图 12－18

33	39	69	67	40	83	52	55	74	121	38		671
84									42	61		187
46									60	81		187
49									87	51		187
63									47	77		187
68									75	44		187
71									43	73		187
78									45	64		187
80									48	59		187
41	72	36	86	85	50	65	79	56	66	35		671
58	76	82	34	62	54	70	53	57	37	88		671
671	187	187	187	187	187	187	187	187	671	671		

图 12－19

构造 8 阶最完美幻方时，注意到 11 阶偏心幻方的边框部分由右上至左下对角线上 4 个数字 38＋42＋72＋58＝210，671－210＝461，484－461＝23，所以 8 阶最完美幻方左上角方格中应取 23，按构造 8 阶最完美幻方的三步法，构造 11 阶偏心幻方中的 8 阶最完美幻方，过程如图 12－20～图 12－23 所示。

1	16	17	32	113	112	97	96
2	15	18	31	114	111	98	95
3	14	19	30	115	110	99	94
4	13	20	29	116	109	100	93
5	12	21	28	117	108	101	92
6	11	22	27	118	107	102	91
7	10	23	26	119	106	103	90
8	9	24	25	120	105	104	89

图 12－20

1	16	17	32	113	112	97	96
2	15	18	31	114	111	98	95
3	14	19	30	115	110	99	94
4	13	20	29	116	109	100	93
8	9	24	25	120	105	104	89
7	10	23	26	119	106	103	90
6	11	22	27	118	107	102	91
5	12	21	28	117	108	101	92

图 12－21

1	16	17	32	113	112	97	96		484
114	111	98	95	2	15	18	31		484
3	14	19	30	115	110	99	94		484
116	109	100	93	4	13	20	29		484
8	9	24	25	120	105	104	89		484
119	106	103	90	7	10	23	26		484
6	11	22	27	118	107	102	91		484
117	108	101	92	5	12	21	28		484
484	484	484	484	484	484	484	484		

图 12-22 8 阶最完美幻方

23	26	119	106	103	90	7	10		484
102	91	6	11	22	27	118	107		484
21	28	117	108	101	92	5	12		484
97	96	1	16	17	32	113	112		484
18	31	114	111	98	95	2	15		484
99	94	3	14	19	30	115	110		484
20	29	116	109	100	93	4	13		484
104	89	8	9	24	25	120	105		484
484	484	484	484	484	484	484	484		

图 12-23 8 阶最完美幻方

把图 12-23 镶入图 12-19 的 11 阶偏心幻方的边框中，得 11 阶偏心幻方 A，如图 12-24 所示。

33	39	69	67	40	83	52	55	74	121	38		671
84	23	26	119	106	103	90	7	10	42	61		671
46	102	91	6	11	22	27	118	107	60	81		671
49	21	28	117	108	101	92	5	12	87	51		671
63	97	96	1	16	17	32	113	112	47	77		671
68	18	31	114	111	98	95	2	15	75	44		671
71	99	94	3	14	19	30	115	110	43	73		671
78	20	29	116	109	100	93	4	13	45	64		671
80	104	89	8	9	24	25	120	105	48	59		671
41	72	36	86	85	50	65	79	56	66	35		671
58	76	82	34	62	54	70	53	57	37	88		671
671	671	671	671	671	671	671	671	671	671	671		

图 12-24 11 阶偏心幻方 A

11 阶偏心幻方 A 中两对角线上数字之和的验算，如图 12-25 所示。

33	23	91	117	16	98	30	4	105	66	88		671
38	42	107	5	32	98	14	116	89	72	58		671

图 12-25

适当调整图 12－19 中 11 阶偏心幻方的边框，得新的 11 阶偏心幻方的边框，如图 12－26 所示。

33	74	69	55	40	52	83	67	39	121	38		671
78									45	64		187
46									60	81		187
49									87	51		187
63									47	77		187
80									48	59		187
71									43	73		187
84									42	61		187
68									75	44		187
41	56	36	79	85	65	50	86	72	66	35		671
58	57	82	53	62	70	54	34	76	37	88		671
671	187	187	187	187	187	187	187	187	671	671		

图 12－26

注意到 11 阶偏心幻方的边框部分由右上至左下对角线上 4 个数字 38＋45＋56＋58＝197，671－197＝474，484－474＝10 所以镶入的 8 阶最完美幻方左上角方格中应取 10，把图 12－23 的 8 阶最完美幻方简单变换一下就得所要的 8 阶最完美幻方，如图 12－27 所示。

10	23	26	119	106	103	90	7		484
107	102	91	6	11	22	27	118		484
12	21	28	117	108	101	92	5		484
112	97	96	1	16	17	32	113		484
15	18	31	114	111	98	95	2		484
110	99	94	3	14	19	30	115		484
13	20	29	116	109	100	93	4		484
105	104	89	8	9	24	25	120		484
484	484	484	484	484	484	484	484		

图 12－27　新的 8 阶最完美幻方

把图 12－27 镶入图 12－26 的 11 阶偏心幻方的边框中，得 11 阶偏心幻方 B，如图 12－28 所示。

33	74	69	55	40	52	83	67	39	121	38		671
78	10	23	26	119	106	103	90	7	45	64		671
46	107	102	91	6	11	22	27	118	60	81		671
49	12	21	28	117	108	101	92	5	87	51		671
63	112	97	96	1	16	17	32	113	47	77		671
80	15	18	31	114	111	98	95	2	48	59		671
71	110	99	94	3	14	19	30	115	43	73		671
84	13	20	29	116	109	100	93	4	42	61		671
68	105	104	89	8	9	24	25	120	75	44		671
41	56	36	79	85	65	50	86	72	66	35		671
58	57	82	53	62	70	54	34	76	37	88		671
671	671	671	671	671	671	671	671	671	671	671		

图 12－28　11 阶偏心幻方 *B*

11 阶偏心幻方 B 中两对角线上数字之和的验算,如图 12－29 所示。

33	10	102	28	1	111	19	93	120	66	88		671
38	45	118	92	17	111	3	29	104	56	58		671

图 12－29

可见调整 11 阶偏心幻方的边框,或所含 8 阶最完美幻方,都可得出新的 11 阶偏心幻方。

构造奇数阶偏心幻方的方法,你掌握了吗?你能构造出一个 15 阶偏心幻方吗?

第 13 章　多重镶边幻方和多重镶边偏心幻方

10 世纪阿拉伯数学家 Alib Ahmad Al – Antaki 发明的 11 阶奇偶数分居的对称镶边幻方,是历史上唯一为公众所知的此类幻方。此幻方在吴鹤龄先生《幻方及其他》一书中有介绍。

经历千年,作者在 2010 年发表的论文《构造镶边幻方的代码法》中,给出了构造 $n=4m+3(m=1,2,\cdots)$ 阶奇偶数分居的对称镶边幻方的代码法。奇偶数分居的对称镶边幻方也是一个多重镶边幻方。

反复运用第 4 章和第 5 章的代码法,我们可得出更为复杂精彩的偶数阶多重镶边幻方。

利用已有偏心幻方及第 4 章至第 6 章的代码法,我们可得出更为复杂精彩的偶数阶多重镶边偏心幻方。

13.1　奇偶数分居 11 阶五重镶边幻方

所谓奇偶数分居的对称镶边幻方,指的是:

(1)该奇数阶幻方奇数置于当中的菱形中,而偶数置于菱形外的四角。

(2)对角线上的数中心对称,两对角线之间的数以中间行为轴上下对称,或以中间列为轴左右对称。

(3)是一个多层的镶边幻方,最内层是 3 阶幻方,然后是 5 阶幻方,……,直至 $4m+1$ 阶幻方,$n=4m+3$阶奇偶数分居的对称镶边幻方。

作者在所著的《你亦可以造幻方》中给出的纪念香港回归的 11 阶奇偶数分居的对称镶边幻方,如图 13 – 1所示,就是一个奇偶数分居 11 阶五重镶边幻方。

74	14	18	100	106	33	114	120	12	4	76		671
62	90	24	102	19	97	7	112	6	92	60		671
64	86	40	13	9	99	107	117	42	36	58		671
68	96	87	81	39	37	75	73	35	26	54		671
72	91	101	79	67	53	63	43	21	31	50		671
95	93	105	45	57	61	65	77	17	29	27		671
56	1	11	51	59	69	55	71	111	121	66		671
52	34	3	49	83	85	47	41	119	88	70		671
44	28	80	109	113	23	15	5	82	94	78		671
38	30	98	20	103	25	115	10	116	32	84		671
46	108	104	22	16	89	8	2	110	118	48		671
671	671	671	671	671	671	671	671	671	671	671		

图 13 – 1　奇偶数分居 11 阶五重镶边幻方

其多重性的验证如图 13 – 2 ~ 图 13 – 6 所示。

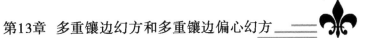

67	53	63		183
57	61	65		183
59	69	55		183
183	183	183		
67	61	55		183
63	61	59		183

图 13－2

81	39	37	75	73		305
79	67	53	63	43		305
45	57	61	65	77		305
51	59	69	55	71		305
49	83	85	47	41		305
305	305	305	305	305		
81	67	61	55	41		305
73	63	61	59	49		305

图 13－3

40	13	9	99	107	117	42		427
87	81	39	37	75	73	35		427
101	79	67	53	63	43	21		427
105	45	57	61	65	77	17		427
11	51	59	69	55	71	111		427
3	49	83	85	47	41	119		427
80	109	113	23	15	5	82		427
427	427	427	427	427	427	427		
40	81	67	61	55	41	82		427
42	73	63	61	59	49	80		427

图 13－4

90	24	102	19	97	7	112	6	92		549
86	40	13	9	99	107	117	42	36		549
96	87	81	39	37	75	73	35	26		549
91	101	79	67	53	63	43	21	31		549
93	105	45	57	61	65	77	17	29		549
1	11	51	59	69	55	71	111	121		549
34	3	49	83	85	47	41	119	88		549
28	80	109	113	23	15	5	82	94		549
30	98	20	103	25	115	10	116	32		549
549	549	549	549	549	549	549	549	549		
90	40	81	67	61	55	41	82	32		549
92	42	73	63	61	59	49	80	30		549

图 13-5

74	14	18	100	106	33	114	120	12	4	76		671
62	90	24	102	19	97	7	112	6	92	60		671
64	86	40	13	9	99	107	117	42	36	58		671
68	96	87	81	39	37	75	73	35	26	54		671
72	91	101	79	67	53	63	43	21	31	50		671
95	93	105	45	57	61	65	77	17	29	27		671
56	1	11	51	59	69	55	71	111	121	66		671
52	34	3	49	83	85	47	41	119	88	70		671
44	28	80	109	113	23	15	5	82	94	78		671
38	30	98	20	103	25	115	10	116	32	84		671
46	108	104	22	16	89	8	2	110	118	48		671
671	671	671	671	671	671	671	671	671	671	671		
74	90	40	81	67	61	55	41	82	32	48		671
76	92	42	73	63	61	59	49	80	30	46		671

图 13-6

其双对称性,对称位置上两个数字之和都等于 122,不再验算。

13.2　10 阶四重镶边幻方和 12 阶五重镶边幻方

由构造双偶数阶最完美幻方的三步法构造一个 4 阶最完美幻方,如图 13-7 所示。其完美性的验证,如图 13-8 和图 13-9 所示。

3	6	15	10		34
13	12	1	8		34
2	7	14	11		34
16	9	4	5		34
34	34	34	34		

图 13－7　4 阶最完美幻方

3	12	14	5		34
13	7	4	10		34
2	9	15	8		34
16	6	1	11		34

图 13－8

10	1	7	16		34
8	14	9	3		34
11	4	6	13		34
5	15	12	2		34

图 13－9

图 13－7 所示的每个元素都加 2(6－1)＝10,得加值后的 4 阶最完美幻方,如图 13－10 所示。

13	16	25	20
23	22	11	18
12	17	24	21
26	19	14	15

图 13－10　加值后的 4 阶最完美幻方

6 阶镶边幻方的边框部分,如图 13－11 所示。

4	3	35	36	28	5		111
6					31		37
30					7		37
29					8		37
10					27		37
32	34	2	1	9	33		111
111	37	37	37	37	111		

图 13－11　6 阶镶边幻方的边框部分

把图 13－10 镶入图 13－11 中，得 6 阶镶边幻方,如图 13－12 所示。

图 13－12 所示的 6 阶镶边幻方中每个元素都加 2(8－1)＝14,得加值后的 6 阶镶边幻方,如图 13－13 所示。

8 阶镶边幻方的边框部分,如图 13－14 所示。

4	3	35	36	28	5		111
6	13	16	25	20	31		111
30	23	22	11	18	7		111
29	12	17	24	21	8		111
10	26	19	14	15	27		111
32	34	2	1	9	33		111
111	111	111	111	111	111		
4	13	22	24	15	33		111
5	20	11	17	26	32		111

图 13－12　6 阶镶边幻方

18	17	49	50	42	19		195
20	27	30	39	34	45		195
44	37	36	25	32	21		195
43	26	31	38	35	22		195
24	40	33	28	29	41		195
46	48	16	15	23	47		195
195	195	195	195	195	195		

图 13－13　加值后的 6 阶镶边幻方

59	5	4	62	63	1	8	58		260
9							56		65
55							10		65
54							11		65
12							53		65
13							52		65
51							14		65
7	60	61	3	2	64	57	6		260
260	65	65	65	65	65	65	260		

图 13－14　8 阶镶边幻方的边框部分

把图 13－13 镶入图 13－14 中，得 8 阶三重镶边幻方，如图 13－15 所示。

图 13－15 所示的 8 阶三重镶边幻方中每个元素都加 2(10－1)＝18，得加值后的 8 阶三重镶边幻方，如图 13－16 所示。

10 阶镶边幻方的边框部分，如图 13－17 所示。

59	5	4	62	63	1	8	58		260
9	18	17	49	50	42	19	56		260
55	20	27	30	39	34	45	10		260
54	44	37	36	25	32	21	11		260
12	43	26	31	38	35	22	53		260
13	24	40	33	28	29	41	52		260
51	46	48	16	15	23	47	14		260
7	60	61	3	2	64	57	6		260
260	260	260	260	260	260	260	260		
59	18	27	36	38	29	47	6		260
58	19	34	25	31	40	46	7		260

图 13－15 8 阶三重镶边幻方

77	23	22	80	81	19	26	76
27	36	35	67	68	60	37	74
73	38	45	48	57	52	63	28
72	62	55	54	43	50	39	29
30	61	44	49	56	53	40	71
31	42	58	51	46	47	59	70
69	64	66	34	33	41	65	32
25	78	79	21	20	82	75	24

图 13－16 加值后的 8 阶三重镶边幻方

8	7	95	96	4	3	99	100	84	9		505
10									91		101
90									11		101
89									12		101
13									88		101
14									87		101
86									15		101
85									16		101
18									83		101
92	94	6	5	97	98	2	1	17	93		505
505	101	101	101	101	101	101	101	101	505		

图 13－17 10 阶镶边幻方的边框部分

把图 13－16 镶入图 13－17 中，得 10 阶四重镶边幻方，如图 13－18 所示。

图 13－18 所示的 10 阶四重镶边幻方中每个元素都加 2(12－1)＝22，得加值后的 10 阶四重镶边幻方，如图 13－19 所示。

12 阶镶边幻方的边框部分，如图 13－20 所示。

8	7	95	96	4	3	99	100	84	9		505
10	77	23	22	80	81	19	26	76	91		505
90	27	36	35	67	68	60	37	74	11		505
89	73	38	45	48	57	52	63	28	12		505
13	72	62	55	54	43	50	39	29	88		505
14	30	61	44	49	56	53	40	71	87		505
86	31	42	58	51	46	47	59	70	15		505
85	69	64	66	34	33	41	65	32	16		505
18	25	78	79	21	20	82	75	24	83		505
92	94	6	5	97	98	2	1	17	93		505
505	505	505	505	505	505	505	505	505	505		
8	77	36	45	54	56	47	65	24	93		505
9	76	37	52	43	49	58	64	25	92		505

图 13－18　10 阶四重镶边幻方

30	29	117	118	26	25	121	122	106	31
32	99	45	44	102	103	41	48	98	113
112	49	58	57	89	90	82	59	96	33
111	95	60	67	70	79	74	85	50	34
35	94	84	77	76	65	72	61	51	110
36	52	83	66	71	78	75	62	93	109
108	53	64	80	73	68	69	81	92	37
107	91	86	88	56	55	63	87	54	38
40	47	100	101	43	42	104	97	46	105
114	116	28	27	119	120	24	23	39	115

图 13－19　加值后的 10 阶四重镶边幻方

135	9	8	138	139	5	4	142	143	1	12	134		870
13											132		145
131											14		145
130											15		145
16											129		145
17											128		145
127											18		145
126											19		145
20											125		145
21											124		145
123											22		145
11	136	137	7	6	140	141	3	2	144	133	10		870
870	145	145	145	145	145	145	145	145	145	145	870		

图 13－20　12 阶镶边幻方的边框部分

把图 13 – 19 镶入图 13 – 20 中，得 12 阶五重镶边幻方，如图 13 – 21 所示。

135	9	8	138	139	5	4	142	143	1	12	134		870
13	30	29	117	118	26	25	121	122	106	31	132		870
131	32	99	45	44	102	103	41	48	98	113	14		870
130	112	49	58	57	89	90	82	59	96	33	15		870
16	111	95	60	67	70	79	74	85	50	34	129		870
17	35	94	84	77	76	65	72	61	51	110	128		870
127	36	52	83	66	71	78	75	62	93	109	18		870
126	108	53	64	80	73	68	69	81	92	37	19		870
20	107	91	86	88	56	55	63	87	54	38	125		870
21	40	47	100	101	43	42	104	97	46	105	124		870
123	114	116	28	27	119	120	24	23	39	115	22		870
11	136	137	7	6	140	141	3	2	144	133	10		870
870	870	870	870	870	870	870	870	870	870	870	870		
135	30	99	58	67	76	78	69	87	46	115	10		870
134	31	98	59	74	65	71	80	86	47	114	11		870

图 13 – 21　12 阶五重镶边幻方

用类似方法可构造出更高偶数阶多重镶边幻方。

13.3　9 阶四重镶边幻方和 11 阶五重镶边幻方

给出 3 阶洛书幻方，如图 13 – 22 所示。

4	9	2		15
3	5	7		15
8	1	6		15
15	15	15		

图 13 – 22　3 阶洛书幻方

图 13 – 22 所示的每个元素都加 2(5 – 1) = 8，得加值后的 3 阶洛书幻方，如图 13 – 23 所示。

12	17	10
11	13	15
16	9	14

图 13 – 23　加值后的 3 阶洛书幻方

5 阶镶边幻方的边框部分，如图 13 – 24 所示。

23	2	1	20	19		65
22				4		26
5				21		26
8				18		26
7	24	25	6	3		65
65	26	26	26	65		

图 13－24　5 阶镶边幻方的边框部分

把图 13－23 镶入图 13－24 中,得 5 阶镶边幻方,如图 13－25 所示。

23	2	1	20	19		65
22	12	17	10	4		65
5	11	13	15	21		65
8	16	9	14	18		65
7	24	25	6	3		65
65	65	65	65	65		
23	12	13	14	3		65
19	10	13	16	7		65

图 13－25　5 阶镶边幻方

图 13－25 所示的 5 阶镶边幻方中每个元素都加 2(7－1)＝12,得加值后的 5 阶镶边幻方,如图 13－26 所示。

35	14	13	32	31
34	24	29	22	16
17	23	25	27	33
20	28	21	26	30
19	36	37	18	15

图 13－26　加值后的 5 阶镶边幻方

7 阶镶边幻方的边框部分,如图 13－27 所示。

46	3	2	1	42	41	40		175
45						5		50
44						6		50
7						43		50
12						38		50
11						39		50
10	47	48	49	8	9	4		175
175	50	50	50	50	50	175		

图 13－27　7 阶镶边幻方的边框部分

把图 13－26 镶入图 13－27 中，得 7 阶三重镶边幻方，如图 13－28 所示。

46	3	2	1	42	41	40		175
45	35	14	13	32	31	5		175
44	34	24	29	22	16	6		175
7	17	23	25	27	33	43		175
12	20	28	21	26	30	38		175
11	19	36	37	18	15	39		175
10	47	48	49	8	9	4		175
175	175	175	175	175	175	175		
46	35	24	25	26	15	4		175
40	31	22	25	28	19	10		175

图 13－28 7 阶三重镶边幻方

图 13－28 所示的 7 阶三重镶边幻方中每个元素都加 2(9－1)＝16，得加值后的 7 阶三重镶边幻方，如图 13－29 所示。

62	19	18	17	58	57	56
61	51	30	29	48	47	21
60	50	40	45	38	32	22
23	33	39	41	43	49	59
28	36	44	37	42	46	54
27	35	52	53	34	31	55
26	63	64	65	24	25	20

图 13－29 加值后的 7 阶三重镶边幻方

9 阶镶边幻方的边框部分，如图 13－30 所示。

77	4	3	2	1	72	71	70	69		369
76								6		82
75								7		82
74								8		82
9								73		82
16								66		82
15								67		82
14								68		82
13	78	79	80	81	10	11	12	5		369
369	82	82	82	82	82	82	82	369		

图 13－30 9 阶镶边幻方的边框部分

把图 13－29 镶入图 13－30 中，得 9 阶四重镶边幻方，如图 13－31 所示。

图 13－31 所示的 9 阶四重镶边幻方中每个元素都加 2(11－1)＝20，得加值后的 9 阶四重镶边幻方，如图 13－32 所示。

77	4	3	2	1	72	71	70	69		369
76	62	19	18	17	58	57	56	6		369
75	61	51	30	29	48	47	21	7		369
74	60	50	40	45	38	32	22	8		369
9	23	33	39	41	43	49	59	73		369
16	28	36	44	37	42	46	54	66		369
15	27	35	52	53	34	31	55	67		369
14	26	63	64	65	24	25	20	68		369
13	78	79	80	81	10	11	12	5		369
369	369	369	369	369	369	369	369	369		
77	62	51	40	41	42	31	20	5		369
69	56	47	38	41	44	35	26	13		369

图 13－31　9 阶四重镶边幻方

97	24	23	22	21	92	91	90	89
96	82	39	38	37	78	77	76	26
95	81	71	50	49	68	67	41	27
94	80	70	60	65	58	52	42	28
29	43	53	59	61	63	69	79	93
36	48	56	64	57	62	66	74	86
35	47	55	72	73	54	51	75	87
34	46	83	84	85	44	45	40	88
33	98	99	100	101	30	31	32	25

图 13－32　加值后的 9 阶四重镶边幻方

11 阶镶边幻方的边框部分，如图 13－33 所示。

116	5	4	3	2	1	110	109	108	107	106		671
115										7		122
114										8		122
113										9		122
112										10		122
11										111		122
20										102		122
19										103		122
18										104		122
17										105		122
16	117	118	119	120	121	12	13	14	15	6		671
671	122	122	122	122	122	122	122	122	122	671		

图 13－33　11 阶镶边幻方的边框部分

把图 13－32 镶入图 13－33 中，得 11 阶五重镶边幻方，如图 13－34 所示。

116	5	4	3	2	1	110	109	108	107	106		671
115	97	24	23	22	21	92	91	90	89	7		671
114	96	82	39	38	37	78	77	76	26	8		671
113	95	81	71	50	49	68	67	41	27	9		671
112	94	80	70	60	65	58	52	42	28	10		671
11	29	43	53	59	61	63	69	79	93	111		671
20	36	48	56	64	57	62	66	74	86	102		671
19	35	47	55	72	73	54	51	75	87	103		671
18	34	46	83	84	85	44	45	40	88	104		671
17	33	98	99	100	101	30	31	32	25	105		671
16	117	118	119	120	121	12	13	14	15	6		671
671	671	671	671	671	671	671	671	671	671	671		
116	97	82	71	60	61	62	51	40	25	6		671
106	89	76	67	58	61	64	55	46	33	16		671

图 13-34 11 阶五重镶边幻方

用类似方法可构造出更高奇数阶多重镶边幻方。

13.4 11 阶二重镶边偏心幻方和 12 阶二重镶边偏心幻方

给出第 12 章的 7 阶偏心幻方,如图 13-35 所示。

13	22	40	26	33	27	14		175
24	1	8	45	44	25	28		175
38	46	43	2	7	30	9		175
29	4	5	48	41	31	17		175
20	47	42	3	6	36	21		175
35	23	19	12	34	15	37		175
16	32	18	39	10	11	49		175
175	175	175	175	175	175	175		

图 13-35 7 阶偏心幻方

图 13-35 所示的 7 阶偏心幻方中每个元素都加 $2(9-1)=16$,得加值后的 7 阶偏心幻方,如图 13-36 所示。

29	38	56	42	49	43	30
40	17	24	61	60	41	44
54	62	59	18	23	46	25
45	20	21	64	57	47	33
36	63	58	19	22	52	37
51	39	35	28	50	31	53
32	48	34	55	26	27	65

图 13-36 加值后的 7 阶偏心幻方

9 阶镶边幻方的边框部分,如图 13－37 所示。

77	4	3	2	1	72	71	70	69		369
76								6		82
75								7		82
74								8		82
9								73		82
16								66		82
15								67		82
14								68		82
13	78	79	80	81	10	11	12	5		369
369	82	82	82	82	82	82	82	369		

图 13－37　9 阶镶边幻方的边框部分

把图 13－36 镶入图 13－37 中,得 9 阶一重镶边偏心幻方,如图 13－38 所示。

77	4	3	2	1	72	71	70	69		369
76	29	38	56	42	49	43	30	6		369
75	40	17	24	61	60	41	44	7		369
74	54	62	59	18	23	46	25	8		369
9	45	20	21	64	57	47	33	73		369
16	36	63	58	19	22	52	37	66		369
15	51	39	35	28	50	31	53	67		369
14	32	48	34	55	26	27	65	68		369
13	78	79	80	81	10	11	12	5		369
369	369	369	369	369	369	369	369	369		
77	29	17	59	64	22	31	65	5		369
69	30	41	23	64	58	39	32	13		369

图 13－38　9 阶一重镶边偏心幻方

图 13－38 所示的 9 阶一重镶边偏心幻方中每个元素都加 2(11－1)＝20,得加值后的 9 阶一重镶边偏心幻方,如图 13－39 所示。

97	24	23	22	21	92	91	90	89
96	49	58	76	62	69	63	50	26
95	60	37	44	81	80	61	64	27
94	74	82	79	38	43	66	45	28
29	65	40	41	84	77	67	53	93
36	56	83	78	39	42	72	57	86
35	71	59	55	48	70	51	73	87
34	52	68	54	75	46	47	85	88
33	98	99	100	101	30	31	32	25

图 13－39　加值后的 9 阶一重镶边偏心幻方

11 阶镶边幻方的边框部分，如图 13－40 所示。

116	5	4	3	2	1	110	109	108	107	106		671
115										7		122
114										8		122
113										9		122
112										10		122
11										111		122
20										102		122
19										103		122
18										104		122
17										105		122
16	117	118	119	120	121	12	13	14	15	6		671
671	122	122	122	122	122	122	122	122	122	671		

图 13－40　11 阶镶边幻方的边框部分

把图 13－39 镶入图 13－40 中，得 11 阶二重镶边偏心幻方，如图 13－41 所示。

116	5	4	3	2	1	110	109	108	107	106		671
115	97	24	23	22	21	92	91	90	89	7		671
114	96	49	58	76	62	69	63	50	26	8		671
113	95	60	37	44	81	80	61	64	27	9		671
112	94	74	82	79	38	43	66	45	28	10		671
11	29	65	40	41	84	77	67	53	93	111		671
20	36	56	83	78	39	42	72	57	86	102		671
19	35	71	59	55	48	70	51	73	87	103		671
18	34	52	68	54	75	46	47	85	88	104		671
17	33	98	99	100	101	30	31	32	25	105		671
16	117	118	119	120	121	12	13	14	15	6		671
671	671	671	671	671	671	671	671	671	671	671		
116	97	49	37	79	84	42	51	85	25	6		671
106	89	50	61	43	84	78	59	52	33	16		671

图 13－41　11 阶二重镶边偏心幻方

用类似方法可构造出更高奇数阶多重镶边偏心幻方，前提是要有相应的较低阶的偏心幻方。

给出第 11 章的 8 阶偏心幻方，如图 13－42 所示。

图 13－42 所示的 8 阶偏心幻方中每个元素都加 2(10－1)＝18，得加值后的 8 阶偏心幻方，如图 13－43 所示。

50	12	13	52	47	26	37	23		260
24	32	6	55	7	64	51	21		260
22	62	63	5	30	4	29	45		260
53	9	56	8	57	34	18	25		260
28	2	3	38	60	61	19	49		260
33	59	36	58	10	1	43	20		260
39	40	42	27	35	16	15	46		260
11	44	41	17	14	54	48	31		260
260	260	260	260	260	260	260	260		

图 13 –42　8 阶偏心幻方

68	30	31	70	65	44	55	41
42	50	24	73	25	82	69	39
40	80	81	23	48	22	47	63
71	27	74	26	75	52	36	43
46	20	21	56	78	79	37	67
51	77	54	76	28	19	61	38
57	58	60	45	53	34	33	64
29	62	59	35	32	72	66	49

图 13 –43　加值后的 8 阶偏心幻方

10 阶镶边幻方的边框部分,如图 13 –44 所示。

8	7	95	96	4	3	99	100	84	9		505
10									91		101
90									11		101
89									12		101
13									88		101
14									87		101
86									15		101
85									16		101
18									83		101
92	94	6	5	97	98	2	1	17	93		505
505	101	101	101	101	101	101	101	101	505		

图 13 –44　10 阶镶边幻方的边框部分

把图 13 –43 镶入图 13 –44 中,得 10 阶一重镶边偏心幻方,如图 13 –45 所示。

图 13 –45 所示的 10 阶一重镶边偏心幻方中每个元素都加 2(12 –1) =22,得加值后的 10 阶一重镶边偏心幻方,如图 13 –46 所示。

8	7	95	96	4	3	99	100	84	9		505
10	68	30	31	70	65	44	55	41	91		505
90	42	50	24	73	25	82	69	39	11		505
89	40	80	81	23	48	22	47	63	12		505
13	71	27	74	26	75	52	36	43	88		505
14	46	20	21	56	78	79	37	67	87		505
86	51	77	54	76	28	19	61	38	15		505
85	57	58	60	45	53	34	33	64	16		505
18	29	62	59	35	32	72	66	49	83		505
92	94	6	5	97	98	2	1	17	93		505
505	505	505	505	505	505	505	505	505	505		
8	68	50	81	26	78	19	33	49	93		505
9	41	69	22	75	56	54	58	29	92		505

图 13－45　10 阶一重镶边偏心幻方

30	29	117	118	26	25	121	122	106	31
32	90	52	53	92	87	66	77	63	113
112	64	72	46	95	47	104	91	61	33
111	62	102	103	45	70	44	69	85	34
35	93	49	96	48	97	74	58	65	110
36	68	42	43	78	100	101	59	89	109
108	73	99	76	98	50	41	83	60	37
107	79	80	82	67	75	56	55	86	38
40	51	84	81	57	54	94	88	71	105
114	116	28	27	119	120	24	23	39	115

图 13－46　加值后的 10 阶一重镶边偏心幻方

12 阶镶边幻方的边框部分,如图 13－47 所示。

135	9	8	138	139	5	4	142	143	1	12	134		870
13											132		145
131											14		145
130											15		145
16											129		145
17											128		145
127											18		145
126											19		145
20											125		145
21											124		145
123											22		145
11	136	137	7	6	140	141	3	2	144	133	10		870
870	145	145	145	145	145	145	145	145	145	145	870		

图 13－47　12 阶镶边幻方的边框部分

把图 13－46 镶入图 13－47 中，得 12 阶二重镶边偏心幻方，如图 13－48 所示。

135	9	8	138	139	5	4	142	143	1	12	134		870
13	30	29	117	118	26	25	121	122	106	31	132		870
131	32	90	52	53	92	87	66	77	63	113	14		870
130	112	64	72	46	95	47	104	91	61	33	15		870
16	111	62	102	103	45	70	44	69	85	34	129		870
17	35	93	49	96	48	97	74	58	65	110	128		870
127	36	68	42	43	78	100	101	59	89	109	18		870
126	108	73	99	76	98	50	41	83	60	37	19		870
20	107	79	80	82	67	75	56	55	86	38	125		870
21	40	51	84	81	57	54	94	88	71	105	124		870
123	114	116	28	27	119	120	24	23	39	115	22		870
11	136	137	7	6	140	141	3	2	144	133	10		870
870	870	870	870	870	870	870	870	870	870	870	870		
135	30	90	72	103	48	100	41	55	71	115	10		870
134	31	63	91	44	97	78	76	80	51	114	11		870

图 13－48　12 阶二重镶边偏心幻方

用类似方法可构造出更高偶数阶多重镶边偏心幻方，前提是要有相应的较低阶的偏心幻方。

第 14 章　奇数平方阶二次幻方

本章讲述构造 n^2 阶二次幻方的方法，其中 $n=2m+1$，m 为正整数。

14.1　9 阶二次幻方

如何构造一个 9 阶二次幻方？

第 1 步，由一个 3 阶准幻方构造一个 9 阶非正规幻方 A。

第 2 步，由自然数 1 ~9 按自然数顺序排成一个 1×9 的矩阵作为基本行，构造另一个 9 阶非正规幻方 B 并换算为一个 9 阶的根幻方 C。

第 3 步，根幻方各项与第一步所得幻方 A 对应项相加，即得 9 阶二次幻方 D。

以下为详细步骤。

第 1 步，构造 9 阶非正规幻方 A。

随意给定一个 3 阶准幻方，如图 14－1 所示。

1	5	9		15
6	7	2		15
8	3	4		15
15	15	15		

图 14－1　3 阶准幻方

(1)构造一个 3×9 矩阵 A_1。

从上到下依次排列 3 阶准幻方各行得一个 1×9 的矩阵，称之为基本行 1，如图 14－2 所示。

1	5	9	6	7	2	8	3	4

图 14－2　1×9 的基本行 1

以基本行 1 作为矩阵 A_1 的第 1 行，第 1 行向右顺移 3 个位置得矩阵 A_1 的第 2 行，第 2 行向右顺移 3 个位置得矩阵 A_1 的第 3 行。3×9 矩阵 A_1，如图 14－3 所示。

1	5	9	6	7	2	8	3	4
8	3	4	1	5	9	6	7	2
6	7	2	8	3	4	1	5	9

图 14－3　3×9 的矩阵 A_1

(2)构造一个 3×9 矩阵 A_2。

把 3×9 矩阵 A_1 均分为 3 个 3×3 的正方阵，在各正方阵内，各行同时向左顺移一个位置得 3×9 矩阵

A_2,如图 14－4 所示。

5	9	1	7	2	6	3	4	8
3	4	8	5	9	1	7	2	6
7	2	6	3	4	8	5	9	1

图 14－4　3×9 矩阵 A_2

(3)构造一个 3×9 矩阵 A_3。

把 3×9 的矩阵 A_2 均分为 3 个 3×3 的正方阵,在各正方阵内,各行同时向左顺移一个位置得 3×9 矩阵 A_3,如图 14－5 所示。

9	1	5	2	6	7	4	8	3
4	8	3	9	1	5	2	6	7
2	6	7	4	8	3	9	1	5

图 14－5　3×9 矩阵 A_3

3×9 的矩阵 A_1,矩阵 A_2 和矩阵 A_3 从上到下排列在一起,所得就是一个 9 阶非正规幻方 A,如图 14－6 所示。

1	5	9	6	7	2	8	3	4
8	3	4	1	5	9	6	7	2
6	7	2	8	3	4	1	5	9
5	9	1	7	2	6	3	4	8
3	4	8	5	9	1	7	2	6
7	2	6	3	4	8	5	9	1
9	1	5	2	6	7	4	8	3
4	8	3	9	1	5	2	6	7
2	6	7	4	8	3	9	1	5

图 14－6　9 阶非正规幻方 A

第 2 步,构造 9 阶的根幻方 C。

(1)构造一个 3×9 矩阵 B_1。

将自然数 1～9 按自然数顺序排成一个 1×9 矩阵,称之为基本行 2,如图 14－7 所示。

1	2	3	4	5	6	7	8	9

图 14－7　1×9 的基本行 2

以基本行 2 作为矩阵 B_1 的第 1 行,第 1 行向左顺移 3 个位置得矩阵 B_1 的第 2 行,第 2 行向左顺移 3 个位置得矩阵 B_1 的第 3 行。3×9 矩阵 B_1,如图 14－8 所示。

1	2	3	4	5	6	7	8	9
4	5	6	7	8	9	1	2	3
7	8	9	1	2	3	4	5	6

图 14－8　3×9 矩阵 B_1

(2)构造一个 3×9 矩阵 B_2。

把 3×9 的矩阵 B_1 均分为 3 个 3×3 的正方阵,在各正方阵内,各行同时向右顺移一个位置得 3×9 矩阵 B_2,如图 14-9 所示。

3	1	2	6	4	5	9	7	8
6	4	5	9	7	8	3	1	2
9	7	8	3	1	2	6	4	5

图 14-9　3×9 的矩阵 B_2

(3)构造一个 3×9 矩阵 B_3。

把 3×9 的矩阵 B_2 均分为 3 个 3×3 的正方阵,在各正方阵内,各行同时向右顺移一个位置得 3×9 矩阵 B_3,如图 14-10 所示。

2	3	1	5	6	4	8	9	7
5	6	4	8	9	7	2	3	1
8	9	7	2	3	1	5	6	4

图 14-10　3×9 的矩阵 B_3

3×9 矩阵 B_1、矩阵 B_2 和矩阵 B_3 从上到下排列在一起,所得就是一个 9 阶非正规幻方 B,如图 14-11 所示。

1	2	3	4	5	6	7	8	9
4	5	6	7	8	9	1	2	3
7	8	9	1	2	3	4	5	6
3	1	2	6	4	5	9	7	8
6	4	5	9	7	8	3	1	2
9	7	8	3	1	2	6	4	5
2	3	1	5	6	4	8	9	7
5	6	4	8	9	7	2	3	1
8	9	7	2	3	1	5	6	4

图 14-11　9 阶非正规幻方 B

(4)构造 9 阶的根幻方 C。

9 阶非正规幻方 B 的数减 1 乘 9 所得 9 阶非正规幻方称之为根幻方 C,如图 14-12 所示。

0	9	18	27	36	45	54	63	72
27	36	45	54	63	72	0	9	18
54	63	72	0	9	18	27	36	45
18	0	9	45	27	36	72	54	63
45	27	36	72	54	63	18	0	9
72	54	63	18	0	9	45	27	36
9	18	0	36	45	27	63	72	54
36	45	27	63	72	54	9	18	0
63	72	54	9	18	0	36	45	27

图 14-12　根幻方 C

第 3 步，根幻方 C 的各项与第 1 步所得非正规幻方 A 对应项相加即得 9 阶二次幻方 D，如图 14－13 所示。

1	14	27	33	43	47	62	66	76		369
35	39	49	55	68	81	6	16	20		369
60	70	74	8	12	22	28	41	54		369
23	9	10	52	29	42	75	58	71		369
48	31	44	77	63	64	25	2	15		369
79	56	69	21	4	17	50	36	37		369
18	19	5	38	51	34	67	80	57		369
40	53	30	72	73	59	11	24	7		369
65	78	61	13	26	3	45	46	32		369
369	369	369	369	369	369	369	369	369		
1	39	74	52	63	17	67	24	32		369
76	16	28	42	63	21	5	53	65		369

图 14－13　9 阶二次幻方 D

上述方阵 D 各行、各列及两条对角线上 9 个数字之和都等于 9 阶幻方的幻方常数 369，所以方阵 D 是一个 9 阶幻方。

方阵 D 的数平方后所得方阵 E，如图 14－14 所示。

1	196	729	1089	1849	2209	3844	4356	5776		20049
1225	1521	2401	3025	4624	6561	36	256	400		20049
3600	4900	5476	64	144	484	784	1681	2916		20049
529	81	100	2704	841	1764	5625	3364	5041		20049
2304	961	1936	5929	3969	4096	625	4	225		20049
6241	3136	4761	441	16	289	2500	1296	1369		20049
324	361	25	1444	2601	1156	4489	6400	3249		20049
1600	2809	900	5184	5329	3481	121	576	49		20049
4225	6084	3721	169	676	9	2025	2116	1024		20049
20049	20049	20049	20049	20049	20049	20049	20049	20049		
1	1521	5476	2704	3969	289	4489	576	1024		20049
5776	256	784	1764	3969	441	25	2809	4225		20049

图 14－14　方阵 D 的数平方后所得方阵 E

方阵 E 各行、各列及两条对角线上 9 个数字之和都等于 20049，所以方阵 E 是一个 9 阶幻方。方阵 D 是一个 9 阶二次幻方。

若第 2 步中以图 14－15 的 1×9 矩阵代替图 14－7 的 1×9 矩阵作为基本行 2，我们就得到又一个 9 阶二次幻方 F，如图 14－16 所示。

7	8	9	1	2	3	4	5	6

图 14-15 1×9 的基本行 2

55	68	81	6	16	20	35	39	49		369
8	12	22	28	41	54	60	70	74		369
33	43	47	62	66	76	1	14	27		369
77	63	64	25	2	15	48	31	44		369
21	4	17	50	36	37	79	56	69		369
52	29	42	75	58	71	23	9	10		369
72	73	59	11	24	7	40	53	30		369
13	26	3	45	46	32	65	78	61		369
38	51	34	67	80	57	18	19	5		369
369	369	369	369	369	369	369	369	369		
55	12	47	25	36	71	40	78	5		369
49	70	1	15	36	75	59	26	38		369

图 14-16 9 阶二次幻方 *F*

用此处所讲述的方法,由每一个 3 阶准幻方或 3 阶幻方,我们都能得到至少一个 9 阶二次幻方。用我们的方法到底可以得到多少个不同的 9 阶二次幻方?你能算出来吗?

14.2 25 阶二次幻方

如何构造一个 25 阶二次幻方?

第 1 步,由一个 5 阶准幻方构造一个 25 阶非正规幻方 *A*。

第 2 步,由自然数 1~25 按自然数顺序排成一个 1×25 的矩阵作为基本行,构造另一个 25 阶非正规幻方 *B* 并换算为一个 25 阶的根幻方 *C*。

第 3 步,根幻方 *C* 的各项与第 1 步所得幻方 *A* 对应项相加,即得 25 阶二次幻方 *D*。

以下为详细步骤。

第 1 步,构造 25 阶非正规幻方 *A*。

随意给定一个 5 阶准幻方,如图 14-17 所示。

18	24	10	11	2		65
14	5	16	22	8		65
1	17	23	9	15		65
25	6	12	3	19		65
7	13	4	20	21		65
65	65	65	65	65		

图 14-17 5 阶准幻方

(1)构造一个 5 ×25 的矩阵 A_1。

从上到下依次排列 5 阶准幻方各行得一个 1 ×25 的矩阵,称之为基本行 1,如图 14 – 18 所示。

18	24	10	11	2	14	5	16	22	8	1	17	23	9	15	25	6	12	3	19	7	13	4	20	21

图 14 – 18　1 ×25 的基本行 1

以基本行 1 作为矩阵 A_1 的第 1 行,第 1 行向右顺移 5 个位置得矩阵 A_1 的第 2 行,第 2 行向右顺移 5 个位置得矩阵 A_1 的第 3 行,第 3 行向右顺移 5 个位置得矩阵 A_1 的第 4 行,第 4 行向右顺移 5 个位置得矩阵 A_1 的第 5 行。5 ×25 矩阵 A_1,如图 14 – 19 所示。

18	24	10	11	2	14	5	16	22	8	1	17	23	9	15	25	6	12	3	19	7	13	4	20	21		325
7	13	4	20	21	18	24	10	11	2	14	5	16	22	8	1	17	23	9	15	25	6	12	3	19		325
25	6	12	3	19	7	13	4	20	21	18	24	10	11	2	14	5	16	22	8	1	17	23	9	15		325
1	17	23	9	15	25	6	12	3	19	7	13	4	20	21	18	24	10	11	2	14	5	16	22	8		325
14	5	16	22	8	1	17	23	9	15	25	6	12	3	19	7	13	4	20	21	18	24	10	11	2		325
65	65	65	65	65	65	65	65	65	65	65	65	65	65	65	65	65	65	65	65	65	65	65	65	65		

图 14 – 19　5 ×25 矩阵 A_1

(2)构造一个 5 ×25 的矩阵 A_2。

把 5 ×25 的矩阵 A_1 均分为 5 个 5 ×5 的正方阵,在各正方阵内,各行同时向左顺移一个位置得 5 ×25 的矩阵 A_2,如图 14 – 20 所示。

24	10	11	2	18	5	16	22	8	14	17	23	9	15	1	6	12	3	19	25	13	4	20	21	7
13	4	20	21	7	24	10	11	2	18	5	16	22	8	14	17	23	9	15	1	6	12	3	19	25
6	12	3	19	25	13	4	20	21	7	24	10	11	2	18	5	16	22	8	14	17	23	9	15	1
17	23	9	15	1	6	12	3	19	25	13	4	20	21	7	24	10	11	2	18	5	16	22	8	14
5	16	22	8	14	17	23	9	15	1	6	12	3	19	25	13	4	20	21	7	24	10	11	2	18

图 14 – 20　5 ×25 的矩阵 A_2

(3)构造一个 5 ×25 的矩阵 A_3。

把 5 ×25 的矩阵 A_2 均分为 5 个 5 ×5 的正方阵,在各正方阵内,各行同时向左顺移一个位置得 5 ×25 的矩阵 A_3,如图 14 – 21 所示。

10	11	2	18	24	16	22	8	14	5	23	9	15	1	17	12	3	19	25	6	4	20	21	7	13
4	20	21	7	13	10	11	2	18	24	16	22	8	14	5	23	9	15	1	17	12	3	19	25	6
12	3	19	25	6	4	20	21	7	13	10	11	2	18	24	16	22	8	14	5	23	9	15	1	17
23	9	15	1	17	12	3	19	25	6	4	20	21	7	13	10	11	2	18	24	16	22	8	14	5
16	22	8	14	5	23	9	15	1	17	12	3	19	25	6	4	20	21	7	13	10	11	2	18	24

图 14 – 21　5 ×25 的矩阵 A_3

(4)构造一个 5 ×25 的矩阵 A_4。

把 5 ×25 的矩阵 A_3 均分为 5 个 5 ×5 的正方阵,在各正方阵内,各行同时向左顺移一个位置得 5 ×25 的矩阵 A_4,如图 14 – 22 所示。

11	2	18	24	10	22	8	14	5	16	9	15	1	17	23	3	19	25	6	12	20	21	7	13	4
20	21	7	13	4	11	2	18	24	10	22	8	14	5	16	9	15	1	17	23	3	19	25	6	12
3	19	25	6	12	20	21	7	13	4	11	2	18	24	10	22	8	14	5	16	9	15	1	17	23
9	15	1	17	23	3	19	25	6	12	20	21	7	13	4	11	2	18	24	10	22	8	14	5	16
22	8	14	5	16	9	15	1	17	23	3	19	25	6	12	20	21	7	13	4	11	2	18	24	10

图 14－22　5×25 的矩阵 A_4

(5)构造一个 5×25 的矩阵 A_5。

把 5×25 的矩阵 A_4 均分为 5 个 5×5 的正方阵，在各正方阵内，各行同时向左顺移一个位置得 5×25 的矩阵 A_5，如图 14－23 所示。

2	18	24	10	11	8	14	5	16	22	15	1	17	23	9	19	25	6	12	3	21	7	13	4	20
21	7	13	4	20	2	18	24	10	11	8	14	5	16	22	15	1	17	23	9	19	25	6	12	3
19	25	6	12	3	21	7	13	4	20	2	18	24	10	11	8	14	5	16	22	15	1	17	23	9
15	1	17	23	9	19	25	6	12	3	21	7	13	4	20	2	18	24	10	11	8	14	5	16	22
8	14	5	16	22	15	1	17	23	9	19	25	6	12	3	21	7	13	4	20	2	18	24	10	11

图 14－23　5×25 的矩阵 A_5

5×25 矩阵 A_1、矩阵 A_2、矩阵 A_3、矩阵 A_4 和矩阵 A_5，从上到下排列在一起，所得就是一个 25 阶非正规幻方 A，如图 14－24 所示。

18	24	10	11	2	14	5	16	22	8	1	17	23	9	15	25	6	12	3	19	7	13	4	20	21		325
7	13	4	20	21	18	24	10	11	2	14	5	16	22	8	1	17	23	9	15	25	6	12	3	19		325
25	6	12	3	19	7	13	4	20	21	18	24	10	11	2	14	5	16	22	8	1	17	23	9	15		325
1	17	23	9	15	25	6	12	3	19	7	13	4	20	21	18	24	10	11	2	14	5	16	22	8		325
14	5	16	22	8	1	17	23	9	15	25	6	12	3	19	7	13	4	20	21	18	24	10	11	2		325
24	10	11	2	18	5	16	22	8	14	17	23	9	15	1	6	12	3	19	25	13	4	20	21	7		325
13	4	20	21	7	24	10	11	2	18	5	16	22	8	14	17	23	9	15	1	6	12	3	19	25		325
6	12	3	19	25	13	4	20	21	7	24	10	11	2	18	5	16	22	8	14	17	23	9	15	1		325
17	23	9	15	1	6	12	3	19	25	13	4	20	21	7	24	10	11	2	18	5	16	22	8	14		325
5	16	22	8	14	17	23	9	15	1	6	12	3	19	25	13	4	20	21	7	24	10	11	2	18		325
10	11	2	18	24	16	22	8	14	5	23	9	15	1	17	12	3	19	25	6	4	20	21	7	13		325
4	20	21	7	13	10	11	2	18	24	16	22	8	14	5	23	9	15	1	17	12	3	19	25	6		325
12	3	19	25	6	4	20	21	7	13	10	11	2	18	24	16	22	8	14	5	23	9	15	1	17		325
23	9	15	1	17	12	3	19	25	6	4	20	21	7	13	10	11	2	18	24	16	22	8	14	5		325
16	22	8	14	5	23	9	15	1	17	12	3	19	25	6	4	20	21	7	13	10	11	2	18	24		325
11	2	18	24	10	22	8	14	5	16	9	15	1	17	23	3	19	25	6	12	20	21	7	13	4		325
20	21	7	13	4	11	2	18	24	10	22	8	14	5	16	9	15	1	17	23	3	19	25	6	12		325
3	19	25	6	12	20	21	7	13	4	11	2	18	24	10	22	8	14	5	16	9	15	1	17	23		325
9	15	1	17	23	3	19	25	6	12	20	21	7	13	4	11	2	18	24	10	22	8	14	5	16		325
22	8	14	5	16	9	15	1	17	23	3	19	25	6	12	20	21	7	13	4	11	2	18	24	10		325
2	18	24	10	11	8	14	5	16	22	15	1	17	23	9	19	25	6	12	3	21	7	13	4	20		325
21	7	13	4	20	2	18	24	10	11	8	14	5	16	22	15	1	17	23	9	19	25	6	12	3		325
19	25	6	12	3	21	7	13	4	20	2	18	24	10	11	8	14	5	16	22	15	1	17	23	9		325
15	1	17	23	9	19	25	6	12	3	21	7	13	4	20	2	18	24	10	11	8	14	5	16	22		325
8	14	5	16	22	15	1	17	23	9	19	25	6	12	3	21	7	13	4	20	2	18	24	10	11		325
325	325	325	325	325	325	325	325	325	325	325	325	325	325	325	325	325	325	325	325	325	325	325	325	325		

图 14－24　25 阶非正规幻方 A

第 2 步，构造 25 阶的根幻方 C。

(1)构造一个 5×25 矩阵 B_1。

将自然数 1 ~25 按自然数顺序排成一个 1×25 的矩阵，称之为基本行 2，如图 14 –25 所示。

1	2	3	4	5	6	7	8	9	10	11	12	13	14	15	16	17	18	19	20	21	22	23	24	25

图 14 –25　1 ×25 的基本行 2

以基本行 2 作为矩阵 B_1 的第 1 行，第 1 行向左顺移 5 个位置得矩阵 B_1 的第 2 行，第 2 行向左顺移 5 个位置得矩阵 B_1 的第 3 行，第 3 行向左顺移 5 个位置得矩阵 B_1 的第 4 行，第 4 行向左顺移 5 个位置得矩阵 B_1 的第 5 行。5×25 的矩阵 B_1，如图 14 –26 所示。

1	2	3	4	5	6	7	8	9	10	11	12	13	14	15	16	17	18	19	20	21	22	23	24	25	325
6	7	8	9	10	11	12	13	14	15	16	17	18	19	20	21	22	23	24	25	1	2	3	4	5	325
11	12	13	14	15	16	17	18	19	20	21	22	23	24	25	1	2	3	4	5	6	7	8	9	10	325
16	17	18	19	20	21	22	23	24	25	1	2	3	4	5	6	7	8	9	10	11	12	13	14	15	325
21	22	23	24	25	1	2	3	4	5	6	7	8	9	10	11	12	13	14	15	16	17	18	19	20	325

图 14 –26　5 ×25 的矩阵 B_1

(2)构造一个 5×25 的矩阵 B_2。

把 5×25 的矩阵 B_1 均分为 5 个 5×5 的正方阵，在各正方阵内，各行同时向右顺移一个位置得 5×25 的矩阵 B_2，如图 14 –27 所示。

5	1	2	3	4	10	6	7	8	9	15	11	12	13	14	20	16	17	18	19	25	21	22	23	24
10	6	7	8	9	15	11	12	13	14	20	16	17	18	19	25	21	22	23	24	5	1	2	3	4
15	11	12	13	14	20	16	17	18	19	25	21	22	23	24	5	1	2	3	4	10	6	7	8	9
20	16	17	18	19	25	21	22	23	24	5	1	2	3	4	10	6	7	8	9	15	11	12	13	14
25	21	22	23	24	5	1	2	3	4	10	6	7	8	9	15	11	12	13	14	20	16	17	18	19

图 14 –27　5 ×25 的矩阵 B_2

(3)构造一个 5×25 的矩阵 B_3。

把 5×25 的矩阵 B_2 均分为 5 个 5×5 的正方阵，在各正方阵内，各行同时向右顺移一个位置得 5×25 的矩阵 B_3，如图 14 –28 所示。

4	5	1	2	3	9	10	6	7	8	14	15	11	12	13	19	20	16	17	18	24	25	21	22	23
9	10	6	7	8	14	15	11	12	13	19	20	16	17	18	24	25	21	22	23	4	5	1	2	3
14	15	11	12	13	19	20	16	17	18	24	25	21	22	23	4	5	1	2	3	9	10	6	7	8
19	20	16	17	18	24	25	21	22	23	4	5	1	2	3	9	10	6	7	8	14	15	11	12	13
24	25	21	22	23	4	5	1	2	3	9	10	6	7	8	14	15	11	12	13	19	20	16	17	18

图 14 –28　5 ×25 的矩阵 B_3

(4)构造一个 5×25 的矩阵 B_4。

把 5×25 的矩阵 B_3 均分为 5 个 5×5 的正方阵，在各正方阵内，各行同时向右顺移一个位置得 5×25 的矩阵 B_4，如图 14 –29 所示。

3	4	5	1	2	8	9	10	6	7	13	14	15	11	12	18	19	20	16	17	23	24	25	21	22
8	9	10	6	7	13	14	15	11	12	18	19	20	16	17	23	24	25	21	22	3	4	5	1	2
13	14	15	11	12	18	19	20	16	17	23	24	25	21	22	3	4	5	1	2	8	9	10	6	7
18	19	20	16	17	23	24	25	21	22	3	4	5	1	2	8	9	10	6	7	13	14	15	11	12
23	24	25	21	22	3	4	5	1	2	8	9	10	6	7	13	14	15	11	12	18	19	20	16	17

图 14－29　5×25 的矩阵 B_4

(5)构造一个 5×25 的矩阵 B_5。

把 5×25 的矩阵 B_4 均分为 5 个 5×5 的正方阵，在各正方阵内，各行同时向右顺移一个位置得 5×25 的矩阵 B_5，如图 14－30 所示。

2	3	4	5	1	7	8	9	10	6	12	13	14	15	11	17	18	19	20	16	22	23	24	25	21
7	8	9	10	6	12	13	14	15	11	17	18	19	20	16	22	23	24	25	21	2	3	4	5	1
12	13	14	15	11	17	18	19	20	16	22	23	24	25	21	2	3	4	5	1	7	8	9	10	6
17	18	19	20	16	22	23	24	25	21	2	3	4	5	1	7	8	9	10	6	12	13	14	15	11
22	23	24	25	21	2	3	4	5	1	7	8	9	10	6	12	13	14	15	11	17	18	19	20	16

图 14－30　5×25 的矩阵 B_5

5×25 的矩阵 B_1、矩阵 B_2、矩阵 B_3、矩阵 B_4 和矩阵 B_5，从上到下排列在一起，所得就是一个 25 阶非正规幻方 B，如图 14－31 所示。

1	2	3	4	5	6	7	8	9	10	11	12	13	14	15	16	17	18	19	20	21	22	23	24	25		325
6	7	8	9	10	11	12	13	14	15	16	17	18	19	20	21	22	23	24	25	1	2	3	4	5		325
11	12	13	14	15	16	17	18	19	20	21	22	23	24	25	1	2	3	4	5	6	7	8	9	10		325
16	17	18	19	20	21	22	23	24	25	1	2	3	4	5	6	7	8	9	10	11	12	13	14	15		325
21	22	23	24	25	1	2	3	4	5	6	7	8	9	10	11	12	13	14	15	16	17	18	19	20		325
5	1	2	3	4	10	6	7	8	9	15	11	12	13	14	20	16	17	18	19	25	21	22	23	24		325
10	6	7	8	9	15	11	12	13	14	20	16	17	18	19	25	21	22	23	24	5	1	2	3	4		325
15	11	12	13	14	20	16	17	18	19	25	21	22	23	24	5	1	2	3	4	10	6	7	8	9		325
20	16	17	18	19	25	21	22	23	24	5	1	2	3	4	10	6	7	8	9	15	11	12	13	14		325
25	21	22	23	24	5	1	2	3	4	10	6	7	8	9	15	11	12	13	14	20	16	17	18	19		325
4	5	1	2	3	9	10	6	7	8	14	15	11	12	13	19	20	16	17	18	24	25	21	22	23		325
9	10	6	7	8	14	15	11	12	13	19	20	16	17	18	24	25	21	22	23	4	5	1	2	3		325
14	15	11	12	13	19	20	16	17	18	24	25	21	22	23	4	5	1	2	3	9	10	6	7	8		325
19	20	16	17	18	24	25	21	22	23	4	5	1	2	3	9	10	6	7	8	14	15	11	12	13		325
24	25	21	22	23	4	5	1	2	3	9	10	6	7	8	14	15	11	12	13	19	20	16	17	18		325
3	4	5	1	2	8	9	10	6	7	13	14	15	11	12	18	19	20	16	17	23	24	25	21	22		325
8	9	10	6	7	13	14	15	11	12	18	19	20	16	17	23	24	25	21	22	3	4	5	1	2		325
13	14	15	11	12	18	19	20	16	17	23	24	25	21	22	3	4	5	1	2	8	9	10	6	7		325
18	19	20	16	17	23	24	25	21	22	3	4	5	1	2	8	9	10	6	7	13	14	15	11	12		325
23	24	25	21	22	3	4	5	1	2	8	9	10	6	7	13	14	15	11	12	18	19	20	16	17		325
2	3	4	5	1	7	8	9	10	6	12	13	14	15	11	17	18	19	20	16	22	23	24	25	21		325
7	8	9	10	6	12	13	14	15	11	17	18	19	20	16	22	23	24	25	21	2	3	4	5	1		325
12	13	14	15	11	17	18	19	20	16	22	23	24	25	21	2	3	4	5	1	7	8	9	10	6		325
17	18	19	20	16	22	23	24	25	21	2	3	4	5	1	7	8	9	10	6	12	13	14	15	11		325
22	23	24	25	21	2	3	4	5	1	7	8	9	10	6	12	13	14	15	11	17	18	19	20	16		325
325	325	325	325	325	325	325	325	325	325	325	325	325	325	325	325	325	325	325	325	325	325	325	325	325		

图 14－31　25 阶非正规幻方 B

(4)构造 25 阶的根幻方 C。

25 阶非正规幻方 B 的数减 1 乘 25 所得 25 阶非正规幻方称之为根幻方 C，如图 14－32 所示。

0	25	50	75	100	125	150	175	200	225	250	275	300	325	350	375	400	425	450	475	500	525	550	575	600	7500
125	150	175	200	225	250	275	300	325	350	375	400	425	450	475	500	525	550	575	600	0	25	50	75	100	7500
250	275	300	325	350	375	400	425	450	475	500	525	550	575	600	0	25	50	75	100	125	150	175	200	225	7500
375	400	425	450	475	500	525	550	575	600	0	25	50	75	100	125	150	175	200	225	250	275	300	325	350	7500
500	525	550	575	600	0	25	50	75	100	125	150	175	200	225	250	275	300	325	350	375	400	425	450	475	7500
100	0	25	50	75	225	125	150	175	200	350	250	275	300	325	475	375	400	425	450	600	500	525	550	575	7500
225	125	150	175	200	350	250	275	300	325	475	375	400	425	450	600	500	525	550	575	100	0	25	50	75	7500
350	250	275	300	325	475	375	400	425	450	600	500	525	550	575	100	0	25	50	75	225	125	150	175	200	7500
475	375	400	425	450	600	500	525	550	575	100	0	25	50	75	225	125	150	175	200	350	250	275	300	325	7500
600	500	525	550	575	100	0	25	50	75	225	125	150	175	200	350	250	275	300	325	475	375	400	425	450	7500
75	100	0	25	50	200	225	125	150	175	325	350	250	275	300	450	475	375	400	425	575	600	500	525	550	7500
200	225	125	150	175	325	350	250	275	300	450	475	375	400	425	575	600	500	525	550	75	100	0	25	50	7500
325	350	250	275	300	450	475	375	400	425	575	600	500	525	550	75	100	0	25	50	200	225	125	150	175	7500
450	475	375	400	425	575	600	500	525	550	75	100	0	25	50	200	225	125	150	175	325	350	250	275	300	7500
575	600	500	525	550	75	100	0	25	50	200	225	125	150	175	325	350	250	275	300	450	475	375	400	425	7500
50	75	100	0	25	175	200	225	125	150	300	325	350	250	275	425	450	475	375	400	550	575	600	500	525	7500
175	200	225	125	150	300	325	350	250	275	425	450	475	375	400	550	575	600	500	525	50	75	100	0	25	7500
300	325	350	250	275	425	450	475	375	400	550	575	600	500	525	50	75	100	0	25	175	200	225	125	150	7500
425	450	475	375	400	550	575	600	500	525	50	75	100	0	25	175	200	225	125	150	300	325	350	250	275	7500
550	575	600	500	525	50	75	100	0	25	175	200	225	125	150	300	325	350	250	275	425	450	475	375	400	7500
25	50	75	100	0	150	175	200	225	125	275	300	325	350	250	400	425	450	475	375	525	550	575	600	500	7500
150	175	200	225	125	275	300	325	350	250	400	425	450	475	375	525	550	575	600	500	25	50	75	100	0	7500
275	300	325	350	250	400	425	450	475	375	525	550	575	600	500	25	50	75	100	0	150	175	200	225	125	7500
400	425	450	475	375	525	550	575	600	500	25	50	75	100	0	150	175	200	225	125	275	300	325	350	250	7500
525	550	575	600	500	25	50	75	100	0	150	175	200	225	125	275	300	325	350	250	400	425	450	475	375	7500
7500	7500	7500	7500	7500	7500	7500	7500	7500	7500	7500	7500	7500	7500	7500	7500	7500	7500	7500	7500	7500	7500	7500	7500	7500	

图 14－32　根幻方 C

第 3 步，根幻方 C 的各项与第 1 步所得非正规幻方 A 对应项相加即得 25 阶二次幻方 D，如图 14－33 所示。

上述方阵 D 各行、各列及两条对角线上 25 个数字之和都等于 25 阶幻方的幻方常数 7825，所以方阵 D 是一个 25 阶幻方。

方阵 D 的数平方后所得方阵，其各行、各列及两条对角线上 25 个数字之和都等于 3263025，所以方阵 D 是一个 25 阶二次幻方(图从略)。

用此处所讲述的方法由每一个 5 阶准幻方或 5 阶幻方，我们都能得到至少一个 25 阶二次幻方，用我们的方法到底可得到多少个不同的 25 阶二次幻方？你能算出来吗？

18	49	60	86	102	139	155	191	222	233	251	292	323	334	365	400	406	437	453	494	507	538	554	595	621	7825
132	163	179	220	246	268	299	310	336	352	389	405	441	472	483	501	542	573	584	615	25	31	62	78	119	7825
275	281	312	328	369	382	413	429	470	496	518	549	560	586	602	14	30	66	97	108	126	167	198	209	240	7825
376	417	448	459	490	525	531	562	578	619	7	38	54	95	121	143	174	185	211	227	264	280	316	347	358	7825
514	530	566	597	608	1	42	73	84	115	150	156	187	203	244	257	288	304	345	371	393	424	435	461	477	7825
124	10	36	52	93	230	141	172	183	214	367	273	284	315	326	481	387	403	444	475	613	504	545	571	582	7825
238	129	170	196	207	374	260	286	302	343	480	391	422	433	464	617	523	534	565	576	106	12	28	69	100	7825
356	262	278	319	350	488	379	420	446	457	624	510	536	552	593	105	16	47	58	89	242	148	159	190	201	7825
492	398	409	440	451	606	512	528	569	600	113	4	45	71	82	249	135	161	177	218	355	266	297	308	339	7825
605	516	547	558	589	117	23	34	65	76	231	137	153	194	225	363	254	295	321	332	499	385	411	427	468	7825
85	111	2	43	74	216	247	133	164	180	348	359	265	276	317	462	478	394	425	431	579	620	521	532	563	7825
204	245	146	157	188	335	361	252	293	324	466	497	383	414	430	598	609	515	526	567	87	103	19	50	56	7825
337	353	269	300	306	454	495	396	407	438	585	611	502	543	574	91	122	8	39	55	223	234	140	151	192	7825
473	484	390	401	442	587	603	519	550	556	79	120	21	32	63	210	236	127	168	199	341	372	258	289	305	7825
591	622	508	539	555	98	109	15	26	67	212	228	144	175	181	329	370	271	282	313	460	486	377	418	449	7825
61	77	118	24	35	197	208	239	130	166	309	340	351	267	298	428	469	500	381	412	570	596	607	513	529	7825
195	221	232	138	154	311	327	368	274	285	447	458	489	380	416	559	590	601	517	548	53	94	125	6	37	7825
303	344	375	256	287	445	471	482	388	404	561	577	618	524	535	72	83	114	5	41	184	215	226	142	173	7825
434	465	476	392	423	553	594	625	506	537	70	96	107	13	29	186	202	243	149	160	322	333	364	255	291	7825
572	583	614	505	541	59	90	101	17	48	178	219	250	131	162	320	346	357	263	279	436	452	493	399	410	7825
27	68	99	110	11	158	189	205	241	147	290	301	342	373	259	419	450	456	487	378	546	557	588	604	520	7825
171	182	213	229	145	277	318	349	360	261	408	439	455	491	397	540	551	592	623	509	44	75	81	112	3	7825
294	325	331	362	253	421	432	463	479	395	527	568	599	610	511	33	64	80	116	22	165	176	217	248	134	7825
415	426	467	498	384	544	575	581	612	503	46	57	88	104	20	152	193	224	235	136	283	314	330	366	272	7825
533	564	580	616	522	40	51	92	123	9	169	200	206	237	128	296	307	338	354	270	402	443	474	485	386	7825
7825	7825	7825	7825	7825	7825	7825	7825	7825	7825	7825	7825	7825	7825	7825	7825	7825	7825	7825	7825	7825	7825	7825	7825	7825	
18	163	312	459	608	230	260	420	569	76	348	497	502	32	181	428	590	114	149	279	546	75	217	366	386	7825
621	78	198	280	393	475	565	47	135	363	317	414	502	120	212	166	274	482	594	59	11	229	331	426	533	7825

图 14－33 25 阶二次幻方 *D*

14.3 n^2（$n=2m+1$，m 为正整数）阶二次幻方

如何构造 n^2 阶二次幻方（其中 $n=2m+1$，m 为正整数）？

第 1 步，构造一个 n^2 阶非正规幻方 A。

随意给定一个 n 阶准幻方。

（1）构造一个 $n\times n^2$ 的矩阵 A_1。

从上到下依次排列 n 阶准幻方各行得一个 $1\times n^2$ 的矩阵，称之为基本行 1。

以基本行 1 作为矩阵 A_1 的第 1 行，第 1 行向右顺移 n 个位置得矩阵 A_1 的第 2 行，第 2 行向右顺移 n 个位置得矩阵 A_1 的第 3 行。依此类推直至第 n 行，由此得 $n\times n^2$ 的矩阵 A_1。

（2）构造一个 $n\times n^2$ 的矩阵 A_2。

把 $n\times n^2$ 的矩阵 A_1 均分为 n 个 $n\times n$ 的正方阵，在各正方阵内，各行同时向左顺移一个位置得 $n\times n^2$ 的矩阵 A_2。

(3)构造一个 $n\times n^2$ 的矩阵 A_3。

把 $n\times n^2$ 的矩阵 A_2 分为 n 个 $n\times n$ 的正方阵,在各正方阵内,各行同时向左顺移一个位置得 $n\times n^2$ 的矩阵 A_3

(4)依此类推直至得到第 n 个 $n\times n^2$ 的矩阵 A_n。

上述 $n\times n^2$ 的矩阵 A_k,其中 $k=1,2,\cdots,n$,从上到下依次排列在一起,所得就是一个 n^2 阶非正规幻方 A。

第 2 步,构造 n^2 阶的根幻方 C。

(1)构造一个 $n\times n^2$ 矩阵 B_1。

将自然数 $1\sim n^2$ 按自然数顺序排成一个 $1\times n^2$ 的矩阵,称之为基本行 2。

以基本行 2 作为矩阵 B_1 的第 1 行,第 1 行向左顺移 n 个位置得矩阵 B_1 的第 2 行,第 2 行向左顺移 n 个位置得矩阵 B_1 的第 3 行。依此类推直至第 n 行,由此得 $n\times n^2$ 的矩阵 B_1。

(2)构造一个 $n\times n^2$ 的矩阵 B_2。

把 $n\times n^2$ 的矩阵 B_1 均分为 n 个 $n\times n$ 的正方阵,在各正方阵内,各行同时向右顺移一个位置得 $n\times n^2$ 的矩阵 B_2。

(3)构造一个 $n\times n^2$ 的矩阵 B_3。

把 $n\times n^2$ 的矩阵 B_2 均分为 n 个 $n\times n$ 的正方阵,在各正方阵内,各行同时向右顺移一个位置得 $n\times n^2$ 的矩阵 B_3。

(4)依此类推直至得到第 n 个 $n\times n^2$ 的矩阵 B_n。

上述 $n\times n^2$ 的矩阵 B_k,其中,$k=1,2,\cdots,n$ 从上到下依次排列在一起,所得就是一个 n^2 阶非正规幻方 B。

(5)构造 n^2 阶的根幻方 C。

n^2 阶非正规幻方 B 的数减 1 乘 n^2,所得 n^2 阶非正规幻方称之为根幻方 C。

第 3 步,根幻方 C 的各项与第 1 步所得非正规幻方 A 对应项相加即得 n^2 阶二次幻方 D。

由于一个 n 阶准幻方或幻方可生成 $n!$ 个准幻方,而基本行 2 又有 n 种选择,所以用此处所讲述的方法,由一个 n 阶幻方可生成 $n(n!)$ 个不同的 n^2 阶二次幻方。

第 2 部分　玩转空间的幻中之幻

“平面的幻中之幻”(《幻中之幻》的第一部分)中有两章讲述幻矩形。在这里我们将讲述相应的幻长立方。

即第 15 章$(2m-1)(2m+1)\times(2m+1)\times(2m+1)$的幻长立方和第 16 章$k(4m)\times(4m)\times(4m)$的空间完美幻长立方,它们的首次出现可能就在这里。

第 17 章讲述5^k阶空间中心对称完美幻立方。

第 18 章讲述$3n(n=2m+1,m$为正整数)阶空间中心对称完美幻立方。

第 19 章讲述$2\times2\times2$小立方体取等值的双偶数阶空间中心对称幻方。

第 20 章和第 21 章是,迄今为止未曾出现过而现在由作者提出的双偶数阶空间最完美幻立方和奇数平方阶的空间最完美幻立方。它们都是阳春白雪。

通过作者讲述这两类幻立方构造的全过程,读者将会再一次亲自体验到,有时候的确可以把阳春白雪化作下里巴人,只要你把握其中的规律。

这些创新性成果,以大众可以接受的方式表述,以利于普及。

各类幻立方的构造过程,全部以图表显示,并以灰方格标示关键位置及行列变换的过程或数的顺移的过程。

第 15 章　$(2m-1)(2m+1)\times(2m+1)\times(2m+1)$ 的幻长立方

作者在《幻中之幻》一书的第 8 章里讲述了$(2m-1)(2m+1)\times(2m+1)$幻矩形的定义和构造方法,能否把这一概念扩展至三维空间,并构造出相应的幻长立方?能。解决的方法是先构造出$(2m-1)(2m+1)\times(2m+1)$幻矩形,在此基础上再构造出$(2m-1)(2m+1)\times(2m+1)\times(2m+1)$的幻长立方,即由 1 ~ $(2m-1)(2m+1)^3$ 的自然数组成的$(2m-1)$个 $2m+1$ 阶非正规幻立方,从左到右排在一起组合而成的数字长方体。

15.1　$15\times5\times5$ 的幻长立方

如何构造出一个 $15\times5\times5$ 的幻长立方?这个幻长立方由左、中、右三个 5 阶幻立方组合而成。

第 1 步,构造一个 15×5 的完美幻矩形,这个幻矩形由左、中、右三个 5 阶非正规完美幻方组合而成。

把 1 ~75 的自然数按从小到大均分为 15 组。为确定左、中、右三个 5 阶非正规完美幻方都各由那几组数构成,把各组的序号如图 15 -1 所示进行排列。

3	4	8	12	13	40
1	5	9	10	15	40
2	6	7	11	14	40

图 15 -1

(1)取图 15 -1 第 1 行,即第 3,4,8,12 和 13 组的数,按照构造完美幻方的二步法,构造左边那个 5 阶非正规完美幻方。此处可随意选择各组所在的列,而各组的数字是按相同的非自然数顺序排列的。基方阵 A_1,如图 15 -2 所示;非正规的完美幻方 B_1,如图 15 -3 所示。

57	15	36	64	18
60	11	39	63	17
56	14	38	62	20
59	13	37	65	16
58	12	40	61	19

图 15 -2　基方阵 A_1

15	36	64	18	57
63	17	60	11	39
56	14	38	62	20
37	65	16	59	13
19	58	12	40	61

图 15 -3　非正规的完美幻方 B_1

(2)取图 15 -1 第 2 行,即第 1,5,9,10 和 15 组的数,按照构造完美幻方的二步法,构造中间那个非正规完美幻方。此处各组所在的列与基方阵 A_1 对应,而各组的数字是按基方阵 A_1 同样的非自然数顺序排列的。基方阵 A_2,如图 15 -4 所示;非正规的完美幻方 B_2,如图 15 -5 所示。

(3)取图 15 -1 第 3 行,即第 2,6,7,11 和 14 组的数,按照构造完美幻方的二步法,构造右边那个非正规完美幻方。此处各组所在的列与基方阵 A_1 对应,而各组的数字是按基方阵 A_1 同样的非自然数顺序排列的。基方阵 A_3,如图 15 -6 所示;非正规的完美幻方 B_3,如图 15 -7 所示。

47	5	41	74	23
50	1	44	73	22
46	4	43	72	25
49	3	42	75	21
48	2	45	71	24

图 15-4 基方阵 A_2

5	41	74	23	47
73	22	50	1	44
46	4	43	72	25
42	75	21	49	3
24	48	2	45	71

图 15-5 非正规的完美幻方 B_2

52	10	31	69	28
55	6	34	68	27
51	9	33	67	30
54	8	32	70	26
53	7	35	66	29

图 15-6 基方阵 A_3

10	31	69	28	52
68	27	55	6	34
51	9	33	67	30
32	70	26	54	8
29	53	7	35	66

图 15-7 非正规的完美幻方 B_3

把非正规的完美幻方 B_1,B_2 和 B_3 从左到右顺序排在一起,就得一个 15×5 的完美幻矩形。

第 2 步,以非正规的完美幻方 B_1,B_2 和 B_3 作为基础,依次构造 5 阶非正规的幻立方 C_1,C_2 和 C_3。幻立方 C_1,C_2 和 C_3 从左到右顺序排在一起,就构成一个 15×5×5 的幻长立方。

15.1.1 构造 5 阶非正规的幻立方 C_1

1. 构造以 k 轴为法线方向的第 $k(k=1,2,\cdots,5)$ 个截面的基方阵 B_{1k}

(1)构造截面的基方阵 B_{11},首先要取定截面的基方阵 B_{11} 的基数。

取非正规的完美幻方 B_1 的第 1 行作为一个 1×5 矩阵,如图 15-8 所示。

15	36	64	18	57

图 15-8 1×5 矩阵

上述矩阵的数减 1 再乘以 5 然后加 1,得由截面的基方阵 B_{11} 的基数组成的 1×5 矩阵,如图 15-9 所示。

71	176	316	86	281

图 15-9 基数组成的 1×5 矩阵

把图 15-9 中的基数所在各组(由基数开始连续 5 个自然数组成的数组)的数字,按基方阵 A_1 同样的非自然数顺序排列,各组所在的列与图 15-9 对应,得截面的基方阵 B_{11},如图 15-10 所示。

72	180	316	89	283
75	176	319	88	282
71	179	318	87	285
74	178	317	90	281
73	177	320	86	284

图 15-10 截面的基方阵 B_{11}

(2)构造截面的基方阵 B_{12},首先要取定截面的基方阵 B_{12} 的基数。

取非正规的完美幻方 B_1 的第 2 行作为一个 1×5 的矩阵,如图 15-11 所示。

上述矩阵的数减 1 再乘以 5 然后加 1，得由截面的基方阵 B_{12} 的基数组成的矩阵，如图 15－12 所示。

63	17	60	11	39

图 15－11　1×5 的矩阵

311	81	296	51	191

图 15－12　基数组成的 1×5 的矩阵

把图 15－12 中的基数所在各组（由基数开始连续 5 个自然数组成的数组）的数字按基方阵 A_1 同样的非自然数顺序排列，各组所在的列与图 15－12 对应，得截面的基方阵 B_{12}，如图 15－13 所示。

312	85	296	54	193
315	81	299	53	192
311	84	298	52	195
314	83	297	55	191
313	82	300	51	194

图 15－13　截面的基方阵 B_{12}

（3）同样的步骤得截面的基方阵 B_{13}，如图 15－14 所示。

277	70	186	309	98
280	66	189	308	97
276	69	188	307	100
279	68	187	310	96
278	67	190	306	99

图 15－14　截面的基方阵 B_{13}

（4）同样的步骤得截面的基方阵 B_{14}，如图 15－15 所示。

182	325	76	294	63
185	321	79	293	62
181	324	78	292	65
184	323	77	295	61
183	322	80	291	64

图 15－15　截面的基方阵 B_{14}

（5）同样的步骤得截面的基方阵 B_{15}，如图 15－16 所示。

92	290	56	199	303
95	286	59	198	302
91	289	58	197	305
94	288	57	200	301
93	287	60	196	304

图 15－16　截面的基方阵 B_{15}

2. 求第 $k(k=1,2,\cdots,5)$ 个截面方阵 C_{1k}

截面的基方阵 B_{1k}，第 $i(i=1,2,\cdots,5)$ 行的元素按余函数 $r(t)$ 的规则右移 $r(5+k-i)(k=1,2,\cdots,5)$ 个位置，得第 k 个截面的方阵 C_{ik}。按 k 由小到大的顺序，k 个截面 C_{1k} 组成的数字立方阵 C_1 就是一个奇数 5 阶的幻立方。截面的方阵 $C_{11} \sim C_{15}$，分别如图 15－17 ~ 图 15－21 所示。

(1)

72	180	316	89	283
176	319	88	282	75
318	87	285	71	179
90	281	74	178	317
284	73	177	320	86

图 15－17　截面的方阵 C_{11}

(2)

193	312	85	296	54
315	81	299	53	192
84	298	52	195	311
297	55	191	314	83
51	194	313	82	300

图 15－18　截面的方阵 C_{12}

(3)

309	98	277	70	186
97	280	66	189	308
276	69	188	307	100
68	187	310	96	279
190	306	99	278	67

图 15－19　截面的方阵 C_{13}

(4)

76	294	63	182	325
293	62	185	321	79
65	181	324	78	292
184	323	77	295	61
322	80	291	64	183

图 15－20　截面的方阵 C_{14}

(5)

290	56	199	303	92
59	198	302	95	286
197	305	91	289	58
301	94	288	57	200
93	287	60	196	304

图 15－21　截面的方阵 C_{15}

由上述 $k(k=1,2,\cdots,5)$ 个截面 C_{1k}，按 k 由小到大的顺序，组成的数字立方阵 C_1 就是一个 5 阶非正规的幻立方。

15.1.2　构造五阶非正规的幻立方 C_2

同样的步骤，由非正规的完美幻方 B_2，得幻立方 C_2 的截面方阵 $C_{2k}(k=1,2,\cdots,5)$，分别如图 15－22 ~ 图 15－26 所示。

(1)

22	205	366	114	233
201	369	113	232	25
368	112	235	21	204
115	231	24	203	367
234	23	202	370	111

图 15－22　截面的方阵 C_{21}

(2)

218	362	110	246	4
365	106	249	3	217
109	248	2	220	361
247	5	216	364	108
1	219	363	107	250

图 15－23　截面的方阵 C_{22}

(3)

359	123	227	20	211
122	230	16	214	358
226	19	213	357	125
18	212	360	121	229
215	356	124	228	17

图 15－24　截面的方阵 C_{23}

(4)

101	244	13	207	375
243	12	210	371	104
15	206	374	103	242
209	373	102	245	11
372	105	241	14	208

图 15－25　截面的方阵 C_{24}

(5)

240	6	224	353	117
9	223	352	120	236
222	355	116	239	8
351	119	238	7	225
118	237	10	221	354

图 15－26　截面的方阵 C_{25}

由上述 $k(k=1,2,\cdots,5)$ 个截面 C_{2k}，按 k 由小到大的顺序，组成的数字立方阵 C_2，就是一个 5 阶非正规的幻立方。

15.1.3 构造 5 阶非正规的幻立方 C_3

同样的步骤，由非正规的完美幻方 B_3，得幻立方 C_3 的截面方阵 $C_{3k}(k=1,2,\cdots,5)$，分别如图 15－27～图 15－31 所示。

(1)

47	155	341	139	258
151	344	138	257	50
343	137	260	46	154
140	256	49	153	342
259	48	152	345	136

图 15－27　截面的方阵 C_{31}

(2)

168	337	135	271	29
340	131	274	28	167
134	273	27	170	336
272	30	166	339	133
26	169	338	132	275

图 15－28　截面的方阵 C_{32}

(3)

334	148	252	45	161
147	255	41	164	333
251	44	163	332	150
43	162	335	146	254
165	331	149	253	42

图 15－29　截面的方阵 C_{33}

(4)

126	269	38	157	350
268	37	160	346	129
40	156	349	128	267
159	348	127	270	36
347	130	266	39	158

图 15－30　截面的方阵 C_{34}

(5)

265	31	174	328	142
34	173	327	145	261
172	330	141	264	33
326	144	263	32	175
143	262	35	171	329

图 15－31　截面的方阵 C_{35}

由上述 $k(k=1,2,\cdots,5)$ 个截面 C_{3k}，按 k 由小到大的顺序，组成的数字立方阵 C_3 就是一个 5 阶非正规的幻立方。

5 阶的幻立方 C_1，C_2 和 C_3 依次放在一起，所组成的长立方阵 D，就是一个 15×5×5 的幻长立方。其以 k 轴为法线方向的第 $k(k=1,2,\cdots,5)$ 个截面方阵 D_k，如图 15－32～图 15－36 所示。

长立方阵 D 由 1～375 的自然数所组成，其 3×5^2 条列，3×5^2 条纵列以及非正规幻立方 C_1，C_2 和 C_3 各四条空间对角线上 5 个数字之和都等于 940。5^2 行上 15 个数字之和都等于 $3\times940=2820$，所以 D 是一个 15×5×5 的幻长立方。

72	180	316	89	283	22	205	366	114	233	47	155	341	139	258	2820
176	319	88	282	75	201	369	113	232	25	151	344	138	257	50	2820
318	87	285	71	179	368	112	235	21	204	343	137	260	46	154	2820
90	281	74	178	317	115	231	24	203	367	140	256	49	153	342	2820
284	73	177	320	86	234	23	202	370	111	259	48	152	345	136	2820
940	940	940	940	940	940	940	940	940	940	940	940	940	940	940	

图 15－32　截面的方阵 D_1

193	312	85	296	54	218	362	110	246	4	168	337	135	271	29	2820
315	81	299	53	192	365	106	249	3	217	340	131	274	28	167	2820
84	298	52	195	311	109	248	2	220	361	134	273	27	170	336	2820
297	55	191	314	83	247	5	216	364	108	272	30	166	339	133	2820
51	194	313	82	300	1	219	363	107	250	26	169	338	132	275	2820
940	940	940	940	940	940	940	940	940	940	940	940	940	940	940	

图 15－33　截面的方阵 D_2

309	98	277	70	186	359	123	227	20	211	334	148	252	45	161	2820
97	280	66	189	308	122	230	16	214	358	147	255	41	164	333	2820
276	69	188	307	100	226	19	213	357	125	251	44	163	332	150	2820
68	187	310	96	279	18	212	360	121	229	43	162	335	146	254	2820
190	306	99	278	67	215	356	124	228	17	165	331	149	253	42	2820
940	940	940	940	940	940	940	940	940	940	940	940	940	940	940	

图 15－34　截面的方阵 D_3

76	294	63	182	325	101	244	13	207	375	126	269	38	157	350	2820
293	62	185	321	79	243	12	210	371	104	268	37	160	346	129	2820
65	181	324	78	292	15	206	374	103	242	40	156	349	128	267	2820
184	323	77	295	61	209	373	102	245	11	159	348	127	270	36	2820
322	80	291	64	183	372	105	241	14	208	347	130	266	39	158	2820
940	940	940	940	940	940	940	940	940	940	940	940	940	940	940	

图 15 – 35　截面的方阵 D_4

290	56	199	303	92	240	6	224	353	117	265	31	174	328	142	2820
59	198	302	95	286	9	223	352	120	236	34	173	327	145	261	2820
197	305	91	289	58	222	355	116	239	8	172	330	141	264	33	2820
301	94	288	57	200	351	119	238	7	225	326	144	263	32	175	2820
93	287	60	196	304	118	237	10	221	354	143	262	35	171	329	2820
940	940	940	940	940	940	940	940	940	940	940	940	940	940	940	

图 15 – 36　截面的方阵 D_5

注意,用于构造每一个 5 阶非正规完美幻方的各组的数字,在安装基方阵时处于何列是随意的,而各组的数字是可按基方阵 A_1 同样的自然数或非自然数顺序排列,5 阶幻立方 C_1,C_2 和 C_3 随意组合所得亦是一个 $15\times5\times5$ 的幻长立方。所以借助构造完美幻方的二步法我们能构造出 $(3!)(5!)^2=86400$ 个不同的 $15\times5\times5$ 的幻长立方。

为便于读者阅读,第 1 步中给出的组序号的长方形是最简单的,其一般形式在下一节中给出。

15.2　$(2m-1)(2m+1)\times(2m+1)\times(2m+1)$ 的幻长立方

如何构造一个 $(2m-1)(2m+1)\times(2m+1)\times(2m+1)$ 的幻长立方,其中 m 为 $m\neq3t+1(t=0,1,2,\cdots)$ 的自然数。这个幻长立方由从左到右 $2m-1$ 个 $2m+1$ 阶非正规幻立方组合而成。

第 1 步,构造 $(2m-1)(2m+1)\times(2m+1)$ 的完美幻矩形,其中 m 为 $m\neq3t+1(t=0,1,2,\cdots)$ 的自然数。这个完美幻矩形由从左到右 $2m-1$ 个 $2m+1$ 阶完美幻方组合而成。

把 $1\sim(2m-1)(2m+1)^2$ 的自然数按从小到大均分为 $(2m-1)(2m+1)$ 组,为确定从左到右各个 $2m+1$ 阶完美幻方都各由那几组数构成,把各组的序号按特定的方式排成一个 $(2m-1)\times(2m+1)$ 的矩阵,记其位于第 i 行、第 j 列的元素为 $a(i,j)(i=1,2,\cdots,2m-1;j=1,2,\cdots,2m+1)$

$$a(i,j)=(2m-1)\cdot c_j+d_{r(m-1+(i+j))},\quad i,j=1,2,\cdots,2m-1$$

$$a(i,2m)=(2m-1)\cdot c_{2m}+d_{r(m+i)},\quad i=1,2,\cdots,2m-1$$

$$a(i,2m+1)=(2m-1)\cdot c_{2m+1}+d_{r(m-i)},\quad i=1,2,\cdots,2m-1$$

其中 $r(t)$ 为余函数

$$r=r(t)=\begin{cases}n & \text{当 } t\mid n \text{ 时}\\ q(t) & \text{其他}\end{cases}$$

其中 $n=2m-1$,m,t 是自然数,$t\mid n$ 表示 t 被 n 整除,$q(t)$ 表示 t 除以 n 的余数。

$c_j(j=1,2,\cdots,2m+1)$取遍 $0\sim 2m$ 的自然数，$\sum_{j=1}^{j=2m+1} c_j = m(2m+1)$。

$d_k(k=1,2,\cdots,2m-1)$取遍 $1\sim 2m-1$ 的自然数，$\sum_{k=1}^{k=2m-1} d_k = m(2m-1)$。

取与上述$(2m-1)\times(2m+1)$的矩阵第 i 行的元素 $a(i,j)(j=1,2,\cdots,2m+1)$对应组的数，即第 $a(i,j)(j=1,2,\cdots,2m+1)$组的数，按照构造完美幻方的二步法，构造从左到右第 $i(i=1,2,\cdots,2m-1)$个完美幻方 B_i。

构造完美幻方 B_1 时，可随意选择各组在基方阵 A_1 中所在的列，而各组的数字是按相同的自然数或非自然数顺序排列的。在构造随后的完美幻方 B_i 时，各组所在的列与基方阵 A_1 对应，而各组的数字是按基方阵 A_1 同样的顺序排列的。

第 2 步，以第 1 步得到的 $2m+1$ 阶完美幻方 $B_i(i=1,2,\cdots,2m-1)$为基础，构造 $2m+1$ 阶幻立方 C_i。

记完美幻方 B_i 位于第 s 行第 t 列的元素为 $b_i(s,t)$，其中 $s,t=1,2,\cdots,n(n=2m+1)$。

(1)构造幻立方 C_i 以 k 轴为法线方向的第 $k(k=1,2,\cdots,n)$个截面的基方阵 B_{ik}。

以 $p_i(k,t)$表示基方阵 B_{ik}的基数，则有

$$p_i(k,t)=(b_i(k,t)-1)\cdot n+1,\quad k,t=1,2,\cdots,n$$

把基数所在各组(由基数开始连续 n 个自然数组成的数组)的数字按基方阵 A_1 同样的顺序排列，各组所在的列与基数所在列对应，得第 k 个截面的基方阵 B_{ik}。

(2)第 k 个截面的基方阵 B_{ik}，第 s 行的元素按余函数 $r(t)$的规则右移 $r(n+k-s)(s=1,2,\cdots,n)$个位置得第 k 个截面的方阵 C_{ik}，按 k 由小到大的顺序，此 k 个截面 C_{ik}组成的数字立方阵 C_i 就是一个奇数 $n=2m+1(m=1,2,\cdots)$阶幻立方。

把以上两步得到的 $2m-1$ 个 $2m+1$ 阶幻立方 $C_i(i=1,2,\cdots,2m-1)$随意组合就是一个$(2m-1)(2m+1)\times(2m+1)\times(2m+1)$的幻长立方 C。

长立方阵 C 由 $1\sim(2m-1)(2m+1)^3$ 的自然数所组成，其$(2m-1)(2m+1)^2$ 条列，$(2m-1)(2m+1)^2$ 条纵列以及幻立方 $C_i(i=1,2,\cdots,2m-1)$各四条空间对角线上 $2m+1$ 个数字之和都等于$\frac{1}{2}(2m+1)(1+(2m-1)(2m+1)^3)$，$(2m+1)^2$ 行上$(2m-1)(2m+1)$个数字之和都等于$\frac{1}{2}(2m-1)(2m+1)(1+(2m-1)(2m+1)^3)$，所以 C 是一个$(2m-1)(2m+1)\times(2m+1)\times(2m+1)$的幻长立方。

注意，用于构造每一个 $2m+1$ 阶非正规完美幻方的各组的数字，在安装基方阵时处于何列是随意的，而各组的数字可按构造非正规完美幻方的基方阵时同样的自然数或非自然数顺序排列，$2m+1$ 阶幻立方 $C_i(i=1,2,\cdots,2m-1)$随意组合所得亦是一个$(2m-1)(2m+1)\times(2m+1)\times(2m+1)$的幻长立方。所以借助构造完美幻方的二步法，我们能构造出$((2m-1)!)\cdot((2m+1)!)^2$ 个不同的$(2m-1)(2m+1)\times(2m+1)\times(2m+1)$的幻长立方。

第16章　$k(4m)\times(4m)\times(4m)$的空间完美幻长立方

作者在《幻中之幻》一书的第7章讲述了 $k(4m)\times(4m)$ 的完美幻矩形的定义和构造方法，能否把这一概念扩展至三维空间，并构造出相应的幻长立方？能。所谓幻长立方指的是由若干个幻立方从左到右排列而成的数字长方体，由从1开始的连续的自然数所组成。

本章讲述的是由空间完美幻立方组成的空间完美幻长立方。解决的方法是先构造出 $k(4m)\times(4m)$ 的最完美幻矩形，在此基础上再构造出 $k(4m)\times(4m)\times(4m)$ 的空间完美幻长立方，即由 $1\sim k\cdot(4m)^3$ 的自然数组成的 k 个 $4m$ 阶非正规完美幻立方，从左到右排在一起组合而成的数字长方体。

16.1　16×8×8的空间完美幻长立方

如何构造一个16×8×8的空间完美幻长立方？这个幻长立方由左、右两个8阶空间完美幻立方组合而成。

第1步，构造一个16×8的最完美幻矩形，这个幻矩形由左、右两个8阶非正规最完美幻方组合而成。

把1~128的自然数按从小到大均分为16组，为确定左、右两个8阶最完美幻方都各由那几组数构成，按从小到大的顺序把每组的第一个数如图16－1排列。

1	9	17	25	33	41	49	57	65	73	81	89	97	105	113	121

图16－1

取第1,2,3,4组和第13,14,15,16组的数，按照构造最完美幻方的三步法构造左边那个最完美幻方。此处各组的数字是按非自然数顺序排列的。比如我们取第1组从上到下按3,8,4,2,7,5,1,6顺序排列，其余各组按相应顺序排列。基方阵 A_1，如图16－2所示；基方阵 A_1 行变换后所得方阵 B_1，如图16－3所示；而8阶非正规最完美幻方 C_1，如图16－4所示。

3	14	19	30	123	118	107	102
8	9	24	25	128	113	112	97
4	13	20	29	124	117	108	101
2	15	18	31	122	119	106	103
7	10	23	26	127	114	111	98
5	12	21	28	125	116	109	100
1	16	17	32	121	120	105	104
6	11	22	27	126	115	110	99

图16－2　基方阵 A_1

3	14	19	30	123	118	107	102
8	9	24	25	128	113	112	97
4	13	20	29	124	117	108	101
2	15	18	31	122	119	106	103
6	11	22	27	126	115	110	99
1	16	17	32	121	120	105	104
5	12	21	28	125	116	109	100
7	10	23	26	127	114	111	98

图 16－3　行变换后所得方阵 B_1

3	14	19	30	123	118	107	102
128	113	112	97	8	9	24	25
4	13	20	29	124	117	108	101
122	119	106	103	2	15	18	31
6	11	22	27	126	115	110	99
121	120	105	104	1	16	17	32
5	12	21	28	125	116	109	100
127	114	111	98	7	10	23	26

图 16－4　8 阶非正规最完美幻方 C_1

取第 5,6,7,8 和第 9,10,11,12 组的数,按照构造最完美幻方的三步法,构造右边那个最完美幻方。此处各组的数字是按构造基方阵 A_1 时同样的顺序排列的。基方阵 A_2,如图 16－5 所示,基方阵 A_2 行变换后所得方阵 B_2,如图 16－6 所示;而 8 阶非正规最完美幻方 C_2,如图 16－7 所示。

35	46	51	62	91	86	75	70
40	41	56	57	96	81	80	65
36	45	52	61	92	85	76	69
34	47	50	63	90	87	74	71
39	42	55	58	95	82	79	66
37	44	53	60	93	84	77	68
33	48	49	64	89	88	73	72
38	43	54	59	94	83	78	67

图 16－5　基方阵 A_2

35	46	51	62	91	86	75	70
40	41	56	57	96	81	80	65
36	45	52	61	92	85	76	69
34	47	50	63	90	87	74	71
38	43	54	59	94	83	78	67
33	48	49	64	89	88	73	72
37	44	53	60	93	84	77	68
39	42	55	58	95	82	79	66

图 16－6　行变换后所得方阵 B_2

35	46	51	62	91	86	75	70
96	81	80	65	40	41	56	57
36	45	52	61	92	85	76	69
90	87	74	71	34	47	50	63
38	43	54	59	94	83	78	67
89	88	73	72	33	48	49	64
37	44	53	60	93	84	77	68
95	82	79	66	39	42	55	58

图 16－7　8 阶非正规最完美幻方 C_2

把图 16－4 和图 16－7 所示的两个 8 阶非正规最完美幻方 C_1 和 C_2 组合，就得到一个 16×8 的最完美幻矩形。

第 2 步，以非正规的最完美幻方 C_1 和 C_2 作为基础，依次构造 8 阶空间完美幻立方 E_1 和 E_2，幻立方 E_1 和 E_2 从左到右顺序排在一起，就构成一个 16×8×8 的空间完美幻长立方 E。

16.1.1　构造 8 阶空间完美幻立方 E_1

1. 构造以 k 轴为法线方向的第 $k(k=1,2,\cdots,8)$ 个截面的基方阵 C_{1k}。

(1) 构造截面的基方阵 C_{11}，首先要取定基方阵 C_{11} 的基数。

取最完美幻方 C_1 的第 1 行作为一个 1×8 的矩阵，如图 16－8 所示。

3	14	19	30	123	118	107	102

图 16－8　1×8 的矩阵

上述矩阵的数减 1 再乘以 8 然后加 1 称之为基数，得由基方阵 C_{11} 的基数组成的矩阵，如图 16－9 所示。

17	105	145	233	977	937	849	809

图 16－9　C_{11} 的基数组成的矩阵

把图 16－9 中的基数所在各组（由基数开始连续 8 个自然数组成的数组）的数字，按基方阵 A_1 同样的非自然数顺序排列，各组所在的列与图 16－9 对应，得截面的基方阵 C_{11}，如图 16－10 所示。

19	110	147	238	979	942	851	814
24	105	152	233	984	937	856	809
20	109	148	237	980	941	852	813
18	111	146	239	978	943	850	815
23	106	151	234	983	938	855	810
21	108	149	236	981	940	853	812
17	112	145	240	977	944	849	816
22	107	150	235	982	939	854	811

图 16－10　截面的基方阵 C_{11}

(2) 构造截面的基方阵 C_{12}，首先要取定基方阵 C_{12} 的基数。

取最完美幻方 C_1 的第 2 行作为一个 1×8 的矩阵，如图 16－11 所示。

128	113	112	97	8	9	24	25

图 16－11 1×8 的矩阵

上述矩阵的数减 1 再乘以 8 然后加 1 称之为基数,得由基方阵 C_{12} 的基数组成的矩阵,如图 16－12 所示。

1017	897	889	769	57	65	185	193

图 16－12 C_{12} 的基数组成的矩阵

把图 16－12 中的基数所在各组(由基数开始连续 8 个自然数组成的数组)的数字,按基方阵 A_1 同样的非自然数顺序排列,各组所在的列与图 16－12 对应,得截面的基方阵 C_{12},如图 16－13 所示。

1019	902	891	774	59	70	187	198
1024	897	896	769	64	65	192	193
1020	901	892	773	60	69	188	197
1018	903	890	775	58	71	186	199
1023	898	895	770	63	66	191	194
1021	900	893	772	61	68	189	196
1017	904	889	776	57	72	185	200
1022	899	894	771	62	67	190	195

图 16－13 截面的基方阵 C_{12}

(3)同样的步骤得截面的基方阵 C_{13},如图 16－14 所示。

27	102	155	230	987	934	859	806
32	97	160	225	992	929	864	801
28	101	156	229	988	933	860	805
26	103	154	231	986	935	858	807
31	98	159	226	991	930	863	802
29	100	157	228	989	932	861	804
25	104	153	232	985	936	857	808
30	99	158	227	990	931	862	803

图 16－14 截面的基方阵 C_{13}

(4)同样的步骤得截面的基方阵 C_{14},如图 16－15 所示。

971	950	843	822	11	118	139	246
976	945	848	817	16	113	144	241
972	949	844	821	12	117	140	245
970	951	842	823	10	119	138	247
975	946	847	818	15	114	143	242
973	948	845	820	13	116	141	244
969	952	841	824	9	120	137	248
974	947	846	819	14	115	142	243

图 16－15 截面的基方阵 C_{14}

(5)同样的步骤得截面的基方阵 C_{15}，如图 16－16 所示。

43	86	171	214	1003	918	875	790
48	81	176	209	1008	913	880	785
44	85	172	213	1004	917	876	789
42	87	170	215	1002	919	874	791
47	82	175	210	1007	914	879	786
45	84	173	212	1005	916	877	788
41	88	169	216	1001	920	873	792
46	83	174	211	1006	915	878	787

图 16－16　截面的基方阵 C_{15}

(6)同样的步骤得截面的基方阵 C_{16}，如图 16－17 所示。

963	958	835	830	3	126	131	254
968	953	840	825	8	121	136	249
964	957	836	829	4	125	132	253
962	959	834	831	2	127	130	255
967	954	839	826	7	122	135	250
965	956	837	828	5	124	133	252
961	960	833	832	1	128	129	256
966	955	838	827	6	123	134	251

图 16－17　截面的基方阵 C_{16}

(7)同样的步骤得截面的基方阵 C_{17}，如图 16－18 所示。

35	94	163	222	995	926	867	798
40	89	168	217	1000	921	872	793
36	93	164	221	996	925	868	797
34	95	162	223	994	927	866	799
39	90	167	218	999	922	871	794
37	92	165	220	997	924	869	796
33	96	161	224	993	928	865	800
38	91	166	219	998	923	870	795

图 16－18　截面的基方阵 C_{17}

(8)同样的步骤得截面的基方阵 C_{18}，如图 16－19 所示。

1011	910	883	782	51	78	179	206
1016	905	888	777	56	73	184	201
1012	909	884	781	52	77	180	205
1010	911	882	783	50	79	178	207
1015	906	887	778	55	74	183	202
1013	908	885	780	53	76	181	204
1009	912	881	784	49	80	177	208
1014	907	886	779	54	75	182	203

图 16－19　截面的基方阵 C_{18}

2. 对第 $k(k=1,2,\cdots,8)$ 个截面的基方阵 C_{1k} 作行变换，基方阵 C_{1k} 上半部分不变，第 5～8 行依次作为新

方阵的第8~5行，所得方阵记为D_{1k}。行变换后所得方阵D_{11}~D_{18}，依次如图16-20~图16-27所示。

(1)

19	110	147	238	979	942	851	814
24	105	152	233	984	937	856	809
20	109	148	237	980	941	852	813
18	111	146	239	978	943	850	815
22	107	150	235	982	939	854	811
17	112	145	240	977	944	849	816
21	108	149	236	981	940	853	812
23	106	151	234	983	938	855	810

图16-20 行变换后所得方阵D_{11}

(2)

1019	902	891	774	59	70	187	198
1024	897	896	769	64	65	192	193
1020	901	892	773	60	69	188	197
1018	903	890	775	58	71	186	199
1022	899	894	771	62	67	190	195
1017	904	889	776	57	72	185	200
1021	900	893	772	61	68	189	196
1023	898	895	770	63	66	191	194

图16-21 行变换后所得方阵D_{12}

(3)

27	102	155	230	987	934	859	806
32	97	160	225	992	929	864	801
28	101	156	229	988	933	860	805
26	103	154	231	986	935	858	807
30	99	158	227	990	931	862	803
25	104	153	232	985	936	857	808
29	100	157	228	989	932	861	804
31	98	159	226	991	930	863	802

图16-22 行变换后所得方阵D_{13}

(4)

971	950	843	822	11	118	139	246
976	945	848	817	16	113	144	241
972	949	844	821	12	117	140	245
970	951	842	823	10	119	138	247
974	947	846	819	14	115	142	243
969	952	841	824	9	120	137	248
973	948	845	820	13	116	141	244
975	946	847	818	15	114	143	242

图16-23 行变换后所得方阵D_{14}

(5)

43	86	171	214	1003	918	875	790
48	81	176	209	1008	913	880	785
44	85	172	213	1004	917	876	789
42	87	170	215	1002	919	874	791
46	83	174	211	1006	915	878	787
41	88	169	216	1001	920	873	792
45	84	173	212	1005	916	877	788
47	82	175	210	1007	914	879	786

图 16－24　行变换后所得方阵 D_{15}

(6)

963	958	835	830	3	126	131	254
968	953	840	825	8	121	136	249
964	957	836	829	4	125	132	253
962	959	834	831	2	127	130	255
966	955	838	827	6	123	134	251
961	960	833	832	1	128	129	256
965	956	837	828	5	124	133	252
967	954	839	826	7	122	135	250

图 16－25　行变换后所得方阵 D_{16}

(7)

35	94	163	222	995	926	867	798
40	89	168	217	1000	921	872	793
36	93	164	221	996	925	868	797
34	95	162	223	994	927	866	799
38	91	166	219	998	923	870	795
33	96	161	224	993	928	865	800
37	92	165	220	997	924	869	796
39	90	167	218	999	922	871	794

图 16－26　行变换后所得方阵 D_{17}

(8)

1011	910	883	782	51	78	179	206
1016	905	888	777	56	73	184	201
1012	909	884	781	52	77	180	205
1010	911	882	783	50	79	178	207
1014	907	886	779	54	75	182	203
1009	912	881	784	49	80	177	208
1013	908	885	780	53	76	181	204
1015	906	887	778	55	74	183	202

图 16－27　行变换后所得方阵 D_{18}

3. 第 $k(k=1,2,\cdots,8)$ 个截面行变换后所得方阵 D_{1k}，第 i 行的元素按余函数 $r(t)$ 的规则右移 $r(3(i+$

$k-2))(k=1,2,\cdots,8)$个位置得截面方阵 E_{1k}，按 k 由小到大的顺序，此 k 个截面组成的数字立方阵 E_1，就是一个 8 阶空间完美的幻立方。截面方阵 $E_{11}\sim E_{18}$依次如图 16－28～图 16－35 所示。

（1）

19	110	147	238	979	942	851	814
937	856	809	24	105	152	233	984
148	237	980	941	852	813	20	109
815	18	111	146	239	978	943	850
982	939	854	811	22	107	150	235
112	145	240	977	944	849	816	17
853	812	21	108	149	236	981	940
234	983	938	855	810	23	106	151

图 16－28 截面方阵 E_{11}

（2）

70	187	198	1019	902	891	774	59
896	769	64	65	192	193	1024	897
197	1020	901	892	773	60	69	188
58	71	186	199	1018	903	890	775
899	894	771	62	67	190	195	1022
185	200	1017	904	889	776	57	72
772	61	68	189	196	1021	900	893
1023	898	895	770	63	66	191	194

图 16－29 截面方阵 E_{12}

（3）

155	230	987	934	859	806	27	102
801	32	97	160	225	992	929	864
988	933	860	805	28	101	156	229
103	154	231	986	935	858	807	26
862	803	30	99	158	227	990	931
232	985	936	857	808	25	104	153
29	100	157	228	989	932	861	804
930	863	802	31	98	159	226	991

图 16－30 截面方阵 E_{13}

（4）

246	971	950	843	822	11	118	139
16	113	144	241	976	945	848	817
949	844	821	12	117	140	245	972
138	247	970	951	842	823	10	119
819	14	115	142	243	974	947	846
969	952	841	824	9	120	137	248
116	141	244	973	948	845	820	13
847	818	15	114	143	242	975	946

图 16－31 截面方阵 E_{14}

(5)

1003	918	875	790	43	86	171	214
81	176	209	1008	913	880	785	48
876	789	44	85	172	213	1004	917
215	1002	919	874	791	42	87	170
46	83	174	211	1006	915	878	787
920	873	792	41	88	169	216	1001
173	212	1005	916	877	788	45	84
786	47	82	175	210	1007	914	879

图 16－32　截面方阵 E_{15}

(6)

958	835	830	3	126	131	254	963
136	249	968	953	840	825	8	121
829	4	125	132	253	964	957	836
962	959	834	831	2	127	130	255
123	134	251	966	955	838	827	6
833	832	1	128	129	256	961	960
252	965	956	837	828	5	124	133
7	122	135	250	967	954	839	826

图 16－33　截面方阵 E_{16}

(7)

867	798	35	94	163	222	995	926
217	1000	921	872	793	40	89	168
36	93	164	221	996	925	868	797
927	866	799	34	95	162	223	994
166	219	998	923	870	795	38	91
800	33	96	161	224	993	928	865
997	924	869	796	37	92	165	220
90	167	218	999	922	871	794	39

图 16－34　截面方阵 E_{17}

(8)

782	51	78	179	206	1011	910	883
1016	905	888	777	56	73	184	201
77	180	205	1012	909	884	781	52
882	783	50	79	178	207	1010	911
203	1014	907	886	779	54	75	182
49	80	177	208	1009	912	881	784
908	885	780	53	76	181	204	1013
183	202	1015	906	887	778	55	74

图 16－35　截面方阵 E_{18}

由上述 $k(k=1,2,\cdots,8)$ 个截面方阵 E_{1k}，按 k 由小到大的顺序，组成的数字立方阵 E_1，就是一个 8 阶空

间完美的幻立方。

16.1.2 构造从左边数起第 2 个 8 阶空间完美幻立方 E_2

对最完美幻方 C_2 施行以上同样的方法，构造以 k 轴为法线方向的第 $k(k=1,2,\cdots,8)$ 个截面的基方阵 C_{2k}，基方阵 C_{2k}作以上同样的行变换得方阵 D_{2k}，方阵 D_{2k}第 i 行的元素按余函数 $r(t)$ 的规则右移 $r(3(i+k-2))(k=1,2,\cdots,8)$ 个位置得截面方阵 E_{2k}，按 k 由小到大的顺序，此 k 个截面组成的数字立方阵 E_2，就是一个 8 阶空间完美的幻立方。截面方阵 E_{21} ~ E_{28} 依次如图 16－36 ~ 图 16－43 所示。

（1）

275	366	403	494	723	686	595	558
681	600	553	280	361	408	489	728
404	493	724	685	596	557	276	365
559	274	367	402	495	722	687	594
726	683	598	555	278	363	406	491
368	401	496	721	688	593	560	273
597	556	277	364	405	492	725	684
490	727	682	599	554	279	362	407

图 16－36 截面方阵 E_{21}

（2）

326	443	454	763	646	635	518	315
640	513	320	321	448	449	768	641
453	764	645	636	517	316	325	444
314	327	442	455	762	647	634	519
643	638	515	318	323	446	451	766
441	456	761	648	633	520	313	328
516	317	324	445	452	765	644	637
767	642	639	514	319	322	447	450

图 16－37 截面方阵 E_{22}

（3）

411	486	731	678	603	550	283	358
545	288	353	416	481	736	673	608
732	677	604	549	284	357	412	485
359	410	487	730	679	602	551	282
606	547	286	355	414	483	734	675
488	729	680	601	552	281	360	409
285	356	413	484	733	676	605	548
674	607	546	287	354	415	482	735

图 16－38 截面方阵 E_{23}

（4）

502	715	694	587	566	267	374	395
272	369	400	497	720	689	592	561
693	588	565	268	373	396	501	716
394	503	714	695	586	567	266	375
563	270	371	398	499	718	691	590
713	696	585	568	265	376	393	504
372	397	500	717	692	589	564	269
591	562	271	370	399	498	719	690

图 16－39　截面方阵 E_{24}

（5）

747	662	619	534	299	342	427	470
337	432	465	752	657	624	529	304
620	533	300	341	428	469	748	661
471	746	663	618	535	298	343	426
302	339	430	467	750	659	622	531
664	617	536	297	344	425	472	745
429	468	749	660	621	532	301	340
530	303	338	431	466	751	658	623

图 16－40　截面方阵 E_{25}

（6）

702	579	574	259	382	387	510	707
392	505	712	697	584	569	264	377
573	260	381	388	509	708	701	580
706	703	578	575	258	383	386	511
379	390	507	710	699	582	571	262
577	576	257	384	385	512	705	704
508	709	700	581	572	261	380	389
263	378	391	506	711	698	583	570

图 16－41　截面方阵 E_{26}

（7）

611	542	291	350	419	478	739	670
473	744	665	616	537	296	345	424
292	349	420	477	740	669	612	541
671	610	543	290	351	418	479	738
422	475	742	667	614	539	294	347
544	289	352	417	480	737	672	609
741	668	613	540	293	348	421	476
346	423	474	743	666	615	538	295

图 16－42　截面方阵 E_{27}

（8）

526	307	334	435	462	755	654	627
760	649	632	521	312	329	440	457
333	436	461	756	653	628	525	308
626	527	306	335	434	463	754	655
459	758	651	630	523	310	331	438
305	336	433	464	753	656	625	528
652	629	524	309	332	437	460	757
439	458	759	650	631	522	311	330

图 16－43　截面方阵 E_{28}

由上述 $k(k=1,2,\cdots,8)$个截面方阵 E_{2k}，按 k 由小到大的顺序，组成的数字立方阵 E_2，就是一个 8 阶空间完美的幻立方。

8 阶空间完美的幻立方 E_1，E_2从左到右顺序排在一起，就构成一个 16×8×8 的空间完美幻长立方。其以 k 轴为法线方向的第 $k(k=1,2,\cdots,8)$个截面方阵 E_k^*，截面方阵 $E_1^*\sim E_8^*$ 如图 16－44～图 16－51 所示。

（1）

19	110	147	238	979	942	851	814	275	366	403	494	723	686	595	558
937	856	809	24	105	152	233	984	681	600	553	280	361	408	489	728
148	237	980	941	852	813	20	109	404	493	724	685	596	557	276	365
815	18	111	146	239	978	943	850	559	274	367	402	495	722	687	594
982	939	854	811	22	107	150	235	726	683	598	555	278	363	406	491
112	145	240	977	944	849	816	17	368	401	496	721	688	593	560	273
853	812	21	108	149	236	981	940	597	556	277	364	405	492	725	684
234	983	938	855	810	23	106	151	490	727	682	599	554	279	362	407

图 16－44　截面方阵 E_1^*

（2）

70	187	198	1019	902	891	774	59	326	443	454	763	646	635	518	315
896	769	64	65	192	193	1024	897	640	513	320	321	448	449	768	641
197	1020	901	892	773	60	69	188	453	764	645	636	517	316	325	444
58	71	186	199	1018	903	890	775	314	327	442	455	762	647	634	519
899	894	771	62	67	190	195	1022	643	638	515	318	323	446	451	766
185	200	1017	904	889	776	57	72	441	456	761	648	633	520	313	328
772	61	68	189	196	1021	900	893	516	317	324	445	452	765	644	637
1023	898	895	770	63	66	191	194	767	642	639	514	319	322	447	450

图 16－45　截面方阵 E_2^*

(3)

155	230	987	934	859	806	27	102	411	486	731	678	603	550	283	358
801	32	97	160	225	992	929	864	545	288	353	416	481	736	673	608
988	933	860	805	28	101	156	229	732	677	604	549	284	357	412	485
103	154	231	986	935	858	807	26	359	410	487	730	679	602	551	282
862	803	30	99	158	227	990	931	606	547	286	355	414	483	734	675
232	985	936	857	808	25	104	153	488	729	680	601	552	281	360	409
29	100	157	228	989	932	861	804	285	356	413	484	733	676	605	548
930	863	802	31	98	159	226	991	674	607	546	287	354	415	482	735

图 16－46　截面方阵 E_3^*

(4)

246	971	950	843	822	11	118	139	502	715	694	587	566	267	374	395
16	113	144	241	976	945	848	817	272	369	400	497	720	689	592	561
949	844	821	12	117	140	245	972	693	588	565	268	373	396	501	716
138	247	970	951	842	823	10	119	394	503	714	695	586	567	266	375
819	14	115	142	243	974	947	846	563	270	371	398	499	718	691	590
969	952	841	824	9	120	137	248	713	696	585	568	265	376	393	504
116	141	244	973	948	845	820	13	372	397	500	717	692	589	564	269
847	818	15	114	143	242	975	946	591	562	271	370	399	498	719	690

图 16－47　截面方阵 E_4^*

(5)

1003	918	875	790	43	86	171	214	747	662	619	534	299	342	427	470
81	176	209	1008	913	880	785	48	337	432	465	752	657	624	529	304
876	789	44	85	172	213	1004	917	620	533	300	341	428	469	748	661
215	1002	919	874	791	42	87	170	471	746	663	618	535	298	343	426
46	83	174	211	1006	915	878	787	302	339	430	467	750	659	622	531
920	873	792	41	88	169	216	1001	664	617	536	297	344	425	472	745
173	212	1005	916	877	788	45	84	429	468	749	660	621	532	301	340
786	47	82	175	210	1007	914	879	530	303	338	431	466	751	658	623

图 16－48　截面方阵 E_5^*

(6)

958	835	830	3	126	131	254	963	702	579	574	259	382	387	510	707
136	249	968	953	840	825	8	121	392	505	712	697	584	569	264	377
829	4	125	132	253	964	957	836	573	260	381	388	509	708	701	580
962	959	834	831	2	127	130	255	706	703	578	575	258	383	386	511
123	134	251	966	955	838	827	6	379	390	507	710	699	582	571	262
833	832	1	128	129	256	961	960	577	576	257	384	385	512	705	704
252	965	956	837	828	5	124	133	508	709	700	581	572	261	380	389
7	122	135	250	967	954	839	826	263	378	391	506	711	698	583	570

图 16－49　截面方阵 E_6^*

（7）

867	798	35	94	163	222	995	926	611	542	291	350	419	478	739	670
217	1000	921	872	793	40	89	168	473	744	665	616	537	296	345	424
36	93	164	221	996	925	868	797	292	349	420	477	740	669	612	541
927	866	799	34	95	162	223	994	671	610	543	290	351	418	479	738
166	219	998	923	870	795	38	91	422	475	742	667	614	539	294	347
800	33	96	161	224	993	928	865	544	289	352	417	480	737	672	609
997	924	869	796	37	92	165	220	741	668	613	540	293	348	421	476
90	167	218	999	922	871	794	39	346	423	474	743	666	615	538	295

图 16－50 截面方阵 E_7^*

（8）

782	51	78	179	206	1011	910	883	526	307	334	435	462	755	654	627
1016	905	888	777	56	73	184	201	760	649	632	521	312	329	440	457
77	180	205	1012	909	884	781	52	333	436	461	756	653	628	525	308
882	783	50	79	178	207	1010	911	626	527	306	335	434	463	754	655
203	1014	907	886	779	54	75	182	459	758	651	630	523	310	331	438
49	80	177	208	1009	912	881	784	305	336	433	464	753	656	625	528
908	885	780	53	76	181	204	1013	652	629	524	309	332	437	460	757
183	202	1015	906	887	778	55	74	439	458	759	650	631	522	311	330

图 16－51 截面方阵 E_8^*

长立方阵 E 由 1～1024 的自然数所组成，其 2×8^2 条列，2×8^2 条纵列以及 8 阶空间完美幻立方 E_1 和 E_2 各四条空间对角线及与其同向泛对角线上 8 个数字之和都等于 4100，8^2 行上 16 个数字之和都等于 $2\times 4100=8200$。所以 E 是一个 $16\times 8\times 8$ 空间完美的幻长立方。

注意，由于第一步构造最完美幻方可得出 $2^8\cdot(4!)^2=147456$ 种不同的结果，8 阶空间完美的幻立方 E_1 和 E_2 随意组合所得亦是一个 $16\times 8\times 8$ 空间完美的幻长立方。所以借助构造最完美幻方的三步法，我们能构造出 $147456\cdot(2!)=294912$ 个不同的 $16\times 8\times 8$ 空间完美的幻长立方。

16.2 $k(4m)\times(4m)\times(4m)$的空间完美幻长立方

如何构造 $k(4m)\times(4m)\times(4m)$的空间完美幻长立方？其中 $m=1,2,\cdots$，且 $k=2,3,\cdots$。这个幻长立方由从左到右 k 个 $4m$ 阶空间完美幻立方组合而成。

第 1 步，先构造 $k(4m)\times(4m)$（$m=1,2,\cdots$，且 $k=2,3,\cdots$）的最完美幻矩形。这个最完美幻矩形由 k 个 $4m$ 阶非正规的最完美幻方组合而成。

把 $1\sim k(4m)^2$ 的自然数按从小到大均分为 $k(4m)$组，每组有 $4m$ 个数。从左到右第 1 个 $4m$ 阶最完美幻方，由第 $1\sim 2m$ 和第$(2k-1)\cdot(2m)+1\sim 2k(2m)$组的数所组成。取第 $1\sim 2m$ 和第$(2k-1)\cdot(2m)+1\sim 2k(2m)$组的数，按照构造最完美幻方的三步法，构造第 1 个 $4m$ 阶非正规的最完美幻方 C_1。基方阵中各组的数字可按自然数顺序也可按非自然数顺序（需符合对称原则）排列。各组所在的列可随意安排但对称列必须在相应的位置上。

从左到右第 2 个 $4m$ 阶非正规的最完美幻方，由第 $2m+1\sim 4m$ 和第$(2k-2)\cdot(2m)+1\sim(2k-1)\cdot$

$(2m)$组的数所组成。取第 $2m+1\sim4m$ 和第$(2k-2)\cdot(2m)+1\sim(2k-1)\cdot(2m)$组的数,按照构造最完美幻方的三步法,构造第 2 个 $4m$ 阶非正规的最完美幻方 C_2。基方阵中各组的数字按构造第 1 个最完美幻方基方阵时同样的规则排列,各组所在列的选择亦相同。

从左到右第 $t(t=1,2,\cdots,k)$ 个 $4m$ 阶非正规的最完美幻方由第$(t-1)\cdot(2m)+1\sim t(2m)$和第$(2k-t)\cdot(2m)+1\sim(2k-t+1)\cdot(2m)$组的数所组成。取第$(t-1)\cdot(2m)+1\sim t(2m)$和第 $(2k-t)\cdot(2m)+1\sim(2k-t+1)\cdot(2m)$ 组的数,按照构造最完美幻方的三步法,构造第 t 个 $4m$ 阶非正规的最完美幻方 C_t。基方阵中各组的数字,按构造第 1 个 $4m$ 阶非正规的最完美幻方基方阵时同样的规则排列,各组所在列的选择亦相同。

第 2 步,以第 1 步得到的 $n=4m(m=1,2,\cdots)$ 阶最完美幻方 $C_t(t=1,2,\cdots,k)$ 为基础,构造 $n=4m$ 阶空间完美幻立方 E_t。

(1)构造空间完美幻立方 E_t 以 k 轴为法线方向的第 $k(k=1,2,\cdots,n)$ 个截面的基方阵 C_{tk}。

构造基方阵 C_{tk},首先要取定截面的基方阵 C_{tk} 的基数。

取最完美幻方 C_t 的第 k 行作为一个 $1\times n$ 的矩阵,上述矩阵的数减 1 再乘以 n 然后加 1 称之为基数,得由基方阵 C_{tk} 的基数组成的矩阵。把基数所在各组(由基数开始连续 n 个自然数组成的数组)的数字,按构造第一个 $4m$ 阶非正规最完美幻方基方阵时同样的规则排列,各组所在列的选择亦相同,得基方阵 C_{tk}。

(2)第 k 个截面的基方阵 $C_{tk}(k=1,2,\cdots,n)$ 作行变换。基方阵 C_{tk} 的上半部分不变,第 $2m+1\sim4m$ 行依次作为新方阵的第 $4m\sim2m+1$ 行,行变换后所得方阵记为 $D_{ik}(k=1,2,\cdots,n)$。

(3)第 k 个行变换后所得方阵 $D_{tk}(k=1,2,\cdots,n)$ 第 i 行的元素按余函数 $r(t)$ 的规则右移 $r((2m-1)\cdot(i+k-2))(i=1,2,\cdots,n)$ 个位置得截面方阵 E_{tk}。

按 $k(k=1,2,\cdots,n)$ 由小到大的顺序,此 k 个截面组成的数字立方阵 E_t 就是一个 $n=4m(m=1,2,\cdots)$ 阶空间完美的幻立方。

第 3 步,上述 k 个 $n=4m$ 阶空间完美幻立方 E_t 从左到右随意排列在一起,就是一个 $k(4m)\times(4m)\times(4m)$ 的空间完美幻长立方 E。

空间完美幻长立方 E 由 $1\sim k(4m)^3$ 的自然数所组成,其 $k(4m)^2$ 个列,$k(4m)^2$ 个纵列,以及空间完美幻立方 $E_t(t=1,2,\cdots,k)$ 各四条空间对角线及与其同方向的空间泛对角线上的 $n=4m$ 个数字之和都等于 $\frac{n}{2}(1+k\cdot n^3)$,$(4m)^2$行上 $k\cdot n=4km$ 个数字之和都等于$\frac{1}{2}kn(1+k\cdot n^3)$,所以 E 是一个 $k(4m)\times(4m)\times(4m)$ 的空间完美幻长立方。

因为由构造最完美幻方的三步法,实际上可构造出 $2^{4m}\cdot((2m)!)^2$ 个不同的 $n=4m(m=1,2,\cdots)$ 阶最完美幻方,而从一个 $n=4m$ 阶最完美幻方出发可构造出一个 $n=4m(m=1,2,\cdots)$ 阶空间完美的幻立方,注意到空间完美幻立方 $E_t(t=1,2,\cdots,k)$ 从左到右随意排列在一起,就是一个$k(4m)\times(4m)\times(4m)$的空间完美幻长立方 E。所以用上述方法可构造出 $2^{4m}\cdot((2m)!)^2\cdot(k!)$ 个不同的$k(4m)\times(4m)\times(4m)(k=2,3,\cdots$,且 $m=1,2,\cdots)$的空间完美幻长立方。

第 17 章　5^k 阶空间对称完美幻立方

构造含因子 5 的奇数阶空间对称完美幻立方,比构造奇数 $n=2m+1$(m 为 $m\neq 3t+1$ 且 $m\neq 5s+2$,$t,s=0,1,2,\cdots$)阶空间对称完美幻立方(《幻中之幻》第 15 章)要艰难得多。本章讲述构造 5 阶空间对称完美幻立方,25 阶空间对称完美幻立方,一般地构造 5^k 阶空间对称完美幻立方的方法。之所以花费一定篇幅介绍构造 25 阶空间对称完美幻立方的方法,实因非如此,读者无法看清相关的结构与方法。

17.1　5 阶空间对称完美幻立方

如何构造一个 5 阶空间对称完美幻立方?

第 1 步,构造序号的准幻方 B。

把 1 ~ 125 的自然数按从小到大均分为 25 组,为了确定每一个截面都由那些组的数字所构成。把 1 ~ 25 组的序号排成一个 5 × 5 方阵,即序号的 5 阶基方阵 A,并进一步得出序号的准幻方 B。序号的基方阵 A 的结构图,如图 17 – 1 所示。

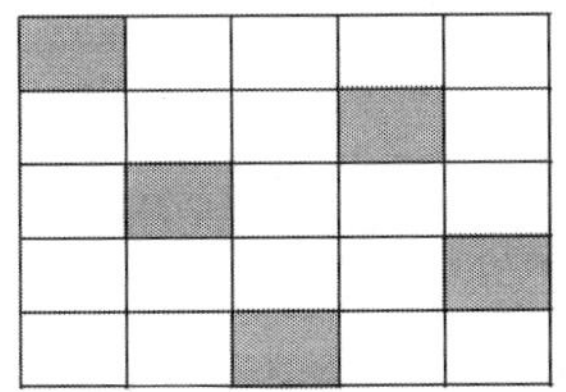

图 17 – 1　序号的基方阵 A 的结构图

构造序号的基方阵 A 时,把 1 ~ 25 组的序号按从小到大均分为 5 组,按同样的规则重排各组中序号的顺序,比如 1,3,5,2,4,顺移后为 4,1,3,5,2 是中心对称的。

序号的基方阵 A 的结构图中浅灰格内放置各组的第 1 个序号,第 3 组的序号置于那一列是任意的,比如我们把第 3 组的序号置于第 4 列,1 ~ 25 的中位数是 13,为了使中位数 13 置于中间一行,13 就应位于该组的第二个位置,其余各序号的顺序必须保证顺移后是中心对称的。比如我们取 11,13,15,12,14 的顺序,顺移后为 14,11,13,15,12,是中心对称的。其他各组的数亦同样排序。

接着我们要安排其余 4 组的序号置于那一列,按上述同样的考虑,比如我们取从左到右组的序号是 1,5,4,3,2。顺移后为 5,4,3,2,1 是中心对称的。由此得到的序号的基方阵 A,如图 17 – 2 所示。

1	22	18	14	10
3	24	20	11	7
5	21	17	13	9
2	23	19	15	6
4	25	16	12	8

图 17 – 2　序号的基方阵 A

序号的准幻方 B 的结构图，如图 17－3 所示。

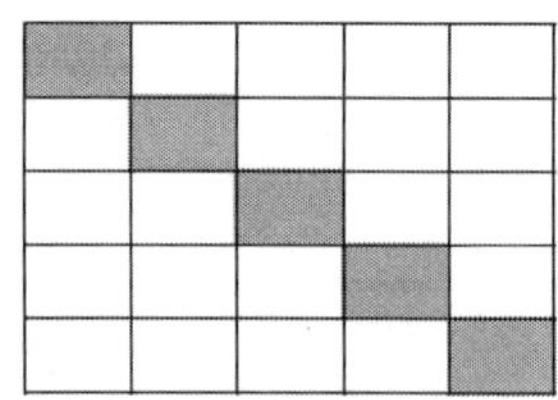

图 17－3　序号的准幻方 B 的结构图

把基方阵 A 第 1 列的序号移至上图所在行的浅灰格，即由左上至右下对角线的方格内，同行的序号顺移，得序号的准幻方 B，如图 17－4 所示。

1	22	18	14	10		65
7	3	24	20	11		65
13	9	5	21	17		65
19	15	6	2	23		65
25	16	12	8	4		65
65	65	65	65	65		

图 17－4　序号的准幻方 B

其每行、每列 5 个数的和都等于 65。

第 2 步，构造 5 阶空间对称完美幻立方五个截面的基方阵。

取以图 17－4 中第 1 行的数为组序的那些组的数字构造第 1 个截面的基方阵 A_1，基方阵 A_1 各列分别取以图 17－5 上方 1×5 矩阵中同列那个数为组序的那个组的数字，此处各组第一个数字处于图 17－5 下方 5×5方阵中浅灰格的位置，各组的数字都是按序号的基方阵 A 同样的顺序排列的，如图 17－5 所示。

取以图 17－4 中第 2 行的数为组序的那些组的数字构造第 2 个截面的基方阵 A_2，基方阵 A_2 各列分别取以图 17－6 上方 1×5 矩阵中同列那个数为组序的那个组的数字，此处各组第一个数字处于图 17－6 下方 5×5方阵中浅灰格的位置，各组的数字都是按序号的基方阵 A 同样的顺序排列的，如图 17－6 所示。

1	22	18	14	10
1	107	88	69	50
3	109	90	66	47
5	106	87	68	49
2	108	89	70	46
4	110	86	67	48

图 17－5　第 1 个截面的基方阵 A_1

7	3	24	20	11
35	11	117	98	54
32	13	119	100	51
34	15	116	97	53
31	12	118	99	55
33	14	120	96	52

图 17－6　第 2 个截面的基方阵 A_2

类似地，其他三个截面的基方阵 A_3，A_4，A_5，如图 17－7～图 17－9 所示。

13	9	5	21	17
64	45	21	102	83
61	42	23	104	85
63	44	25	101	82
65	41	22	103	84
62	43	24	105	81

图 17－7　第 3 个截面的基方阵 A_3

19	15	6	2	23
93	74	30	6	112
95	71	27	8	114
92	73	29	10	111
94	75	26	7	113
91	72	28	9	115

图 17－8　第 4 个截面的基方阵 A_4

25	16	12	8	4
122	78	59	40	16
124	80	56	37	18
121	77	58	39	20
123	79	60	36	17
125	76	57	38	19

图 17－9　第 5 个截面的基方阵 A_5

第 3 步，各个截面的基方阵通过顺移得出各个截面方阵 B_1，B_2，B_3，B_4和 B_5。各个基方阵第 1 列的数移至由左上至右下对角线的方格内。同行的数顺移，顺移方式如各个截面方阵中浅灰格所示，得截面方阵 B_1，B_2，B_3，B_4和 B_5 分别如图 17－10，图 17－11，图 17－12，图 17－13 和图 17－14 所示。

1	107	88	69	50
47	3	109	90	66
68	49	5	106	87
89	70	46	2	108
110	86	67	48	4

图 17－10　截面方阵 B_1

35	11	117	98	54
51	32	13	119	100
97	53	34	15	116
118	99	55	31	12
14	120	96	52	33

图 17－11　截面方阵 B_2

64	45	21	102	83
85	61	42	23	104
101	82	63	44	25
22	103	84	65	41
43	24	105	81	62

图 17－12　截面方阵 B_3

93	74	30	6	112
114	95	71	27	8
10	111	92	73	29
26	7	113	94	75
72	28	9	115	91

图 17－13　截面方阵 B_4

122	78	59	40	16
18	124	80	56	37
39	20	121	77	58
60	36	17	123	79
76	57	38	19	125

图 17－14　截面方阵 B_5

有序的5个截面方阵 B_1,B_2,B_3,B_4 和 B_5,组成一个5阶空间对称完美的幻立方。其 5^2 个行、5^2 个列,5^2 个纵列,以及四条空间对角线和与这四条空间对角线同向的泛对角线上的5个数字之和都等于幻立方常数 $\frac{5}{2}(5^3+1)=315$,位于空间对称位置上两个元素的和都等于 $5^3+1=126$。

为节省篇幅起见,此处未列出这个5阶空间对称完美幻立方在其他两个方向上的各5个截面方阵。有兴趣的读者可以自行列出其他两个方向上的各5个截面幻方,并以予验证。

注意到此处我们把第3组的序号置于序号的基方阵 A 的第4列,导至第3步中各个截面的基方阵第1列的数移至由左上至右下对角线的方格内。那么若我们把第3组的序号置于序号的基方阵 A 的其他列,情况又如何呢?

第1步,比如我们把第3组的序号置于序号的基方阵 A 的第5列, 1~25的中位数是13,为了使中位数13置于中间一行, 13就应位于该组的第5个位置,其余各序号的顺序必须保证顺移后是中心对称的。比如我们取15,12,14,11,13的顺序,顺移后为14,11,13,15,12是中心对称的,其他各组的数亦同样排序。

接着我们要安排其余4组的序号置于那一列,按上述同样的考虑,比如我们取从左到右组的序号是4,1,5,2,3顺移后为5,2,3,4,1是中心对称的。由此得到的序号的基方阵 A,如图17-15所示。

把基方阵 A 第1列的序号移至所在行的浅灰格,即由左上至右下对角线的方格内,同行的序号顺移,得序号的准幻方 B,如图17-16所示。

20	1	22	8	14
17	3	24	10	11
19	5	21	7	13
16	2	23	9	15
18	4	25	6	12

图17-15 序号的基方阵 A

20	1	22	8	14
11	17	3	24	10
7	13	19	5	21
23	9	15	16	2
4	25	6	12	18

图17-16 序号的准幻方 B

其每行,每列5个数的和都等于65。

第2步,构造5阶空间对称完美幻立方五个截面的基方阵。

取以图17-16中第1行的数为组序的那些组的数字构造第1个截面的基方阵 A_1,基方阵 A_1 各列分别取以图17-17上方 1×5 矩阵中同列那个数为组序的那个组的数字,此处各组第一个数字处于图17-17下方 5×5 方阵中浅灰格的位置,各组的数字都是按序号的基方阵 A 同样的顺序排列的,如图17-17所示。

取以图17-16中第2行的数为组序的那些组的数字构造第2个截面的基方阵 A_2,基方阵 A_2 各列分别取以图17-18上方 1×5 矩阵中同列那个数为组序的那个组的数字,此处各组第一个数字处于图17-18下方 5×5 方阵中浅灰格的位置,各组的数字都是按序号的基方阵 A 同样的顺序排列的,如图17-18所示。

20	1	22	8	14
100	1	107	38	69
97	3	109	40	66
99	5	106	37	68
96	2	108	39	70
98	4	110	36	67

图17-17 第1个截面的基方阵 A_1

11	17	3	24	10
54	85	11	117	48
51	82	13	119	50
53	84	15	116	47
55	81	12	118	49
52	83	14	120	46

图17-18 第2个截面的基方阵 A_2

类似地,其他三个截面的基方阵 A_3, A_4, A_5 分别如图17-19,图17-20和图17-21所示。

7	13	19	5	21
33	64	95	21	102
35	61	92	23	104
32	63	94	25	101
34	65	91	22	103
31	62	93	24	105

图 17－19　第 3 个截面的基方阵 A_3

23	9	15	16	2
112	43	74	80	6
114	45	71	77	8
111	42	73	79	10
113	44	75	76	7
115	41	72	78	9

图 17－20　第 4 个截面的基方阵 A_4

4	25	6	12	18
16	122	28	59	90
18	124	30	56	87
20	121	27	58	89
17	123	29	60	86
19	125	26	57	88

图 17－21　第 5 个截面的基方阵 A_5

第 3 步,各个截面的基方阵通过顺移得出各个截面方阵 B_1,B_2,B_3,B_4 和 B_5,各个截面的基方阵第 2 列的数移至由左上至右下对角线的方格内，同行的数顺移,顺移方式如各个截面方阵中浅灰格所示，得截面方阵 B_1,B_2,B_3,B_4 和 B_5,分别如图 17－22，图 17－23，图 17－24，图 17－25 和图 17－26 所示。

1	107	38	69	100
97	3	109	40	66
68	99	5	106	37
39	70	96	2	108
110	36	67	98	4

图 17－22　截面方阵 B_1

85	11	117	48	54
51	82	13	119	50
47	53	84	15	116
118	49	55	81	12
14	120	46	52	83

图 17－23　截面方阵 B_2

64	95	21	102	33
35	61	92	23	104
101	32	63	94	25
22	103	34	65	91
93	24	105	31	62

图 17－24　截面方阵 B_3

43	74	80	6	112
114	45	71	77	8
10	111	42	73	79
76	7	113	44	75
72	78	9	115	41

图 17－25　截面方阵 B_4

122	28	59	90	16
18	124	30	56	87
89	20	121	27	58
60	86	17	123	29
26	57	88	19	125

图 17－26　截面方阵 B_5

有序的 5 个截面方阵 B_1,B_2,B_3,B_4 和 B_5，组成一个 5 阶空间对称完美的幻立方。其 5^2 个行、5^2 个列、5^2 个纵列，以及四条空间对角线和与这四条空间对角线同向的泛对角线上的 5 个数字之和都等于幻立方常数 $\frac{5}{2}(5^3+1)=315$，位于空间对称位置上两个元素的和都等于 $5^3+1=126$。

一般地，若我们把第 3 组的序号置于序号的基方阵 A 的第 k 列，则导至第 3 步中各个截面的基方阵第 $r(k+2)$ 列的数移至由左上至右下对角线的方格内。此处 $r(k)$ 是周期为 5 的余函数，其中 $k=1,\cdots,5$。

由于第 3 组的序号置于序号的基方阵 A 的那一列是任意的，除中位数 13 外该组其余各序号的顺序只需保证顺移后是中心对称的。至于其余 4 组的序号置于那一列，亦同样的考虑，所以用这个方法可得到 $5((2!)\cdot 2^2)^2=320$个不同的 5 阶空间对称完美的幻立方。

17.2　25 阶空间对称完美幻立方

如何构造一个 25 阶空间对称完美幻立方?

第 1 步，构造序号的准幻方 B。

把 1 ~ 15625 的自然数按从小到大均分为 625 组。为了确定每一个截面都由那些组的数字所构成，把 1 ~ 625的组的序号排成一个 25 × 25 方阵，即序号的 25 阶基方阵 A，并进一步得出序号的准幻方 B。序号的基方阵 A 的结构图，如图 17 – 27 所示。

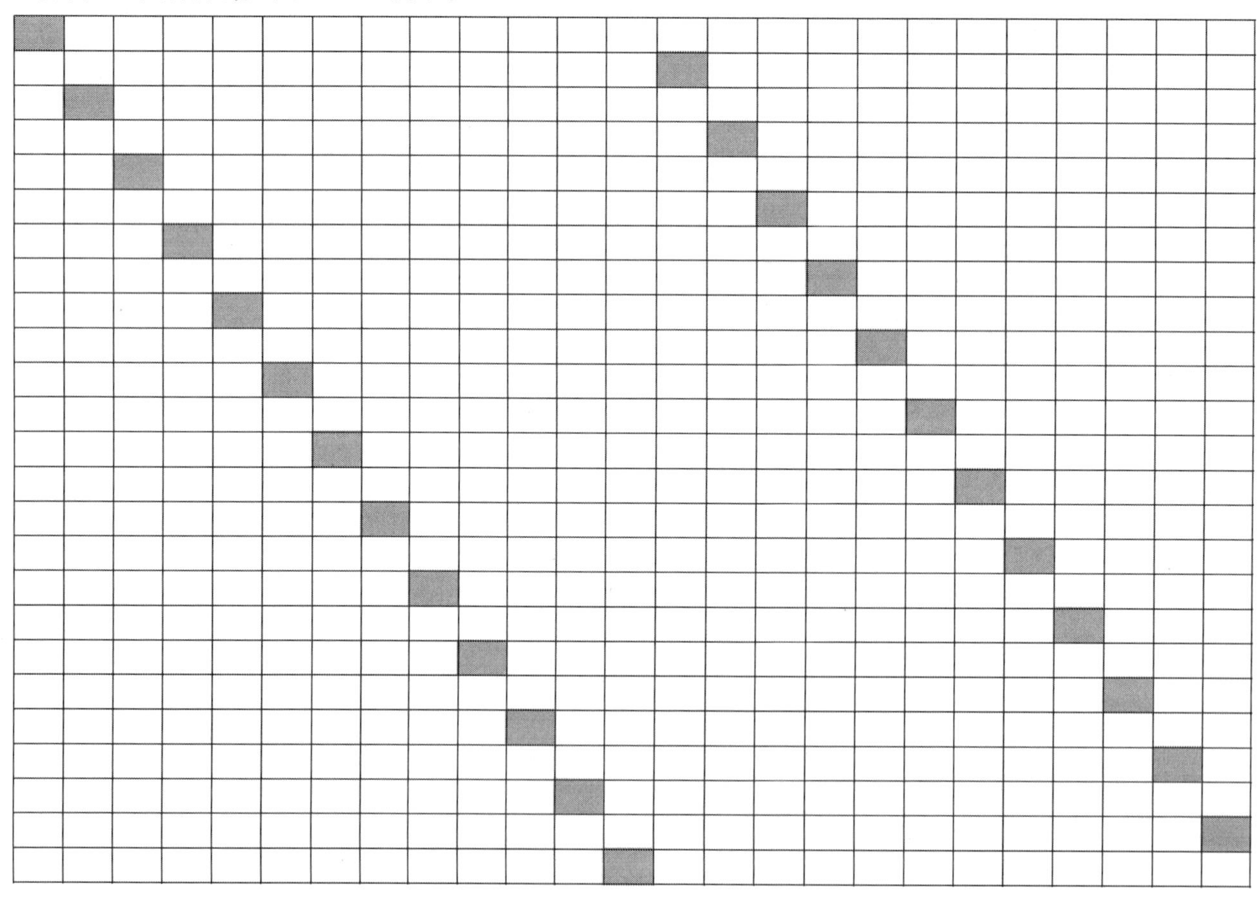

图 17 – 27　序号的基方阵 A 的结构图

构造序号的基方阵 *A* 时，把 1 ~625 的组的序号按从小到大均分为 25 组，可按上节同样的规则重排各组中序号的顺序。

比如 25,1,2,3,4,5,6,7,8,9,10,11,12,13,14,15,16,17,18,19,20,21,22,23,24 顺移后为 1,2,3,4,5,6,7,8,9,10,11,12,13,14,15,16,17,18,19,20,21,22,23,24,25 是中心对称的。

序号的基方阵 *A* 的结构图中浅灰格内放置各组的第 1 个序号。第 13 组的序号置于哪一列是任意的，比如我们把第 13 组的序号置于第 13 列，1 ~625 的中位数是 313，为了使中位数 313 置于中间一行，313 就应位于该组的第 14 个位置，其余各序号的顺序必须保证顺移后是中心对称的。比如我们取

325,301,302,303,304,305,306,307,308,309,310,311,312
313,314,315,316,317,318,319,320,321,322,323,324

的顺序，顺移后为

301,302,303,304,305,306,307,308,309,310,311,312,313
314,315,316,317,318,319,320,321,322,323,324,325

是中心对称的。其他各组的数亦同样排序。

接着我们要安排其余 24 组的序号置于那一列，按上述同样的考虑，比如我们直接取从左到右组的序号是 1,2,3,4,5,6,7,8,9,10,11,12,13,14,15,16,17,18,19,20,21,22,23,24,25 是中心对称的。由此得到的序号的基方阵 *A*，如图 17 –28 所示。

25	48	71	94	117	140	163	186	209	232	255	278	301	349	372	395	418	441	464	487	510	533	556	579	602
1	49	72	95	118	141	164	187	210	233	256	279	302	350	373	396	419	442	465	488	511	534	557	580	603
2	50	73	96	119	142	165	188	211	234	257	280	303	326	374	397	420	443	466	489	512	535	558	581	604
3	26	74	97	120	143	166	189	212	235	258	281	304	327	375	398	421	444	467	490	513	536	559	582	605
4	27	75	98	121	144	167	190	213	236	259	282	305	328	351	399	422	445	468	491	514	537	560	583	606
5	28	51	99	122	145	168	191	214	237	260	283	306	329	352	400	423	446	469	492	515	538	561	584	607
6	29	52	100	123	146	169	192	215	238	261	284	307	330	353	376	424	447	470	493	516	539	562	585	608
7	30	53	76	124	147	170	193	216	239	262	285	308	331	354	377	425	448	471	494	517	540	563	586	609
8	31	54	77	125	148	171	194	217	240	263	286	309	332	355	378	401	449	472	495	518	541	564	587	610
9	32	55	78	101	149	172	195	218	241	264	287	310	333	356	379	402	450	473	496	519	542	565	588	611
10	33	56	79	102	150	173	196	219	242	265	288	311	334	357	380	403	426	474	497	520	543	566	589	612
11	34	57	80	103	126	174	197	220	243	266	289	312	335	358	381	404	427	475	498	521	544	567	590	613
12	35	58	81	104	127	175	198	221	244	267	290	313	336	359	382	405	428	451	499	522	545	568	591	614
13	36	59	82	105	128	151	199	222	245	268	291	314	337	360	383	406	429	452	500	523	546	569	592	615
14	37	60	83	106	129	152	200	223	246	269	292	315	338	361	384	407	430	453	476	524	547	570	593	616
15	38	61	84	107	130	153	176	224	247	270	293	316	339	362	385	408	431	454	477	525	548	571	594	617
16	39	62	85	108	131	154	177	225	248	271	294	317	340	363	386	409	432	455	478	501	549	572	595	618
17	40	63	86	109	132	155	178	201	249	272	295	318	341	364	387	410	433	456	479	502	550	573	596	619
18	41	64	87	110	133	156	179	202	250	273	296	319	342	365	388	411	434	457	480	503	526	574	597	620
19	42	65	88	111	134	157	180	203	226	274	297	320	343	366	389	412	435	458	481	504	527	575	598	621
20	43	66	89	112	135	158	181	204	227	275	298	321	344	367	390	413	436	459	482	505	528	551	599	622
21	44	67	90	113	136	159	182	205	228	251	299	322	345	368	391	414	437	460	483	506	529	552	600	623
22	45	68	91	114	137	160	183	206	229	252	300	323	346	369	392	415	438	461	484	507	530	553	576	624
23	46	69	92	115	138	161	184	207	230	253	276	324	347	370	393	416	439	462	485	508	531	554	577	625
24	47	70	93	116	139	162	185	208	231	254	277	325	348	371	394	417	440	463	486	509	532	555	578	601

图 17 –28　序号的基方阵 *A*

把序号的基方阵 A 第 1 列的序号移至由左上至右下对角线的方格内，同行的序号顺移，得序号的准幻方 B，如图 17－29 所示。

25	48	71	94	117	140	163	186	209	232	255	278	301	349	372	395	418	441	464	487	510	533	556	579	602
603	1	49	72	95	118	141	164	187	210	233	256	279	302	350	373	396	419	442	465	488	511	534	557	580
581	604	2	50	73	96	119	142	165	188	211	234	257	280	303	326	374	397	420	443	466	489	512	535	558
559	582	605	3	26	74	97	120	143	166	189	212	235	258	281	304	327	375	398	421	444	467	490	513	536
537	560	583	606	4	27	75	98	121	144	167	190	213	236	259	282	305	328	351	399	422	445	468	491	514
515	538	561	584	607	5	28	51	99	122	145	168	191	214	237	260	283	306	329	352	400	423	446	469	492
493	516	539	562	585	608	6	29	52	100	123	146	169	192	215	238	261	284	307	330	353	376	424	447	470
471	494	517	540	563	586	609	7	30	53	76	124	147	170	193	216	239	262	285	308	331	354	377	425	448
449	472	495	518	541	564	587	610	8	31	54	77	125	148	171	194	217	240	263	286	309	332	355	378	401
402	450	473	496	519	542	565	588	611	9	32	55	78	101	149	172	195	218	241	264	287	310	333	356	379
380	403	426	474	497	520	543	566	589	612	10	33	56	79	102	150	173	196	219	242	265	288	311	334	357
358	381	404	427	475	498	521	544	567	590	613	11	34	57	80	103	126	174	197	220	243	266	289	312	335
336	359	382	405	428	451	499	522	545	568	591	614	12	35	58	81	104	127	175	198	221	244	267	290	313
314	337	360	383	406	429	452	500	523	546	569	592	615	13	36	59	82	105	128	151	199	222	245	268	291
292	315	338	361	384	407	430	453	476	524	547	570	593	616	14	37	60	83	106	129	152	200	223	246	269
270	293	316	339	362	385	408	431	454	477	525	548	571	594	617	15	38	61	84	107	130	153	176	224	247
248	271	294	317	340	363	386	409	432	455	478	501	549	572	595	618	16	39	62	85	108	131	154	177	225
201	249	272	295	318	341	364	387	410	433	456	479	502	550	573	596	619	17	40	63	86	109	132	155	178
179	202	250	273	296	319	342	365	388	411	434	457	480	503	526	574	597	620	18	41	64	87	110	133	156
157	180	203	226	274	297	320	343	366	389	412	435	458	481	504	527	575	598	621	19	42	65	88	111	134
135	158	181	204	227	275	298	321	344	367	390	413	436	459	482	505	528	551	599	622	20	43	66	89	112
113	136	159	182	205	228	251	299	322	345	368	391	414	437	460	483	506	529	552	600	623	21	44	67	90
91	114	137	160	183	206	229	252	300	323	346	369	392	415	438	461	484	507	530	553	576	624	22	45	68
69	92	115	138	161	184	207	230	253	276	324	347	370	393	416	439	462	485	508	531	554	577	625	23	46
47	70	93	116	139	162	185	208	231	254	277	325	348	371	394	417	440	463	486	509	532	555	578	601	24

图 17－29　序号的准幻方 B

其每行、每列 25 个数的和都等于 7825。

第 2 步，构造 25 阶空间对称完美幻立方 25 个截面的基方阵（略）。

第 3 步，各个截面基方阵通过顺移得出各个截面方阵 B_k，其中 $k=1,2,\cdots,25$。

各个截面基方阵第 25 列的数移至由左上至右下对角线的方格内，同行的数顺移，顺移方式如各个截面方阵中浅灰格所示，得截面方阵 B_k，其中 $k=1,2,\cdots,25$，如图 17－30～图 17－54 所示。

有序的 25 个截面方阵 B_k，其中 $k=1,2,\cdots,25$。组成一个 25 阶空间对称完美的幻立方。其 $(25)^2$ 个行、$(25)^2$ 个列、$(25)^2$ 个纵列，以及四条空间对角线和与这四条空间对角线同向的泛对角线上的 25 个数字之和都等于幻立方常数 $\frac{25}{2}((25)^3+1)=195325$，位于空间对称位置上两个元素的和都等于 $(25)^3+1=15626$。

一般地，若我们把第 13 组的序号置于序号的基方阵 A 的第 k 列，则导至第 3 步中各个截面基方阵第 $r(k+12)$ 列的数移至由左上至右下对角线的方格内。此处 $r(k)$ 是周期为 25 的余函数，其中 $k=1,2,\cdots,25$。

由于第 13 组的序号置于序号的基方阵 A 的那一列是任意的，除中位数 313 外该组其余各序号的顺序只需保证顺移后是中心对称的。至于其余 24 组的序号置于那一列，亦同样的考虑，所以用这个方法可得到 $25((12!)\cdot 2^{12})^2$ 个不同的 25 阶空间对称完美的幻立方。

15027	625	1198	1771	2344	2917	3490	4063	4636	5209	5782	6355	6928	7501	8724	9297	9870	10443	11016	11589	12162	12735	13308	13881	14454
14455	15028	601	1199	1772	2345	2918	3491	4064	4637	5210	5783	6356	6929	7502	8725	9298	9871	10444	11017	11590	12163	12736	13309	13882
13883	14456	15029	602	1200	1773	2346	2919	3492	4065	4638	5211	5784	6357	6930	7503	8701	9299	9872	10445	11018	11591	12164	12737	13310
13311	13884	14457	15030	603	1176	1774	2347	2920	3493	4066	4639	5212	5785	6358	6931	7504	8702	9300	9873	10446	11019	11592	12165	12738
12739	13312	13885	14458	15031	604	1177	1775	2348	2921	3494	4067	4640	5213	5786	6359	6932	7505	8703	9276	9874	10447	11020	11593	12166
12167	12740	13313	13886	14459	15032	605	1178	1751	2349	2922	3495	4068	4641	5214	5787	6360	6933	7506	8704	9277	9875	10448	11021	11594
11595	12168	12741	13314	13887	14460	15033	606	1179	1752	2350	2923	3496	4069	4642	5215	5788	6361	6934	7507	8705	9278	9851	10449	11022
11023	11596	12169	12742	13315	13888	14461	15034	607	1180	1753	2326	2924	3497	4070	4643	5216	5789	6362	6935	7508	8706	9279	9852	10450
10426	11024	11597	12170	12743	13316	13889	14462	15035	608	1181	1754	2327	2925	3498	4071	4644	5217	5790	6363	6936	7509	8707	9280	9853
9854	10427	11025	11598	12171	12744	13317	13890	14463	15036	609	1182	1755	2328	2901	3499	4072	4645	5218	5791	6364	6937	7510	8708	9281
9282	9855	10428	11001	11599	12172	12745	13318	13891	14464	15037	610	1183	1756	2329	2902	3500	4073	4646	5219	5792	6365	6938	7511	8709
8710	9283	9856	10429	11002	11600	12173	12746	13319	13892	14465	15038	611	1184	1757	2330	2903	3476	4074	4647	5220	5793	6366	6939	7512
7513	8711	9284	9857	10430	11003	11576	12174	12747	13320	13893	14466	15039	612	1185	1758	2331	2904	3477	4075	4648	5221	5794	6367	6940
6941	7514	8712	9285	9858	10431	11004	11577	12175	12748	13321	13894	14467	15040	613	1186	1759	2332	2905	3478	4051	4649	5222	5795	6368
6369	6942	7515	8713	9286	9859	10432	11005	11578	12151	12749	13322	13895	14468	15041	614	1187	1760	2333	2906	3479	4052	4650	5223	5796
5797	6370	6943	7516	8714	9287	9860	10433	11006	11579	12152	12750	13323	13896	14469	15042	615	1188	1761	2334	2907	3480	4053	4626	5224
5225	5798	6371	6944	7517	8715	9288	9861	10434	11007	11580	12153	12726	13324	13897	14470	15043	616	1189	1762	2335	2908	3481	4054	4627
4628	5201	5799	6372	6945	7518	8716	9289	9862	10435	11008	11581	12154	12727	13325	13898	14471	15044	617	1190	1763	2336	2909	3482	4055
4056	4629	5202	5800	6373	6946	7519	8717	9290	9863	10436	11009	11582	12155	12728	13301	13899	14472	15045	618	1191	1764	2337	2910	3483
3484	4057	4630	5203	5776	6374	6947	7520	8718	9291	9864	10437	11010	11583	12156	12729	13302	13900	14473	15046	619	1192	1765	2338	2911
2912	3485	4058	4631	5204	5777	6375	6948	7521	8719	9292	9865	10438	11011	11584	12157	12730	13303	13876	14474	15047	620	1193	1766	2339
2340	2913	3486	4059	4632	5205	5778	6351	6949	7522	8720	9293	9866	10439	11012	11585	12158	12731	13304	13877	14475	15048	621	1194	1767
1768	2341	2914	3487	4060	4633	5206	5779	6352	6950	7523	8721	9294	9867	10440	11013	11586	12159	12732	13305	13878	14451	15049	622	1195
1196	1769	2342	2915	3488	4061	4634	5207	5780	6353	6926	7524	8722	9295	9868	10441	11014	11587	12160	12733	13306	13879	14452	15050	623
624	1197	1770	2343	2916	3489	4062	4635	5208	5781	6354	6927	7525	8723	9296	9869	10442	11015	11588	12161	12734	13307	13880	14453	15026

图 17－30　截面方阵 B_1

14479	15052	25	1223	1796	2369	2942	3515	4088	4661	5234	5807	6380	6953	7526	8749	9322	9895	10468	11041	11614	12187	12760	13333	13906
13907	14480	15053	1	1224	1797	2370	2943	3516	4089	4662	5235	5808	6381	6954	7527	8750	9323	9896	10469	11042	11615	12188	12761	13334
13335	13908	14481	15054	2	1225	1798	2371	2944	3517	4090	4663	5236	5809	6382	6955	7528	8726	9324	9897	10470	11043	11616	12189	12762
12763	13336	13909	14482	15055	3	1201	1799	2372	2945	3518	4091	4664	5237	5810	6383	6956	7529	8727	9325	9898	10471	11044	11617	12190
12191	12764	13337	13910	14483	15056	4	1202	1800	2373	2946	3519	4092	4665	5238	5811	6384	6957	7530	8728	9301	9899	10472	11045	11618
11619	12192	12765	13338	13911	14484	15057	5	1203	1776	2374	2947	3520	4093	4666	5239	5812	6385	6958	7531	8729	9302	9900	10473	11046
11047	11620	12193	12766	13339	13912	14485	15058	6	1204	1777	2375	2948	3521	4094	4667	5240	5813	6386	6959	7532	8730	9303	9876	10474
10475	11048	11621	12194	12767	13340	13913	14486	15059	7	1205	1778	2351	2949	3522	4095	4668	5241	5814	6387	6960	7533	8731	9304	9877
9878	10451	11049	11622	12195	12768	13341	13914	14487	15060	8	1206	1779	2352	2950	3523	4096	4669	5242	5815	6388	6961	7534	8732	9305
9306	9879	10452	11050	11623	12196	12769	13342	13915	14488	15061	9	1207	1780	2353	2926	3524	4097	4670	5243	5816	6389	6962	7535	8733
8734	9307	9880	10453	11026	11624	12197	12770	13343	13916	14489	15062	10	1208	1781	2354	2927	3525	4098	4671	5244	5817	6390	6963	7536
7537	8735	9308	9881	10454	11027	11625	12198	12771	13344	13917	14490	15063	11	1209	1782	2355	2928	3501	4099	4672	5245	5818	6391	6964
6965	7538	8736	9309	9882	10455	11028	11601	12199	12772	13345	13918	14491	15064	12	1210	1783	2356	2929	3502	4100	4673	5246	5819	6392
6393	6966	7539	8737	9310	9883	10456	11029	11602	12200	12773	13346	13919	14492	15065	13	1211	1784	2357	2930	3503	4076	4674	5247	5820
5821	6394	6967	7540	8738	9311	9884	10457	11030	11603	12176	12774	13347	13920	14493	15066	14	1212	1785	2358	2931	3504	4077	4675	5248
5249	5822	6395	6968	7541	8739	9312	9885	10458	11031	11604	12177	12775	13348	13921	14494	15067	15	1213	1786	2359	2932	3505	4078	4651
4652	5250	5823	6396	6969	7542	8740	9313	9886	10459	11032	11605	12178	12751	13349	13922	14495	15068	16	1214	1787	2360	2933	3506	4079
4080	4653	5226	5824	6397	6970	7543	8741	9314	9887	10460	11033	11606	12179	12752	13350	13923	14496	15069	17	1215	1788	2361	2934	3507
3508	4081	4654	5227	5825	6398	6971	7544	8742	9315	9888	10461	11034	11607	12180	12753	13326	13924	14497	15070	18	1216	1789	2362	2935
2936	3509	4082	4655	5228	5801	6399	6972	7545	8743	9316	9889	10462	11035	11608	12181	12754	13327	13925	14498	15071	19	1217	1790	2363
2364	2937	3510	4083	4656	5229	5802	6400	6973	7546	8744	9317	9890	10463	11036	11609	12182	12755	13328	13901	14499	15072	20	1218	1791
1792	2365	2938	3511	4084	4657	5230	5803	6376	6974	7547	8745	9318	9891	10464	11037	11610	12183	12756	13329	13902	14500	15073	21	1219
1220	1793	2366	2939	3512	4085	4658	5231	5804	6377	6975	7548	8746	9319	9892	10465	11038	11611	12184	12757	13330	13903	14476	15074	22
23	1221	1794	2367	2940	3513	4086	4659	5232	5805	6378	6951	7549	8747	9320	9893	10466	11039	11612	12185	12758	13331	13904	14477	15075
15051	24	1222	1795	2368	2941	3514	4087	4660	5233	5806	6379	6952	7550	8748	9321	9894	10467	11040	11613	12186	12759	13332	13905	14478

图 17－31　截面方阵 B_2

13931	14504	15077	50	1248	1821	2394	2967	3540	4113	4686	5259	5832	6405	6978	7551	8149	9347	9920	10493	11066	11639	12212	12785	13358
13359	13932	14505	15078	26	1249	1822	2395	2968	3541	4114	4687	5260	5833	6406	6979	7552	8150	9348	9921	10494	11067	11640	12213	12786
12787	13360	13933	14506	15079	27	1250	1823	2396	2969	3542	4115	4688	5261	5834	6407	6980	7553	8126	9349	9922	10495	11068	11641	12214
12215	12788	13361	13934	14507	15080	28	1226	1824	2397	2970	3543	4116	4689	5262	5835	6408	6981	7554	8127	9350	9923	10496	11069	11642
11643	12216	12789	13362	13935	14508	15081	29	1227	1825	2398	2971	3544	4117	4690	5263	5836	6409	6982	7555	8128	9326	9924	10497	11070
11071	11644	12217	12790	13363	13936	14509	15082	30	1228	1801	2399	2972	3545	4118	4691	5264	5837	6410	6983	7556	8129	9327	9925	10498
10499	11072	11645	12218	12791	13364	13937	14510	15083	31	1229	1802	2400	2973	3546	4119	4692	5265	5838	6411	6984	7557	8130	9328	9901
9902	10500	11073	11646	12219	12792	13365	13938	14511	15084	32	1230	1803	2376	2974	3547	4120	4693	5266	5839	6412	6985	7558	8131	9329
9330	9903	10476	11074	11647	12220	12793	13366	13939	14512	15085	33	1231	1804	2377	2975	3548	4121	4694	5267	5840	6413	6986	7559	8132
8133	9331	9904	10477	11075	11648	12221	12794	13367	13940	14513	15086	34	1232	1805	2378	2951	3549	4122	4695	5268	5841	6414	6987	7560
7561	8134	9332	9905	10478	11051	11649	12222	12795	13368	13941	14514	15087	35	1233	1806	2379	2952	3550	4123	4696	5269	5842	6415	6988
6989	7562	8135	9333	9906	10479	11052	11650	12223	12796	13369	13942	14515	15088	36	1234	1807	2380	2953	3526	4124	4697	5270	5843	6416
6417	6990	7563	8136	9334	9907	10480	11053	11626	12224	12797	13370	13943	14516	15089	37	1235	1808	2381	2954	3527	4125	4698	5271	5844
5845	6418	6991	7564	8137	9335	9908	10481	11054	11627	12225	12798	13371	13944	14517	15090	38	1236	1809	2382	2955	3528	4101	4699	5272
5273	5846	6419	6992	7565	8138	9336	9909	10482	11055	11628	12201	12799	13372	13945	14518	15091	39	1237	1810	2383	2956	3529	4102	4700
4676	5274	5847	6420	6993	7566	8139	9337	9910	10483	11056	11629	12202	12800	13373	13946	14519	15092	40	1238	1811	2384	2957	3530	4103
4104	4677	5275	5848	6421	6994	7567	8140	9338	9911	10484	11057	11630	12203	12776	13374	13947	14520	15093	41	1239	1812	2385	2958	3531
3532	4105	4678	5251	5849	6422	6995	7568	8141	9339	9912	10485	11058	11631	12204	12777	13375	13948	14521	15094	42	1240	1813	2386	2959
2960	3533	4106	4679	5252	5850	6423	6996	7569	8142	9340	9913	10486	11059	11632	12205	12778	13351	13949	14522	15095	43	1241	1814	2387
2388	2961	3534	4107	4680	5253	5826	6424	6997	7570	8143	9341	9914	10487	11060	11633	12206	12779	13352	13950	14523	15096	44	1242	1815
1816	2389	2962	3535	4108	4681	5254	5827	6425	6998	7571	8144	9342	9915	10488	11061	11634	12207	12780	13353	13926	14524	15097	45	1243
1244	1817	2390	2963	3536	4109	4682	5255	5828	6401	6999	7572	8145	9343	9916	10489	11062	11635	12208	12781	13354	13927	14525	15098	46
47	1245	1818	2391	2964	3537	4110	4683	5256	5829	6402	7000	7573	8146	9344	9917	10490	11063	11636	12209	12782	13355	13928	14501	15099
15100	48	1246	1819	2392	2965	3538	4111	4684	5257	5830	6403	6976	7574	8147	9345	9918	10491	11064	11637	12210	12783	13356	13929	14502
14503	15076	49	1247	1820	2393	2966	3539	4112	4685	5258	5831	6404	6977	7575	8148	9346	9919	10492	11065	11638	12211	12784	13357	13930

图17－32　截面方阵 B_3

13383	13956	14529	15102	75	648	1846	2419	2992	3565	4138	4711	5284	5857	6430	7003	7576	8174	9372	9945	10518	11091	11664	12237	12810
12811	13384	13957	14530	15103	51	649	1847	2420	2993	3566	4139	4712	5285	5858	6431	7004	7577	8175	9373	9946	10519	11092	11665	12238
12239	12812	13385	13958	14531	15104	52	650	1848	2421	2994	3567	4140	4713	5286	5859	6432	7005	7578	8151	9374	9947	10520	11093	11666
11667	12240	12813	13386	13959	14532	15105	53	626	1849	2422	2995	3568	4141	4714	5287	5860	6433	7006	7579	8152	9375	9948	10521	11094
11095	11668	12241	12814	13387	13960	14533	15106	54	627	1850	2423	2996	3569	4142	4715	5288	5861	6434	7007	7580	8153	9351	9949	10522
10523	11096	11669	12242	12815	13388	13961	14534	15107	55	628	1826	2424	2997	3570	4143	4716	5289	5862	6435	7008	7581	8154	9352	9950
9926	10524	11097	11670	12243	12816	13389	13962	14535	15108	56	629	1827	2425	2998	3571	4144	4717	5290	5863	6436	7009	7582	8155	9353
9354	9927	10525	11098	11671	12244	12817	13390	13963	14536	15109	57	630	1828	2401	2999	3572	4145	4718	5291	5864	6437	7010	7583	8156
8157	9355	9928	10501	11099	11672	12245	12818	13391	13964	14537	15110	58	631	1829	2402	3000	3573	4146	4719	5292	5865	6438	7011	7584
7585	8158	9356	9929	10502	11100	11673	12246	12819	13392	13965	14538	15111	59	632	1830	2403	2976	3574	4147	4720	5293	5866	6439	7012
7013	7586	8159	9357	9930	10503	11076	11674	12247	12820	13393	13966	14539	15112	60	633	1831	2404	2977	3575	4148	4721	5294	5867	6440
6441	7014	7587	8160	9358	9931	10504	11077	11675	12248	12821	13394	13967	14540	15113	61	634	1832	2405	2978	3551	4149	4722	5295	5868
5869	6442	7015	7588	8161	9359	9932	10505	11078	11651	12249	12822	13395	13968	14541	15114	62	635	1833	2406	2979	3552	4150	4723	5296
5297	5870	6443	7016	7589	8162	9360	9933	10506	11079	11652	12250	12823	13396	13969	14542	15115	63	636	1834	2407	2980	3553	4126	4724
4725	5298	5871	6444	7017	7590	8163	9361	9934	10507	11080	11653	12226	12824	13397	13970	14543	15116	64	637	1835	2408	2981	3554	4127
4128	4701	5299	5872	6445	7018	7591	8164	9362	9935	10508	11081	11654	12227	12825	13398	13971	14544	15117	65	638	1836	2409	2982	3555
3556	4129	4702	5300	5873	6446	7019	7592	8165	9363	9936	10509	11082	11655	12228	12801	13399	13972	14545	15118	66	639	1837	2410	2983
2984	3557	4130	4703	5276	5874	6447	7020	7593	8166	9364	9937	10510	11083	11656	12229	12802	13400	13973	14546	15119	67	640	1838	2411
2412	2985	3558	4131	4704	5277	5875	6448	7021	7594	8167	9365	9938	10511	11084	11657	12230	12803	13376	13974	14547	15120	68	641	1839
1840	2413	2986	3559	4132	4705	5278	5851	6449	7022	7595	8168	9366	9939	10512	11085	11658	12231	12804	13377	13975	14548	15121	69	642
643	1841	2414	2987	3560	4133	4706	5279	5852	6450	7023	7596	8169	9367	9940	10513	11086	11659	12232	12805	13378	13951	14549	15122	70
71	644	1842	2415	2988	3561	4134	4707	5280	5853	6426	7024	7597	8170	9368	9941	10514	11087	11660	12233	12806	13379	13952	14550	15123
15124	72	645	1843	2416	2989	3562	4135	4708	5281	5854	6427	7025	7598	8171	9369	9942	10515	11088	11661	12234	12807	13380	13953	14526
14527	15125	73	646	1844	2417	2990	3563	4136	4709	5282	5855	6428	7001	7599	8172	9370	9943	10516	11089	11662	12235	12808	13381	13954
13955	14528	15101	74	647	1845	2418	2991	3564	4137	4710	5283	5856	6429	7002	7600	8173	9371	9944	10517	11090	11663	12236	12809	13382

图 17－33　截面方阵 B_4

12835	13408	13981	14554	15127	100	673	1871	2444	3017	3590	4163	4736	5309	5882	6455	7028	7601	8199	8772	9970	10543	11116	11689	12262
12263	12836	13409	13982	14555	15128	76	674	1872	2445	3018	3591	4164	4737	5310	5883	6456	7029	7602	8200	8773	9971	10544	11117	11690
11691	12264	12837	13410	13983	14556	15129	77	675	1873	2446	3019	3592	4165	4738	5311	5884	6457	7030	7603	8176	8774	9972	10545	11118
11119	11692	12265	12838	13411	13984	14557	15130	78	651	1874	2447	3020	3593	4166	4739	5312	5885	6458	7031	7604	8177	8775	9973	10546
10547	11120	11693	12266	12839	13412	13985	14558	15131	79	652	1875	2448	3021	3594	4167	4740	5313	5886	6459	7032	7605	8178	8751	9974
9975	10548	11121	11694	12267	12840	13413	13986	14559	15132	80	653	1851	2449	3022	3595	4168	4741	5314	5887	6460	7033	7606	8179	8752
8753	9951	10549	11122	11695	12268	12841	13414	13987	14560	15133	81	654	1852	2450	3023	3596	4169	4742	5315	5888	6461	7034	7607	8180
8181	8754	9952	10550	11123	11696	12269	12842	13415	13988	14561	15134	82	655	1853	2426	3024	3597	4170	4743	5316	5889	6462	7035	7608
7609	8182	8755	9953	10526	11124	11697	12270	12843	13416	13989	14562	15135	83	656	1854	2427	3025	3598	4171	4744	5317	5890	6463	7036
7037	7610	8183	8756	9954	10527	11125	11698	12271	12844	13417	13990	14563	15136	84	657	1855	2428	3001	3599	4172	4745	5318	5891	6464
6465	7038	7611	8184	8757	9955	10528	11101	11699	12272	12845	13418	13991	14564	15137	85	658	1856	2429	3002	3600	4173	4746	5319	5892
5893	6466	7039	7612	8185	8758	9956	10529	11102	11700	12273	12846	13419	13992	14565	15138	86	659	1857	2430	3003	3576	4174	4747	5320
5321	5894	6467	7040	7613	8186	8759	9957	10530	11103	11676	12274	12847	13420	13993	14566	15139	87	660	1858	2431	3004	3577	4175	4748
4749	5322	5895	6468	7041	7614	8187	8760	9958	10531	11104	11677	12275	12848	13421	13994	14567	15140	88	661	1859	2432	3005	3578	4151
4152	4750	5323	5896	6469	7042	7615	8188	8761	9959	10532	11105	11678	12251	12849	13422	13995	14568	15141	89	662	1860	2433	3006	3579
3580	4153	4726	5324	5897	6470	7043	7616	8189	8762	9960	10533	11106	11679	12252	12850	13423	13996	14569	15142	90	663	1861	2434	3007
3008	3581	4154	4727	5325	5898	6471	7044	7617	8190	8763	9961	10534	11107	11680	12253	12826	13424	13997	14570	15143	91	664	1862	2435
2436	3009	3582	4155	4728	5301	5899	6472	7045	7618	8191	8764	9962	10535	11108	11681	12254	12827	13425	13998	14571	15144	92	665	1863
1864	2437	3010	3583	4156	4729	5302	5900	6473	7046	7619	8192	8765	9963	10536	11109	11682	12255	12828	13401	13999	14572	15145	93	666
667	1865	2438	3011	3584	4157	4730	5303	5876	6474	7047	7620	8193	8766	9964	10537	11110	11683	12256	12829	13402	14000	14573	15146	94
95	668	1866	2439	3012	3585	4158	4731	5304	5877	6475	7048	7621	8194	8767	9965	10538	11111	11684	12257	12830	13403	13976	14574	15147
15148	96	669	1867	2440	3013	3586	4159	4732	5305	5878	6451	7049	7622	8195	8768	9966	10539	11112	11685	12258	12831	13404	13977	14575
14551	15149	97	670	1868	2441	3014	3587	4160	4733	5306	5879	6452	7050	7623	8196	8769	9967	10540	11113	11686	12259	12832	13405	13978
13979	14552	15150	98	671	1869	2442	3015	3588	4161	4734	5307	5880	6453	7026	7624	8197	8770	9968	10541	11114	11687	12260	12833	13406
13407	13980	14553	15126	99	672	1870	2443	3016	3589	4162	4735	5308	5881	6454	7027	7625	8198	8771	9969	10542	11115	11688	12261	12834

图 17－34　截面方阵 B_5

12287	12860	13433	14006	14579	15152	125	698	1271	2469	3042	3615	4188	4761	5334	5907	6480	7053	7626	8224	8797	9995	10568	11141	11714
11715	12288	12861	13434	14007	14580	15153	101	699	1272	2470	3043	3616	4189	4762	5335	5908	6481	7054	7627	8225	8798	9996	10569	11142
11143	11716	12289	12862	13435	14008	14581	15154	102	700	1273	2471	3044	3617	4190	4763	5336	5909	6482	7055	7628	8201	8799	9997	10570
10571	11144	11717	12290	12863	13436	14009	14582	15155	103	676	1274	2472	3045	3618	4191	4764	5337	5910	6483	7056	7629	8202	8800	9998
9999	10572	11145	11718	12291	12864	13437	14010	14583	15156	104	677	1275	2473	3046	3619	4192	4765	5338	5911	6484	7057	7630	8203	8776
8777	10000	10573	11146	11719	12292	12865	13438	14011	14584	15157	105	678	1251	2474	3047	3620	4193	4766	5339	5912	6485	7058	7631	8204
8205	8778	9976	10574	11147	11720	12293	12866	13439	14012	14585	15158	106	679	1252	2475	3048	3621	4194	4767	5340	5913	6486	7059	7632
7633	8206	8779	9977	10575	11148	11721	12294	12867	13440	14013	14586	15159	107	680	1253	2451	3049	3622	4195	4768	5341	5914	6487	7060
7061	7634	8207	8780	9978	10551	11149	11722	12295	12868	13441	14014	14587	15160	108	681	1254	2452	3050	3623	4196	4769	5342	5915	6488
6489	7062	7635	8208	8781	9979	10552	11150	11723	12296	12869	13442	14015	14588	15161	109	682	1255	2453	3026	3624	4197	4770	5343	5916
5917	6490	7063	7636	8209	8782	9980	10553	11126	11724	12297	12870	13443	14016	14589	15162	110	683	1256	2454	3027	3625	4198	4771	5344
5345	5918	6491	7064	7637	8210	8783	9981	10554	11127	11725	12298	12871	13444	14017	14590	15163	111	684	1257	2455	3028	3601	4199	4772
4773	5346	5919	6492	7065	7638	8211	8784	9982	10555	11128	11701	12299	12872	13445	14018	14591	15164	112	685	1258	2456	3029	3602	4200
4176	4774	5347	5920	6493	7066	7639	8212	8785	9983	10556	11129	11702	12300	12873	13446	14019	14592	15165	113	686	1259	2457	3030	3603
3604	4177	4775	5348	5921	6494	7067	7640	8213	8786	9984	10557	11130	11703	12276	12874	13447	14020	14593	15166	114	687	1260	2458	3031
3032	3605	4178	4751	5349	5922	6495	7068	7641	8214	8787	9985	10558	11131	11704	12277	12875	13448	14021	14594	15167	115	688	1261	2459
2460	3033	3606	4179	4752	5350	5923	6496	7069	7642	8215	8788	9986	10559	11132	11705	12278	12851	13449	14022	14595	15168	116	689	1262
1263	2461	3034	3607	4180	4753	5326	5924	6497	7070	7643	8216	8789	9987	10560	11133	11706	12279	12852	13450	14023	14596	15169	117	690
691	1264	2462	3035	3608	4181	4754	5327	5925	6498	7071	7644	8217	8790	9988	10561	11134	11707	12280	12853	13426	14024	14597	15170	118
119	692	1265	2463	3036	3609	4182	4755	5328	5901	6499	7072	7645	8218	8791	9989	10562	11135	11708	12281	12854	13427	14025	14598	15171
15172	120	693	1266	2464	3037	3610	4183	4756	5329	5902	6500	7073	7646	8219	8792	9990	10563	11136	11709	12282	12855	13428	14001	14599
14600	15173	121	694	1267	2465	3038	3611	4184	4757	5330	5903	6476	7074	7647	8220	8793	9991	10564	11137	11710	12283	12856	13429	14002
14003	14576	15174	122	695	1268	2466	3039	3612	4185	4758	5331	5904	6477	7075	7648	8221	8794	9992	10565	11138	11711	12284	12857	13430
13431	14004	14577	15175	123	696	1269	2467	3040	3613	4186	4759	5332	5905	6478	7051	7649	8222	8795	9993	10566	11139	11712	12285	12858
12859	13432	14005	14578	15151	124	697	1270	2468	3041	3614	4187	4760	5333	5906	6479	7052	7650	8223	8796	9994	10567	11140	11713	12286

图 17－35　截面方阵 B_6

11739	12312	12885	13458	14031	14604	15177	150	723	1296	2494	3067	3640	4213	4786	5359	5932	6505	7078	7651	8249	8822	9395	10593	11166
11167	11740	12313	12886	13459	14032	14605	15178	126	724	1297	2495	3068	3641	4214	4787	5360	5933	6506	7079	7652	8250	8823	9396	10594
10595	11168	11741	12314	12887	13460	14033	14606	15179	127	725	1298	2496	3069	3642	4215	4788	5361	5934	6507	7080	7653	8226	8824	9397
9398	10596	11169	11742	12315	12888	13461	14034	14607	15180	128	701	1299	2497	3070	3643	4216	4789	5362	5935	6508	7081	7654	8227	8825
8801	9399	10597	11170	11743	12316	12889	13462	14035	14608	15181	129	702	1300	2498	3071	3644	4217	4790	5363	5936	6509	7082	7655	8228
8229	8802	9400	10598	11171	11744	12317	12890	13463	14036	14609	15182	130	703	1276	2499	3072	3645	4218	4791	5364	5937	6510	7083	7656
7657	8230	8803	9376	10599	11172	11745	12318	12891	13464	14037	14610	15183	131	704	1277	2500	3073	3646	4219	4792	5365	5938	6511	7084
7085	7658	8231	8804	9377	10600	11173	11746	12319	12892	13465	14038	14611	15184	132	705	1278	2476	3074	3647	4220	4793	5366	5939	6512
6513	7086	7659	8232	8805	9378	10576	11174	11747	12320	12893	13466	14039	14612	15185	133	706	1279	2477	3075	3648	4221	4794	5367	5940
5941	6514	7087	7660	8233	8806	9379	10577	11175	11748	12321	12894	13467	14040	14613	15186	134	707	1280	2478	3051	3649	4222	4795	5368
5369	5942	6515	7088	7661	8234	8807	9380	10578	11151	11749	12322	12895	13468	14041	14614	15187	135	708	1281	2479	3052	3650	4223	4796
4797	5370	5943	6516	7089	7662	8235	8808	9381	10579	11152	11750	12323	12896	13469	14042	14615	15188	136	709	1282	2480	3053	3626	4224
4225	4798	5371	5944	6517	7090	7663	8236	8809	9382	10580	11153	11726	12324	12897	13470	14043	14616	15189	137	710	1283	2481	3054	3627
3628	4201	4799	5372	5945	6518	7091	7664	8237	8810	9383	10581	11154	11727	12325	12898	13471	14044	14617	15190	138	711	1284	2482	3055
3056	3629	4202	4800	5373	5946	6519	7092	7665	8238	8811	9384	10582	11155	11728	12301	12899	13472	14045	14618	15191	139	712	1285	2483
2484	3057	3630	4203	4776	5374	5947	6520	7093	7666	8239	8812	9385	10583	11156	11729	12302	12900	13473	14046	14619	15192	140	713	1286
1287	2485	3058	3631	4204	4777	5375	5948	6521	7094	7667	8240	8813	9386	10584	11157	11730	12303	12876	13474	14047	14620	15193	141	714
715	1288	2486	3059	3632	4205	4778	5351	5949	6522	7095	7668	8241	8814	9387	10585	11158	11731	12304	12877	13475	14048	14621	15194	142
143	716	1289	2487	3060	3633	4206	4779	5352	5950	6523	7096	7669	8242	8815	9388	10586	11159	11732	12305	12878	13451	14049	14622	15195
15196	144	717	1290	2488	3061	3634	4207	4780	5353	5926	6524	7097	7670	8243	8816	9389	10587	11160	11733	12306	12879	13452	14050	14623
14624	15197	145	718	1291	2489	3062	3635	4208	4781	5354	5927	6525	7098	7671	8244	8817	9390	10588	11161	11734	12307	12880	13453	14026
14027	14625	15198	146	719	1292	2490	3063	3636	4209	4782	5355	5928	6501	7099	7672	8245	8818	9391	10589	11162	11735	12308	12881	13454
13455	14028	14601	15199	147	720	1293	2491	3064	3637	4210	4783	5356	5929	6502	7100	7673	8246	8819	9392	10590	11163	11736	12309	12882
12883	13456	14029	14602	15200	148	721	1294	2492	3065	3638	4211	4784	5357	5930	6503	7076	7674	8247	8820	9393	10591	11164	11737	12310
12311	12884	13457	14030	14603	15176	149	722	1295	2493	3066	3639	4212	4785	5358	5931	6504	7077	7675	8248	8821	9394	10592	11165	11738

图 17－36　截面方阵 B_7

11191	11764	12337	12910	13483	14056	14629	15202	175	748	1321	1894	3092	3665	4238	4811	5384	5957	6530	7103	7676	8274	8847	9420	10618
10619	11192	11765	12338	12911	13484	14057	14630	15203	151	749	1322	1895	3093	3666	4239	4812	5385	5958	6531	7104	7677	8275	8848	9421
9422	10620	11193	11766	12339	12912	13485	14058	14631	15204	152	750	1323	1896	3094	3667	4240	4813	5386	5959	6532	7105	7678	8251	8849
8850	9423	10621	11194	11767	12340	12913	13486	14059	14632	15205	153	726	1324	1897	3095	3668	4241	4814	5387	5960	6533	7106	7679	8252
8253	8826	9424	10622	11195	11768	12341	12914	13487	14060	14633	15206	154	727	1325	1898	3096	3669	4242	4815	5388	5961	6534	7107	7680
7681	8254	8827	9425	10623	11196	11769	12342	12915	13488	14061	14634	15207	155	728	1301	1899	3097	3670	4243	4816	5389	5962	6535	7108
7109	7682	8255	8828	9401	10624	11197	11770	12343	12916	13489	14062	14635	15208	156	729	1302	1900	3098	3671	4244	4817	5390	5963	6536
6537	7110	7683	8256	8829	9402	10625	11198	11771	12344	12917	13490	14063	14636	15209	157	730	1303	1876	3099	3672	4245	4818	5391	5964
5965	6538	7111	7684	8257	8830	9403	10601	11199	11772	12345	12918	13491	14064	14637	15210	158	731	1304	1877	3100	3673	4246	4819	5392
5393	5966	6539	7112	7685	8258	8831	9404	10602	11200	11773	12346	12919	13492	14065	14638	15211	159	732	1305	1878	3076	3674	4247	4820
4821	5394	5967	6540	7113	7686	8259	8832	9405	10603	11176	11774	12347	12920	13493	14066	14639	15212	160	733	1306	1879	3077	3675	4248
4249	4822	5395	5968	6541	7114	7687	8260	8833	9406	10604	11177	11775	12348	12921	13494	14067	14640	15213	161	734	1307	1880	3078	3651
3652	4250	4823	5396	5969	6542	7115	7688	8261	8834	9407	10605	11178	11751	12349	12922	13495	14068	14641	15214	162	735	1308	1881	3079
3080	3653	4226	4824	5397	5970	6543	7116	7689	8262	8835	9408	10606	11179	11752	12350	12923	13496	14069	14642	15215	163	736	1309	1882
1883	3081	3654	4227	4825	5398	5971	6544	7117	7690	8263	8836	9409	10607	11180	11753	12326	12924	13497	14070	14643	15216	164	737	1310
1311	1884	3082	3655	4228	4801	5399	5972	6545	7118	7691	8264	8837	9410	10608	11181	11754	12327	12925	13498	14071	14644	15217	165	738
739	1312	1885	3083	3656	4229	4802	5400	5973	6546	7119	7692	8265	8838	9411	10609	11182	11755	12328	12901	13499	14072	14645	15218	166
167	740	1313	1886	3084	3657	4230	4803	5376	5974	6547	7120	7693	8266	8839	9412	10610	11183	11756	12329	12902	13500	14073	14646	15219
15220	168	741	1314	1887	3085	3658	4231	4804	5377	5975	6548	7121	7694	8267	8840	9413	10611	11184	11757	12330	12903	13476	14074	14647
14648	15221	169	742	1315	1888	3086	3659	4232	4805	5378	5951	6549	7122	7695	8268	8841	9414	10612	11185	11758	12331	12904	13477	14075
14051	14649	15222	170	743	1316	1889	3087	3660	4233	4806	5379	5952	6550	7123	7696	8269	8842	9415	10613	11186	11759	12332	12905	13478
13479	14052	14650	15223	171	744	1317	1890	3088	3661	4234	4807	5380	5953	6526	7124	7697	8270	8843	9416	10614	11187	11760	12333	12906
12907	13480	14053	14626	15224	172	745	1318	1891	3089	3662	4235	4808	5381	5954	6527	7125	7698	8271	8844	9417	10615	11188	11761	12334
12335	12908	13481	14054	14627	15225	173	746	1319	1892	3090	3663	4236	4809	5382	5955	6528	7101	7699	8272	8845	9418	10616	11189	11762
11763	12336	12909	13482	14055	14628	15201	174	747	1320	1893	3091	3664	4237	4810	5383	5956	6529	7102	7700	8273	8846	9419	10617	11190

图 17－37　截面方阵 B_8

10018	11216	11789	12362	12935	13508	14081	14654	15227	200	773	1346	1919	3117	3690	4263	4836	5409	5982	6555	7128	7701	8299	8872	9445
9446	10019	11217	11790	12363	12936	13509	14082	14655	15228	176	774	1347	1920	3118	3691	4264	4837	5410	5983	6556	7129	7702	8300	8873
8874	9447	10020	11218	11791	12364	12937	13510	14083	14656	15229	177	775	1348	1921	3119	3692	4265	4838	5411	5984	6557	7130	7703	8276
8277	8875	9448	10021	11219	11792	12365	12938	13511	14084	14657	15230	178	751	1349	1922	3120	3693	4266	4839	5412	5985	6558	7131	7704
7705	8278	8851	9449	10022	11220	11793	12366	12939	13512	14085	14658	15231	179	752	1350	1923	3121	3694	4267	4840	5413	5986	6559	7132
7133	7706	8279	8852	9450	10023	11221	11794	12367	12940	13513	14086	14659	15232	180	753	1326	1924	3122	3695	4268	4841	5414	5987	6560
6561	7134	7707	8280	8853	9426	10024	11222	11795	12368	12941	13514	14087	14660	15233	181	754	1327	1925	3123	3696	4269	4842	5415	5988
5989	6562	7135	7708	8281	8854	9427	10025	11223	11796	12369	12942	13515	14088	14661	15234	182	755	1328	1901	3124	3697	4270	4843	5416
5417	5990	6563	7136	7709	8282	8855	9428	10001	11224	11797	12370	12943	13516	14089	14662	15235	183	756	1329	1902	3125	3698	4271	4844
4845	5418	5991	6564	7137	7710	8283	8856	9429	10002	11225	11798	12371	12944	13517	14090	14663	15236	184	757	1330	1903	3101	3699	4272
4273	4846	5419	5992	6565	7138	7711	8284	8857	9430	10003	11201	11799	12372	12945	13518	14091	14664	15237	185	758	1331	1904	3102	3700
3676	4274	4847	5420	5993	6566	7139	7712	8285	8858	9431	10004	11202	11800	12373	12946	13519	14092	14665	15238	186	759	1332	1905	3103
3104	3677	4275	4848	5421	5994	6567	7140	7713	8286	8859	9432	10005	11203	11776	12374	12947	13520	14093	14666	15239	187	760	1333	1906
1907	3105	3678	4251	4849	5422	5995	6568	7141	7714	8287	8860	9433	10006	11204	11777	12375	12948	13521	14094	14667	15240	188	761	1334
1335	1908	3106	3679	4252	4850	5423	5996	6569	7142	7715	8288	8861	9434	10007	11205	11778	12351	12949	13522	14095	14668	15241	189	762
763	1336	1909	3107	3680	4253	4826	5424	5997	6570	7143	7716	8289	8862	9435	10008	11206	11779	12352	12950	13523	14096	14669	15242	190
191	764	1337	1910	3108	3681	4254	4827	5425	5998	6571	7144	7717	8290	8863	9436	10009	11207	11780	12353	12926	13524	14097	14670	15243
15244	192	765	1338	1911	3109	3682	4255	4828	5401	5999	6572	7145	7718	8291	8864	9437	10010	11208	11781	12354	12927	13525	14098	14671
14672	15245	193	766	1339	1912	3110	3683	4256	4829	5402	6000	6573	7146	7719	8292	8865	9438	10011	11209	11782	12355	12928	13501	14099
14100	14673	15246	194	767	1340	1913	3111	3684	4257	4830	5403	5976	6574	7147	7720	8293	8866	9439	10012	11210	11783	12356	12929	13502
13503	14076	14674	15247	195	768	1341	1914	3112	3685	4258	4831	5404	5977	6575	7148	7721	8294	8867	9440	10013	11211	11784	12357	12930
12931	13504	14077	14675	15248	196	769	1342	1915	3113	3686	4259	4832	5405	5978	6551	7149	7722	8295	8868	9441	10014	11212	11785	12358
12359	12932	13505	14078	14651	15249	197	770	1343	1916	3114	3687	4260	4833	5406	5979	6552	7150	7723	8296	8869	9442	10015	11213	11786
11787	12360	12933	13506	14079	14652	15250	198	771	1344	1917	3115	3688	4261	4834	5407	5980	6553	7126	7724	8297	8870	9443	10016	11214
11215	11788	12361	12934	13507	14080	14653	15226	199	772	1345	1918	3116	3689	4262	4835	5408	5981	6554	7127	7725	8298	8871	9444	10017

图 17－38　截面方阵 B_9

9470	10043	11241	11814	12387	12960	13533	14106	14679	15252	225	798	1371	1944	2517	3715	4288	4861	5434	6007	6580	7153	7726	8324	8897
8898	9471	10044	11242	11815	12388	12961	13534	14107	14680	15253	201	799	1372	1945	2518	3716	4289	4862	5435	6008	6581	7154	7727	8325
8301	8899	9472	10045	11243	11816	12389	12962	13535	14108	14681	15254	202	800	1373	1946	2519	3717	4290	4863	5436	6009	6582	7155	7728
7729	8302	8900	9473	10046	11244	11817	12390	12963	13536	14109	14682	15255	203	776	1374	1947	2520	3718	4291	4864	5437	6010	6583	7156
7157	7730	8303	8876	9474	10047	11245	11818	12391	12964	13537	14110	14683	15256	204	777	1375	1948	2521	3719	4292	4865	5438	6011	6584
6585	7158	7731	8304	8877	9475	10048	11246	11819	12392	12965	13538	14111	14684	15257	205	778	1351	1949	2522	3720	4293	4866	5439	6012
6013	6586	7159	7732	8305	8878	9451	10049	11247	11820	12393	12966	13539	14112	14685	15258	206	779	1352	1950	2523	3721	4294	4867	5440
5441	6014	6587	7160	7733	8306	8879	9452	10050	11248	11821	12394	12967	13540	14113	14686	15259	207	780	1353	1926	2524	3722	4295	4868
4869	5442	6015	6588	7161	7734	8307	8880	9453	10026	11249	11822	12395	12968	13541	14114	14687	15260	208	781	1354	1927	2525	3723	4296
4297	4870	5443	6016	6589	7162	7735	8308	8881	9454	10027	11250	11823	12396	12969	13542	14115	14688	15261	209	782	1355	1928	2501	3724
3725	4298	4871	5444	6017	6590	7163	7736	8309	8882	9455	10028	11226	11824	12397	12970	13543	14116	14689	15262	210	783	1356	1929	2502
2503	3701	4299	4872	5445	6018	6591	7164	7737	8310	8883	9456	10029	11227	11825	12398	12971	13544	14117	14690	15263	211	784	1357	1930
1931	2504	3702	4300	4873	5446	6019	6592	7165	7738	8311	8884	9457	10030	11228	11801	12399	12972	13545	14118	14691	15264	212	785	1358
1359	1932	2505	3703	4276	4874	5447	6020	6593	7166	7739	8312	8885	9458	10031	11229	11802	12400	12973	13546	14119	14692	15265	213	786
787	1360	1933	2506	3704	4277	4875	5448	6021	6594	7167	7740	8313	8886	9459	10032	11230	11803	12376	12974	13547	14120	14693	15266	214
215	788	1361	1934	2507	3705	4278	4851	5449	6022	6595	7168	7741	8314	8887	9460	10033	11231	11804	12377	12975	13548	14121	14694	15267
15268	216	789	1362	1935	2508	3706	4279	4852	5450	6023	6596	7169	7742	8315	8888	9461	10034	11232	11805	12378	12951	13549	14122	14695
14696	15269	217	790	1363	1936	2509	3707	4280	4853	5426	6024	6597	7170	7743	8316	8889	9462	10035	11233	11806	12379	12952	13550	14123
14124	14697	15270	218	791	1364	1937	2510	3708	4281	4854	5427	6025	6598	7171	7744	8317	8890	9463	10036	11234	11807	12380	12953	13526
13527	14125	14698	15271	219	792	1365	1938	2511	3709	4282	4855	5428	6001	6599	7172	7745	8318	8891	9464	10037	11235	11808	12381	12954
12955	13528	14101	14699	15272	220	793	1366	1939	2512	3710	4283	4856	5429	6002	6600	7173	7746	8319	8892	9465	10038	11236	11809	12382
12383	12956	13529	14102	14700	15273	221	794	1367	1940	2513	3711	4284	4857	5430	6003	6576	7174	7747	8320	8893	9466	10039	11237	11810
11811	12384	12957	13530	14103	14676	15274	222	795	1368	1941	2514	3712	4285	4858	5431	6004	6577	7175	7748	8321	8894	9467	10040	11238
11239	11812	12385	12958	13531	14104	14677	15275	223	796	1369	1942	2515	3713	4286	4859	5432	6005	6578	7151	7749	8322	8895	9468	10041
10042	11240	11813	12386	12959	13532	14105	14678	15251	224	797	1370	1943	2516	3714	4287	4860	5433	6006	6579	7152	7750	8323	8896	9469

图 17－39　截面方阵 B_{10}

8922	9495	10068	10641	11839	12412	12985	13558	14131	14704	15277	250	823	1396	1969	2542	3740	4313	4886	5459	6032	6605	7178	7751	8349
8350	8923	9496	10069	10642	11840	12413	12986	13559	14132	14705	15278	226	824	1397	1970	2543	3741	4314	4887	5460	6033	6606	7179	7752
7753	8326	8924	9497	10070	10643	11841	12414	12987	13560	14133	14706	15279	227	825	1398	1971	2544	3742	4315	4888	5461	6034	6607	7180
7181	7754	8327	8925	9498	10071	10644	11842	12415	12988	13561	14134	14707	15280	228	801	1399	1972	2545	3743	4316	4889	5462	6035	6608
6609	7182	7755	8328	8901	9499	10072	10645	11843	12416	12989	13562	14135	14708	15281	229	802	1400	1973	2546	3744	4317	4890	5463	6036
6037	6610	7183	7756	8329	8902	9500	10073	10646	11844	12417	12990	13563	14136	14709	15282	230	803	1376	1974	2547	3745	4318	4891	5464
5465	6038	6611	7184	7757	8330	8903	9476	10074	10647	11845	12418	12991	13564	14137	14710	15283	231	804	1377	1975	2548	3746	4319	4892
4893	5466	6039	6612	7185	7758	8331	8904	9477	10075	10648	11846	12419	12992	13565	14138	14711	15284	232	805	1378	1951	2549	3747	4320
4321	4894	5467	6040	6613	7186	7759	8332	8905	9478	10051	10649	11847	12420	12993	13566	14139	14712	15285	233	806	1379	1952	2550	3748
3749	4322	4895	5468	6041	6614	7187	7760	8333	8906	9479	10052	10650	11848	12421	12994	13567	14140	14713	15286	234	807	1380	1953	2526
2527	3750	4323	4896	5469	6042	6615	7188	7761	8334	8907	9480	10053	10626	11849	12422	12995	13568	14141	14714	15287	235	808	1381	1954
1955	2528	3726	4324	4897	5470	6043	6616	7189	7762	8335	8908	9481	10054	10627	11850	12423	12996	13569	14142	14715	15288	236	809	1382
1383	1956	2529	3727	4325	4898	5471	6044	6617	7190	7763	8336	8909	9482	10055	10628	11826	12424	12997	13570	14143	14716	15289	237	810
811	1384	1957	2530	3728	4301	4899	5472	6045	6618	7191	7764	8337	8910	9483	10056	10629	11827	12425	12998	13571	14144	14717	15290	238
239	812	1385	1958	2531	3729	4302	4900	5473	6046	6619	7192	7765	8338	8911	9484	10057	10630	11828	12401	12999	13572	14145	14718	15291
15292	240	813	1386	1959	2532	3730	4303	4876	5474	6047	6620	7193	7766	8339	8912	9485	10058	10631	11829	12402	13000	13573	14146	14719
14720	15293	241	814	1387	1960	2533	3731	4304	4877	5475	6048	6621	7194	7767	8340	8913	9486	10059	10632	11830	12403	12976	13574	14147
14148	14721	15294	242	815	1388	1961	2534	3732	4305	4878	5451	6049	6622	7195	7768	8341	8914	9487	10060	10633	11831	12404	12977	13575
13551	14149	14722	15295	243	816	1389	1962	2535	3733	4306	4879	5452	6050	6623	7196	7769	8342	8915	9483	10061	10634	11832	12405	12978
12979	13552	14150	14723	15296	244	817	1390	1963	2536	3734	4307	4880	5453	6026	6624	7197	7770	8343	8916	9489	10062	10635	11833	12406
12407	12980	13553	14126	14724	15297	245	818	1391	1964	2537	3735	4308	4881	5454	6027	6625	7198	7771	8344	8917	9490	10063	10636	11834
11835	12408	12981	13554	14127	14725	15298	246	819	1392	1965	2538	3736	4309	4882	5455	6028	6601	7199	7772	8345	8918	9491	10064	10637
10638	11836	12409	12982	13555	14128	14701	15299	247	820	1393	1966	2539	3737	4310	4883	5456	6029	6602	7200	7773	8346	8919	9492	10065
10066	10639	11837	12410	12983	13556	14129	14702	15300	248	821	1394	1967	2540	3738	4311	4884	5457	6030	6603	7176	7774	8347	8920	9493
9494	10067	10640	11838	12411	12984	13557	14130	14703	15276	249	822	1395	1968	2541	3739	4312	4885	5458	6031	6604	7177	7775	8348	8921

图 17－40 截面方阵 B_{11}

8374	8947	9520	10093	10666	11864	12437	13010	13583	14156	14729	15302	275	848	1421	1994	2567	3140	4338	4911	5484	6057	6630	7203	7776
7777	8375	8948	9521	10094	10667	11865	12438	13011	13584	14157	14730	15303	251	849	1422	1995	2568	3141	4339	4912	5485	6058	6631	7204
7205	7778	8351	8949	9522	10095	10668	11866	12439	13012	13585	14158	14731	15304	252	850	1423	1996	2569	3142	4340	4913	5486	6059	6632
6633	7206	7779	8352	8950	9523	10096	10669	11867	12440	13013	13586	14159	14732	15305	253	826	1424	1997	2570	3143	4341	4914	5487	6060
6061	6634	7207	7780	8353	8926	9524	10097	10670	11868	12441	13014	13587	14160	14733	15306	254	827	1425	1998	2571	3144	4342	4915	5488
5489	6062	6635	7208	7781	8354	8927	9525	10098	10671	11869	12442	13015	13588	14161	14734	15307	255	828	1401	1999	2572	3145	4343	4916
4917	5490	6063	6636	7209	7782	8355	8928	9501	10099	10672	11870	12443	13016	13589	14162	14735	15308	256	829	1402	2000	2573	3146	4344
4345	4918	5491	6064	6637	7210	7783	8356	8929	9502	10100	10673	11871	12444	13017	13590	14163	14736	15309	257	830	1403	1976	2574	3147
3148	4346	4919	5492	6065	6638	7211	7784	8357	8930	9503	10076	10674	11872	12445	13018	13591	14164	14737	15310	258	831	1404	1977	2575
2551	3149	4347	4920	5493	6066	6639	7212	7785	8358	8931	9504	10077	10675	11873	12446	13019	13592	14165	14738	15311	259	832	1405	1978
1979	2552	3150	4348	4921	5494	6067	6640	7213	7786	8359	8932	9505	10078	10651	11874	12447	13020	13593	14166	14739	15312	260	833	1406
1407	1980	2553	3126	4349	4922	5495	6068	6641	7214	7787	8360	8933	9506	10079	10652	11875	12448	13021	13594	14167	14740	15313	261	834
835	1408	1981	2554	3127	4350	4923	5496	6069	6642	7215	7788	8361	8934	9507	10080	10653	11851	12449	13022	13595	14168	14741	15314	262
263	836	1409	1982	2555	3128	4326	4924	5497	6070	6643	7216	7789	8362	8935	9508	10081	10654	11852	12450	13023	13596	14169	14742	15315
15316	264	837	1410	1983	2556	3129	4327	4925	5498	6071	6644	7217	7790	8363	8936	9509	10082	10655	11853	12426	13024	13597	14170	14743
14744	15317	265	838	1411	1984	2557	3130	4328	4901	5499	6072	6645	7218	7791	8364	8937	9510	10083	10656	11854	12427	13025	13598	14171
14172	14745	15318	266	839	1412	1985	2558	3131	4329	4902	5500	6073	6646	7219	7792	8365	8938	9511	10084	10657	11855	12428	13001	13599
13600	14173	14746	15319	267	840	1413	1986	2559	3132	4330	4903	5476	6074	6647	7220	7793	8366	8939	9512	10085	10658	11856	12429	13002
13003	13576	14174	14747	15320	268	841	1414	1987	2560	3133	4331	4904	5477	6075	6648	7221	7794	8367	8940	9513	10086	10659	11857	12430
12431	13004	13577	14175	14748	15321	269	842	1415	1988	2561	3134	4332	4905	5478	6051	6649	7222	7795	8368	8941	9514	10087	10660	11858
11859	12432	13005	13578	14151	14749	15322	270	843	1416	1989	2562	3135	4333	4906	5479	6052	6650	7223	7796	8369	8942	9515	10088	10661
10662	11860	12433	13006	13579	14152	14750	15323	271	844	1417	1990	2563	3136	4334	4907	5480	6053	6626	7224	7797	8370	8943	9516	10089
10090	10663	11861	12434	13007	13580	14153	14726	15324	272	845	1418	1991	2564	3137	4335	4908	5481	6054	6627	7225	7798	8371	8944	9517
9518	10091	10664	11862	12435	13008	13581	14154	14727	15325	273	846	1419	1992	2565	3138	4336	4909	5482	6055	6628	7201	7799	8372	8945
8946	9519	10092	10665	11863	12436	13009	13582	14155	14728	15301	274	847	1420	1993	2566	3139	4337	4910	5483	6056	6629	7202	7800	8373

图 17-41　截面方阵 B_{12}

7801	8399	8972	9545	10118	10691	11264	12462	13035	13608	14181	14754	15327	300	873	1446	2019	2592	3165	4363	4936	5509	6082	6655	7228
7229	7802	8400	8973	9546	10119	10692	11265	12463	13036	13609	14182	14755	15328	276	874	1447	2020	2593	3166	4364	4937	5510	6083	6656
6657	7230	7803	8376	8974	9547	10120	10693	11266	12464	13037	13610	14183	14756	15329	277	875	1448	2021	2594	3167	4365	4938	5511	6084
6085	6658	7231	7804	8377	8975	9548	10121	10694	11267	12465	13038	13611	14184	14757	15330	278	851	1449	2022	2595	3168	4366	4939	5512
5513	6086	6659	7232	7805	8378	8951	9549	10122	10695	11268	12466	13039	13612	14185	14758	15331	279	852	1450	2023	2596	3169	4367	4940
4941	5514	6087	6660	7233	7806	8379	8952	9550	10123	10696	11269	12467	13040	13613	14186	14759	15332	280	853	1426	2024	2597	3170	4368
4369	4942	5515	6088	6661	7234	7807	8380	8953	9526	10124	10697	11270	12468	13041	13614	14187	14760	15333	281	854	1427	2025	2598	3171
3172	4370	4943	5516	6089	6662	7235	7808	8381	8954	9527	10125	10698	11271	12469	13042	13615	14188	14761	15334	282	855	1428	2001	2599
2600	3173	4371	4944	5517	6090	6663	7236	7809	8382	8955	9528	10101	10699	11272	12470	13043	13616	14189	14762	15335	283	856	1429	2002
2003	2576	3174	4372	4945	5518	6091	6664	7237	7810	8383	8956	9529	10102	10700	11273	12471	13044	13617	14190	14763	15336	284	857	1430
1431	2004	2577	3175	4373	4946	5519	6092	6665	7238	7811	8384	8957	9530	10103	10676	11274	12472	13045	13618	14191	14764	15337	285	858
859	1432	2005	2578	3151	4374	4947	5520	6093	6666	7239	7812	8385	8958	9531	10104	10677	11275	12473	13046	13619	14192	14765	15338	286
287	860	1433	2006	2579	3152	4375	4948	5521	6094	6667	7240	7813	8386	8959	9532	10105	10678	11251	12474	13047	13620	14193	14766	15339
15340	288	861	1434	2007	2580	3153	4351	4949	5522	6095	6668	7241	7814	8387	8960	9533	10106	10679	11252	12475	13048	13621	14194	14767
14768	15341	289	862	1435	2008	2581	3154	4352	4950	5523	6096	6669	7242	7815	8388	8961	9534	10107	10680	11253	12451	13049	13622	14195
14196	14769	15342	290	863	1436	2009	2582	3155	4353	4926	5524	6097	6670	7243	7816	8389	8962	9535	10108	10681	11254	12452	13050	13623
13624	14197	14770	15343	291	864	1437	2010	2583	3156	4354	4927	5525	6098	6671	7244	7817	8390	8963	9536	10109	10682	11255	12453	13026
13027	13625	14198	14771	15344	292	865	1438	2011	2584	3157	4355	4928	5501	6099	6672	7245	7818	8391	8964	9537	10110	10683	11256	12454
12455	13028	13601	14199	14772	15345	293	866	1439	2012	2585	3158	4356	4929	5502	6100	6673	7246	7819	8392	8965	9538	10111	10684	11257
11258	12456	13029	13602	14200	14773	15346	294	867	1440	2013	2586	3159	4357	4930	5503	6076	6674	7247	7820	8393	8966	9539	10112	10685
10686	11259	12457	13030	13603	14176	14774	15347	295	868	1441	2014	2587	3160	4358	4931	5504	6077	6675	7248	7821	8394	8967	9540	10113
10114	10687	11260	12458	13031	13604	14177	14775	15348	296	869	1442	2015	2588	3161	4359	4932	5505	6078	6651	7249	7822	8395	8968	9541
9542	10115	10688	11261	12459	13032	13605	14178	14751	15349	297	870	1443	2016	2589	3162	4360	4933	5506	6079	6652	7250	7823	8396	8969
8970	9543	10116	10689	11262	12460	13033	13606	14179	14752	15350	298	871	1444	2017	2590	3163	4361	4934	5507	6080	6653	7226	7824	8397
8398	8971	9544	10117	10690	11263	12461	13034	13607	14180	14753	15326	299	872	1445	2018	2591	3164	4362	4935	5508	6081	6654	7227	7825

图 17－42　截面方阵 B_{13}

7253	7826	8424	8997	9570	10143	10716	11289	12487	13060	13633	14206	14779	15352	325	898	1471	2044	2617	3190	3763	4961	5534	6107	6680
6681	7254	7827	8425	8998	9571	10144	10717	11290	12488	13061	13634	14207	14780	15353	301	899	1472	2045	2618	3191	3764	4962	5535	6108
6109	6682	7255	7828	8401	8999	9572	10145	10718	11291	12489	13062	13635	14208	14781	15354	302	900	1473	2046	2619	3192	3765	4963	5536
5537	6110	6683	7256	7829	8402	9000	9573	10146	10719	11292	12490	13063	13636	14209	14782	15355	303	876	1474	2047	2620	3193	3766	4964
4965	5538	6111	6684	7257	7830	8403	8976	9574	10147	10720	11293	12491	13064	13637	14210	14783	15356	304	877	1475	2048	2621	3194	3767
3768	4966	5539	6112	6685	7258	7831	8404	8977	9575	10148	10721	11294	12492	13065	13638	14211	14784	15357	305	878	1451	2049	2622	3195
3196	3769	4967	5540	6113	6686	7259	7832	8405	8978	9551	10149	10722	11295	12493	13066	13639	14212	14785	15358	306	879	1452	2050	2623
2624	3197	3770	4968	5541	6114	6687	7260	7833	8406	8979	9552	10150	10723	11296	12494	13067	13640	14213	14786	15359	307	880	1453	2026
2027	2625	3198	3771	4969	5542	6115	6688	7261	7834	8407	8980	9553	10126	10724	11297	12495	13068	13641	14214	14787	15360	308	881	1454
1455	2028	2601	3199	3772	4970	5543	6116	6689	7262	7835	8408	8981	9554	10127	10725	11298	12496	13069	13642	14215	14788	15361	309	882
883	1456	2029	2602	3200	3773	4971	5544	6117	6690	7263	7836	8409	8982	9555	10128	10701	11299	12497	13070	13643	14216	14789	15362	310
311	884	1457	2030	2603	3176	3774	4972	5545	6118	6691	7264	7837	8410	8983	9556	10129	10702	11300	12498	13071	13644	14217	14790	15363
15364	312	885	1458	2031	2604	3177	3775	4973	5546	6119	6692	7265	7838	8411	8984	9557	10130	10703	11276	12499	13072	13645	14218	14791
14792	15365	313	886	1459	2032	2605	3178	3751	4974	5547	6120	6693	7266	7839	8412	8985	9558	10131	10704	11277	12500	13073	13646	14219
14220	14793	15366	314	887	1460	2033	2606	3179	3752	4975	5548	6121	6694	7267	7840	8413	8986	9559	10132	10705	11278	12476	13074	13647
13648	14221	14794	15367	315	888	1461	2034	2607	3180	3753	4951	5549	6122	6695	7268	7841	8414	8987	9560	10133	10706	11279	12477	13075
13051	13649	14222	14795	15368	316	889	1462	2035	2608	3181	3754	4952	5550	6123	6696	7269	7842	8415	8988	9561	10134	10707	11280	12478
12479	13052	13650	14223	14796	15369	317	890	1463	2036	2609	3182	3755	4953	5526	6124	6697	7270	7843	8416	8989	9562	10135	10708	11281
11282	12480	13053	13626	14224	14797	15370	318	891	1464	2037	2610	3183	3756	4954	5527	6125	6698	7271	7844	8417	8990	9563	10136	10709
10710	11283	12481	13054	13627	14225	14798	15371	319	892	1465	2038	2611	3184	3757	4955	5528	6101	6699	7272	7845	8418	8991	9564	10137
10138	10711	11284	12482	13055	13628	14201	14799	15372	320	893	1466	2039	2612	3185	3758	4956	5529	6102	6700	7273	7846	8419	8992	9565
9566	10139	10712	11285	12483	13056	13629	14202	14800	15373	321	894	1467	2040	2613	3186	3759	4957	5530	6103	6676	7274	7847	8420	8993
8994	9567	10140	10713	11286	12484	13057	13630	14203	14776	15374	322	895	1468	2041	2614	3187	3760	4958	5531	6104	6677	7275	7848	8421
8422	8995	9568	10141	10714	11287	12485	13058	13631	14204	14777	15375	323	896	1469	2042	2615	3188	3761	4959	5532	6105	6678	7251	7849
7850	8423	8996	9569	10142	10715	11288	12486	13059	13632	14205	14778	15351	324	897	1470	2043	2616	3189	3762	4960	5533	6106	6679	7252

图 17－43　截面方阵 B_{14}

6705	7278	7851	8449	9022	9595	10168	10741	11314	11887	13085	13658	14231	14804	15377	350	923	1496	2069	2642	3215	3788	4986	5559	6132
6133	6706	7279	7852	8450	9023	9596	10169	10742	11315	11888	13086	13659	14232	14805	15378	326	924	1497	2070	2643	3216	3789	4987	5560
5561	6134	6707	7280	7853	8426	9024	9597	10170	10743	11316	11889	13087	13660	14233	14806	15379	327	925	1498	2071	2644	3217	3790	4988
4989	5562	6135	6708	7281	7854	8427	9025	9598	10171	10744	11317	11890	13088	13661	14234	14807	15380	328	901	1499	2072	2645	3218	3791
3792	4990	5563	6136	6709	7282	7855	8428	9001	9599	10172	10745	11318	11891	13089	13662	14235	14808	15381	329	902	1500	2073	2646	3219
3220	3793	4991	5564	6137	6710	7283	7856	8429	9002	9600	10173	10746	11319	11892	13090	13663	14236	14809	15382	330	903	1476	2074	2647
2648	3221	3794	4992	5565	6138	6711	7284	7857	8430	9003	9576	10174	10747	11320	11893	13091	13664	14237	14810	15383	331	904	1477	2075
2051	2649	3222	3795	4993	5566	6139	6712	7285	7858	8431	9004	9577	10175	10748	11321	11894	13092	13665	14238	14811	15384	332	905	1478
1479	2052	2650	3223	3796	4994	5567	6140	6713	7286	7859	8432	9005	9578	10151	10749	11322	11895	13093	13666	14239	14812	15385	333	906
907	1480	2053	2626	3224	3797	4995	5568	6141	6714	7287	7860	8433	9006	9579	10152	10750	11323	11896	13094	13667	14240	14813	15386	334
335	908	1481	2054	2627	3225	3798	4996	5569	6142	6715	7288	7861	8434	9007	9580	10153	10726	11324	11897	13095	13668	14241	14814	15387
15388	336	909	1482	2055	2628	3201	3799	4997	5570	6143	6716	7289	7862	8435	9008	9581	10154	10727	11325	11898	13096	13669	14242	14815
14816	15389	337	910	1483	2056	2629	3202	3800	4998	5571	6144	6717	7290	7863	8436	9009	9582	10155	10728	11301	11899	13097	13670	14243
14244	14817	15390	338	911	1484	2057	2630	3203	3776	4999	5572	6145	6718	7291	7864	8437	9010	9583	10156	10729	11302	11900	13098	13671
13672	14245	14818	15391	339	912	1485	2058	2631	3204	3777	5000	5573	6146	6719	7292	7865	8438	9011	9584	10157	10730	11303	11876	13099
13100	13673	14246	14819	15392	340	913	1486	2059	2632	3205	3778	4976	5574	6147	6720	7293	7866	8439	9012	9585	10158	10731	11304	11877
11878	13076	13674	14247	14820	15393	341	914	1487	2060	2633	3206	3779	4977	5575	6148	6721	7294	7867	8440	9013	9586	10159	10732	11305
11306	11879	13077	13675	14248	14821	15394	342	915	1488	2061	2634	3207	3780	4978	5551	6149	6722	7295	7868	8441	9014	9587	10160	10733
10734	11307	11880	13078	13651	14249	14822	15395	343	916	1489	2062	2635	3208	3781	4979	5552	6150	6723	7296	7869	8442	9015	9588	10161
10162	10735	11308	11881	13079	13652	14250	14823	15396	344	917	1490	2063	2636	3209	3782	4980	5553	6126	6724	7297	7870	8443	9016	9589
9590	10163	10736	11309	11882	13080	13653	14226	14824	15397	345	918	1491	2064	2637	3210	3783	4981	5554	6127	6725	7298	7871	8444	9017
9018	9591	10164	10737	11310	11883	13081	13654	14227	14825	15398	346	919	1492	2065	2638	3211	3784	4982	5555	6128	6701	7299	7872	8445
8446	9019	9592	10165	10738	11311	11884	13082	13655	14228	14801	15399	347	920	1493	2066	2639	3212	3785	4983	5556	6129	6702	7300	7873
7874	8447	9020	9593	10166	10739	11312	11885	13083	13656	14229	14802	15400	348	921	1494	2067	2640	3213	3786	4984	5557	6130	6703	7276
7277	7875	8448	9021	9594	10167	10740	11313	11886	13084	13657	14230	14803	15376	349	922	1495	2068	2641	3214	3787	4985	5558	6131	6704

图 17－44　截面方阵 B_{15}

6157	6730	7303	7876	8474	9047	9620	10193	10766	11339	11912	13110	13683	14256	14829	15402	375	948	1521	2094	2667	3240	3813	4386	5584
5585	6158	6731	7304	7877	8475	9048	9621	10194	10767	11340	11913	13111	13684	14257	14830	15403	351	949	1522	2095	2668	3241	3814	4387
4388	5586	6159	6732	7305	7878	8451	9049	9622	10195	10768	11341	11914	13112	13685	14258	14831	15404	352	950	1523	2096	2669	3242	3815
3816	4389	5587	6160	6733	7306	7879	8452	9050	9623	10196	10769	11342	11915	13113	13686	14259	14832	15405	353	926	1524	2097	2670	3243
3244	3817	4390	5588	6161	6734	7307	7880	8453	9026	9624	10197	10770	11343	11916	13114	13687	14260	14833	15406	354	927	1525	2098	2671
2672	3245	3818	4391	5589	6162	6735	7308	7881	8454	9027	9625	10198	10771	11344	11917	13115	13688	14261	14834	15407	355	928	1501	2099
2100	2673	3246	3819	4392	5590	6163	6736	7309	7882	8455	9028	9601	10199	10772	11345	11918	13116	13689	14262	14835	15408	356	929	1502
1503	2076	2674	3247	3820	4393	5591	6164	6737	7310	7883	8456	9029	9602	10200	10773	11346	11919	13117	13690	14263	14836	15409	357	930
931	1504	2077	2675	3248	3821	4394	5592	6165	6738	7311	7884	8457	9030	9603	10176	10774	11347	11920	13118	13691	14264	14837	15410	358
359	932	1505	2078	2651	3249	3822	4395	5593	6166	6739	7312	7885	8458	9031	9604	10177	10775	11348	11921	13119	13692	14265	14838	15411
15412	360	933	1506	2079	2652	3250	3823	4396	5594	6167	6740	7313	7886	8459	9032	9605	10178	10751	11349	11922	13120	13693	14266	14839
14840	15413	361	934	1507	2080	2653	3226	3824	4397	5595	6168	6741	7314	7887	8460	9033	9606	10179	10752	11350	11923	13121	13694	14267
14268	14841	15414	362	935	1508	2081	2654	3227	3825	4398	5596	6169	6742	7315	7888	8461	9034	9607	10180	10753	11326	11924	13122	13695
13696	14269	14842	15415	363	936	1509	2082	2655	3228	3801	4399	5597	6170	6743	7316	7889	8462	9035	9608	10181	10754	11327	11925	13123
13124	13697	14270	14843	15416	364	937	1510	2083	2656	3229	3802	4400	5598	6171	6744	7317	7890	8463	9036	9609	10182	10755	11328	11901
11902	13125	13698	14271	14844	15417	365	938	1511	2084	2657	3230	3803	4376	5599	6172	6745	7318	7891	8464	9037	9610	10183	10756	11329
11330	11903	13101	13699	14272	14845	15418	366	939	1512	2085	2658	3231	3804	4377	5600	6173	6746	7319	7892	8465	9038	9611	10184	10757
10758	11331	11904	13102	13700	14273	14846	15419	367	940	1513	2086	2659	3232	3805	4378	5576	6174	6747	7320	7893	8466	9039	9612	10185
10186	10759	11332	11905	13103	13676	14274	14847	15420	368	941	1514	2087	2660	3233	3806	4379	5577	6175	6748	7321	7894	8467	9040	9613
9614	10187	10760	11333	11906	13104	13677	14275	14848	15421	369	942	1515	2088	2661	3234	3807	4380	5578	6151	6749	7322	7895	8468	9041
9042	9615	10188	10761	11334	11907	13105	13678	14251	14849	15422	370	943	1516	2089	2662	3235	3808	4381	5579	6152	6750	7323	7896	8469
8470	9043	9616	10189	10762	11335	11908	13106	13679	14252	14850	15423	371	944	1517	2090	2663	3236	3809	4382	5580	6153	6726	7324	7897
7898	8471	9044	9617	10190	10763	11336	11909	13107	13680	14253	14826	15424	372	945	1518	2091	2664	3237	3810	4383	5581	6154	6727	7325
7301	7899	8472	9045	9618	10191	10764	11337	11910	13108	13681	14254	14827	15425	373	946	1519	2092	2665	3238	3811	4384	5582	6155	6728
6729	7302	7900	8473	9046	9619	10192	10765	11338	11911	13109	13682	14255	14828	15401	374	947	1520	2093	2666	3239	3812	4385	5583	6156

图 17－45　截面方阵 B_{16}

5609	6182	6755	7328	7901	8499	9072	9645	10218	10791	11364	11937	12510	13708	14281	14854	15427	400	973	1546	2119	2692	3265	3838	4411
4412	5610	6183	6756	7329	7902	8500	9073	9646	10219	10792	11365	11938	12511	13709	14282	14855	15428	376	974	1547	2120	2693	3266	3839
3840	4413	5611	6184	6757	7330	7903	8476	9074	9647	10220	10793	11366	11939	12512	13710	14283	14856	15429	377	975	1548	2121	2694	3267
3268	3841	4414	5612	6185	6758	7331	7904	8477	9075	9648	10221	10794	11367	11940	12513	13711	14284	14857	15430	378	951	1549	2122	2695
2696	3269	3842	4415	5613	6186	6759	7332	7905	8478	9051	9649	10222	10795	11368	11941	12514	13712	14285	14858	15431	379	952	1550	2123
2124	2697	3270	3843	4416	5614	6187	6760	7333	7906	8479	9052	9650	10223	10796	11369	11942	12515	13713	14286	14859	15432	380	953	1526
1527	2125	2698	3271	3844	4417	5615	6188	6761	7334	7907	8480	9053	9626	10224	10797	11370	11943	12516	13714	14287	14860	15433	381	954
955	1528	2101	2699	3272	3845	4418	5616	6189	6762	7335	7908	8481	9054	9627	10225	10798	11371	11944	12517	13715	14288	14861	15434	382
383	956	1529	2102	2700	3273	3846	4419	5617	6190	6763	7336	7909	8482	9055	9628	10201	10799	11372	11945	12518	13716	14289	14862	15435
15436	384	957	1530	2103	2676	3274	3847	4420	5618	6191	6764	7337	7910	8483	9056	9629	10202	10800	11373	11946	12519	13717	14290	14863
14864	15437	385	958	1531	2104	2677	3275	3848	4421	5619	6192	6765	7338	7911	8484	9057	9630	10203	10776	11374	11947	12520	13718	14291
14292	14865	15438	386	959	1532	2105	2678	3251	3849	4422	5620	6193	6766	7339	7912	8485	9058	9631	10204	10777	11375	11948	12521	13719
13720	14293	14866	15439	387	960	1533	2106	2679	3252	3850	4423	5621	6194	6767	7340	7913	8486	9059	9632	10205	10778	11351	11949	12522
12523	13721	14294	14867	15440	388	961	1534	2107	2680	3253	3826	4424	5622	6195	6768	7341	7914	8487	9060	9633	10206	10779	11352	11950
11926	12524	13722	14295	14868	15441	389	962	1535	2108	2681	3254	3827	4425	5623	6196	6769	7342	7915	8488	9061	9634	10207	10780	11353
11354	11927	12525	13723	14296	14869	15442	390	963	1536	2109	2682	3255	3828	4401	5624	6197	6770	7343	7916	8489	9062	9635	10208	10781
10782	11355	11928	12501	13724	14297	14870	15443	391	964	1537	2110	2683	3256	3829	4402	5625	6198	6771	7344	7917	8490	9063	9636	10209
10210	10783	11356	11929	12502	13725	14298	14871	15444	392	965	1538	2111	2684	3257	3830	4403	5601	6199	6772	7345	7918	8491	9064	9637
9638	10211	10784	11357	11930	12503	13701	14299	14872	15445	393	966	1539	2112	2685	3258	3831	4404	5602	6200	6773	7346	7919	8492	9065
9066	9639	10212	10785	11358	11931	12504	13702	14300	14873	15446	394	967	1540	2113	2686	3259	3832	4405	5603	6176	6774	7347	7920	8493
8494	9067	9640	10213	10786	11359	11932	12505	13703	14276	14874	15447	395	968	1541	2114	2687	3260	3833	4406	5604	6177	6775	7348	7921
7922	8495	9068	9641	10214	10787	11360	11933	12506	13704	14277	14875	15448	396	969	1542	2115	2688	3261	3834	4407	5605	6178	6751	7349
7350	7923	8496	9069	9642	10215	10788	11361	11934	12507	13705	14278	14851	15449	397	970	1543	2116	2689	3262	3835	4408	5606	6179	6752
6753	7326	7924	8497	9070	9643	10216	10789	11362	11935	12508	13706	14279	14852	15450	398	971	1544	2117	2690	3263	3836	4409	5607	6180
6181	6754	7327	7925	8498	9071	9644	10217	10790	11363	11936	12509	13707	14280	14853	15426	399	972	1545	2118	2691	3264	3837	4410	5608

图 17－46　截面方阵 B_{17}

4436	5009	6207	6780	7353	7926	8524	9097	9670	10243	10816	11389	11962	12535	13733	14306	14879	15452	425	998	1571	2144	2717	3290	3863
3864	4437	5010	6208	6781	7354	7927	8525	9098	9671	10244	10817	11390	11963	12536	13734	14307	14880	15453	401	999	1572	2145	2718	3291
3292	3865	4438	5011	6209	6782	7355	7928	8501	9099	9672	10245	10818	11391	11964	12537	13735	14308	14881	15454	402	1000	1573	2146	2719
2720	3293	3866	4439	5012	6210	6783	7356	7929	8502	9100	9673	10246	10819	11392	11965	12538	13736	14309	14882	15455	403	976	1574	2147
2148	2721	3294	3867	4440	5013	6211	6784	7357	7930	8503	9076	9674	10247	10820	11393	11966	12539	13737	14310	14883	15456	404	977	1575
1551	2149	2722	3295	3868	4441	5014	6212	6785	7358	7931	8504	9077	9675	10248	10821	11394	11967	12540	13738	14311	14884	15457	405	978
979	1552	2150	2723	3296	3869	4442	5015	6213	6786	7359	7932	8505	9078	9651	10249	10822	11395	11968	12541	13739	14312	14885	15458	406
407	980	1553	2126	2724	3297	3870	4443	5016	6214	6787	7360	7933	8506	9079	9652	10250	10823	11396	11969	12542	13740	14313	14886	15459
15460	408	981	1554	2127	2725	3298	3871	4444	5017	6215	6788	7361	7934	8507	9080	9653	10226	10824	11397	11970	12543	13741	14314	14887
14888	15461	409	982	1555	2128	2701	3299	3872	4445	5018	6216	6789	7362	7935	8508	9081	9654	10227	10825	11398	11971	12544	13742	14315
14316	14889	15462	410	983	1556	2129	2702	3300	3873	4446	5019	6217	6790	7363	7936	8509	9082	9655	10228	10801	11399	11972	12545	13743
13744	14317	14890	15463	411	984	1557	2130	2703	3276	3874	4447	5020	6218	6791	7364	7937	8510	9083	9656	10229	10802	11400	11973	12546
12547	13745	14318	14891	15464	412	985	1558	2131	2704	3277	3875	4448	5021	6219	6792	7365	7938	8511	9084	9657	10230	10803	11376	11974
11975	12548	13746	14319	14892	15465	413	986	1559	2132	2705	3278	3851	4449	5022	6220	6793	7366	7939	8512	9085	9658	10231	10804	11377
11378	11951	12549	13747	14320	14893	15466	414	987	1560	2133	2706	3279	3852	4450	5023	6221	6794	7367	7940	8513	9086	9659	10232	10805
10806	11379	11952	12550	13748	14321	14894	15467	415	988	1561	2134	2707	3280	3853	4426	5024	6222	6795	7368	7941	8514	9087	9660	10233
10234	10807	11380	11953	12526	13749	14322	14895	15468	416	989	1562	2135	2708	3281	3854	4427	5025	6223	6796	7369	7942	8515	9088	9661
9662	10235	10808	11381	11954	12527	13750	14323	14896	15469	417	990	1563	2136	2709	3282	3855	4428	5001	6224	6797	7370	7943	8516	9089
9090	9663	10236	10809	11382	11955	12528	13726	14324	14897	15470	418	991	1564	2137	2710	3283	3856	4429	5002	6225	6798	7371	7944	8517
8518	9091	9664	10237	10810	11383	11956	12529	13727	14325	14898	15471	419	992	1565	2138	2711	3284	3857	4430	5003	6201	6799	7372	7945
7946	8519	9092	9665	10238	10811	11384	11957	12530	13728	14301	14899	15472	420	993	1566	2139	2712	3285	3858	4431	5004	6202	6800	7373
7374	7947	8520	9093	9666	10239	10812	11385	11958	12531	13729	14302	14900	15473	421	994	1567	2140	2713	3286	3859	4432	5005	6203	6776
6777	7375	7948	8521	9094	9667	10240	10813	11386	11959	12532	13730	14303	14876	15474	422	995	1568	2141	2714	3287	3860	4433	5006	6204
6205	6778	7351	7949	8522	9095	9668	10241	10814	11387	11960	12533	13731	14304	14877	15475	423	996	1569	2142	2715	3288	3861	4434	5007
5008	6206	6779	7352	7950	8523	9096	9669	10242	10815	11388	11961	12534	13732	14305	14878	15451	424	997	1570	2143	2716	3289	3862	4435

图 17－47　截面方阵 B_{18}

3888	4461	5034	6232	6805	7378	7951	8549	9122	9695	10268	10841	11414	11987	12560	13133	14331	14904	15477	450	1023	1596	2169	2742	3315
3316	3889	4462	5035	6233	6806	7379	7952	8550	9123	9696	10269	10842	11415	11988	12561	13134	14332	14905	15478	426	1024	1597	2170	2743
2744	3317	3890	4463	5036	6234	6807	7380	7953	8526	9124	9697	10270	10843	11416	11989	12562	13135	14333	14906	15479	427	1025	1598	2171
2172	2745	3318	3891	4464	5037	6235	6808	7381	7954	8527	9125	9698	10271	10844	11417	11990	12563	13136	14334	14907	15480	428	1001	1599
1600	2173	2746	3319	3892	4465	5038	6236	6809	7382	7955	8528	9101	9699	10272	10845	11418	11991	12564	13137	14335	14908	15481	429	1002
1003	1576	2174	2747	3320	3893	4466	5039	6237	6810	7383	7956	8529	9102	9700	10273	10846	11419	11992	12565	13138	14336	14909	15482	430
431	1004	1577	2175	2748	3321	3894	4467	5040	6238	6811	7384	7957	8530	9103	9676	10274	10847	11420	11993	12566	13139	14337	14910	15483
15484	432	1005	1578	2151	2749	3322	3895	4468	5041	6239	6812	7385	7958	8531	9104	9677	10275	10848	11421	11994	12567	13140	14338	14911
14912	15485	433	1006	1579	2152	2750	3323	3896	4469	5042	6240	6813	7386	7959	8532	9105	9678	10251	10849	11422	11995	12568	13141	14339
14340	14913	15486	434	1007	1580	2153	2726	3324	3897	4470	5043	6241	6814	7387	7960	8533	9106	9679	10252	10850	11423	11996	12569	13142
13143	14341	14914	15487	435	1008	1581	2154	2727	3325	3898	4471	5044	6242	6815	7388	7961	8534	9107	9680	10253	10826	11424	11997	12570
12571	13144	14342	14915	15488	436	1009	1582	2155	2728	3301	3899	4472	5045	6243	6816	7389	7962	8535	9108	9681	10254	10827	11425	11998
11999	12572	13145	14343	14916	15489	437	1010	1583	2156	2729	3302	3900	4473	5046	6244	6817	7390	7963	8536	9109	9682	10255	10828	11401
11402	12000	12573	13146	14344	14917	15490	438	1011	1584	2157	2730	3303	3876	4474	5047	6245	6818	7391	7964	8537	9110	9683	10256	10829
10830	11403	11976	12574	13147	14345	14918	15491	439	1012	1585	2158	2731	3304	3877	4475	5048	6246	6819	7392	7965	8538	9111	9684	10257
10258	10831	11404	11977	12575	13148	14346	14919	15492	440	1013	1586	2159	2732	3305	3878	4451	5049	6247	6820	7393	7966	8539	9112	9685
9686	10259	10832	11405	11978	12551	13149	14347	14920	15493	441	1014	1587	2160	2733	3306	3879	4452	5050	6248	6821	7394	7967	8540	9113
9114	9687	10260	10833	11406	11979	12552	13150	14348	14921	15494	442	1015	1588	2161	2734	3307	3880	4453	5026	6249	6822	7395	7968	8541
8542	9115	9688	10261	10834	11407	11980	12553	13126	14349	14922	15495	443	1016	1589	2162	2735	3308	3881	4454	5027	6250	6823	7396	7969
7970	8543	9116	9689	10262	10835	11408	11981	12554	13127	14350	14923	15496	444	1017	1590	2163	2736	3309	3882	4455	5028	6226	6824	7397
7398	7971	8544	9117	9690	10263	10836	11409	11982	12555	13128	14326	14924	15497	445	1018	1591	2164	2737	3310	3883	4456	5029	6227	6825
6801	7399	7972	8545	9118	9691	10264	10837	11410	11983	12556	13129	14327	14925	15498	446	1019	1592	2165	2738	3311	3884	4457	5030	6228
6229	6802	7400	7973	8546	9119	9692	10265	10838	11411	11984	12557	13130	14328	14901	15499	447	1020	1593	2166	2739	3312	3885	4458	5031
5032	6230	6803	7376	7974	8547	9120	9693	10266	10839	11412	11985	12558	13131	14329	14902	15500	448	1021	1594	2167	2740	3313	3886	4459
4460	5033	6231	6804	7377	7975	8548	9121	9694	10267	10840	11413	11986	12559	13132	14330	14903	15476	449	1022	1595	2168	2741	3314	3887

图 17－48　截面方阵 B_{19}

3340	3913	4486	5059	5632	6830	7403	7976	8574	9147	9720	10293	10866	11439	12012	12585	13158	14356	14929	15502	475	1048	1621	2194	2767
2768	3341	3914	4487	5060	5633	6831	7404	7977	8575	9148	9721	10294	10867	11440	12013	12586	13159	14357	14930	15503	451	1049	1622	2195
2196	2769	3342	3915	4488	5061	5634	6832	7405	7978	8551	9149	9722	10295	10868	11441	12014	12587	13160	14358	14931	15504	452	1050	1623
1624	2197	2770	3343	3916	4489	5062	5635	6833	7406	7979	8552	9150	9723	10296	10869	11442	12015	12588	13161	14359	14932	15505	453	1026
1027	1625	2198	2771	3344	3917	4490	5063	5636	6834	7407	7980	8553	9126	9724	10297	10870	11443	12016	12589	13162	14360	14933	15506	454
455	1028	1601	2199	2772	3345	3918	4491	5064	5637	6835	7408	7981	8554	9127	9725	10298	10871	11444	12017	12590	13163	14361	14934	15507
15508	456	1029	1602	2200	2773	3346	3919	4492	5065	5638	6836	7409	7982	8555	9128	9701	10299	10872	11445	12018	12591	13164	14362	14935
14936	15509	457	1030	1603	2176	2774	3347	3920	4493	5066	5639	6837	7410	7983	8556	9129	9702	10300	10873	11446	12019	12592	13165	14363
14364	14937	15510	458	1031	1604	2177	2775	3348	3921	4494	5067	5640	6838	7411	7984	8557	9130	9703	10276	10874	11447	12020	12593	13166
13167	14365	14938	15511	459	1032	1605	2178	2751	3349	3922	4495	5068	5641	6839	7412	7985	8558	9131	9704	10277	10875	11448	12021	12594
12595	13168	14366	14939	15512	460	1033	1606	2179	2752	3350	3923	4496	5069	5642	6840	7413	7986	8559	9132	9705	10278	10851	11449	12022
12023	12596	13169	14367	14940	15513	461	1034	1607	2180	2753	3326	3924	4497	5070	5643	6841	7414	7987	8560	9133	9706	10279	10852	11450
11426	12024	12597	13170	14368	14941	15514	462	1035	1608	2181	2754	3327	3925	4498	5071	5644	6842	7415	7988	8561	9134	9707	10280	10853
10854	11427	12025	12598	13171	14369	14942	15515	463	1036	1609	2182	2755	3328	3901	4499	5072	5645	6843	7416	7989	8562	9135	9708	10281
10282	10855	11428	12001	12599	13172	14370	14943	15516	464	1037	1610	2183	2756	3329	3902	4500	5073	5646	6844	7417	7990	8563	9136	9709
9710	10283	10856	11429	12002	12600	13173	14371	14944	15517	465	1038	1611	2184	2757	3330	3903	4476	5074	5647	6845	7418	7991	8564	9137
9138	9711	10284	10857	11430	12003	12576	13174	14372	14945	15518	466	1039	1612	2185	2758	3331	3904	4477	5075	5648	6846	7419	7992	8565
8566	9139	9712	10285	10858	11431	12004	12577	13175	14373	14946	15519	467	1040	1613	2186	2759	3332	3905	4478	5051	5649	6847	7420	7993
7994	8567	9140	9713	10286	10859	11432	12005	12578	13151	14374	14947	15520	468	1041	1614	2187	2760	3333	3906	4479	5052	5650	6848	7421
7422	7995	8568	9141	9714	10287	10860	11433	12006	12579	13152	14375	14948	15521	469	1042	1615	2188	2761	3334	3907	4480	5053	5626	6849
6850	7423	7996	8569	9142	9715	10288	10861	11434	12007	12580	13153	14351	14949	15522	470	1043	1616	2189	2762	3335	3908	4481	5054	5627
5628	6826	7424	7997	8570	9143	9716	10289	10862	11435	12008	12581	13154	14352	14950	15523	471	1044	1617	2190	2763	3336	3909	4482	5055
5056	5629	6827	7425	7998	8571	9144	9717	10290	10863	11436	12009	12582	13155	14353	14926	15524	472	1045	1618	2191	2764	3337	3910	4483
4484	5057	5630	6828	7401	7999	8572	9145	9718	10291	10864	11437	12010	12583	13156	14354	14927	15525	473	1046	1619	2192	2765	3338	3911
3912	4485	5058	5631	6829	7402	8000	8573	9146	9719	10292	10865	11438	12011	12584	13157	14355	14928	15501	474	1047	1620	2193	2766	3339

图 17-49　截面方阵 B_{20}

2792	3365	3938	4511	5084	5657	6855	7428	8001	8599	9172	9745	10318	10891	11464	12037	12610	13183	13756	14954	15527	500	1073	1646	2219
2220	2793	3366	3939	4512	5085	5658	6856	7429	8002	8600	9173	9746	10319	10892	11465	12038	12611	13184	13757	14955	15528	476	1074	1647
1648	2221	2794	3367	3940	4513	5086	5659	6857	7430	8003	8576	9174	9747	10320	10893	11466	12039	12612	13185	13758	14956	15529	477	1075
1051	1649	2222	2795	3368	3941	4514	5087	5660	6858	7431	8004	8577	9175	9748	10321	10894	11467	12040	12613	13186	13759	14957	15530	478
479	1052	1650	2223	2796	3369	3942	4515	5088	5661	6859	7432	8005	8578	9151	9749	10322	10895	11468	12041	12614	13187	13760	14958	15531
15532	480	1053	1626	2224	2797	3370	3943	4516	5089	5662	6860	7433	8006	8579	9152	9750	10323	10896	11469	12042	12615	13188	13761	14959
14960	15533	481	1054	1627	2225	2798	3371	3944	4517	5090	5663	6861	7434	8007	8580	9153	9726	10324	10897	11470	12043	12616	13189	13762
13763	14961	15534	482	1055	1628	2201	2799	3372	3945	4518	5091	5664	6862	7435	8008	8581	9154	9727	10325	10898	11471	12044	12617	13190
13191	13764	14962	15535	483	1056	1629	2202	2800	3373	3946	4519	5092	5665	6863	7436	8009	8582	9155	9728	10301	10899	11472	12045	12618
12619	13192	13765	14963	15536	484	1057	1630	2203	2776	3374	3947	4520	5093	5666	6864	7437	8010	8583	9156	9729	10302	10900	11473	12046
12047	12620	13193	13766	14964	15537	485	1058	1631	2204	2777	3375	3948	4521	5094	5667	6865	7438	8011	8584	9157	9730	10303	10876	11474
11475	12048	12621	13194	13767	14965	15538	486	1059	1632	2205	2778	3351	3949	4522	5095	5668	6866	7439	8012	8585	9158	9731	10304	10877
10878	11451	12049	12622	13195	13768	14966	15539	487	1060	1633	2206	2779	3352	3950	4523	5096	5669	6867	7440	8013	8586	9159	9732	10305
10306	10879	11452	12050	12623	13196	13769	14967	15540	488	1061	1634	2207	2780	3353	3926	4524	5097	5670	6868	7441	8014	8587	9160	9733
9734	10307	10880	11453	12026	12624	13197	13770	14968	15541	489	1062	1635	2208	2781	3354	3927	4525	5098	5671	6869	7442	8015	8588	9161
9162	9735	10308	10881	11454	12027	12625	13198	13771	14969	15542	490	1063	1636	2209	2782	3355	3928	4501	5099	5672	6870	7443	8016	8589
8590	9163	9736	10309	10882	11455	12028	12601	13199	13772	14970	15543	491	1064	1637	2210	2783	3356	3929	4502	5100	5673	6871	7444	8017
8018	8591	9164	9737	10310	10883	11456	12029	12602	13200	13773	14971	15544	492	1065	1638	2211	2784	3357	3930	4503	5076	5674	6872	7445
7446	8019	8592	9165	9738	10311	10884	11457	12030	12603	13176	13774	14972	15545	493	1066	1639	2212	2785	3358	3931	4504	5077	5675	6873
6874	7447	8020	8593	9166	9739	10312	10885	11458	12031	12604	13177	13775	14973	15546	494	1067	1640	2213	2786	3359	3932	4505	5078	5651
5652	6875	7448	8021	8594	9167	9740	10313	10886	11459	12032	12605	13178	13751	14974	15547	495	1068	1641	2214	2787	3360	3933	4506	5079
5080	5653	6851	7449	8022	8595	9168	9741	10314	10887	11460	12033	12606	13179	13752	14975	15548	496	1069	1642	2215	2788	3361	3934	4507
4508	5081	5654	6852	7450	8023	8596	9169	9742	10315	10888	11461	12034	12607	13180	13753	14951	15549	497	1070	1643	2216	2789	3362	3935
3936	4509	5082	5655	6853	7426	8024	8597	9170	9743	10316	10889	11462	12035	12608	13181	13754	14952	15550	498	1071	1644	2217	2790	3363
3364	3937	4510	5083	5656	6854	7427	8025	8598	9171	9744	10317	10890	11463	12036	12609	13182	13755	14953	15526	499	1072	1645	2218	2791

图 17-50 截面方阵 B_{21}

2244	2817	3390	3963	4536	5109	5682	6255	7453	8026	8624	9197	9770	10343	10916	11489	12062	12635	13208	13781	14979	15552	525	1098	1671
1672	2245	2818	3391	3964	4537	5110	5683	6256	7454	8027	8625	9198	9771	10344	10917	11490	12063	12636	13209	13782	14980	15553	501	1099
1100	1673	2246	2819	3392	3965	4538	5111	5684	6257	7455	8028	8601	9199	9772	10345	10918	11491	12064	12637	13210	13783	14981	15554	502
503	1076	1674	2247	2820	3393	3966	4539	5112	5685	6258	7456	8029	8602	9200	9773	10346	10919	11492	12065	12638	13211	13784	14982	15555
15556	504	1077	1675	2248	2821	3394	3967	4540	5113	5686	6259	7457	8030	8603	9176	9774	10347	10920	11493	12066	12639	13212	13785	14983
14984	15557	505	1078	1651	2249	2822	3395	3968	4541	5114	5687	6260	7458	8031	8604	9177	9775	10348	10921	11494	12067	12640	13213	13786
13787	14985	15558	506	1079	1652	2250	2823	3396	3969	4542	5115	5688	6261	7459	8032	8605	9178	9751	10349	10922	11495	12068	12641	13214
13215	13788	14986	15559	507	1080	1653	2226	2824	3397	3970	4543	5116	5689	6262	7460	8033	8606	9179	9752	10350	10923	11496	12069	12642
12643	13216	13789	14987	15560	508	1081	1654	2227	2825	3398	3971	4544	5117	5690	6263	7461	8034	8607	9180	9753	10326	10924	11497	12070
12071	12644	13217	13790	14988	15561	509	1082	1655	2228	2801	3399	3972	4545	5118	5691	6264	7462	8035	8608	9181	9754	10327	10925	11498
11499	12072	12645	13218	13791	14989	15562	510	1083	1656	2229	2802	3400	3973	4546	5119	5692	6265	7463	8036	8609	9182	9755	10328	10901
10902	11500	12073	12646	13219	13792	14990	15563	511	1084	1657	2230	2803	3376	3974	4547	5120	5693	6266	7464	8037	8610	9183	9756	10329
10330	10903	11476	12074	12647	13220	13793	14991	15564	512	1085	1658	2231	2804	3377	3975	4548	5121	5694	6267	7465	8038	8611	9184	9757
9758	10331	10904	11477	12075	12648	13221	13794	14992	15565	513	1086	1659	2232	2805	3378	3951	4549	5122	5695	6268	7466	8039	8612	9185
9186	9759	10332	10905	11478	12051	12649	13222	13795	14993	15566	514	1087	1660	2233	2806	3379	3952	4550	5123	5696	6269	7467	8040	8613
8614	9187	9760	10333	10906	11479	12052	12650	13223	13796	14994	15567	515	1088	1661	2234	2807	3380	3953	4526	5124	5697	6270	7468	8041
8042	8615	9188	9761	10334	10907	11480	12053	12626	13224	13797	14995	15568	516	1089	1662	2235	2808	3381	3954	4527	5125	5698	6271	7469
7470	8043	8616	9189	9762	10335	10908	11481	12054	12627	13225	13798	14996	15569	517	1090	1663	2236	2809	3382	3955	4528	5101	5699	6272
6273	7471	8044	8617	9190	9763	10336	10909	11482	12055	12628	13201	13799	14997	15570	518	1091	1664	2237	2810	3383	3956	4529	5102	5700
5676	6274	7472	8045	8618	9191	9764	10337	10910	11483	12056	12629	13202	13800	14998	15571	519	1092	1665	2238	2811	3384	3957	4530	5103
5104	5677	6275	7473	8046	8619	9192	9765	10338	10911	11484	12057	12630	13203	13776	14999	15572	520	1093	1666	2239	2812	3385	3958	4531
4532	5105	5678	6251	7474	8047	8620	9193	9766	10339	10912	11485	12058	12631	13204	13777	15000	15573	521	1094	1667	2240	2813	3386	3959
3960	4533	5106	5679	6252	7475	8048	8621	9194	9767	10340	10913	11486	12059	12632	13205	13778	14976	15574	522	1095	1668	2241	2814	3387
3388	3961	4534	5107	5680	6253	7451	8049	8622	9195	9768	10341	10914	11487	12060	12633	13206	13779	14977	15575	523	1096	1669	2242	2815
2816	3389	3962	4535	5108	5681	6254	7452	8050	8623	9196	9769	10342	10915	11488	12061	12634	13207	13780	14978	15551	524	1097	1670	2243

图 17－51　截面方阵 B_{22}

1696	2269	2842	3415	3988	4561	5134	5707	6280	7478	8051	8649	9222	9795	10368	10941	11514	12087	12660	13233	13806	14379	15577	550	1123
1124	1697	2270	2843	3416	3989	4562	5135	5708	6281	7479	8052	8650	9223	9796	10369	10942	11515	12088	12661	13234	13807	14380	15578	526
527	1125	1698	2271	2844	3417	3990	4563	5136	5709	6282	7480	8053	8626	9224	9797	10370	10943	11516	12089	12662	13235	13808	14381	15579
15580	528	1101	1699	2272	2845	3418	3991	4564	5137	5710	6283	7481	8054	8627	9225	9798	10371	10944	11517	12090	12663	13236	13809	14382
14383	15581	529	1102	1700	2273	2846	3419	3992	4565	5138	5711	6284	7482	8055	8628	9201	9799	10372	10945	11518	12091	12664	13237	13810
13811	14384	15582	530	1103	1676	2274	2847	3420	3993	4566	5139	5712	6285	7483	8056	8629	9202	9800	10373	10946	11519	12092	12665	13238
13239	13812	14385	15583	531	1104	1677	2275	2848	3421	3994	4567	5140	5713	6286	7484	8057	8630	9203	9776	10374	10947	11520	12093	12666
12667	13240	13813	14386	15584	532	1105	1678	2251	2849	3422	3995	4568	5141	5714	6287	7485	8058	8631	9204	9777	10375	10948	11521	12094
12095	12668	13241	13814	14387	15585	533	1106	1679	2252	2850	3423	3996	4569	5142	5715	6288	7486	8059	8632	9205	9778	10351	10949	11522
11523	12096	12669	13242	13815	14388	15586	534	1107	1680	2253	2826	3424	3997	4570	5143	5716	6289	7487	8060	8633	9206	9779	10352	10950
10926	11524	12097	12670	13243	13816	14389	15587	535	1108	1681	2254	2827	3425	3998	4571	5144	5717	6290	7488	8061	8634	9207	9780	10353
10354	10927	11525	12098	12671	13244	13817	14390	15588	536	1109	1682	2255	2828	3401	3999	4572	5145	5718	6291	7489	8062	8635	9208	9781
9782	10355	10928	11501	12099	12672	13245	13818	14391	15589	537	1110	1683	2256	2829	3402	4000	4573	5146	5719	6292	7490	8063	8636	9209
9210	9783	10356	10929	11502	12100	12673	13246	13819	14392	15590	538	1111	1684	2257	2830	3403	3976	4574	5147	5720	6293	7491	8064	8637
8638	9211	9784	10357	10930	11503	12076	12674	13247	13820	14393	15591	539	1112	1685	2258	2831	3404	3977	4575	5148	5721	6294	7492	8065
8066	8639	9212	9785	10358	10931	11504	12077	12675	13248	13821	14394	15592	540	1113	1686	2259	2832	3405	3978	4551	5149	5722	6295	7493
7494	8067	8640	9213	9786	10359	10932	11505	12078	12651	13249	13822	14395	15593	541	1114	1687	2260	2833	3406	3979	4552	5150	5723	6296
6297	7495	8068	8641	9214	9787	10360	10933	11506	12079	12652	13250	13823	14396	15594	542	1115	1688	2261	2834	3407	3980	4553	5126	5724
5725	6298	7496	8069	8642	9215	9788	10361	10934	11507	12080	12653	13226	13824	14397	15595	543	1116	1689	2262	2835	3408	3981	4554	5127
5128	5701	6299	7497	8070	8643	9216	9789	10362	10935	11508	12081	12654	13227	13825	14398	15596	544	1117	1690	2263	2836	3409	3982	4555
4556	5129	5702	6300	7498	8071	8644	9217	9790	10363	10936	11509	12082	12655	13228	13801	14399	15597	545	1118	1691	2264	2837	3410	3983
3984	4557	5130	5703	6276	7499	8072	8645	9218	9791	10364	10937	11510	12083	12656	13229	13802	14400	15598	546	1119	1692	2265	2838	3411
3412	3985	4558	5131	5704	6277	7500	8073	8646	9219	9792	10365	10938	11511	12084	12657	13230	13803	14376	15599	547	1120	1693	2266	2839
2840	3413	3986	4559	5132	5705	6278	7476	8074	8647	9220	9793	10366	10939	11512	12085	12658	13231	13804	14377	15600	548	1121	1694	2267
2268	2841	3414	3987	4560	5133	5706	6279	7477	8075	8648	9221	9794	10367	10940	11513	12086	12659	13232	13805	14378	15576	549	1122	1695

图 17－52　截面方阵 B_{23}

1148	1721	2294	2867	3440	4013	4586	5159	5732	6305	6878	8076	8674	9247	9820	10393	10966	11539	12112	12685	13258	13831	14404	15602	575
551	1149	1722	2295	2868	3441	4014	4587	5160	5733	6306	6879	8077	8675	9248	9821	10394	10967	11540	12113	12686	13259	13832	14405	15603
15604	552	1150	1723	2296	2869	3442	4015	4588	5161	5734	6307	6880	8078	8651	9249	9822	10395	10968	11541	12114	12687	13260	13833	14406
14407	15605	553	1126	1724	2297	2870	3443	4016	4589	5162	5735	6308	6881	8079	8652	9250	9823	10396	10969	11542	12115	12688	13261	13834
13835	14408	15606	554	1127	1725	2298	2871	3444	4017	4590	5163	5736	6309	6882	8080	8653	9226	9824	10397	10970	11543	12116	12689	13262
13263	13836	14409	15607	555	1128	1701	2299	2872	3445	4018	4591	5164	5737	6310	6883	8081	8654	9227	9825	10398	10971	11544	12117	12690
12691	13264	13837	14410	15608	556	1129	1702	2300	2873	3446	4019	4592	5165	5738	6311	6884	8082	8655	9228	9801	10399	10972	11545	12118
12119	12692	13265	13838	14411	15609	557	1130	1703	2276	2874	3447	4020	4593	5166	5739	6312	6885	8083	8656	9229	9802	10400	10973	11546
11547	12120	12693	13266	13839	14412	15610	558	1131	1704	2277	2875	3448	4021	4594	5167	5740	6313	6886	8084	8657	9230	9803	10376	10974
10975	11548	12121	12694	13267	13840	14413	15611	559	1132	1705	2278	2851	3449	4022	4595	5168	5741	6314	6887	8085	8658	9231	9804	10377
10378	10951	11549	12122	12695	13268	13841	14414	15612	560	1133	1706	2279	2852	3450	4023	4596	5169	5742	6315	6888	8086	8659	9232	9805
9806	10379	10952	11550	12123	12696	13269	13842	14415	15613	561	1134	1707	2280	2853	3426	4024	4597	5170	5743	6316	6889	8087	8660	9233
9234	9807	10380	10953	11526	12124	12697	13270	13843	14416	15614	562	1135	1708	2281	2854	3427	4025	4598	5171	5744	6317	6890	8088	8661
8662	9235	9808	10381	10954	11527	12125	12698	13271	13844	14417	15615	563	1136	1709	2282	2855	3428	4001	4599	5172	5745	6318	6891	8089
8090	8663	9236	9809	10382	10955	11528	12101	12699	13272	13845	14418	15616	564	1137	1710	2283	2856	3429	4002	4600	5173	5746	6319	6892
6893	8091	8664	9237	9810	10383	10956	11529	12102	12700	13273	13846	14419	15617	565	1138	1711	2284	2857	3430	4003	4576	5174	5747	6320
6321	6894	8092	8665	9238	9811	10384	10957	11530	12103	12676	13274	13847	14420	15618	566	1139	1712	2285	2858	3431	4004	4577	5175	5748
5749	6322	6895	8093	8666	9239	9812	10385	10958	11531	12104	12677	13275	13848	14421	15619	567	1140	1713	2286	2859	3432	4005	4578	5151
5152	5750	6323	6896	8094	8667	9240	9813	10386	10959	11532	12105	12678	13251	13849	14422	15620	568	1141	1714	2287	2860	3433	4006	4579
4580	5153	5726	6324	6897	8095	8668	9241	9814	10387	10960	11533	12106	12679	13252	13850	14423	15621	569	1142	1715	2288	2861	3434	4007
4008	4581	5154	5727	6325	6898	8096	8669	9242	9815	10388	10961	11534	12107	12680	13253	13826	14424	15622	570	1143	1716	2289	2862	3435
3436	4009	4582	5155	5728	6301	6899	8097	8670	9243	9816	10389	10962	11535	12108	12681	13254	13827	14425	15623	571	1144	1717	2290	2863
2864	3437	4010	4583	5156	5729	6302	6900	8098	8671	9244	9817	10390	10963	11536	12109	12682	13255	13828	14401	15624	572	1145	1718	2291
2292	2865	3438	4011	4584	5157	5730	6303	6876	8099	8672	9245	9818	10391	10964	11537	12110	12683	13256	13829	14402	15625	573	1146	1719
1720	2293	2866	3439	4012	4585	5158	5731	6304	6877	8100	8673	9246	9819	10392	10965	11538	12111	12684	13257	13830	14403	15601	574	1147

图 17－53　截面方阵 B_{24}

600	1173	1746	2319	2892	3465	4038	4611	5184	5757	6330	6903	8101	8699	9272	9845	10418	10991	11564	12137	12710	13283	13856	14429	15002
15003	576	1174	1747	2320	2893	3466	4039	4612	5185	5758	6331	6904	8102	8700	9273	9846	10419	10992	11565	12138	12711	13284	13857	14430
14431	15004	577	1175	1748	2321	2894	3467	4040	4613	5186	5759	6332	6905	8103	8676	9274	9847	10420	10993	11566	12139	12712	13285	13858
13859	14432	15005	578	1151	1749	2322	2895	3468	4041	4614	5187	5760	6333	6906	8104	8677	9275	9848	10421	10994	11567	12140	12713	13286
13287	13860	14433	15006	579	1152	1750	2323	2896	3469	4042	4615	5188	5761	6334	6907	8105	8678	9251	9849	10422	10995	11568	12141	12714
12715	13288	13861	14434	15007	580	1153	1726	2324	2897	3470	4043	4616	5189	5762	6335	6908	8106	8679	9252	9850	10423	10996	11569	12142
12143	12716	13289	13862	14435	15008	581	1154	1727	2325	2898	3471	4044	4617	5190	5763	6336	6909	8107	8680	9253	9826	10424	10997	11570
11571	12144	12717	13290	13863	14436	15009	582	1155	1728	2301	2899	3472	4045	4618	5191	5764	6337	6910	8108	8681	9254	9827	10425	10998
10999	11572	12145	12718	13291	13864	14437	15010	583	1156	1729	2302	2900	3473	4046	4619	5192	5765	6338	6911	8109	8682	9255	9828	10401
10402	11000	11573	12146	12719	13292	13865	14438	15011	584	1157	1730	2303	2876	3474	4047	4620	5193	5766	6339	6912	8110	8683	9256	9829
9830	10403	10976	11574	12147	12720	13293	13866	14439	15012	585	1158	1731	2304	2877	3475	4048	4621	5194	5767	6340	6913	8111	8684	9257
9258	9831	10404	10977	11575	12148	12721	13294	13867	14440	15013	586	1159	1732	2305	2878	3451	4049	4622	5195	5768	6341	6914	8112	8685
8686	9259	9832	10405	10978	11551	12149	12722	13295	13868	14441	15014	587	1160	1733	2306	2879	3452	4050	4623	5196	5769	6342	6915	8113
8114	8687	9260	9833	10406	10979	11552	12150	12723	13296	13869	14442	15015	588	1161	1734	2307	2880	3453	4026	4624	5197	5770	6343	6916
6917	8115	8688	9261	9834	10407	10980	11553	12126	12724	13297	13870	14443	15016	589	1162	1735	2308	2881	3454	4027	4625	5198	5771	6344
6345	6918	8116	8689	9262	9835	10408	10981	11554	12127	12725	13298	13871	14444	15017	590	1163	1736	2309	2882	3455	4028	4601	5199	5772
5773	6346	6919	8117	8690	9263	9836	10409	10982	11555	12128	12701	13299	13872	14445	15018	591	1164	1737	2310	2883	3456	4029	4602	5200
5176	5774	6347	6920	8118	8691	9264	9837	10410	10983	11556	12129	12702	13300	13873	14446	15019	592	1165	1738	2311	2884	3457	4030	4603
4604	5177	5775	6348	6921	8119	8692	9265	9838	10411	10984	11557	12130	12703	13276	13874	14447	15020	593	1166	1739	2312	2885	3458	4031
4032	4605	5178	5751	6349	6922	8120	8693	9266	9839	10412	10985	11558	12131	12704	13277	13875	14448	15021	594	1167	1740	2313	2886	3459
3460	4033	4606	5179	5752	6350	6923	8121	8694	9267	9840	10413	10986	11559	12132	12705	13278	13851	14449	15022	595	1168	1741	2314	2887
2888	3461	4034	4607	5180	5753	6326	6924	8122	8695	9268	9841	10414	10987	11560	12133	12706	13279	13852	14450	15023	596	1169	1742	2315
2316	2889	3462	4035	4608	5181	5754	6327	6925	8123	8696	9269	9842	10415	10988	11561	12134	12707	13280	13853	14426	15024	597	1170	1743
1744	2317	2890	3463	4036	4609	5182	5755	6328	6901	8124	8697	9270	9843	10416	10989	11562	12135	12708	13281	13854	14427	15025	598	1171
1172	1745	2318	2891	3464	4037	4610	5183	5756	6329	6902	8125	8698	9271	9844	10417	10990	11563	12136	12709	13282	13855	14428	15001	599

图17-54　截面方阵 B_{25}

17.3 5^k 阶空间对称完美幻立方

如何构造 5^k 阶空间对称完美幻立方？其中 $k=1,2,\cdots$。

第 1 步，构造序号的准幻方 B。

把 $1\sim5^{3k}$的自然数按从小到大均分为5^{2k}组，为了确定每一个截面都由那些组的数字所构成，把$1\sim5^{2k}$的组的序号排成一个 $5^k\times5^k$ 方阵，即序号的 5^k 阶基方阵 A 并进一步得出序号的准幻方 B。序号的基方阵 A 的结构图中的浅方格是由左上方顶端开始向右下方走马步至右方最后一列止。

构造序号的基方阵 A 时，把$1\sim5^{2k}$的组的序号按从小到大均分为 5^k 组，可按同样的规则重排各组中序号的顺序，但顺移后是中心对称的。

序号的基方阵 A 的结构图中浅灰格内放置各组的第 1 个序号。第$\frac{1}{2}(5^k+1)$组的序号置于那一列是任意的，为了使$1\sim5^{2k}$的中位数置于中间一行，必须根据该列浅灰格的位置确定中位数在第$\frac{1}{2}(5^k+1)$组中的位置，而其余各序号的顺序必须保证顺移后是中心对称的。其他各组的数亦同样排序。

接着我们要安排其他各组的序号置于那一列。按上述同样的考虑，我们所取从左到右组的序号顺移后是中心对称的。由此得到序号的基方阵 A。

把序号的基方阵 A 第 1 列的序号移至由左上至右下对角线的方格内，同行的序号顺移，得序号的准幻方 B。

第 2 步，构造 5^k 阶空间对称完美幻立方 5^k 个截面的基方阵。

取以准幻方 B 第 s 行的数为组序的那些组的数字构造第 s 个截面的基方阵 A_s，其中 $s=1,2,\cdots,5^k$。基方阵 A_s 各列分别取与第 s 行同列的那个数为组序的那个组的数字，此处第 1 个截面的基方阵各组第一个数字处于基方阵 A 的结构图中的浅方格的位置，其余数字从上到下依序排列，各组的数字都是按序号的基方阵 A 同样的顺序排列的。

基方阵 A 的结构图右移 $s-1$ 个位置就是第 s 个截面的基方阵 A_s 的结构图，各组第一个数字处于结构图中浅灰格的位置，其余数字从上到下依序排列，各组的数字都是按序号的基方阵 A 同样的顺序排列的。

由此得出方 5^k 个截面的基方阵 A_s，其中 $s=1,2,\cdots,5^k$。

第 3 步，各个截面基方阵通过顺移得出各个截面方阵 B_s，其中 $s=1,2,\cdots,5^k$。

各个截面基方阵第 $r\left(t+\frac{1}{2}(5^k-1)\right)$列的数移至由左上至右下对角线的方格内，同行的数顺移，得截面方阵 B_s，其中 $s=1,2,\cdots,5^k$。t 为序号的基方阵 A 中第$\frac{1}{2}(5^k+1)$组所在的列数，而 $r(h)$ 是周期为 5^k 的余函数，$h=1,2,\cdots,5^k$。

有序的 5^k 个截面方阵 B_s，其中 $s=1,2,\cdots,5^k$，组成一个 5^k 阶空间对称完美的幻立方。其 5^{2k}个行、5^{2k}个列、5^{2k}个纵列，以及四条空间对角线和与这四条空间对角线同向的泛对角线上的 5^k 个数字之和都等于幻立方常数$\frac{5^k}{2}(5^{3k}+1)$，位于空间对称位置上两个元素的和都等于 $5^{3k}+1$。

由于第$\frac{1}{2}(5^k+1)$组的序号置于序号的基方阵 A 的那一列是任意的，除中位数$\frac{1}{2}(5^{2k}+1)$外该组其余各序号的顺序只需保证顺移后是中心对称的。至于其余各组的序号置于那一列，亦同样的考虑，所以用这个方法可得到 $5^k\cdot2^{5k-1}\cdot\left(\left(\frac{1}{2}(5^k-1)\right)!\right)^2$ 个不同的 5^k 阶空间对称完美的幻立方，其中 $k=1,2,\cdots$。

第18章　$3n(n=2m+1, m$ 为正整数)阶空间对称完美幻立方

一般构造奇数 $n=2m+1$(m 为 $m\neq 3t+1$ 且 $m\neq 5s+2, t, s=0,1,2,\cdots$)阶空间对称完美幻立方的方法不能用以构造 $3n(n=2m+1, m$ 为正整数)阶空间对称完美幻立方。

本章讲述构造9阶空间对称完美幻立方,15阶空间对称完美幻立方,一般构造 $3n(n=2m+1, m$ 为正整数)阶空间对称完美幻立方的方法。此方法的特点是三个幻立方叠加。

18.1　9阶空间对称完美幻立方

如何构造一个9阶空间对称完美幻立方?

第1步,构造9阶非正规的空间对称完美幻立方 A。

把1~9的自然数分为个数相同、其和相等的3组,比如8,1,6;3,5,7;4,9,2。把第1组的数置于幻立方 A 截面方阵 A_1 中第1行的第1,4,7个位置,把第2组的数置于第1行的第2,5,8个位置,把第3组的数置于第1行的第3,6,9个位置,且9个数是中心对称的,称之为基本行。基本行左移1个位置得第2行,第2行左移1个位置得第3行,……,依此类推直至得到第9行,是为截面方阵 A_1,如图18-1所示。

8	3	4	1	5	9	6	7	2
3	4	1	5	9	6	7	2	8
4	1	5	9	6	7	2	8	3
1	5	9	6	7	2	8	3	4
5	9	6	7	2	8	3	4	1
9	6	7	2	8	3	4	1	5
6	7	2	8	3	4	1	5	9
7	2	8	3	4	1	5	9	6
2	8	3	4	1	5	9	6	7

图18-1　截面方阵 A_1

截面方阵 A_1 下移1个位置得截面方阵 A_2,截面方阵 A_2 下移1个位置得截面方阵 A_3,依此类推直至得到截面方阵 A_9,如图18-2~图18-9所示。

有序的9个截面方阵 A_1 至截面方阵 A_9 组成一个9阶非正规的空间对称完美幻立方 A。

2	8	3	4	1	5	9	6	7
8	3	4	1	5	9	6	7	2
3	4	1	5	9	6	7	2	8
4	1	5	9	6	7	2	8	3
1	5	9	6	7	2	8	3	4
5	9	6	7	2	8	3	4	1
9	6	7	2	8	3	4	1	5
6	7	2	8	3	4	1	5	9
7	2	8	3	4	1	5	9	6

图 18－2　截面方阵 A_2

7	2	8	3	4	1	5	9	6
2	8	3	4	1	5	9	6	7
8	3	4	1	5	9	6	7	2
3	4	1	5	9	6	7	2	8
4	1	5	9	6	7	2	8	3
1	5	9	6	7	2	8	3	4
5	9	6	7	2	8	3	4	1
9	6	7	2	8	3	4	1	5
6	7	2	8	3	4	1	5	9

图 18－3　截面方阵 A_3

6	7	2	8	3	4	1	5	9
7	2	8	3	4	1	5	9	6
2	8	3	4	1	5	9	6	7
8	3	4	1	5	9	6	7	2
3	4	1	5	9	6	7	2	8
4	1	5	9	6	7	2	8	3
1	5	9	6	7	2	8	3	4
5	9	6	7	2	8	3	4	1
9	6	7	2	8	3	4	1	5

图 18－4　截面方阵 A_4

9	6	7	2	8	3	4	1	5
6	7	2	8	3	4	1	5	9
7	2	8	3	4	1	5	9	6
2	8	3	4	1	5	9	6	7
8	3	4	1	5	9	6	7	2
3	4	1	5	9	6	7	2	8
4	1	5	9	6	7	2	8	3
1	5	9	6	7	2	8	3	4
5	9	6	7	2	8	3	4	1

图 18－5　截面方阵 A_5

5	9	6	7	2	8	3	4	1
9	6	7	2	8	3	4	1	5
6	7	2	8	3	4	1	5	9
7	2	8	3	4	1	5	9	6
2	8	3	4	1	5	9	6	7
8	3	4	1	5	9	6	7	2
3	4	1	5	9	6	7	2	8
4	1	5	9	6	7	2	8	3
1	5	9	6	7	2	8	3	4

图 18－6　截面方阵 A_6

1	5	9	6	7	2	8	3	4
5	9	6	7	2	8	3	4	1
9	6	7	2	8	3	4	1	5
6	7	2	8	3	4	1	5	9
7	2	8	3	4	1	5	9	6
2	8	3	4	1	5	9	6	7
8	3	4	1	5	9	6	7	2
3	4	1	5	9	6	7	2	8
4	1	5	9	6	7	2	8	3

图 18－7　截面方阵 A_7

4	1	5	9	6	7	2	8	3
1	5	9	6	7	2	8	3	4
5	9	6	7	2	8	3	4	1
9	6	7	2	8	3	4	1	5
6	7	2	8	3	4	1	5	9
7	2	8	3	4	1	5	9	6
2	8	3	4	1	5	9	6	7
8	3	4	1	5	9	6	7	2
3	4	1	5	9	6	7	2	8

图 18－8　截面方阵 A_8

3	4	1	5	9	6	7	2	8
4	1	5	9	6	7	2	8	3
1	5	9	6	7	2	8	3	4
5	9	6	7	2	8	3	4	1
9	6	7	2	8	3	4	1	5
6	7	2	8	3	4	1	5	9
7	2	8	3	4	1	5	9	6
2	8	3	4	1	5	9	6	7
8	3	4	1	5	9	6	7	2

图 18－9　截面方阵 A_9

第2步,构造9阶非正规的空间对称完美幻立方 B。

以第1步中的基本行作为幻立方 B 截面方阵 B_1 中的第1行,基本行右移1个位置得第2行,第2行右移1个位置得第3行,……,依此类推直至得到第9行,是为截面方阵 B_1,如图18-10所示。

8	3	4	1	5	9	6	7	2
2	8	3	4	1	5	9	6	7
7	2	8	3	4	1	5	9	6
6	7	2	8	3	4	1	5	9
9	6	7	2	8	3	4	1	5
5	9	6	7	2	8	3	4	1
1	5	9	6	7	2	8	3	4
4	1	5	9	6	7	2	8	3
3	4	1	5	9	6	7	2	8

图18-10　截面方阵 B_1

截面方阵 B_1 下移1个位置得截面方阵 B_2,截面方阵 B_2 下移1个位置得截面方阵 B_3,依此类推直至得到截面方阵 B_9,如图18-11~图18-18所示。

3	4	1	5	9	6	7	2	8
8	3	4	1	5	9	6	7	2
2	8	3	4	1	5	9	6	7
7	2	8	3	4	1	5	9	6
6	7	2	8	3	4	1	5	9
9	6	7	2	8	3	4	1	5
5	9	6	7	2	8	3	4	1
1	5	9	6	7	2	8	3	4
4	1	5	9	6	7	2	8	3

图18-11　截面方阵 B_2

4	1	5	9	6	7	2	8	3
3	4	1	5	9	6	7	2	8
8	3	4	1	5	9	6	7	2
2	8	3	4	1	5	9	6	7
7	2	8	3	4	1	5	9	6
6	7	2	8	3	4	1	5	9
9	6	7	2	8	3	4	1	5
5	9	6	7	2	8	3	4	1
1	5	9	6	7	2	8	3	4

图18-12　截面方阵 B_3

1	5	9	6	7	2	8	3	4
4	1	5	9	6	7	2	8	3
3	4	1	5	9	6	7	2	8
8	3	4	1	5	9	6	7	2
2	8	3	4	1	5	9	6	7
7	2	8	3	4	1	5	9	6
6	7	2	8	3	4	1	5	9
9	6	7	2	8	3	4	1	5
5	9	6	7	2	8	3	4	1

图 18-13　截面方阵 B_4

5	9	6	7	2	8	3	4	1
1	5	9	6	7	2	8	3	4
4	1	5	9	6	7	2	8	3
3	4	1	5	9	6	7	2	8
8	3	4	1	5	9	6	7	2
2	8	3	4	1	5	9	6	7
7	2	8	3	4	1	5	9	6
6	7	2	8	3	4	1	5	9
9	6	7	2	8	3	4	1	5

图 18-14　截面方阵 B_5

9	6	7	2	8	3	4	1	5
5	9	6	7	2	8	3	4	1
1	5	9	6	7	2	8	3	4
4	1	5	9	6	7	2	8	3
3	4	1	5	9	6	7	2	8
8	3	4	1	5	9	6	7	2
2	8	3	4	1	5	9	6	7
7	2	8	3	4	1	5	9	6
6	7	2	8	3	4	1	5	9

图 18-15　截面方阵 B_6

6	7	2	8	3	4	1	5	9
9	6	7	2	8	3	4	1	5
5	9	6	7	2	8	3	4	1
1	5	9	6	7	2	8	3	4
4	1	5	9	6	7	2	8	3
3	4	1	5	9	6	7	2	8
8	3	4	1	5	9	6	7	2
2	8	3	4	1	5	9	6	7
7	2	8	3	4	1	5	9	6

图 18-16　截面方阵 B_7

7	2	8	3	4	1	5	9	6
6	7	2	8	3	4	1	5	9
9	6	7	2	8	3	4	1	5
5	9	6	7	2	8	3	4	1
1	5	9	6	7	2	8	3	4
4	1	5	9	6	7	2	8	3
3	4	1	5	9	6	7	2	8
8	3	4	1	5	9	6	7	2
2	8	3	4	1	5	9	6	7

图 18-17　截面方阵 B_8

2	8	3	4	1	5	9	6	7
7	2	8	3	4	1	5	9	6
6	7	2	8	3	4	1	5	9
9	6	7	2	8	3	4	1	5
5	9	6	7	2	8	3	4	1
1	5	9	6	7	2	8	3	4
4	1	5	9	6	7	2	8	3
3	4	1	5	9	6	7	2	8
8	3	4	1	5	9	6	7	2

图 18-18　截面方阵 B_9

有序的 9 个截面方阵 B_1 至截面方阵 B_9 组成一个 9 阶非正规的空间对称完美幻立方 B。

第 3 步，构造截面方阵 $B_k(k=1,2,\cdots,9)$ 的转置方阵 $\overline{B}_k(k=1,2,\cdots,9)$，即把 B_k 的行作为 $\overline{B}_k$ 的列，把 B_k 的列作为 $\overline{B}_k$ 的行，如图 18-19 ~ 图 18-27 所示。

8	2	7	6	9	5	1	4	3
3	8	2	7	6	9	5	1	4
4	3	8	2	7	6	9	5	1
1	4	3	8	2	7	6	9	5
5	1	4	3	8	2	7	6	9
9	5	1	4	3	8	2	7	6
6	9	5	1	4	3	8	2	7
7	6	9	5	1	4	3	8	2
2	7	6	9	5	1	4	3	8

图 18-19　转置方阵 $\overline{B}_1$

3	8	2	7	6	9	5	1	4
4	3	8	2	7	6	9	5	1
1	4	3	8	2	7	6	9	5
5	1	4	3	8	2	7	6	9
9	5	1	4	3	8	2	7	6
6	9	5	1	4	3	8	2	7
7	6	9	5	1	4	3	8	2
2	7	6	9	5	1	4	3	8
8	2	7	6	9	5	1	4	3

图 18－20　转置方阵 $\overline{B}_2$

4	3	8	2	7	6	9	5	1
1	4	3	8	2	7	6	9	5
5	1	4	3	8	2	7	6	9
9	5	1	4	3	8	2	7	6
6	9	5	1	4	3	8	2	7
7	6	9	5	1	4	3	8	2
2	7	6	9	5	1	4	3	8
8	2	7	6	9	5	1	4	3
3	8	2	7	6	9	5	1	4

图 18－21　转置方阵 $\overline{B}_3$

1	4	3	8	2	7	6	9	5
5	1	4	3	8	2	7	6	9
9	5	1	4	3	8	2	7	6
6	9	5	1	4	3	8	2	7
7	6	9	5	1	4	3	8	2
2	7	6	9	5	1	4	3	8
8	2	7	6	9	5	1	4	3
3	8	2	7	6	9	5	1	4
4	3	8	2	7	6	9	5	1

图 18－22　转置方阵 $\overline{B}_4$

5	1	4	3	8	2	7	6	9
9	5	1	4	3	8	2	7	6
6	9	5	1	4	3	8	2	7
7	6	9	5	1	4	3	8	2
2	7	6	9	5	1	4	3	8
8	2	7	6	9	5	1	4	3
3	8	2	7	6	9	5	1	4
4	3	8	2	7	6	9	5	1
1	4	3	8	2	7	6	9	5

图 18－23　转置方阵 $\overline{B}_5$

9	5	1	4	3	8	2	7	6
6	9	5	1	4	3	8	2	7
7	6	9	5	1	4	3	8	2
2	7	6	9	5	1	4	3	8
8	2	7	6	9	5	1	4	3
3	8	2	7	6	9	5	1	4
4	3	8	2	7	6	9	5	1
1	4	3	8	2	7	6	9	5
5	1	4	3	8	2	7	6	9

图 18－24　转置方阵 $\overline{B}_6$

6	9	5	1	4	3	8	2	7
7	6	9	5	1	4	3	8	2
2	7	6	9	5	1	4	3	8
8	2	7	6	9	5	1	4	3
3	8	2	7	6	9	5	1	4
4	3	8	2	7	6	9	5	1
1	4	3	8	2	7	6	9	5
5	1	4	3	8	2	7	6	9
9	5	1	4	3	8	2	7	6

图 18－25　转置方阵 $\overline{B}_7$

7	6	9	5	1	4	3	8	2
2	7	6	9	5	1	4	3	8
8	2	7	6	9	5	1	4	3
3	8	2	7	6	9	5	1	4
4	3	8	2	7	6	9	5	1
1	4	3	8	2	7	6	9	5
5	1	4	3	8	2	7	6	9
9	5	1	4	3	8	2	7	6
6	9	5	1	4	3	8	2	7

图 18－26　转置方阵 $\overline{B}_8$

2	7	6	9	5	1	4	3	8
8	2	7	6	9	5	1	4	3
3	8	2	7	6	9	5	1	4
4	3	8	2	7	6	9	5	1
1	4	3	8	2	7	6	9	5
5	1	4	3	8	2	7	6	9
9	5	1	4	3	8	2	7	6
6	9	5	1	4	3	8	2	7
7	6	9	5	1	4	3	8	2

图 18－27　转置方阵 $\overline{B}_9$

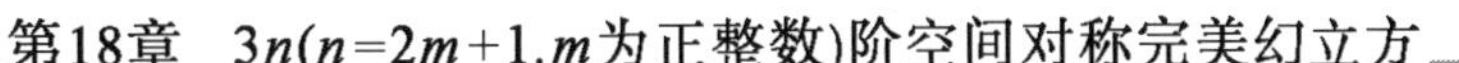

有序的 9 个转置方阵 $\overline{B}_1$ 至转置方阵 $\overline{B}_9$ 组成一个 9 阶非正规的空间对称完美幻立方 $\overline{B}$。

第 4 步，构造 9 阶空间对称完美幻立方 C。

方阵 $A_k(k=1,2,\cdots,9)$ 中的数减 1 后乘 9^2，加方阵 $B_k(k=1,2,\cdots,9)$ 中同一个坐标上的数减 1 后乘 9，再加方阵 $\overline{B}_k(k=1,2,\cdots,9)$ 中同一个坐标上的数，得幻立方 C 的截面方阵 $C_k(k=1,2,\cdots,9)$，如图 18－28～图 18－36 所示。

638	182	277	6	369	725	451	544	93
174	314	20	358	654	450	563	127	625
301	12	395	668	439	492	126	644	208
46	382	660	476	506	115	573	207	320
401	694	463	498	152	587	196	249	45
693	482	532	139	579	233	263	34	330
411	531	158	613	220	255	71	344	682
520	87	612	239	289	58	336	719	425
101	601	168	288	77	370	706	417	557

图 18－28　截面方阵 C_1

102	602	164	286	78	378	707	415	553
634	183	278	2	367	726	459	545	91
172	310	21	359	650	448	564	135	626
302	10	391	669	440	488	124	645	216
54	383	658	472	507	116	569	205	321
402	702	464	496	148	588	197	245	43
691	483	540	140	577	229	264	35	326
407	529	159	621	221	253	67	345	683
521	83	610	240	297	59	334	715	426

图 18－29　截面方阵 C_2

517	84	611	236	295	60	342	716	424
100	598	165	287	74	376	708	423	554
635	181	274	3	368	722	457	546	99
180	311	19	355	651	449	560	133	627
303	18	392	667	436	489	125	641	214
52	384	666	473	505	112	570	206	317
398	700	465	504	149	586	193	246	44
692	479	538	141	585	230	262	31	327
408	530	155	619	222	261	68	343	679

图 18－30　截面方阵 C_3

406	526	156	620	218	259	69	351	680
518	82	607	237	296	56	340	717	432
108	599	163	283	75	377	704	421	555
636	189	275	1	364	723	458	542	97
178	312	27	356	649	445	561	134	623
299	16	393	675	437	487	121	642	215
53	380	664	474	513	113	568	202	318
399	701	461	502	150	594	194	244	40
688	480	539	137	583	231	270	32	325

图 18－31　截面方阵 C_4

689	478	535	138	584	227	268	33	333
414	527	154	616	219	260	65	349	681
519	90	608	235	292	57	341	713	430
106	600	171	284	73	373	705	422	551
632	187	276	9	365	721	454	543	98
179	308	25	357	657	446	559	130	624
300	17	389	673	438	495	122	640	211
49	381	665	470	511	114	576	203	316
397	697	462	503	146	592	195	252	41

图 18－32　截面方阵 C_5

405	698	460	499	147	593	191	250	42
690	486	536	136	580	228	269	29	331
412	528	162	617	217	256	66	350	677
515	88	609	243	293	55	337	714	431
107	596	169	285	81	374	703	418	552
633	188	272	7	366	729	455	541	94
175	309	26	353	655	447	567	131	622
298	13	390	674	434	493	123	648	212
50	379	661	471	512	110	574	204	324

图 18－33　截面方阵 C_6

51	387	662	469	508	111	575	200	322
403	699	468	500	145	589	192	251	38
686	484	537	144	581	226	265	30	332
413	524	160	618	225	257	64	346	678
516	89	605	241	294	63	338	712	427
103	597	170	281	79	375	711	419	550
631	184	273	8	362	727	456	549	95
176	307	22	354	656	443	565	132	630
306	14	388	670	435	494	119	646	213

图 18－34　截面方阵 C_7

304	15	396	671	433	490	120	647	209
47	385	663	477	509	109	571	201	323
404	695	466	501	153	590	190	247	39
687	485	533	142	582	234	266	28	328
409	525	161	614	223	258	72	347	676
514	85	606	242	290	61	339	720	428
104	595	166	282	80	371	709	420	558
639	185	271	4	363	728	452	547	96
177	315	23	352	652	444	566	128	628

图 18－35　截面方阵 C_8

173	313	24	360	653	442	562	129	629
305	11	394	672	441	491	118	643	210
48	386	659	475	510	117	572	199	319
400	696	467	497	151	591	198	248	37
685	481	534	143	578	232	267	36	329
410	523	157	615	224	254	70	348	684
522	86	604	238	291	62	335	718	429
105	603	167	280	76	372	710	416	556
637	186	279	5	361	724	453	548	92

图 18－36　截面方阵 C_9

有序的 9 个截面方阵 C_1 至截面方阵 C_9 组成一个 9 阶的空间对称完美幻立方 C。其 9^2 个行、9^2 个列、9^2 个纵列，以及四条空间对角线和与这四条空间对角线同向的泛对角线上的 9 个数字之和都等于幻立方常数 $\frac{9}{2}(9^3+1)=3285$，位于空间中心对称位置上两个元素的和都等于 $9^3+1=730$。

18.2　15 阶空间对称完美幻立方

如何构造一个 15 阶空间对称完美幻立方？

第 1 步，构造 15 阶非正规的空间对称完美幻立方 A。

把 1～15 的自然数分为个数相同、其和相等的 3 组，比如 6，1，7，14，12；3，5，8，11，13；4，2，9，15，10。把第 1 组的数置于幻立方 A 截面方阵 A_1 中第 1 行的第 1，4，7，10，13 个位置；把第 2 组的数置于第 1 行的第 2，5，8，11，14 个位置；把第 3 组的数置于第 1 行的第 3，6，9，12，15 个位置，且 15 个数是中心对称的，称之为基本行。基本行左移 1 个位置得第 2 行，第 2 行左移 1 个位置得第 3 行，……，依此类推直至得到第 15 行，是为截面方阵 A_1，如图 18－37 所示。

截面方阵 A_1 下移 1 个位置得截面方阵 A_2，截面方阵 A_2 下移 1 个位置得截面方阵 A_3，依此类推直至得到截面方阵 A_{15}，图省略。

有序的 15 个截面方阵 A_1 至截面方阵 A_{15}，组成一个 15 阶非正规的空间对称完美幻立方 A。

6	3	4	1	5	2	7	8	9	14	11	15	12	13	10
3	4	1	5	2	7	8	9	14	11	15	12	13	10	6
4	1	5	2	7	8	9	14	11	15	12	13	10	6	3
1	5	2	7	8	9	14	11	15	12	13	10	6	3	4
5	2	7	8	9	14	11	15	12	13	10	6	3	4	1
2	7	8	9	14	11	15	12	13	10	6	3	4	1	5
7	8	9	14	11	15	12	13	10	6	3	4	1	5	2
8	9	14	11	15	12	13	10	6	3	4	1	5	2	7
9	14	11	15	12	13	10	6	3	4	1	5	2	7	8
14	11	15	12	13	10	6	3	4	1	5	2	7	8	9
11	15	12	13	10	6	3	4	1	5	2	7	8	9	14
15	12	13	10	6	3	4	1	5	2	7	8	9	14	11
12	13	10	6	3	4	1	5	2	7	8	9	14	11	15
13	10	6	3	4	1	5	2	7	8	9	14	11	15	12
10	6	3	4	1	5	2	7	8	9	14	11	15	12	13

图 18－37　截面方阵 A_1

第 2 步，构造 15 阶非正规的空间对称完美幻立方 B。

以第 1 步中的基本行作为幻立方 B 截面方阵 B_1 中的第 1 行，基本行右移 1 个位置得第 2 行，第 2 行右移 1 个位置得第 3 行，……，依此类推直至得到第 15 行，是为截面方阵 B_1，如图 18－38 所示。

6	3	4	1	5	2	7	8	9	14	11	15	12	13	10
10	6	3	4	1	5	2	7	8	9	14	11	15	12	13
13	10	6	3	4	1	5	2	7	8	9	14	11	15	12
12	13	10	6	3	4	1	5	2	7	8	9	14	11	15
15	12	13	10	6	3	4	1	5	2	7	8	9	14	11
11	15	12	13	10	6	3	4	1	5	2	7	8	9	14
14	11	15	12	13	10	6	3	4	1	5	2	7	8	9
9	14	11	15	12	13	10	6	3	4	1	5	2	7	8
8	9	14	11	15	12	13	10	6	3	4	1	5	2	7
7	8	9	14	11	15	12	13	10	6	3	4	1	5	2
2	7	8	9	14	11	15	12	13	10	6	3	4	1	5
5	2	7	8	9	14	11	15	12	13	10	6	3	4	1
1	5	2	7	8	9	14	11	15	12	13	10	6	3	4
4	1	5	2	7	8	9	14	11	15	12	13	10	6	3
3	4	1	5	2	7	8	9	14	11	15	12	13	10	6

图 18－38　截面方阵 B_1

截面方阵 B_1 下移 1 个位置得截面方阵 B_2，截面方阵 B_2 下移 1 个位置得截面方阵 B_3，依此类推直至得到截面方阵 B_{15}，图省略。

有序的 15 个截面方阵 B_1 至截面方阵 B_{15} 组成一个 15 阶非正规的空间对称完美幻立方 B。

第 3 步，构造截面方阵 $B_k(k=1,2,\cdots,15)$ 的转置方阵 $\overline{B}_k(k=1,2,\cdots,15)$，即把 B_k 的行作为 $\overline{B}_k$ 的列，把 B_k 的列作为 $\overline{B}_k$ 的行。转置方阵 $\overline{B}_1$ 如图 18－39 所示。

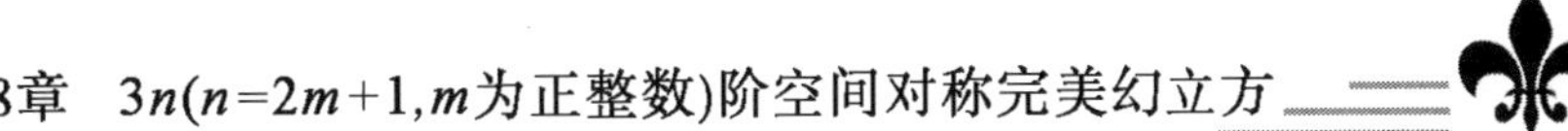

6	10	13	12	15	11	14	9	8	7	2	5	1	4	3
3	6	10	13	12	15	11	14	9	8	7	2	5	1	4
4	3	6	10	13	12	15	11	14	9	8	7	2	5	1
1	4	3	6	10	13	12	15	11	14	9	8	7	2	5
5	1	4	3	6	10	13	12	15	11	14	9	8	7	2
2	5	1	4	3	6	10	13	12	15	11	14	9	8	7
7	2	5	1	4	3	6	10	13	12	15	11	14	9	8
8	7	2	5	1	4	3	6	10	13	12	15	11	14	9
9	8	7	2	5	1	4	3	6	10	13	12	15	11	14
14	9	8	7	2	5	1	4	3	6	10	13	12	15	11
11	14	9	8	7	2	5	1	4	3	6	10	13	12	15
15	11	14	9	8	7	2	5	1	4	3	6	10	13	12
12	15	11	14	9	8	7	2	5	1	4	3	6	10	13
13	12	15	11	14	9	8	7	2	5	1	4	3	6	10
10	13	12	15	11	14	9	8	7	2	5	1	4	3	6

图 18－39 转置方阵 $\overline{B}_1$

实际上转置方阵 $\overline{B}_1$ 右移 1 个位置亦可得到转置方阵 $\overline{B}_2$，转置方阵 $\overline{B}_2$ 右移 1 个位置可得到转置方阵 $\overline{B}_3$，依此类推直至得到转置方阵 $\overline{B}_{15}$，图省略。

有序的 15 个转置方阵 $\overline{B}_1$ 至转置方阵 $\overline{B}_{15}$组成一个 15 阶非正规的空间对称完美幻立方 $\overline{B}$。

第 4 步，构造 15 阶空间对称完美幻立方 C。

方阵 $A_k(k=1,2,\cdots,15)$ 中的数减 1 后乘$(15)^2$，加方阵 $B_k(k=1,2,\cdots,15)$ 中同一个坐标上的数减 1 后乘 15，再加方阵 $\overline{B}_k(k=1,2,\cdots,15)$ 中同一个坐标上的数，得幻立方 C 的截面方阵 $C_k(k=1,2,\cdots,15)$，如图 18－40～图 18－54 所示。

1206	490	733	12	975	251	1454	1689	1928	3127	2402	3365	2641	2884	2163
588	756	40	958	237	1425	1601	1904	3039	2378	3352	2627	2915	2191	1309
859	138	981	265	1408	1587	1875	2951	2354	3264	2603	2902	2177	1340	616
166	1084	363	1431	1615	1858	2937	2325	3176	2579	2814	2153	1327	602	890
1115	391	1534	1713	1881	2965	2308	3162	2550	2726	2129	1239	578	877	152
377	1565	1741	1984	3063	2331	3190	2533	2712	2100	1151	554	789	128	1102
1552	1727	2015	3091	2434	3288	2556	2740	2083	1137	525	701	104	1014	353
1703	2002	3077	2465	3316	2659	2838	2106	1165	508	687	75	926	329	1464
1914	3053	2452	3302	2690	2866	2209	1263	531	715	58	912	300	1376	1679
3029	2364	3278	2677	2852	2240	1291	634	813	81	940	283	1362	1650	1826
2276	3254	2589	2828	2227	1277	665	841	184	1038	306	1390	1633	1812	3000
3225	2501	2804	2139	1253	652	827	215	1066	409	1488	1656	1840	2983	2262
2487	2775	2051	1229	564	803	202	1052	440	1516	1759	1938	3006	2290	3208
2758	2037	1200	476	779	114	1028	427	1502	1790	1966	3109	2388	3231	2515
2065	1183	462	750	26	1004	339	1478	1777	1952	3140	2416	3334	2613	2781

图 18－40 截面方阵 C_1

2058	1176	460	748	27	1005	341	1484	1779	1958	3142	2417	3335	2611	2779
1204	483	726	10	973	252	1455	1691	1934	3129	2408	3367	2642	2885	2161
586	754	33	951	235	1423	1602	1905	3041	2384	3354	2633	2917	2192	1310
860	136	979	258	1401	1585	1873	2952	2355	3266	2609	2904	2183	1342	617
167	1085	361	1429	1608	1851	2935	2323	3177	2580	2816	2159	1329	608	892
1117	392	1535	1711	1879	2958	2301	3160	2548	2727	2130	1241	584	879	158
383	1567	1742	1985	3061	2329	3183	2526	2710	2098	1152	555	791	134	1104
1554	1733	2017	3092	2435	3286	2554	2733	2076	1135	523	702	105	1016	359
1709	2004	3083	2467	3317	2660	2836	2104	1158	501	685	73	927	330	1466
1916	3059	2454	3308	2692	2867	2210	1261	529	708	51	910	298	1377	1680
3030	2366	3284	2679	2858	2242	1292	635	811	79	933	276	1360	1648	1827
2277	3255	2591	2834	2229	1283	667	842	185	1036	304	1383	1626	1810	2998
3223	2502	2805	2141	1259	654	833	217	1067	410	1486	1654	1833	2976	2260
2485	2773	2052	1230	566	809	204	1058	442	1517	1760	1936	3004	2283	3201
2751	2035	1198	477	780	116	1034	429	1508	1792	1967	3110	2386	3229	2508

图 18－41　截面方阵 C_2

2749	2028	1191	475	778	117	1035	431	1514	1794	1973	3112	2387	3230	2506
2056	1174	453	741	25	1003	342	1485	1781	1964	3144	2423	3337	2612	2780
1205	481	724	3	966	250	1453	1692	1935	3131	2414	3369	2648	2887	2162
587	755	31	949	228	1416	1600	1903	3042	2385	3356	2639	2919	2198	1312
862	137	980	256	1399	1578	1866	2950	2353	3267	2610	2906	2189	1344	623
173	1087	362	1430	1606	1849	2928	2316	3175	2578	2817	2160	1331	614	894
1119	398	1537	1712	1880	2956	2299	3153	2541	2725	2128	1242	585	881	164
389	1569	1748	1987	3062	2330	3181	2524	2703	2091	1150	553	792	135	1106
1556	1739	2019	3098	2437	3287	2555	2731	2074	1128	516	700	103	1017	360
1710	2006	3089	2469	3323	2662	2837	2105	1156	499	678	66	925	328	1467
1917	3060	2456	3314	2694	2873	2212	1262	530	706	49	903	291	1375	1678
3028	2367	3285	2681	2864	2244	1298	637	812	80	931	274	1353	1641	1825
2275	3253	2592	2835	2231	1289	669	848	187	1037	305	1381	1624	1803	2991
3216	2500	2803	2142	1260	656	839	219	1073	412	1487	1655	1831	2974	2253
2478	2766	2050	1228	567	810	206	1064	444	1523	1762	1937	3005	2281	3199

图 18－42　截面方阵 C_3

2476	2764	2043	1221	565	808	207	1065	446	1529	1764	1943	3007	2282	3200
2750	2026	1189	468	771	115	1033	432	1515	1796	1979	3114	2393	3232	2507
2057	1175	451	739	18	996	340	1483	1782	1965	3146	2429	3339	2618	2782
1207	482	725	1	964	243	1446	1690	1933	3132	2415	3371	2654	2889	2168
593	757	32	950	226	1414	1593	1896	3040	2383	3357	2640	2921	2204	1314
864	143	982	257	1400	1576	1864	2943	2346	3265	2608	2907	2190	1346	629
179	1089	368	1432	1607	1850	2926	2314	3168	2571	2815	2158	1332	615	896
1121	404	1539	1718	1882	2957	2300	3151	2539	2718	2121	1240	583	882	165
390	1571	1754	1989	3068	2332	3182	2525	2701	2089	1143	546	790	133	1107
1557	1740	2021	3104	2439	3293	2557	2732	2075	1126	514	693	96	1015	358
1708	2007	3090	2471	3329	2664	2843	2107	1157	500	676	64	918	321	1465
1915	3058	2457	3315	2696	2879	2214	1268	532	707	50	901	289	1368	1671
3021	2365	3283	2682	2865	2246	1304	639	818	82	932	275	1351	1639	1818
2268	3246	2590	2833	2232	1290	671	854	189	1043	307	1382	1625	1801	2989
3214	2493	2796	2140	1258	657	840	221	1079	414	1493	1657	1832	2975	2251

图 18－43　截面方阵 C_4

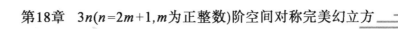

3215	2491	2794	2133	1251	655	838	222	1080	416	1499	1659	1838	2977	2252
2477	2765	2041	1219	558	801	205	1063	447	1530	1766	1949	3009	2288	3202
2752	2027	1190	466	769	108	1026	430	1513	1797	1980	3116	2399	3234	2513
2063	1177	452	740	16	994	333	1476	1780	1963	3147	2430	3341	2624	2784
1209	488	727	2	965	241	1444	1683	1926	3130	2413	3372	2655	2891	2174
599	759	38	952	227	1415	1591	1894	3033	2376	3355	2638	2922	2205	1316
866	149	984	263	1402	1577	1865	2941	2344	3258	2601	2905	2188	1347	630
180	1091	374	1434	1613	1852	2927	2315	3166	2569	2808	2151	1330	613	897
1122	405	1541	1724	1884	2963	2302	3152	2540	2716	2119	1233	576	880	163
388	1572	1755	1991	3074	2334	3188	2527	2702	2090	1141	544	783	126	1105
1555	1738	2022	3105	2441	3299	2559	2738	2077	1127	515	691	94	1008	351
1701	2005	3088	2472	3330	2666	2849	2109	1163	502	677	65	916	319	1458
1908	3051	2455	3313	2697	2880	2216	1274	534	713	52	902	290	1366	1669
3019	2358	3276	2680	2863	2247	1305	641	824	84	938	277	1352	1640	1816
2266	3244	2583	2826	2230	1288	672	855	191	1049	309	1388	1627	1802	2990

图 18－44　截面方阵 C_5

2267	3245	2581	2824	2223	1281	670	853	192	1050	311	1394	1629	1808	2992
3217	2492	2795	2131	1249	648	831	220	1078	417	1500	1661	1844	2979	2258
2483	2767	2042	1220	556	799	198	1056	445	1528	1767	1950	3011	2294	3204
2754	2033	1192	467	770	106	1024	423	1506	1795	1978	3117	2400	3236	2519
2069	1179	458	742	17	995	331	1474	1773	1956	3145	2428	3342	2625	2786
1211	494	729	8	967	242	1445	1681	1924	3123	2406	3370	2653	2892	2175
600	761	44	954	233	1417	1592	1895	3031	2374	3348	2631	2920	2203	1317
867	150	986	269	1404	1583	1867	2942	2345	3256	2599	2898	2181	1345	628
178	1092	375	1436	1619	1854	2933	2317	3167	2570	2806	2149	1323	606	895
1120	403	1542	1725	1886	2969	2304	3158	2542	2717	2120	1231	574	873	156
381	1570	1753	1992	3075	2336	3194	2529	2708	2092	1142	545	781	124	1098
1548	1731	2020	3103	2442	3300	2561	2744	2079	1133	517	692	95	1006	349
1699	1998	3081	2470	3328	2667	2850	2111	1169	504	683	67	917	320	1456
1906	3049	2448	3306	2695	2878	2217	1275	536	719	54	908	292	1367	1670
3020	2356	3274	2673	2856	2245	1303	642	825	86	944	279	1358	1642	1817

图 18－45　截面方阵 C_6

3022	2357	3275	2671	2854	2238	1296	640	823	87	945	281	1364	1644	1823
2273	3247	2582	2825	2221	1279	663	846	190	1048	312	1395	1631	1814	2994
3219	2498	2797	2132	1250	646	829	213	1071	415	1498	1662	1845	2981	2264
2489	2769	2048	1222	557	800	196	1054	438	1521	1765	1948	3012	2295	3206
2756	2039	1194	473	772	107	1025	421	1504	1788	1971	3115	2398	3237	2520
2070	1181	464	744	23	997	332	1475	1771	1954	3138	2421	3340	2623	2787
1212	495	731	14	969	248	1447	1682	1925	3121	2404	3363	2646	2890	2173
598	762	45	956	239	1419	1598	1897	3032	2375	3346	2629	2913	2196	1315
865	148	987	270	1406	1589	1869	2948	2347	3257	2600	2896	2179	1338	621
171	1090	373	1437	1620	1856	2939	2319	3173	2572	2807	2150	1321	604	888
1113	396	1540	1723	1887	2970	2306	3164	2544	2723	2122	1232	575	871	154
379	1563	1746	1990	3073	2337	3195	2531	2714	2094	1148	547	782	125	1096
1546	1729	2013	3096	2440	3298	2562	2745	2081	1139	519	698	97	1007	350
1700	1996	3079	2463	3321	2665	2848	2112	1170	506	689	69	923	322	1457
1907	3050	2446	3304	2688	2871	2215	1273	537	720	56	914	294	1373	1672

图 18－46　截面方阵 C_7

1913	3052	2447	3305	2686	2869	2208	1266	535	718	57	915	296	1379	1674
3024	2363	3277	2672	2855	2236	1294	633	816	85	943	282	1365	1646	1829
2279	3249	2588	2827	2222	1280	661	844	183	1041	310	1393	1632	1815	2996
3221	2504	2799	2138	1252	647	830	211	1069	408	1491	1660	1843	2982	2265
2490	2771	2054	1224	563	802	197	1055	436	1519	1758	1941	3010	2293	3207
2757	2040	1196	479	774	113	1027	422	1505	1786	1969	3108	2391	3235	2518
2068	1182	465	746	29	999	338	1477	1772	1955	3136	2419	3333	2616	2785
1210	493	732	15	971	254	1449	1688	1927	3122	2405	3361	2644	2883	2166
591	760	43	957	240	1421	1604	1899	3038	2377	3347	2630	2911	2194	1308
858	141	985	268	1407	1590	1871	2954	2349	3263	2602	2897	2180	1336	619
169	1083	366	1435	1618	1857	2940	2321	3179	2574	2813	2152	1322	605	886
1111	394	1533	1716	1885	2968	2307	3165	2546	2729	2124	1238	577	872	155
380	1561	1744	1983	3066	2335	3193	2532	2715	2096	1154	549	788	127	1097
1547	1730	2011	3094	2433	3291	2560	2743	2082	1140	521	704	99	1013	352
1702	1997	3080	2461	3319	2658	2841	2110	1168	507	690	71	929	324	1463

图 18－47　截面方阵 C_8

1704	2003	3082	2462	3320	2656	2839	2103	1161	505	688	72	930	326	1469
1919	3054	2453	3307	2687	2870	2206	1264	528	711	55	913	297	1380	1676
3026	2369	3279	2678	2857	2237	1295	631	814	78	936	280	1363	1647	1830
2280	3251	2594	2829	2228	1282	662	845	181	1039	303	1386	1630	1813	2997
3222	2505	2801	2144	1254	653	832	212	1070	406	1489	1653	1836	2980	2263
2488	2772	2055	1226	569	804	203	1057	437	1520	1756	1939	3003	2286	3205
2755	2038	1197	480	776	119	1029	428	1507	1787	1970	3106	2389	3228	2511
2061	1180	463	747	30	1001	344	1479	1778	1957	3137	2420	3331	2614	2778
1203	486	730	13	972	255	1451	1694	1929	3128	2407	3362	2645	2881	2164
589	753	36	955	238	1422	1605	1901	3044	2379	3353	2632	2912	2195	1306
856	139	978	261	1405	1588	1872	2955	2351	3269	2604	2903	2182	1337	620
170	1081	364	1428	1611	1855	2938	2322	3180	2576	2819	2154	1328	607	887
1112	395	1531	1714	1878	2961	2305	3163	2547	2730	2126	1244	579	878	157
382	1562	1745	1981	3064	2328	3186	2530	2713	2097	1155	551	794	129	1103
1553	1732	2012	3095	2431	3289	2553	2736	2080	1138	522	705	101	1019	354

图 18－48　截面方阵 C_9

1559	1734	2018	3097	2432	3290	2551	2734	2073	1131	520	703	102	1020	356
1706	2009	3084	2468	3322	2657	2840	2101	1159	498	681	70	928	327	1470
1920	3056	2459	3309	2693	2872	2207	1265	526	709	48	906	295	1378	1677
3027	2370	3281	2684	2859	2243	1297	632	815	76	934	273	1356	1645	1828
2278	3252	2595	2831	2234	1284	668	847	182	1040	301	1384	1623	1806	2995
3220	2503	2802	2145	1256	659	834	218	1072	407	1490	1651	1834	2973	2256
2481	2770	2053	1227	570	806	209	1059	443	1522	1757	1940	3001	2284	3198
2748	2031	1195	478	777	120	1031	434	1509	1793	1972	3107	2390	3226	2509
2059	1173	456	745	28	1002	345	1481	1784	1959	3143	2422	3332	2615	2776
1201	484	723	6	970	253	1452	1695	1931	3134	2409	3368	2647	2882	2165
590	751	34	948	231	1420	1603	1902	3045	2381	3359	2634	2918	2197	1307
857	140	976	259	1398	1581	1870	2953	2352	3270	2606	2909	2184	1343	622
172	1082	365	1426	1609	1848	2931	2320	3178	2577	2820	2156	1334	609	893
1118	397	1532	1715	1876	2959	2298	3156	2545	2728	2127	1245	581	884	159
384	1568	1747	1982	3065	2326	3184	2523	2706	2095	1153	552	795	131	1109

图 18－49　截面方阵 C_{10}

386	1574	1749	1988	3067	2327	3185	2521	2704	2088	1146	550	793	132	1110
1560	1736	2024	3099	2438	3292	2552	2735	2071	1129	513	696	100	1018	357
1707	2010	3086	2474	3324	2663	2842	2102	1160	496	679	63	921	325	1468
1918	3057	2460	3311	2699	2874	2213	1267	527	710	46	904	288	1371	1675
3025	2368	3282	2685	2861	2249	1299	638	817	77	935	271	1354	1638	1821
2271	3250	2593	2832	2235	1286	674	849	188	1042	302	1385	1621	1804	2988
3213	2496	2800	2143	1257	660	836	224	1074	413	1492	1652	1835	2971	2254
2479	2763	2046	1225	568	807	210	1061	449	1524	1763	1942	3002	2285	3196
2746	2029	1188	471	775	118	1032	435	1511	1799	1974	3113	2392	3227	2510
2060	1171	454	738	21	1000	343	1482	1785	1961	3149	2424	3338	2617	2777
1202	485	721	4	963	246	1450	1693	1932	3135	2411	3374	2649	2888	2167
592	752	35	946	229	1413	1596	1900	3043	2382	3360	2636	2924	2199	1313
863	142	977	260	1396	1579	1863	2946	2350	3268	2607	2910	2186	1349	624
174	1088	367	1427	1610	1846	2929	2313	3171	2575	2818	2157	1335	611	899
1124	399	1538	1717	1877	2960	2296	3154	2538	2721	2125	1243	582	885	161

图 18－50　截面方阵 C_{11}

1125	401	1544	1719	1883	2962	2297	3155	2536	2719	2118	1236	580	883	162
387	1575	1751	1994	3069	2333	3187	2522	2705	2086	1144	543	786	130	1108
1558	1737	2025	3101	2444	3294	2558	2737	2072	1130	511	694	93	1011	355
1705	2008	3087	2475	3326	2669	2844	2108	1162	497	680	61	919	318	1461
1911	3055	2458	3312	2700	2876	2219	1269	533	712	47	905	286	1369	1668
3018	2361	3280	2683	2862	2250	1301	644	819	83	937	272	1355	1636	1819
2269	3243	2586	2830	2233	1287	675	851	194	1044	308	1387	1622	1805	2986
3211	2494	2793	2136	1255	658	837	225	1076	419	1494	1658	1837	2972	2255
2480	2761	2044	1218	561	805	208	1062	450	1526	1769	1944	3008	2287	3197
2747	2030	1186	469	768	111	1030	433	1512	1800	1976	3119	2394	3233	2512
2062	1172	455	736	19	993	336	1480	1783	1962	3150	2426	3344	2619	2783
1208	487	722	5	961	244	1443	1686	1930	3133	2412	3375	2651	2894	2169
594	758	37	947	230	1411	1594	1893	3036	2380	3358	2637	2925	2201	1319
869	144	983	262	1397	1580	1861	2944	2343	3261	2605	2908	2187	1350	626
176	1094	369	1433	1612	1847	2930	2311	3169	2568	2811	2155	1333	612	900

图 18－51　截面方阵 C_{12}

177	1095	371	1439	1614	1853	2932	2312	3170	2566	2809	2148	1326	610	898
1123	402	1545	1721	1889	2964	2303	3157	2537	2720	2116	1234	573	876	160
385	1573	1752	1995	3071	2339	3189	2528	2707	2087	1145	541	784	123	1101
1551	1735	2023	3102	2445	3296	2564	2739	2078	1132	512	695	91	1009	348
1698	2001	3085	2473	3327	2670	2846	2114	1164	503	682	62	920	316	1459
1909	3048	2451	3310	2698	2877	2220	1271	539	714	53	907	287	1370	1666
3016	2359	3273	2676	2860	2248	1302	645	821	89	939	278	1357	1637	1820
2270	3241	2584	2823	2226	1285	673	852	195	1046	314	1389	1628	1807	2987
3212	2495	2791	2134	1248	651	835	223	1077	420	1496	1664	1839	2978	2257
2482	2762	2045	1216	559	798	201	1060	448	1527	1770	1946	3014	2289	3203
2753	2032	1187	470	766	109	1023	426	1510	1798	1977	3120	2396	3239	2514
2064	1178	457	737	20	991	334	1473	1776	1960	3148	2427	3345	2621	2789
1214	489	728	7	962	245	1441	1684	1923	3126	2410	3373	2652	2895	2171
596	764	39	953	232	1412	1595	1891	3034	2373	3351	2635	2923	2202	1320
870	146	989	264	1403	1582	1862	2945	2341	3259	2598	2901	2185	1348	627

图 18－52　截面方阵 C_{13}

868	147	990	266	1409	1584	1868	2947	2342	3260	2596	2899	2178	1341	625
175	1093	372	1440	1616	1859	2934	2318	3172	2567	2810	2146	1324	603	891
1116	400	1543	1722	1890	2966	2309	3159	2543	2722	2117	1235	571	874	153
378	1566	1750	1993	3072	2340	3191	2534	2709	2093	1147	542	785	121	1099
1549	1728	2016	3100	2443	3297	2565	2741	2084	1134	518	697	92	1010	346
1696	1999	3078	2466	3325	2668	2847	2115	1166	509	684	68	922	317	1460
1910	3046	2449	3303	2691	2875	2218	1272	540	716	59	909	293	1372	1667
3017	2360	3271	2674	2853	2241	1300	643	822	90	941	284	1359	1643	1822
2272	3242	2585	2821	2224	1278	666	850	193	1047	315	1391	1634	1809	2993
3218	2497	2792	2135	1246	649	828	216	1075	418	1497	1665	1841	2984	2259
2484	2768	2047	1217	560	796	199	1053	441	1525	1768	1947	3015	2291	3209
2759	2034	1193	472	767	110	1021	424	1503	1791	1975	3118	2397	3240	2516
2066	1184	459	743	22	992	335	1471	1774	1953	3141	2425	3343	2622	2790
1215	491	734	9	968	247	1442	1685	1921	3124	2403	3366	2650	2893	2172
597	765	41	959	234	1418	1597	1892	3035	2371	3349	2628	2916	2200	1318

图 18－53　截面方阵 C_{14}

595	763	42	960	236	1424	1599	1898	3037	2372	3350	2626	2914	2193	1311
861	145	988	267	1410	1586	1874	2949	2348	3262	2597	2900	2176	1339	618
168	1086	370	1438	1617	1860	2936	2324	3174	2573	2812	2147	1325	601	889
1114	393	1536	1720	1888	2967	2310	3161	2549	2724	2123	1237	572	875	151
376	1564	1743	1986	3070	2338	3192	2535	2711	2099	1149	548	787	122	1100
1550	1726	2014	3093	2436	3295	2563	2742	2085	1136	524	699	98	1012	347
1697	2000	3076	2464	3318	2661	2845	2113	1167	510	686	74	924	323	1462
1912	3047	2450	3301	2689	2868	2211	1270	538	717	60	911	299	1374	1673
3023	2362	3272	2675	2851	2239	1293	636	820	88	942	285	1361	1649	1824
2274	3248	2587	2822	2225	1276	664	843	186	1045	313	1392	1635	1811	2999
3224	2499	2798	2137	1247	650	826	214	1068	411	1495	1663	1842	2985	2261
2486	2774	2049	1223	562	797	200	1051	439	1518	1761	1945	3013	2292	3210
2760	2036	1199	474	773	112	1022	425	1501	1789	1968	3111	2395	3238	2517
2067	1185	461	749	24	998	337	1472	1775	1951	3139	2418	3336	2620	2788
1213	492	735	11	974	249	1448	1687	1922	3125	2401	3364	2643	2886	2170

图 18－54　截面方阵 C_{15}

有序的 15 个截面方阵 C_1 至截面方阵 C_{15} 组成一个 15 阶的空间对称完美幻立方 C。其 $(15)^2$ 个行、$(15)^2$ 个列、$(15)^2$ 个纵列以及四条空间对角线和与这四条空间对角线同向的泛对角线上的 15 个数字之和都等于幻立方常数 $\frac{15}{2}((15)^3+1)=25320$，位于空间中心对称位置上两个元素的和都等于 $(15)^3+1=3376$。

18.3　$3n(n=2m+1, m$ 为正整数)阶空间对称完美幻立方

如何构造一个 $3n(n=2m+1, m$ 为正整数)阶空间对称完美幻立方？

第 1 步，构造 $3n(n=2m+1, m$ 为正整数)阶非正规的空间对称完美幻立方 A。

把 $1\sim 3n$ 的自然数分为个数相同其和相等的 3 组，把第 1 组的数置于幻立方 A 截面方阵 A_1 中第 1 行的第 $1+3t$ 列 $(t=0,1,\cdots,n-1)$，把第 2 组的数置于第 1 行的第 $2+3t$ 列 $(t=0,1,\cdots,n-1)$，把第 3 组的数置

于第1行的第$3+3t$列($t=0,1,\cdots,n-1$),且$3n$个数是中心对称的,称之为基本行。基本行左移1个位置得第2行,第2行左移1个位置得第3行,……,依此类推直至得到第$3n$行,是为$3n$阶截面方阵A_1。

截面方阵A_1下移1个位置得截面方阵A_2,截面方阵A_2下移1个位置得截面方阵A_3,依此类推直至得到截面方阵A_{3n}。

有序的$3n$个截面方阵A_1至截面方阵A_{3n}组成一个$3n$阶非正规的空间对称完美幻立方A。

第2步,构造$3n(n=2m+1,m$为正整数)阶非正规的空间对称完美幻立方B。

以第1步中的基本行作为幻立方B截面方阵B_1中的第1行,基本行右移1个位置得第2行,第2行右移1个位置得第3行,……,依此类推直至得到第$3n$行,是为$3n$阶截面方阵B_1。

截面方阵B_1下移1个位置得截面方阵B_2,截面方阵B_2下移1个位置得截面方阵B_3,依此类推直至得到截面方阵B_{3n}。

有序的$3n$个截面方阵B_1至截面方阵B_{3n}组成一个$3n$阶非正规的空间对称完美幻立方B。

第3步,构造截面方阵$B_k(k=1,2,\cdots,3n)$的转置方阵$\overline{B}_k(k=1,2,\cdots,3n)$,即把$B_k$的行作为$\overline{B}_k$的列,把$B_k$的列作为$\overline{B}_k$的行。

实际上转置方阵$\overline{B}_1$右移1个位置亦可得到转置方阵$\overline{B}_2$,转置方阵$\overline{B}_2$右移1个位置可得到转置方阵$\overline{B}_3$,依此类推直至得到转置方阵$\overline{B}_{3n}$。

有序的$3n$个转置方阵$\overline{B}_1$至转置方阵$\overline{B}_{3n}$组成一个$3n$阶非正规的空间对称完美幻立方$\overline{B}$。

第4步,构造个$3n(n=2m+1,m$为正整数)阶空间对称完美幻立方C。

方阵$A_k(k=1,2,\cdots,3n)$中的数减1后乘$(3n)^2$,加方阵$B_k(k=1,2,\cdots,3n)$中同一个坐标上的数减1后乘$3n$,再加方阵$\overline{B}_k(k=1,2,\cdots,15)$中同一个坐标上的数,得幻立方$C$的截面方阵$C_k(k=1,2,\cdots,3n)$。

有序的$3n$个截面方阵C_1至截面方阵C_{3n}组成一个$3n$阶的空间对称完美幻立方C。其$(3n)^2$个行、$(3n)^2$个列、$(3n)^2$个纵列,以及四条空间对角线和与这四条空间对角线同向的泛对角线上的$3n$个数字之和都等于幻立方常数$\frac{3n}{2}((3n)^3+1)$,位于空间对称位置上两个元素的和都等于$(3n)^3+1$。

第 19 章　小立方体$(2\times2\times2)$取等值的双偶数阶空间中心对称幻立方

本章讲述的小立方体$(2\times2\times2)$取等值的双偶数阶空间中心对称幻立方,是作者开发的一种幻立方,除了其本身的优异性质外,还因为以其为基础可构造出空间最完美幻立方(第 20 章)。

小立方体$(2\times2\times2)$取等值的 $n=4m$(m 为正整数)阶空间中心对称幻立方,除空间中心对称外,其每个截面可分四个 $2m\times2m$ 的方阵,其中任意选取的 2×2 小方阵(包跨边界的 2×2 小方阵),其四个数字之和都等于 $2(1+n^3)$,从而在相应的四个 $2m\times2m\times4m$ 的长方体内,任意选取的 $2\times2\times2$ 小立方体(包跨边界的 $2\times2\times2$ 小立方体),其八个数字之和都等于 $4(1+n^3)$。

本章讲述如何通过五个步骤得到$(2m)!$ 个小立方体$(2\times2\times2)$取等值的 $n=4m$(m 为正整数)阶空间中心对称幻立方。

19.1　小立方体$(2\times2\times2)$取等值的 4 阶空间中心对称幻立方

如何构造一个小立方体$(2\times2\times2)$取等值的 4 阶空间中心对称幻立方?

第 1 步,构造以 k 轴为法线方向的第 $k(k=1,2,3,4)$个截面的基方阵 A_k。

(1)以 $1,1+8=9,1+2\cdot8=17,1+3\cdot8=25;8,16,24,32$ 按图 19-1 所示构造基方阵 A_1 的左半部分。

1	32		
8	25		
9	24		
16	17		

图 19-1　基方阵 A_1 的左半部分

以 $1+4\cdot8=33,1+5\cdot8=41,1+6\cdot8=49,1+7\cdot8=57;40,48,56,64$,按图 19-2 所示构造基方阵 A_4 右半部分。

		48	49
		41	56
		40	57
		33	64

图 19-2　基方阵 A_4 的右半部分

(2)以 $1+1=2,9+1=10,17+1=18,25+1=26;8-1=7,16-1=15,24-1=23,32-1=31$,按图 19-1所示同样规则构造基方阵 A_2 的左半部分。

以 $2+1=3,10+1=11,18+1=19,26+1=27;7-1=6,15-1=14,23-1=22,31-1=30$,按图 19-1 所示同样规则构造基方阵 A_4 的左半部分。

$3+1=4,11+1=12,19+1=20,27+1=28;6-1=5,14-1=13,22-1=21,30-1=29$,按图 19-1 所

示同样规则构造基方阵 A_3 的左半部分。

33+1=34,41+1=42,49+1=50,57+1=58;40-1=39,48-1=47,56-1=55,64-1=63,按图 19-2所示同样规则构造基方阵 A_3 的右半部分。

以 34+1=35,42+1=43,50+1=51,58+1=59;39-1=38,47-1=46,55-1=54,63-1=62,按图 19-2所示同样规则构造基方阵 A_1 的右半部分。

35+1=36,43+1=44,51+1=52,59+1=60;38-1=37,46-1=45,54-1=53,62-1=61,按图 19-2 所示同样规则构造基方阵 A_2 的右半部分,得基方阵 A_1,A_2,A_3,A_4,分别如图 19-3,19-4,19-5,19-6 所示。

1	32	46	51
8	25	43	54
9	24	38	59
16	17	35	62

图 19-3 基方阵 A_1

2	31	45	52
7	26	44	53
10	23	37	60
15	18	36	61

图 19-4 基方阵 A_2

4	29	47	50
5	28	42	55
12	21	39	58
13	20	34	63

图 19-5 基方阵 A_3

3	30	48	49
6	27	41	56
11	22	40	57
14	19	33	64

图 19-6 基方阵 A_4

第 2 步,对第 $k(k=1,2,3,4)$ 个截面的基方阵 A_k 作行变换。

基方阵 A_1,A_2 上半部分不变,第 3~4 行依次作为新方阵第 4~3 行,所得方阵分别记为 B_1,B_2。

基方阵 A_3,A_4 下半部分不变,第 1~2 行依次作为新方阵第 2~1 行,所得方阵分别记为 B_3,B_4。

行变换后所得方阵 B_1~B_4 依次如图 19-7~图 19-10 所示。

1	32	46	51
8	25	43	54
16	17	35	62
9	24	38	59

图 19-7 行变换后所得方阵 B_1

2	31	45	52
7	26	44	53
15	18	36	61
10	23	37	60

图 19-8 行变换后所得方阵 B_2

5	28	42	55
4	29	47	50
12	21	39	58
13	20	34	63

图 19-9 行变换后所得方阵 B_3

6	27	41	56
3	30	48	49
11	22	40	57
14	19	33	64

图 19-10 行变换后所得方阵 B_4

第 3 步,第 $k(k=1,2,3,4)$ 个截面基方阵行变换后所得方阵 B_k 奇(或偶)数行的元素左右翻转 180 度,得方阵 C_k。

方阵 B_1,B_2 偶数行的元素左右翻转 180 度,所得方阵分别记为 C_1,C_2。

方阵 B_3,B_4 奇数行的元素左右翻转 180 度,所得方阵分别记为 C_3,C_4。

部分行的元素左右翻转后所得方阵 $C_1 \sim C_4$ 依次如图 19－11～图 19－14 所示。

1	32	46	51
54	43	25	8
16	17	35	62
59	38	24	9

图 19－11　翻转后所得方阵 C_1

2	31	45	52
53	44	26	7
15	18	36	61
60	37	23	10

图 19－12　翻转后所得方阵 C_2

55	42	28	5
4	29	47	50
58	39	21	12
13	20	34	63

图 19－13　翻转后所得方阵 C_3

56	41	27	6
3	30	48	49
57	40	22	11
14	19	33	64

图 19－14　翻转后所得方阵 C_4

第 4 步，部分行的元素翻转后所得方阵 $C_1 \sim C_4$ 作列变换。

方阵 C_1 和方阵 C_4 不变。方阵 C_2 和方阵 C_3 左半部分的元素在左半部分内左移一个位置，右半部分的元素在右半部分内右移一个位置，所得方阵即截面方阵，记为 D_1, D_2, D_3 和 D_4，依次如图 19－15～图 19－18 所示。

1	32	46	51
54	43	25	8
16	17	35	62
59	38	24	9

图 19－15　截面方阵 D_1

31	2	52	45
44	53	7	26
18	15	61	36
37	60	10	23

图 19－16　截面方阵 D_2

42	55	5	28
29	4	50	47
39	58	12	21
20	13	63	34

图 19－17　截面方阵 D_3

56	41	27	6
3	30	48	49
57	40	22	11
14	19	33	64

图 19－18　截面方阵 D_4

由上述 $k(k=1,2,3,4)$ 个截面 D_k 组成的是一个小立方体（$2\times2\times2$）取等值的 4 阶空间中心对称幻立方，由 1～64 的自然数所组成。其 4^2 个行、4^2 个列、4^2 个纵列，以及四条空间对角线上的 4 个数字之和都等于 $\frac{4}{2}(4^3+1)=130$，即幻立方常数，空间中心对称位置上的两个数字之和都等于 $4^3+1=65$。每个截面可分割成 4 个 2×2 的小正方形，其中 4 个数字之和都等于 130。整个幻立方可分割成 8 个 2 阶小立方体（$2\times2\times2$），每个小立方体内 8 个数字之和都等于 $2\cdot130=4\cdot65=260$。

由于方阵 B_1 与方阵 B_4 是空间中心对称的，方阵 B_2 与方阵 B_3 是空间中心对称的，所以行变换有 $2^2=4$ 种选择。由于有两对截面方阵是空间中心对称的，所以截面的排列有 2！个选择。由此可得出 $2^2(2!)=8$ 个不同的小立方体（$2\times2\times2$）取等值的 4 阶空间中心对称幻立方。

19.2 小立方体(2×2×2)取等值的8阶空间中心对称幻立方

如何构造一个小立方体(2×2×2)取等值的8阶空间中心对称幻立方?

第1步,构造以k轴为法线方向的第$k(k=1,2,\cdots,8)$个截面的基方阵A_k。

(1)以1,1+16=17,1+2·16=33,1+3·16=49,1+4·16=65,1+5·16=81,1+6·16=97,1+7·16=113,129,145,161,177,193,209,225,241;16,32,48,64,80,96,112,128,144,160,176,192,208,224,240,256,按图19-19所示构造基方阵A_1的左半部分,如图19-19所示。

1	128	129	256				
16	113	144	241				
17	112	145	240				
32	97	160	225				
33	96	161	224				
48	81	176	209				
49	80	177	208				
64	65	192	193				

图19-19 基方阵A_1的左半部分

以1+16·16=257,1+17·16=273,1+18·16=289,1+19·16=305,1+20·16=321,1+21·16=337,1+22·16=353,1+23·16=369,385,401,417,433,449,465,481,497;272,288,304,320,336,352,368,384,400,416,432,448,464,480,496,512,按图19-20所示构造基方阵A_8的右半部分,如图19-20所示。

				320	321	448	449
				305	336	433	464
				304	337	432	465
				289	352	417	480
				288	353	416	481
				273	368	401	496
				272	369	400	497
				257	384	385	512

图19-20 基方阵A_8的右半部分

(2)以1+1=2,17+1=18,33+1=34,49+1=50,66,82,98,114,130,146,162,178,194,210,226,242;16-1=15,32-1=31,48-1=47,64-1=63,79,95,111,127,143,159,175,191,207,223,239,255,按图19-19所示同样规则构造基方阵A_2的左半部分。

以2+1=3,18+1=19,34+1=35,50+1=51,67,83,99,115,131,147,163,179,195,211,227,243;15-1=14,31-1=30,47-1=46,63-1=62,78,94,110,126,142,158,174,190,206,222,238,254,按图19-19所示同样规则构造基方阵A_3的左半部分。

以3+1=4,19+1=20,35+1=36,51+1=52,68,84,100,116,132,148,164,180,196,212,228,244;14-1=13,30-1=29,46-1=45,62-1=61,77,93,109,125,141,157,173,189,205,221,237,253,按

图 19－19 所示同样规则构造基方阵 A_4 的左半部分。

以 4＋1＝5，20＋1＝21，36＋1＝37，52＋1＝53，69，85，101，117，133，149，165，181，197，213，229，245；13－1＝12，29－1＝28，45－1＝44，61－1＝60，76，92，108，124，140，156，172，188，204，220，236，252，按图 19－19所示同样规则构造基方阵 A_8 的左半部分。

以 5＋1＝6，21＋1＝22，37＋1＝38，53＋1＝54，70，86，102，118，134，150，166，182，198，214，230，246；12－1＝11，28－1＝27，44－1＝43，60－1＝59，75，91，107，123，139，155，171，187，203，219，235，251，按图 19－19所示同样规则构造基方阵 A_7 的左半部分。

以 6＋1＝7，22＋1＝23，38＋1＝39，54＋1＝55，71，87，103，119，135，151，167，183，199，215，231，247；11－1＝10，27－1＝26，43－1＝42，59－1＝58，74，90，106，122，138，154，170，186，202，218，234，250，按图 19－19所示同样规则构造基方阵 A_6 的左半部分。

以 7＋1＝8，23＋1＝24，39＋1＝40，55＋1＝56，72，88，104，120，136，152，168，184，200，216，232，248；10－1＝9，26－1＝25，42－1＝41，58－1＝57，73，89，105，121，137，153，169，185，201，217，233，249，按图 19－19 所示同样规则构造基方阵 A_5 的左半部分。

以 257＋1＝258，273＋1＝274，289＋1＝290，305＋1＝306，322，338，354，370，386，402，418，434，450，466，482，498；272－1＝271，288－1＝287，304－1＝303，320－1＝319，335，351，367，383，399，415，431，447，463，479，495，511，按图 19－20 所示同样规则构造基方阵 A_7 的右半部分。

以 258＋1＝259，274＋1＝275，290＋1＝291，306＋1＝307，323，339，355，371，387，403，419，435，451，467，483，499；271－1＝270，287－1＝286，303－1＝302，319－1＝318，334，350，366，382，398，414，430，446，462，478，494，510，按图 19－20 所示同样规则构造基方阵 A_6 的右半部分。

以 259＋1＝260，275＋1＝276，291＋1＝292，307＋1＝308，324，340，356，372，388，404，420，436，452，468，484，500；270－1＝269，286－1＝285，302－1＝301，318－1＝317，333，349，365，381，397，413，429，445，461，477，493，509，按图 19－20 所示同样规则构造基方阵 A_5 的右半部分。

以 260＋1＝261，276＋1＝277，292＋1＝293，308＋1＝309，325，341，357，373，389，405，421，437，453，469，485，501；269－1＝268，285－1＝284，301－1＝300，317－1＝316，332，348，364，380，396，412，428，444，460，476，492，508，按图 19－20 所示同样规则构造基方阵 A_1 的右半部分。

以 261＋1＝262，277＋1＝278，293＋1＝294，309＋1＝310，326，342，358，374，390，406，422，438，454，470，486，502；268－1＝267，284－1＝283，300－1＝299，316－1＝315，331，347，363，379，395，411，427，443，459，475，491，507，按图 19－20 所示同样规则构造基方阵 A_2 的右半部分。

以 262＋1＝263，278＋1＝279，294＋1＝295，310＋1＝311，327，343，359，375，391，407，423，439，455，471，487，503；267－1＝266，283－1＝282，299－1＝298，315－1＝314，330，346，362，378，394，410，426，442，458，474，490，506，按图 19－20 所示同样规则构造基方阵 A_3 的右半部分。

以 263＋1＝264，279＋1＝280，295＋1＝296，311＋1＝312，328，344，360，376，392，408，424，440，456，472，488，504；266－1＝265，282－1＝281，298－1＝297，314－1＝313，329，345，361，377，393，409，425，441，457，473，489，505，按图 19－20 所示同样规则构造基方阵 A_4 的右半部分。经过以上步骤，得基方阵 $A_1 \sim A_8$，分别如图 19－21～图 19－28 所示。

1	128	129	256	316	325	444	453
16	113	144	241	309	332	437	460
17	112	145	240	300	341	428	469
32	97	160	225	293	348	421	476
33	96	161	224	284	357	412	485
48	81	176	209	277	364	405	492
49	80	177	208	268	373	396	501
64	65	192	193	261	380	389	508

图 19-21 基方阵 A_1

2	127	130	255	315	326	443	454
15	114	143	242	310	331	438	459
18	111	146	239	299	342	427	470
31	98	159	226	294	347	422	475
34	95	162	223	283	358	411	486
47	82	175	210	278	363	406	491
50	79	178	207	267	374	395	502
63	66	191	194	262	379	390	507

图 19-22 基方阵 A_2

3	126	131	254	314	327	442	455
14	115	142	243	311	330	439	458
19	110	147	238	298	343	426	471
30	99	158	227	295	346	423	474
35	94	163	222	282	359	410	487
46	83	174	211	279	362	407	490
51	78	179	206	266	375	394	503
62	67	190	195	263	378	391	506

图 19-23 基方阵 A_3

4	125	132	253	313	328	441	456
13	116	141	244	312	329	440	457
20	109	148	237	297	344	425	472
29	100	157	228	296	345	424	473
36	93	164	221	281	360	409	488
45	84	173	212	280	361	408	489
52	77	180	205	265	376	393	504
61	68	189	196	264	377	392	505

图 19-24 基方阵 A_4

8	121	136	249	317	324	445	452
9	120	137	248	308	333	436	461
24	105	152	233	301	340	429	468
25	104	153	232	292	349	420	477
40	89	168	217	285	356	413	484
41	88	169	216	276	365	404	493
56	73	184	201	269	372	397	500
57	72	185	200	260	381	388	509

图 19-25 基方阵 A_5

7	122	135	250	318	323	446	451
10	119	138	247	307	334	435	462
23	106	151	234	302	339	430	467
26	103	154	231	291	350	419	478
39	90	167	218	286	355	414	483
42	87	170	215	275	366	403	494
55	74	183	202	270	371	398	499
58	71	186	199	259	382	387	510

图 19-26 基方阵 A_6

6	123	134	251	319	322	447	450
11	118	139	246	306	335	434	463
22	107	150	235	303	338	431	466
27	102	155	230	290	351	418	479
38	91	166	219	287	354	415	482
43	86	171	214	274	367	402	495
54	75	182	203	271	370	399	498
59	70	187	198	258	383	386	511

图 19-27 基方阵 A_7

5	124	133	252	320	321	448	449
12	117	140	245	305	336	433	464
21	108	149	236	304	337	432	465
28	101	156	229	289	352	417	480
37	92	165	220	288	353	416	481
44	85	172	213	273	368	401	496
53	76	181	204	272	369	400	497
60	69	188	197	257	384	385	512

图 19-28 基方阵 A_8

第 2 步，对第 $k(k=1,2,\cdots,8)$ 个截面的基方阵 A_k 作行变换。

基方阵 $A_1 \sim A_4$ 上半部分不变，第 5～8 行依次作为新方阵第 8～5 行，所得方阵分别记为 $B_1 \sim B_4$。

基方阵 $A_5 \sim A_8$ 下半部分不变，第 1～4 行依次作为新方阵第 4～1 行，所得方阵分别记为 $B_5 \sim B_8$。

行变换后所得方阵 $B_1 \sim B_8$ 依次如图 19－29～图 19－36 所示。

1	128	129	256	316	325	444	453
16	113	144	241	309	332	437	460
17	112	145	240	300	341	428	469
32	97	160	225	293	348	421	476
64	65	192	193	261	380	389	508
49	80	177	208	268	373	396	501
48	81	176	209	277	364	405	492
33	96	161	224	284	357	412	485

图 19－29　行变换后所得方阵 B_1

2	127	130	255	315	326	443	454
15	114	143	242	310	331	438	459
18	111	146	239	299	342	427	470
31	98	159	226	294	347	422	475
63	66	191	194	262	379	390	507
50	79	178	207	267	374	395	502
47	82	175	210	278	363	406	491
34	95	162	223	283	358	411	486

图 19－30　行变换后所得方阵 B_2

3	126	131	254	314	327	442	455
14	115	142	243	311	330	439	458
19	110	147	238	298	343	426	471
30	99	158	227	295	346	423	474
62	67	190	195	263	378	391	506
51	78	179	206	266	375	394	503
46	83	174	211	279	362	407	490
35	94	163	222	282	359	410	487

图 19－31　行变换后所得方阵 B_3

4	125	132	253	313	328	441	456
13	116	141	244	312	329	440	457
20	109	148	237	297	344	425	472
29	100	157	228	296	345	424	473
61	68	189	196	264	377	392	505
52	77	180	205	265	376	393	504
45	84	173	212	280	361	408	489
36	93	164	221	281	360	409	488

图 19－32　行变换后所得方阵 B_4

25	104	153	232	292	349	420	477
24	105	152	233	301	340	429	468
9	120	137	248	308	333	436	461
8	121	136	249	317	324	445	452
40	89	168	217	285	356	413	484
41	88	169	216	276	365	404	493
56	73	184	201	269	372	397	500
57	72	185	200	260	381	388	509

图 19－33　行变换后所得方阵 B_5

26	103	154	231	291	350	419	478
23	106	151	234	302	339	430	467
10	119	138	247	307	334	435	462
7	122	135	250	318	323	446	451
39	90	167	218	286	355	414	483
42	87	170	215	275	366	403	494
55	74	183	202	270	371	398	499
58	71	186	199	259	382	387	510

图 19－34　行变换后所得方阵 B_6

27	102	155	230	290	351	418	479
22	107	150	235	303	338	431	466
11	118	139	246	306	335	434	463
6	123	134	251	319	322	447	450
38	91	166	219	287	354	415	482
43	86	171	214	274	367	402	495
54	75	182	203	271	370	399	498
59	70	187	198	258	383	386	511

图 19－35　行变换后所得方阵 B_7

28	101	156	229	289	352	417	480
21	108	149	236	304	337	432	465
12	117	140	245	305	336	433	464
5	124	133	252	320	321	448	449
37	92	165	220	288	353	416	481
44	85	172	213	273	368	401	496
53	76	181	204	272	369	400	497
60	69	188	197	257	384	385	512

图 19－36　行变换后所得方阵 B_8

第 3 步，第 $k(k=1,2,\cdots,8)$ 个截面基方阵行变换后所得方阵 B_k 奇（或偶）数行的元素左右翻转 180 度，得方阵 C_k。

方阵 $B_1 \sim B_4$ 偶数行的元素左右翻转 180 度，所得方阵分别记为 $C_1 \sim C_4$。

方阵 $B_5 \sim B_8$ 奇数行的元素左右翻转 180 度，所得方阵分别记为 $C_5 \sim C_8$。

部分行的元素左右翻转后所得方阵 $C_1 \sim C_8$ 依次如图 19－37～图 19－44 所示。

1	128	129	256	316	325	444	453
460	437	332	309	241	144	113	16
17	112	145	240	300	341	428	469
476	421	348	293	225	160	97	32
64	65	192	193	261	380	389	508
501	396	373	268	208	177	80	49
48	81	176	209	277	364	405	492
485	412	357	284	224	161	96	33

图 19－37 翻转后所得方阵 C_1

2	127	130	255	315	326	443	454
459	438	331	310	242	143	114	15
18	111	146	239	299	342	427	470
475	422	347	294	226	159	98	31
63	66	191	194	262	379	390	507
502	395	374	267	207	178	79	50
47	82	175	210	278	363	406	491
486	411	358	283	223	162	95	34

图 19－38 翻转后所得方阵 C_2

3	126	131	254	314	327	442	455
458	439	330	311	243	142	115	14
19	110	147	238	298	343	426	471
474	423	346	295	227	158	99	30
62	67	190	195	263	378	391	506
503	394	375	266	206	179	78	51
46	83	174	211	279	362	407	490
487	410	359	282	222	163	94	35

图 19－39 翻转后所得方阵 C_3

4	125	132	253	313	328	441	456
457	440	329	312	244	141	116	13
20	109	148	237	297	344	425	472
473	424	345	296	228	157	100	29
61	68	189	196	264	377	392	505
504	393	376	265	205	180	77	52
45	84	173	212	280	361	408	489
488	409	360	281	221	164	93	36

图 19－40 翻转后所得方阵 C_4

477	420	349	292	232	153	104	25
24	105	152	233	301	340	429	468
461	436	333	308	248	137	120	9
8	121	136	249	317	324	445	452
484	413	356	285	217	168	89	40
41	88	169	216	276	365	404	493
500	397	372	269	201	184	73	56
57	72	185	200	260	381	388	509

图 19－41 翻转后所得方阵 C_5

478	419	350	291	231	154	103	26
23	106	151	234	302	339	430	467
462	435	334	307	247	138	119	10
7	122	135	250	318	323	446	451
483	414	355	286	218	167	90	39
42	87	170	215	275	366	403	494
499	398	371	270	202	183	74	55
58	71	186	199	259	382	387	510

图 19－42 翻转后所得方阵 C_6

479	418	351	290	230	155	102	27
22	107	150	235	303	338	431	466
463	434	335	306	246	139	118	11
6	123	134	251	319	322	447	450
482	415	354	287	219	166	91	38
43	86	171	214	274	367	402	495
498	399	370	271	203	182	75	54
59	70	187	198	258	383	386	511

图 19－43 翻转后所得方阵 C_7

480	417	352	289	229	156	101	28
21	108	149	236	304	337	432	465
464	433	336	305	245	140	117	12
5	124	133	252	320	321	448	449
481	416	353	288	220	165	92	37
44	85	172	213	273	368	401	496
497	400	369	272	204	181	76	53
60	69	188	197	257	384	385	512

图 19－44 翻转后所得方阵 C_8

第 4 步,部分行的元素翻转后所得方阵 $C_1 \sim C_8$ 作列变换,得方阵 $D_1 \sim D_8$。

方阵 C_1 和方阵 C_8 不变,分别记为 D_1 和 D_8,如图 19－45 和图 19－46 所示。

1	128	129	256	316	325	444	453
460	437	332	309	241	144	113	16
17	112	145	240	300	341	428	469
476	421	348	293	225	160	97	32
64	65	192	193	261	380	389	508
501	396	373	268	208	177	80	49
48	81	176	209	277	364	405	492
485	412	357	284	224	161	96	33

图 19－45　列变换后的方阵 D_1

480	417	352	289	229	156	101	28
21	108	149	236	304	337	432	465
464	433	336	305	245	140	117	12
5	124	133	252	320	321	448	449
481	416	353	288	220	165	92	37
44	85	172	213	273	368	401	496
497	400	369	272	204	181	76	53
60	69	188	197	257	384	385	512

图 19－46　列变换后的方阵 D_8

方阵 C_2 和方阵 C_7,左半部分的元素在左半部分内左移一个位置,右半部分的元素在右半部分内右移一个位置,所得方阵记为 D_2 和 D_7,如图 19－47 和图 19－48 所示。

127	130	255	2	454	315	326	443
438	331	310	459	15	242	143	114
111	146	239	18	470	299	342	427
422	347	294	475	31	226	159	98
66	191	194	63	507	262	379	390
395	374	267	502	50	207	178	79
82	175	210	47	491	278	363	406
411	358	283	486	34	223	162	95

图 19－47　列变换后的方阵 D_2

418	351	290	479	27	230	155	102
107	150	235	22	466	303	338	431
434	335	306	463	11	246	139	118
123	134	251	6	450	319	322	447
415	354	287	482	38	219	166	91
86	171	214	43	495	274	367	402
399	370	271	498	54	203	182	75
70	187	198	59	511	258	383	386

图 19－48　列变换后的方阵 D_7

方阵 C_3 和方阵 C_6,左半部分的元素在左半部分内左移两个位置,右半部分的元素在右半部分内右移两个位置,所得方阵记为 D_3 和 D_6,如图 19－49 和图 19－50 所示。

131	254	3	126	442	455	314	327
330	311	458	439	115	14	243	142
147	238	19	110	426	471	298	343
346	295	474	423	99	30	227	158
190	195	62	67	391	506	263	378
375	266	503	394	78	51	206	179
174	211	46	83	407	490	279	362
359	282	487	410	94	35	222	163

图 19－49　列变换后的方阵 D_3

350	291	478	419	103	26	231	154
151	234	23	106	430	467	302	339
334	307	462	435	119	10	247	138
135	250	7	122	446	451	318	323
355	286	483	414	90	39	218	167
170	215	42	87	403	494	275	366
371	270	499	398	74	55	202	183
186	199	58	71	387	510	259	382

图 19－50　列变换后的方阵 D_6

方阵 C_4 和方阵 C_5,左半部分的元素在左半部分内左移三个位置,右半部分的元素在右半部分内右移三个位置,所得方阵记为 D_4 和 D_5,如图 19－51 和图 19－52 所示。

253	4	125	132	328	441	456	313
312	457	440	329	141	116	13	244
237	20	109	148	344	425	472	297
296	473	424	345	157	100	29	228
196	61	68	189	377	392	505	264
265	504	393	376	180	77	52	205
212	45	84	173	361	408	489	280
281	488	409	360	164	93	36	221

图 19-51　列变换后的方阵 D_4

292	477	420	349	153	104	25	232
233	24	105	152	340	429	468	301
308	461	436	333	137	120	9	248
249	8	121	136	324	445	452	317
285	484	413	356	168	89	40	217
216	41	88	169	365	404	493	276
269	500	397	372	184	73	56	201
200	57	72	185	381	388	509	260

图 19-52　列变换后的方阵 D_5

第 5 步，列变换所得方阵 $D_1 \sim D_8$，局部行变换后得截面方阵 $E_1 \sim E_8$。

方阵 $D_1 \sim D_4$ 右半部分的上部，偶数行在其中下移两个位置；右半部分的下部，偶数行在其中下移两个位置，所得方阵为截面方阵依次记为 $E_1 \sim E_4$，如图 19-53～图 19-56 所示。

1	128	129	256	316	325	444	453
460	437	332	309	225	160	97	32
17	112	145	240	300	341	428	469
476	421	348	293	241	144	113	16
64	65	192	193	261	380	389	508
501	396	373	268	224	161	96	33
48	81	176	209	277	364	405	492
485	412	357	284	208	177	80	49

图 19-53　截面方阵 E_1

127	130	255	2	454	315	326	443
438	331	310	459	31	226	159	98
111	146	239	18	470	299	342	427
422	347	294	475	15	242	143	114
66	191	194	63	507	262	379	390
395	374	267	502	34	223	162	95
82	175	210	47	491	278	363	406
411	358	283	486	50	207	178	79

图 19-54　截面方阵 E_2

131	254	3	126	442	455	314	327
330	311	458	439	99	30	227	158
147	238	19	110	426	471	298	343
346	295	474	423	115	14	243	142
190	195	62	67	391	506	263	378
375	266	503	394	94	35	222	163
174	211	46	83	407	490	279	362
359	282	487	410	78	51	206	179

图 19-55　截面方阵 E_3

253	4	125	132	328	441	456	313
312	457	440	329	157	100	29	228
237	20	109	148	344	425	472	297
296	473	424	345	141	116	13	244
196	61	68	189	377	392	505	264
265	504	393	376	164	93	36	221
212	45	84	173	361	408	489	280
281	488	409	360	180	77	52	205

图 19-56　截面方阵 E_4

方阵 $D_5 \sim D_8$ 左半部分的上部，奇数行在其中上移两个位置；左半部分的下部，奇数行在其中上移两个位置，所得方阵为截面方阵依次记为 $E_5 \sim E_8$，如图 19-57～图 19-60 所示。

由上述 $k(k=1,2,\cdots,8)$ 个截面方阵 E_k 组成的是一个小立方体（2×2×2）取等值的 8 阶中心对称幻立方 E，由 1～512 的自然数所组成。其 8^2 个行、8^2 个列、8^2 个纵列，以及四条空间对角线上的 8 个数字之和都等于$\frac{8}{2}(8^3+1)=2052$ 即幻立方常数，空间中心对称位置上的两个数字之和都等于 $8^3+1=513$。每个截面可分割成 4 个 4×4 的正方形，在每个正方形内任选一个 2×2 的小正方形（包跨边界的 2×2 小方阵），其中 4 个数字之和都等于 1026。整个幻立方可分割成 8 个 4 阶立方体（4×4×4），在每个 4 阶立方体内任选一个2×2×2的小立方体（包跨边界的 2×2×2 小立方体），其内 8 个数字之和都等于 2·1026=2052。

308	461	436	333	153	104	25	232
233	24	105	152	340	429	468	301
292	477	420	349	137	120	9	248
249	8	121	136	324	445	452	317
269	500	397	372	168	89	40	217
216	41	88	169	365	404	493	276
285	484	413	356	184	73	56	201
200	57	72	185	381	388	509	260

图 19-57　截面方阵 E_5

334	307	462	435	103	26	231	154
151	234	23	106	430	467	302	339
350	291	478	419	119	10	247	138
135	250	7	122	446	451	318	323
371	270	499	398	90	39	218	167
170	215	42	87	403	494	275	366
355	286	483	414	74	55	202	183
186	199	58	71	387	510	259	382

图 19-58　截面方阵 E_6

434	335	306	463	27	230	155	102
107	150	235	22	466	303	338	431
418	351	290	479	11	246	139	118
123	134	251	6	450	319	322	447
399	370	271	498	38	219	166	91
86	171	214	43	495	274	367	402
415	354	287	482	54	203	182	75
70	187	198	59	511	258	383	386

图 19-59　截面方阵 E_7

464	433	336	305	229	156	101	28
21	108	149	236	304	337	432	465
480	417	352	289	245	140	117	12
5	124	133	252	320	321	448	449
497	400	369	272	220	165	92	37
44	85	172	213	273	368	401	496
481	416	353	288	204	181	76	53
60	69	188	197	257	384	385	512

图 19-60　截面方阵 E_8

由于基方阵 A_1 与基方阵 A_8 是空间中心对称的，基方阵 A_2 与基方阵 A_7 是空间中心对称的，基方阵 A_3 与基方阵 A_6 是空间中心对称的，基方阵 A_4 与基方阵 A_5 是空间中心对称的，行变换也是空间中心对称的，所以行变换有 $2^4=16$ 种选择。

由于方阵 B_1 与方阵 B_8 是空间中心对称的，方阵 B_2 与方阵 B_7 是空间中心对称的，方阵 B_3 与方阵 B_6 是空间中心对称的，方阵 B_4 与方阵 B_5 是空间中心对称的，翻转变换也是空间中心对称的，所以翻转变换有 $2^4=16$ 种选择。

由于方阵 $C_1 \sim C_8$ 是空间中心对称的，每对空间中心对称方阵的列变换是相同的，所以列变换有 $4!=24$ 种选择。

由于有四对截面方阵是空间中心对称的，所以截面的排列有 $4!=24$ 种选择。由此可得出 $2^8 \cdot (4!)^2=147456$ 个不同的小立方体（$2\times2\times2$）取等值的 8 阶空间中心对称幻立方。

19.3　小立方体（$2\times2\times2$）取等值的双偶数阶空间中心对称幻立方

如何构造小立方体（$2\times2\times2$）取等值的双偶数 $n=4m$（m 为正整数）阶空间中心对称幻立方？

第 1 步，构造以 k 轴为法线方向的第 $k(k=1,2,\cdots,4m)$ 个截面的基方阵 A_k，A_k 位于第 i 行、第 j 列的元素为 $a(k,i,j)$。

按如下公式安装 $1\sim n^3$ 的自然数于各个截面基方阵 $A_k(k=1,2,\cdots,4m)$ 中，其中（1）～（4）的上式为前 $2m$ 个截面基方阵的左半部分，下式为后 $2m$ 个截面基方阵的左半部分。

（5）～（8）的上式为后 $2m$ 个截面基方阵的右半部分，下式为前 $2m$ 个截面基方阵的右半部分。

（1）$t:0\sim 2m-1$，$s:0\sim m-1$。

当 k:$1\sim 2m$ 时,$a(k,2t+1,2s+1)=k+(ns+t)\cdot(2n)$。

当 k:$2m+1\sim 4m$ 时,$a(k,2t+1,2s+1)=(6m+1-k)+(ns+t)\cdot(2n)$。

(2)t:$1\sim 2m$,s:$1\sim m$。

当 k:$1\sim 2m$ 时,$a(k,2t,2s)=k+(ns-t)\cdot(2n)$。

当 k:$2m+1\sim 4m$ 时,$a(k,2t,2s)=(6m+1-k)+(ns-t)\cdot(2n)$。

(3)t:$1\sim 2m$,s:$0\sim m-1$。

当 k:$1\sim 2m$ 时,$a(k,2t,2s+1)=-(k-1)+(ns+t)\cdot(2n)$。

当 k:$2m+1\sim 4m$ 时,$a(k,2t,2s+1)=-(6m-k)+(ns+t)\cdot(2n)$。

(4)t:$0\sim 2m-1$,s:$1\sim m$。

当 k:$1\sim 2m$ 时,$a(k,2t+1,2s)=-(k-1)+(ns-t)\cdot(2n)$。

当 k:$2m+1\sim 4m$ 时,$a(k,2t+1,2s)=-(6m-k)+(ns-t)\cdot(2n)$。

(5)t:$1\sim 2m$,s:$m\sim 2m-1$。

当 k:$2m+1\sim 4m$ 时,$a(k,2t,2s+1)=(4m+1-k)+(ns+2m-t)\cdot(2n)$。

当 k:$1\sim 2m$ 时,$a(k,2t,2s+1)=(2m+k)+(ns+2m-t)\cdot(2n)$。

(6)t:$0\sim 2m-1$,s:$m+1\sim 2m$。

当 k:$2m+1\sim 4m$ 时,$a(k,2t+1,2s)=(4m+1-k)+(ns-2m+t)\cdot(2n)$。

当 k:$1\sim 2m$ 时,$a(k,2t+1,2s)=(2m+k)+(ns-2m+t)\cdot(2n)$。

(7)t:$0\sim 2m-1$,s:$m\sim 2m-1$。

当 k:$2m+1\sim 4m$ 时,$a(k,2t+1,2s+1)=-(4m-k)+(ns+2m-t)\cdot(2n)$。

当 k:$1\sim 2m$ 时,$a(k,2t+1,2s+1)=-(2m-1+k)+(ns+2m-t)\cdot(2n)$。

(8)t:$1\sim 2m$,s:$m+1\sim 2m$。

当 k:$2m+1\sim 4m$ 时,$a(k,2t,2s)=-(4m-k)+(ns-2m+t)\cdot(2n)$。

当 k:$1\sim 2m$ 时,$a(k,2t,2s)=-(2m-1+k)+(ns-2m+t)\cdot(2n)$。

第2步,对基方阵 $A_k(k=1,2,\cdots,4m)$ 作行变换,基方阵 $A_k(k=1,2,\cdots,2m)$ 上半部分不变,第 $2m+1\sim 4m$ 行依次作为新方阵的第 $4m\sim 2m+1$ 行,所得方阵记为 $B_k(k=1,2,\cdots,2m)$。

基方阵 $A_k(k=2m+1,\cdots,4m)$ 下半部分不变,第 $1\sim 2m$ 行依次作为新方阵的第 $2m\sim 1$ 行,所得方阵记为 $B_k(k=2m+1,\cdots,4m)$。

第3步,方阵 $B_k(k=1,2,\cdots,2m)$ 偶数行的元素左右翻转180度,所得方阵分别记为 $C_k(k=1,2,\cdots,2m)$。

方阵 $B_k(k=2m+1,\cdots,4m)$ 奇数行的元素左右翻转180度,所得方阵分别记为 $C_k(k=2m+1,\cdots,4m)$。

第4步,对方阵 $C_k(k=1,2,\cdots,4m)$ 作列变换,得方阵 $D_k(k=1,2,\cdots,4m)$。

方阵 C_1 和方阵 C_{4m} 不变,分别记为 D_1 和 D_{4m}。

方阵 C_2 和方阵 C_{4m-1},左半部分的元素在左半部分内左移一个位置,右半部分的元素在右半部分内右移一个位置,所得方阵记为 D_2 和 D_{4m-1}。

方阵 $C_h(h=1,2,\cdots,2m)$ 和方阵 C_{4m+1-h},左半部分的元素在左半部分内左移 $h-1$ 个位置,右半部分的元素在右半部分内右移 $h-1$ 个位置,所得方阵记为 D_h 和 $D_{4m+1-h}(h=1,2,\cdots,2m)$。

第5步,对方阵 $D_k(k=1,2,\cdots,4m)$ 局部行变换后得截面方阵 $E_k(k=1,2,\cdots,4m)$。

方阵 $D_k(k=1,2,\cdots,2m)$ 右半部分的上部,偶数行在其中下移两个位置;右半部分的下部,偶数行在其中下移两个位置,所得方阵为截面方阵,依次记为 $E_k(k=1,2,\cdots,2m)$。

方阵 $D_k(k=2m+1,\cdots,4m)$ 左半部分的上部，奇数行在其中上移两个位置；左半部分的下部，奇数行在其中上移两个位置，所得方阵为截面方阵，依次记为 $E_k(k=2m+1,\cdots,4m)$。

由上述 $k(k=1,2,\cdots,4m)$ 个截面 E_k 组成的是一个小立方体($2\times2\times2$)取等值的双偶数 $n=4m$(m 为正整数)阶空间中心对称幻立方，由 $1\sim n^3$ 的自然数所组成。其 n^2 个行、n^2 个列、n^2 个纵列，以及四条空间对角线上的 $4m$ 个数字之和都等于 $\frac{n}{2}(n^3+1)$ 即幻立方常数。空间中心对称位置上的两个数字之和都等于 n^3+1。每个截面可分割成 4 个 $2m\times2m$ 的正方形，在每个正方形内任选一个 2×2 的小方阵(包跨边界的 2×2 小方阵)，其中 4 个数字之和都等于 $2(n^3+1)$。整个幻立方可分割成 8 个 $2m$ 阶立方体($2m\times2m\times2m$)，在每个 $2m$ 阶立方体内任选一个 $2\times2\times2$ 的小立方体(包跨边界的 $2\times2\times2$ 小立方体)，其内 8 个数字之和都等于 $4(n^3+1)$。

由于基方阵 $A_h(h=1,2,\cdots,2m)$ 与基方阵 A_{4m+1-h} 是空间中心对称的，行变换也是空间中心对称的，所以行变换有 2^{2m} 种选择。

由于方阵 $B_h(h=1,2,\cdots,2m)$ 与方阵 B_{4m+1-h} 是空间中心对称的，翻转变换也是空间中心对称的，所以翻转变换有 2^{2m} 种选择。

由于方阵 $C_k(k=1,2,\cdots,4m)$ 是空间中心对称的，每对空间中心对称方阵的列变换是相同的，所以列变换有 $(2m)!$ 种选择。

由于有 $2m$ 对截面方阵是空间中心对称的，所以截面的排列有 $(2m)!$ 种选择。由此可得出 $2^{4m}((2m)!)^2$ 个不同的小立方体($2\times2\times2$)取等值的双偶数 $n=4m$(m 为正整数)阶空间中心对称幻立方。

第20章　双偶数阶空间最完美幻立方

在本书的第1部分——玩转平面幻中之幻，你已见到双偶数阶最完美幻方的神奇与精彩，而我们给出的方法又如此简单。作者把其推广到三维空间，给出双偶数阶空间最完美幻立方的定义、构造方法和理论证明（《构造双偶数 $n=4m$ 阶空间最完美幻立方的方法》已于2020年6月发表）。这里要做的是把晦涩难懂的论文，以图示的方式呈献给读者。

与双偶数阶最完美幻方类似，双偶数阶空间最完美幻立方，其 n^2 条行、n^2 条列和 n^2 条纵列上 n 个数字之和都等于幻立方常数，其四条空间对角线及与其同方向的泛对角线上相距 $2m$ 个位置的两个数字是对称的，从而其上 n 个数字之和都等于幻立方常数，即幻立方是空间完美的。每个截面左右两部分任意选取的一个 2×2 的小方阵（包括跨边界的 2×2 小方阵），其4个数字之和都等于 $2(1+n^3)$，从而在相应的两个 $4m\times2m\times4m$ 的长方体内，任意选取的一个 $2\times2\times2$ 小立方体（包括跨边界的 $2\times2\times2$ 小立方体），其8个数字之和都等于 $4(1+n^3)$。

在双偶数阶小立方体（$2\times2\times2$）取等值的空间中心对称幻立方的基础上，只要简单的4步，就可以得到一个双偶数阶最完美幻立方。

20.1　4阶空间最完美幻立方

如何构造一个4阶空间最完美幻立方？

第1步，取一个小立方体（$2\times2\times2$）取等值的4阶空间中心对称幻立方，比如上一章由截面方阵为 D_1，D_2，D_3 和 D_4 构成的小立方体（$2\times2\times2$）取等值的4阶空间中心对称幻立方，把 D_1 作为此处的基方阵 A_1^*，D_2 作为此处的基方阵 A_2^*，D_4 作为此处的基方阵 A_3^* 和 D_3 作为此处的基方阵 A_4^*，如图20－1～图20－4所示。

1	32	46	51
54	43	25	8
16	17	35	62
59	38	24	9

图20－1　基方阵 A_1^*

31	2	52	45
44	53	7	26
18	15	61	36
37	60	10	23

图20－2　基方阵 A_2^*

56	41	27	6
3	30	48	49
57	40	22	11
14	19	33	64

图20－3　基方阵 A_3^*

42	55	5	28
29	4	50	47
39	58	12	21
20	13	63	34

图20－4　基方阵 A_4^*

第2步，行变换。

基方阵 A_1^*，基方阵 A_2^* 保持不变；基方阵 A_3^*，基方阵 A_4^* 上下两部分各自上下翻转。行变换后所得方阵

依次记为 $B_1^* \sim B_4^*$，如图 20－5～图 20－8 所示。

1	32	46	51
54	43	25	8
16	17	35	62
59	38	24	9

图 20－5　行变换后所得方阵 B_1^*

31	2	52	45
44	53	7	26
18	15	61	36
37	60	10	23

图 20－6　行变换后所得方阵 B_2^*

3	30	48	49
56	41	27	6
14	19	33	64
57	40	22	11

图 20－7　行变换后所得方阵 B_3^*

29	4	50	47
42	55	5	28
20	13	63	34
39	58	12	21

图 20－8　行变换后所得方阵 B_4^*

第 3 步，列变换。

行变换后所得方阵 B_1^*，方阵 B_2^* 保持不变；行变换后所得方阵 B_3^*，方阵 B_4^* 左右两部分分别翻转。列变换后所得方阵依次记为 $C_1^* \sim C_4^*$，如图 20－9～图 20－12 所示。

1	32	46	51
54	43	25	8
16	17	35	62
59	38	24	9

图 20－9　列变换后所得方阵 C_1^*

31	2	52	45
44	53	7	26
18	15	61	36
37	60	10	23

图 20－10　列变换后所得方阵 C_2^*

30	3	49	48
41	56	6	27
19	14	64	33
40	57	11	22

图 20－11　列变换后所得方阵 C_3^*

4	29	47	50
55	42	28	5
13	20	34	63
58	39	21	12

图 20－12　列变换后所得方阵 C_4^*

第 4 步，列变换所得方阵 $C_1^* \sim C_4^*$ 局部行变换后得截面方阵 $D_1^* \sim D_4^*$。

列变换后所得方阵 C_1^*，方阵 C_3^* 保持不变，记为 D_1^*，D_3^*。列变换后所得方阵 C_2^*，方阵 C_4^* 上下两部分上移 1 行，行变换后所得方阵记为 D_2^*，D_4^*，它们就是相应的截面方阵，如图 20－13～图 20－16 所示。

1	32	46	51		130
54	43	25	8		130
16	17	35	62		130
59	38	24	9		130
130	130	130	130		

图 20－13　截面方阵 D_1^*

44	53	7	26		130
31	2	52	45		130
37	60	10	23		130
18	15	61	36		130
130	130	130	130		

图 20－14　截面方阵 D_2^*

30	3	49	48		130
41	56	6	27		130
19	14	64	33		130
40	57	11	22		130
130	130	130	130		

图 20－15 截面方阵 D_3^*

55	42	28	5		130
4	29	47	50		130
58	39	21	12		130
13	20	34	63		130
130	130	130	130		

图 20－16 截面方阵 D_4^*

由上述 $k(k=1,2,3,4)$个截面 D_k 组成的是一个 4 阶空间最完美幻立方，由 1～64 的自然数所组成。其 4^2 个行、4^2 个列、4^2 个纵列，以及四条空间对角线及与其同向的空间泛对角线上的 4 个数字之和都等于 $\frac{4}{2}(4^3+1)=130$，即幻立方常数；四条空间对角线及与其同向的空间泛对角线上相距两个位置上的两个数字之和都等于 $4^3+1=65$。每个截面左右两部分任意选取的一个 2×2 的小方阵，其中 4 个数字之和都等于 130。幻立方中相应的 2 阶小立方体$(2\times2\times2)$内 8 个数字之和都等于 $2\cdot130=4\cdot65=260$。

注意，在判断一个 4 阶数字立方阵是否是一个 4 阶幻立方时，4^2 个纵列上的 4 个数字之和是否都等于幻立方常数，是一个必须关注的问题。除非你已就相关问题给出了理论证明，否则就应对实例进行实证。因为你的结果很可能是似是而非的。你只要列出该幻立方以另一个轴为法线方向的四个截面方阵，实证过程是很简单的。

因为我们的方法已给出了理论证明，由此得出的空间最完美幻立方自是不必验算，但为加深读者印象，我们列出这里所得的 4 阶空间最完美幻立方以 y 轴为法线方向的四个截面方阵，如图 20－17～图 20－20 所示。

1	44	30	55		130
54	31	41	4		130
16	37	19	58		130
59	18	40	13		130
130	130	130	130		

图 20－17 以 y 轴为法线方向的截面方阵 1

32	53	3	42		130
43	2	56	29		130
17	60	14	39		130
38	15	57	20		130
130	130	130	130		

图 20－18 以 y 轴为法线方向的截面方阵 2

46	7	49	28		130
25	52	6	47		130
35	10	64	21		130
24	61	11	34		130
130	130	130	130		

图 20－19 以 y 轴为法线方向的截面方阵 3

51	26	48	5		130
8	45	27	50		130
62	23	33	12		130
9	36	22	63		130
130	130	130	130		

图 20－20 以 y 轴为法线方向的截面方阵 4

四条空间对角线及与其同向的空间泛对角线上的 4 个数字之和都等于$\frac{4}{2}(4^3+1)=130$，即幻立方常数，验算如图 20－21～图 20－24 所示。

1	2	64	63		130
54	60	11	5		130
16	15	49	50		130
59	53	6	12		130

图 20－21

59	60	6	5		130
1	15	64	50		130
54	53	11	12		130
16	2	49	63		130

图 20－22

9	10	56	55		130
51	61	14	4		130
8	7	57	58		130
62	52	3	13		130

图 20－23

51	52	14	13		130
8	10	57	55		130
62	61	3	4		130
9	7	56	58		130

图 20－24

4 阶最完美幻立方其他特性，建议读者随意验算一下，既有趣也有助于最完美幻立方在你的认知中“活”起来。

20.2 8 阶空间最完美幻立方

如何构造一个 8 阶空间最完美幻立方？

第 1 步，取一个小立方体(2×2×2)取等值的 8 阶空间中心对称幻立方，比如上一章由截面方阵 E_1 ~ E_8 构成的小立方体(2×2×2)取等值的 8 阶空间中心对称幻立方。把截面方阵 E_1 ~ E_4 依次作为此处的基方阵 A_1^* ~ A_4^*，截面方阵 E_8 ~ E_5 作为此处的基方阵 A_5^* ~ A_8^*，如图 20－25 ~ 图 20－32 所示。

1	128	129	256	316	325	444	453
460	437	332	309	225	160	97	32
17	112	145	240	300	341	428	469
476	421	348	293	241	144	113	16
64	65	192	193	261	380	389	508
501	396	373	268	224	161	96	33
48	81	176	209	277	364	405	492
485	412	357	284	208	177	80	49

图 20－25　基方阵 A_1^*

127	130	255	2	454	315	326	443
438	331	310	459	31	226	159	98
111	146	239	18	470	299	342	427
422	347	294	475	15	242	143	114
66	191	194	63	507	262	379	390
395	374	267	502	34	223	162	95
82	175	210	47	491	278	363	406
411	358	283	486	50	207	178	79

图 20－26　基方阵 A_2^*

131	254	3	126	442	455	314	327
330	311	458	439	99	30	227	158
147	238	19	110	426	471	298	343
346	295	474	423	115	14	243	142
190	195	62	67	391	506	263	378
375	266	503	394	94	35	222	163
174	211	46	83	407	490	279	362
359	282	487	410	78	51	206	179

图 20－27　基方阵 A_3^*

253	4	125	132	328	441	456	313
312	457	440	329	157	100	29	228
237	20	109	148	344	425	472	297
296	473	424	345	141	116	13	244
196	61	68	189	377	392	505	264
265	504	393	376	164	93	36	221
212	45	84	173	361	408	489	280
281	488	409	360	180	77	52	205

图 20－28　基方阵 A_4^*

464	433	336	305	229	156	101	28
21	108	149	236	304	337	432	465
480	417	352	289	245	140	117	12
5	124	133	252	320	321	448	449
497	400	369	272	220	165	92	37
44	85	172	213	273	368	401	496
481	416	353	288	204	181	76	53
60	69	188	197	257	384	385	512

图 20-29 基方阵 A_5^*

434	335	306	463	27	230	155	102
107	150	235	22	466	303	338	431
418	351	290	479	11	246	139	118
123	134	251	6	450	319	322	447
399	370	271	498	38	219	166	91
86	171	214	43	495	274	367	402
415	354	287	482	54	203	182	75
70	187	198	59	511	258	383	386

图 20-30 基方阵 A_6^*

334	307	462	435	103	26	231	154
151	234	23	106	430	467	302	339
350	291	478	419	119	10	247	138
135	250	7	122	446	451	318	323
371	270	499	398	90	39	218	167
170	215	42	87	403	494	275	366
355	286	483	414	74	55	202	183
186	199	58	71	387	510	259	382

图 20-31 基方阵 A_7^*

308	461	436	333	153	104	25	232
233	24	105	152	340	429	468	301
292	477	420	349	137	120	9	248
249	8	121	136	324	445	452	317
269	500	397	372	168	89	40	217
216	41	88	169	365	404	493	276
285	484	413	356	184	73	56	201
200	57	72	185	381	388	509	260

图 20-32 基方阵 A_8^*

第 2 步,行变换。

基方阵 $A_1^* \sim A_4^*$ 保持不变,依次记为 $B_1^* \sim B_4^*$;基方阵 $A_5^* \sim A_8^*$ 上下两部分各自上下翻转,行变换后所得方阵依次记为 $B_5^* \sim B_8^*$,如图 20-33 ~ 图 20-40 所示。

1	128	129	256	316	325	444	453
460	437	332	309	225	160	97	32
17	112	145	240	300	341	428	469
476	421	348	293	241	144	113	16
64	65	192	193	261	380	389	508
501	396	373	268	224	161	96	33
48	81	176	209	277	364	405	492
485	412	357	284	208	177	80	49

图 20-33 行变换后所得方阵 B_1^*

127	130	255	2	454	315	326	443
438	331	310	459	31	226	159	98
111	146	239	18	470	299	342	427
422	347	294	475	15	242	143	114
66	191	194	63	507	262	379	390
395	374	267	502	34	223	162	95
82	175	210	47	491	278	363	406
411	358	283	486	50	207	178	79

图 20-34 行变换后所得方阵 B_2^*

131	254	3	126	442	455	314	327
330	311	458	439	99	30	227	158
147	238	19	110	426	471	298	343
346	295	474	423	115	14	243	142
190	195	62	67	391	506	263	378
375	266	503	394	94	35	222	163
174	211	46	83	407	490	279	362
359	282	487	410	78	51	206	179

图 20-35 行变换后所得方阵 B_3^*

253	4	125	132	328	441	456	313
312	457	440	329	157	100	29	228
237	20	109	148	344	425	472	297
296	473	424	345	141	116	13	244
196	61	68	189	377	392	505	264
265	504	393	376	164	93	36	221
212	45	84	173	361	408	489	280
281	488	409	360	180	77	52	205

图 20-36 行变换后所得方阵 B_4^*

5	124	133	252	320	321	448	449
480	417	352	289	245	140	117	12
21	108	149	236	304	337	432	465
464	433	336	305	229	156	101	28
60	69	188	197	257	384	385	512
481	416	353	288	204	181	76	53
44	85	172	213	273	368	401	496
497	400	369	272	220	165	92	37

图 20－37　行变换后所得方阵 B_5^*

123	134	251	6	450	319	322	447
418	351	290	479	11	246	139	118
107	150	235	22	466	303	338	431
434	335	306	463	27	230	155	102
70	187	198	59	511	258	383	386
415	354	287	482	54	203	182	75
86	171	214	43	495	274	367	402
399	370	271	498	38	219	166	91

图 20－38　行变换后所得方阵 B_6^*

135	250	7	122	446	451	318	323
350	291	478	419	119	10	247	138
151	234	23	106	430	467	302	339
334	307	462	435	103	26	231	154
186	199	58	71	387	510	259	382
355	286	483	414	74	55	202	183
170	215	42	87	403	494	275	366
371	270	499	398	90	39	218	167

图 20－39　行变换后所得方阵 B_7^*

249	8	121	136	324	445	452	317
292	477	420	349	137	120	9	248
233	24	105	152	340	429	468	301
308	461	436	333	153	104	25	232
200	57	72	185	381	388	509	260
285	484	413	356	184	73	56	201
216	41	88	169	365	404	493	276
269	500	397	372	168	89	40	217

图 20－40　行变换后所得方阵 B_8^*

第 3 步,列变换。

行变换后所得方阵 $B_1^* \sim B_4^*$ 保持不变,依次记为 $C_1^* \sim C_4^*$;行变换后所得方阵 $B_5^* \sim B_8^*$ 左右两部分各自左右翻转,列变换后所得方阵依次记为 $C_5^* \sim C_8^*$,如图 20－41～图 20－48 所示。

1	128	129	256	316	325	444	453
460	437	332	309	225	160	97	32
17	112	145	240	300	341	428	469
476	421	348	293	241	144	113	16
64	65	192	193	261	380	389	508
501	396	373	268	224	161	96	33
48	81	176	209	277	364	405	492
485	412	357	284	208	177	80	49

图 20－41　列变换后所得方阵 C_1^*

127	130	255	2	454	315	326	443
438	331	310	459	31	226	159	98
111	146	239	18	470	299	342	427
422	347	294	475	15	242	143	114
66	191	194	63	507	262	379	390
395	374	267	502	34	223	162	95
82	175	210	47	491	278	363	406
411	358	283	486	50	207	178	79

图 20－42　列变换后所得方阵 C_2^*

131	254	3	126	442	455	314	327
330	311	458	439	99	30	227	158
147	238	19	110	426	471	298	343
346	295	474	423	115	14	243	142
190	195	62	67	391	506	263	378
375	266	503	394	94	35	222	163
174	211	46	83	407	490	279	362
359	282	487	410	78	51	206	179

图 20－43　列变换后所得方阵 C_3^*

253	4	125	132	328	441	456	313
312	457	440	329	157	100	29	228
237	20	109	148	344	425	472	297
296	473	424	345	141	116	13	244
196	61	68	189	377	392	505	264
265	504	393	376	164	93	36	221
212	45	84	173	361	408	489	280
281	488	409	360	180	77	52	205

图 20－44　列变换后所得方阵 C_4^*

252	133	124	5	449	448	321	320
289	352	417	480	12	117	140	245
236	149	108	21	465	432	337	304
305	336	433	464	28	101	156	229
197	188	69	60	512	385	384	257
288	353	416	481	53	76	181	204
213	172	85	44	496	401	368	273
272	369	400	497	37	92	165	220

图 20－45　列变换后所得方阵 C_5^*

6	251	134	123	447	322	319	450
479	290	351	418	118	139	246	11
22	235	150	107	431	338	303	466
463	306	335	434	102	155	230	27
59	198	187	70	386	383	258	511
482	287	354	415	75	182	203	54
43	214	171	86	402	367	274	495
498	271	370	399	91	166	219	38

图 20－46　列变换后所得方阵 C_6^*

122	7	250	135	323	318	451	446
419	478	291	350	138	247	10	119
106	23	234	151	339	302	467	430
435	462	307	334	154	231	26	103
71	58	199	186	382	259	510	387
414	483	286	355	183	202	55	74
87	42	215	170	366	275	494	403
398	499	270	371	167	218	39	90

图 20－47　列变换后所得方阵 C_7^*

136	121	8	249	317	452	445	324
349	420	477	292	248	9	120	137
152	105	24	233	301	468	429	340
333	436	461	308	232	25	104	153
185	72	57	200	260	509	388	381
356	413	484	285	201	56	73	184
169	88	41	216	276	493	404	365
372	397	500	269	217	40	89	168

图 20－48　列变换后所得方阵 C_8^*

第 4 步，列变换所得方阵 $C_1^* \sim C_8^*$。局部行变换后得截面方阵 $D_1^* \sim D_8^*$。

列变换后所得方阵 C_1^*、方阵 C_5^* 保持不变，分别记为 D_1^*，D_5^*。列变换后所得方阵 C_2^*、方阵 C_6^* 上下两部分各自上移 1 行，行变换后所得方阵分别记为 D_2^*，D_6^*。列变换后所得方阵 C_3^*、方阵 C_7^* 上下两部分各自上移 2 行，行变换后所得方阵分别记为 D_3^*，D_7^*。列变换后所得方阵 C_4^*、方阵 C_8^* 上下两部分各自上移 3 行，行变换后所得方阵分别记为 D_4^*，D_8^*。它们就是相应的截面方阵 $D_1^* \sim D_8^*$，如图 20－49 ~ 图 20－56 所示。

1	128	129	256	316	325	444	453		2052
460	437	332	309	225	160	97	32		2052
17	112	145	240	300	341	428	469		2052
476	421	348	293	241	144	113	16		2052
64	65	192	193	261	380	389	508		2052
501	396	373	268	224	161	96	33		2052
48	81	176	209	277	364	405	492		2052
485	412	357	284	208	177	80	49		2052
2052	2052	2052	2052	2052	2052	2052	2052		

图 20－49　截面方阵 D_1^*

438	331	310	459	31	226	159	98		2052
111	146	239	18	470	299	342	427		2052
422	347	294	475	15	242	143	114		2052
127	130	255	2	454	315	326	443		2052
395	374	267	502	34	223	162	95		2052
82	175	210	47	491	278	363	406		2052
411	358	283	486	50	207	178	79		2052
66	191	194	63	507	262	379	390		2052
2052	2052	2052	2052	2052	2052	2052	2052		

图 20－50　截面方阵 D_2^*

147	238	19	110	426	471	298	343		2052
346	295	474	423	115	14	243	142		2052
131	254	3	126	442	455	314	327		2052
330	311	458	439	99	30	227	158		2052
174	211	46	83	407	490	279	362		2052
359	282	487	410	78	51	206	179		2052
190	195	62	67	391	506	263	378		2052
375	266	503	394	94	35	222	163		2052
2052	2052	2052	2052	2052	2052	2052	2052		

图 20－51　截面方阵 D_3^*

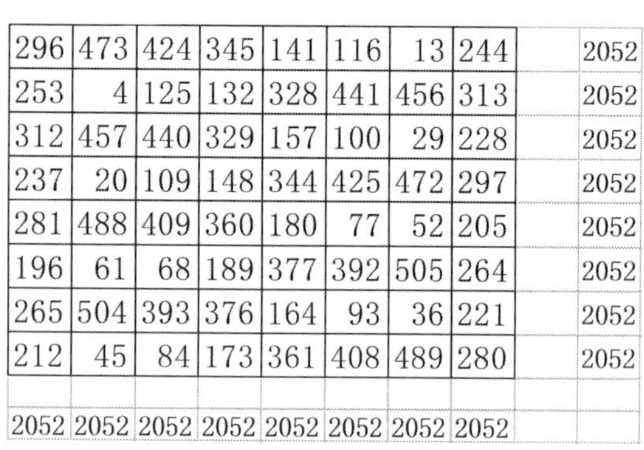

296	473	424	345	141	116	13	244		2052
253	4	125	132	328	441	456	313		2052
312	457	440	329	157	100	29	228		2052
237	20	109	148	344	425	472	297		2052
281	488	409	360	180	77	52	205		2052
196	61	68	189	377	392	505	264		2052
265	504	393	376	164	93	36	221		2052
212	45	84	173	361	408	489	280		2052
2052	2052	2052	2052	2052	2052	2052	2052		

图 20－52　截面方阵 D_4^*

252	133	124	5	449	448	321	320		2052
289	352	417	480	12	117	140	245		2052
236	149	108	21	465	432	337	304		2052
305	336	433	464	28	101	156	229		2052
197	188	69	60	512	385	384	257		2052
288	353	416	481	53	76	181	204		2052
213	172	85	44	496	401	368	273		2052
272	369	400	497	37	92	165	220		2052
2052	2052	2052	2052	2052	2052	2052	2052		

图 20－53　截面方阵 D_5^*

479	290	351	418	118	139	246	11		2052
22	235	150	107	431	338	303	466		2052
463	306	335	434	102	155	230	27		2052
6	251	134	123	447	322	319	450		2052
482	287	354	415	75	182	203	54		2052
43	214	171	86	402	367	274	495		2052
498	271	370	399	91	166	219	38		2052
59	198	187	70	386	383	258	511		2052
2052	2052	2052	2052	2052	2052	2052	2052		

图 20－54　截面方阵 D_6^*

106	23	234	151	339	302	467	430		2052
435	462	307	334	154	231	26	103		2052
122	7	250	135	323	318	451	446		2052
419	478	291	350	138	247	10	119		2052
87	42	215	170	366	275	494	403		2052
398	499	270	371	167	218	39	90		2052
71	58	199	186	382	259	510	387		2052
414	483	286	355	183	202	55	74		2052
2052	2052	2052	2052	2052	2052	2052	2052		

图 20－55　截面方阵 D_7^*

333	436	461	308	232	25	104	153		2052
136	121	8	249	317	452	445	324		2052
349	420	477	292	248	9	120	137		2052
152	105	24	233	301	468	429	340		2052
372	397	500	269	217	40	89	168		2052
185	72	57	200	260	509	388	381		2052
356	413	484	285	201	56	73	184		2052
169	88	41	216	276	493	404	365		2052
2052	2052	2052	2052	2052	2052	2052	2052		

图 20－56　截面方阵 D_8^*

由上述 $k(k=1,2,\cdots,8)$ 个截面方阵 D_k^* 组成的是一个 8 阶空间最完美幻立方，由 1 ~ 512 的自然数所组成。其 8^2 个行、8^2 个列、8^2 个纵列，以及四条空间对角线及与其同向的空间泛对角线上的 8 个数字之和都等于 $\frac{8}{2}(8^3+1)=2052$，即幻立方常数。四条空间对角线及与其同向的空间泛对角线上相距 4 个位置上的两个数字之和都等于 $8^3+1=513$。每个截面左右两部分任意选取的一个 2×2 的小方阵(包括跨边界的 2×2 小方阵)，其中 4 个数字之和都等于 1026。从而在相应的两个 $8\times4\times8$ 的长方体内，任意选取的一个 $2\times2\times2$ 小立方体(包括跨边界的 $2\times2\times2$ 小立方体)，其中 8 个数字之和都等于 $2\cdot1026=2052$。

注意，在判断一个 8 阶数字立方阵是否是一个 8 阶幻立方时，8^2 个纵列上的 8 个数字之和是否都等于幻立方常数，是一个必须关注的问题。除非你已就相关问题给出了理论证明，否则就应对实例进行实证。因

为你的结果很可能是似是而非的。

因为我们的方法已给出了理论证明，由此得出的空间最完美幻立方自是不必验算，但为加深读者印象，这里所得的 8 阶空间最完美幻立方四条空间对角线及与其同向的空间泛对角线上的 8 个数字之和都等于 $\frac{8}{2}(8^3+1)=2052$，即幻立方常数，验算如图 20－57～图 20－60 所示。

1	146	3	148	512	367	510	365	2052
460	347	458	360	53	166	55	153	2052
17	130	46	189	496	383	467	324	2052
476	374	487	376	37	139	26	137	2052
64	175	62	173	449	338	451	340	2052
501	358	503	345	12	155	10	168	2052
48	191	19	132	465	322	494	381	2052
485	331	474	329	28	182	39	184	2052

图 20－57

485	358	487	360	28	155	26	153	2052
1	191	62	189	512	322	451	324	2052
460	331	503	376	53	182	10	137	2052
17	146	19	173	496	367	494	340	2052
476	347	474	345	37	166	39	168	2052
64	130	3	132	449	383	510	381	2052
501	374	458	329	12	139	55	184	2052
48	175	46	148	465	338	467	365	2052

图 20－58

49	178	51	180	464	335	462	333	2052
453	379	506	377	60	134	7	136	2052
32	159	35	164	481	354	478	349	2052
469	342	471	361	44	171	42	152	2052
16	143	14	141	497	370	499	372	2052
508	326	455	328	5	187	58	185	2052
33	162	30	157	480	351	483	356	2052
492	363	490	344	21	150	23	169	2052

图 20－59

453	342	455	344	60	171	58	169	2052
32	143	30	180	481	370	483	333	2052
469	326	490	377	44	187	23	136	2052
16	162	51	164	497	351	462	349	2052
508	363	506	361	5	150	7	152	2052
33	178	35	141	480	335	478	372	2052
492	379	471	328	21	134	42	185	2052
49	159	14	157	464	354	499	356	2052

图 20－60

8 阶最完美幻立方其他特性，建议读者随意验算一下，既有趣也有助于最完美幻立方在你的认知中“活”起来。

20.3　12 阶空间最完美幻立方

如何构造一个 12 阶空间最完美幻立方？

第 1 步，按上一章的方法构造一个小立方体（2×2×2）取等值的 12 阶空间中心对称幻立方，把其前 6 个截面方阵 $E_1 \sim E_6$ 依次作为此处的基方阵 $A_1^* \sim A_6^*$，截面方阵 $E_{12} \sim E_7$ 作为此处的基方阵 $A_7^* \sim A_{12}^*$。基方阵 $A_1^* \sim A_{12}^*$，如图 20－61～图 20－72 所示。

1	288	289	576	577	864	1002	1015	1290	1303	1578	1591
1602	1567	1314	1279	1026	991	793	648	505	360	217	72
25	264	313	552	601	840	978	1039	1266	1327	1554	1615
1626	1543	1338	1255	1050	967	841	600	553	312	265	24
49	240	337	528	625	816	954	1063	1242	1351	1530	1639
1650	1519	1362	1231	1074	943	817	624	529	336	241	48
144	145	432	433	720	721	871	1146	1159	1434	1447	1722
1711	1458	1423	1170	1135	882	792	649	504	361	216	73
120	169	408	457	696	745	895	1122	1183	1410	1471	1698
1687	1482	1399	1194	1111	906	744	697	456	409	168	121
96	193	384	481	672	769	919	1098	1207	1386	1495	1674
1663	1506	1375	1218	1087	930	768	673	480	385	192	97

图 20-61　基方阵 A_1^*

287	290	575	578	863	2	1592	1001	1016	1289	1304	1577
1568	1313	1280	1025	992	1601	71	794	647	506	359	218
263	314	551	602	839	26	1616	977	1040	1265	1328	1553
1544	1337	1256	1049	968	1625	23	842	599	554	311	266
239	338	527	626	815	50	1640	953	1064	1241	1352	1529
1520	1361	1232	1073	944	1649	47	818	623	530	335	242
146	431	434	719	722	143	1721	872	1145	1160	1433	1448
1457	1424	1169	1136	881	1712	74	791	650	503	362	215
170	407	458	695	746	119	1697	896	1121	1184	1409	1472
1481	1400	1193	1112	905	1688	122	743	698	455	410	167
194	383	482	671	770	95	1673	920	1097	1208	1385	1496
1505	1376	1217	1088	929	1664	98	767	674	479	386	191

图 20-62　基方阵 A_2^*

291	574	579	862	3	286	1576	1593	1000	1017	1288	1305
1312	1281	1024	993	1600	1569	219	70	795	646	507	358
315	550	603	838	27	262	1552	1617	976	1041	1264	1329
1336	1257	1048	969	1624	1545	267	22	843	598	555	310
339	526	627	814	51	238	1528	1641	952	1065	1240	1353
1360	1233	1072	945	1648	1521	243	46	819	622	531	334
430	435	718	723	142	147	1449	1720	873	1144	1161	1432
1425	1168	1137	880	1713	1456	214	75	790	651	502	363
406	459	694	747	118	171	1473	1696	897	1120	1185	1408
1401	1192	1113	904	1689	1480	166	123	742	699	454	411
382	483	670	771	94	195	1497	1672	921	1096	1209	1384
1377	1216	1089	928	1665	1504	190	99	766	675	478	387

图 20-63　基方阵 A_3^*

573	580	861	4	285	292	1306	1575	1594	999	1018	1287
1282	1023	994	1599	1570	1311	357	220	69	796	645	508
549	604	837	28	261	316	1330	1551	1618	975	1042	1263
1258	1047	970	1623	1546	1335	309	268	21	844	597	556
525	628	813	52	237	340	1354	1527	1642	951	1066	1239
1234	1071	946	1647	1522	1359	333	244	45	820	621	532
436	717	724	141	148	429	1431	1450	1719	874	1143	1162
1167	1138	879	1714	1455	1426	364	213	76	789	652	501
460	693	748	117	172	405	1407	1474	1695	898	1119	1186
1191	1114	903	1690	1479	1402	412	165	124	741	700	453
484	669	772	93	196	381	1383	1498	1671	922	1095	1210
1215	1090	927	1666	1503	1378	388	189	100	765	676	477

图 20－64 基方阵 A_4^*

581	860	5	284	293	572	1286	1307	1574	1595	998	1019
1022	995	1598	1571	1310	1283	509	356	221	68	797	644
605	836	29	260	317	548	1262	1331	1550	1619	974	1043
1046	971	1622	1547	1334	1259	557	308	269	20	845	596
629	812	53	236	341	524	1238	1355	1526	1643	950	1067
1070	947	1646	1523	1358	1235	533	332	245	44	821	620
716	725	140	149	428	437	1163	1430	1451	1718	875	1142
1139	878	1715	1454	1427	1166	500	365	212	77	788	653
692	749	116	173	404	461	1187	1406	1475	1694	899	1118
1115	902	1691	1478	1403	1190	452	413	164	125	740	701
668	773	92	197	380	485	1211	1382	1499	1670	923	1094
1091	926	1667	1502	1379	1214	476	389	188	101	764	677

图 20－65 基方阵 A_5^*

859	6	283	294	571	582	1020	1285	1308	1573	1596	997
996	1597	1572	1309	1284	1021	643	510	355	222	67	798
835	30	259	318	547	606	1044	1261	1332	1549	1620	973
972	1621	1548	1333	1260	1045	595	558	307	270	19	846
811	54	235	342	523	630	1068	1237	1356	1525	1644	949
948	1645	1524	1357	1236	1069	619	534	331	246	43	822
726	139	150	427	438	715	1141	1164	1429	1452	1717	876
877	1716	1453	1428	1165	1140	654	499	366	211	78	787
750	115	174	403	462	691	1117	1188	1405	1476	1693	900
901	1692	1477	1404	1189	1116	702	451	414	163	126	739
774	91	198	379	486	667	1093	1212	1381	1500	1669	924
925	1668	1501	1380	1213	1092	678	475	390	187	102	763

图 20－66 基方阵 A_6^*

1632	1537	1344	1249	1056	961	799	642	511	354	223	66
55	234	343	522	631	810	960	1057	1248	1345	1536	1633
1608	1561	1320	1273	1032	985	823	618	535	330	247	42
31	258	319	546	607	834	984	1033	1272	1321	1560	1609
1656	1513	1368	1225	1080	937	847	594	559	306	271	18
7	282	295	570	583	858	1008	1009	1296	1297	1584	1585
1681	1488	1393	1200	1105	912	786	655	498	367	210	79
90	199	378	487	666	775	913	1104	1201	1392	1489	1680
1705	1464	1417	1176	1129	888	762	679	474	391	186	103
114	175	402	463	690	751	889	1128	1177	1416	1465	1704
1657	1512	1369	1224	1081	936	738	703	450	415	162	127
138	151	426	439	714	727	865	1152	1153	1440	1441	1728

图 20－67　基方阵 A_7^*

1538	1343	1250	1055	962	1631	65	800	641	512	353	224
233	344	521	632	809	56	1634	959	1058	1247	1346	1535
1562	1319	1274	1031	986	1607	41	824	617	536	329	248
257	320	545	608	833	32	1610	983	1034	1271	1322	1559
1514	1367	1226	1079	938	1655	17	848	593	560	305	272
281	296	569	584	857	8	1586	1007	1010	1295	1298	1583
1487	1394	1199	1106	911	1682	80	785	656	497	368	209
200	377	488	665	776	89	1679	914	1103	1202	1391	1490
1463	1418	1175	1130	887	1706	104	761	680	473	392	185
176	401	464	689	752	113	1703	890	1127	1178	1415	1466
1511	1370	1223	1082	935	1658	128	737	704	449	416	161
152	425	440	713	728	137	1727	866	1151	1154	1439	1442

图 20－68　基方阵 A_8^*

1342	1251	1054	963	1630	1539	225	64	801	640	513	352
345	520	633	808	57	232	1534	1635	958	1059	1246	1347
1318	1275	1030	987	1606	1563	249	40	825	616	537	328
321	544	609	832	33	256	1558	1611	982	1035	1270	1323
1366	1227	1078	939	1654	1515	273	16	849	592	561	304
297	568	585	856	9	280	1582	1587	1006	1011	1294	1299
1395	1198	1107	910	1683	1486	208	81	784	657	496	369
376	489	664	777	88	201	1491	1678	915	1102	1203	1390
1419	1174	1131	886	1707	1462	184	105	760	681	472	393
400	465	688	753	112	177	1467	1702	891	1126	1179	1414
1371	1222	1083	934	1659	1510	160	129	736	705	448	417
424	441	712	729	136	153	1443	1726	867	1150	1155	1438

图 20－69　基方阵 A_9^*

1252	1053	964	1629	1540	1341	351	226	63	802	639	514
519	634	807	58	231	346	1348	1533	1636	957	1060	1245
1276	1029	988	1605	1564	1317	327	250	39	826	615	538
543	610	831	34	255	322	1324	1557	1612	981	1036	1269
1228	1077	940	1653	1516	1365	303	274	15	850	591	562
567	586	855	10	279	298	1300	1581	1588	1005	1012	1293
1197	1108	909	1684	1485	1396	370	207	82	783	658	495
490	663	778	87	202	375	1389	1492	1677	916	1101	1204
1173	1132	885	1708	1461	1420	394	183	106	759	682	471
466	687	754	111	178	399	1413	1468	1701	892	1125	1180
1221	1084	933	1660	1509	1372	418	159	130	735	706	447
442	711	730	135	154	423	1437	1444	1725	868	1149	1156

图 20－70 基方阵 A_{10}^*

1052	965	1628	1541	1340	1253	515	350	227	62	803	638
635	806	59	230	347	518	1244	1349	1532	1637	956	1061
1028	989	1604	1565	1316	1277	539	326	251	38	827	614
611	830	35	254	323	542	1268	1325	1556	1613	980	1037
1076	941	1652	1517	1364	1229	563	302	275	14	851	590
587	854	11	278	299	566	1292	1301	1580	1589	1004	1013
1109	908	1685	1484	1397	1196	494	371	206	83	782	659
662	779	86	203	374	491	1205	1388	1493	1676	917	1100
1133	884	1709	1460	1421	1172	470	395	182	107	758	683
686	755	110	179	398	467	1181	1412	1469	1700	893	1124
1085	932	1661	1508	1373	1220	446	419	158	131	734	707
710	731	134	155	422	443	1157	1436	1445	1724	869	1148

图 20－71 基方阵 A_{11}^*

966	1627	1542	1339	1254	1051	637	516	349	228	61	804
805	60	229	348	517	636	1062	1243	1350	1531	1638	955
990	1603	1566	1315	1278	1027	613	540	325	252	37	828
829	36	253	324	541	612	1038	1267	1326	1555	1614	979
942	1651	1518	1363	1230	1075	589	564	301	276	13	852
853	12	277	300	565	588	1014	1291	1302	1579	1590	1003
907	1686	1483	1398	1195	1110	660	493	372	205	84	781
780	85	204	373	492	661	1099	1206	1387	1494	1675	918
883	1710	1459	1422	1171	1134	684	469	396	181	108	757
756	109	180	397	468	685	1123	1182	1411	1470	1699	894
931	1662	1507	1374	1219	1086	708	445	420	157	132	733
732	133	156	421	444	709	1147	1158	1435	1446	1723	870

图 20－72 基方阵 A_{12}^*

第 2 步，行变换。

基方阵 $A_1^* \sim A_6^*$ 保持不变，依次记为 $B_1^* \sim B_6^*$（图略）；基方阵 $A_7^* \sim A_{12}^*$ 上下两部分各自上下翻转，行变换后所得方阵依次记为 $B_7^* \sim B_{12}^*$，依次如图 20－73～图 20－78 所示。

7	282	295	570	583	858	1008	1009	1296	1297	1584	1585
1656	1513	1368	1225	1080	937	847	594	559	306	271	18
31	258	319	546	607	834	984	1033	1272	1321	1560	1609
1608	1561	1320	1273	1032	985	823	618	535	330	247	42
55	234	343	522	631	810	960	1057	1248	1345	1536	1633
1632	1537	1344	1249	1056	961	799	642	511	354	223	66
138	151	426	439	714	727	865	1152	1153	1440	1441	1728
1657	1512	1369	1224	1081	936	738	703	450	415	162	127
114	175	402	463	690	751	889	1128	1177	1416	1465	1704
1705	1464	1417	1176	1129	888	762	679	474	391	186	103
90	199	378	487	666	775	913	1104	1201	1392	1489	1680
1681	1488	1393	1200	1105	912	786	655	498	367	210	79

图 20-73　行变换后所得方阵 B_7^*

281	296	569	584	857	8	1586	1007	1010	1295	1298	1583
1514	1367	1226	1079	938	1655	17	848	593	560	305	272
257	320	545	608	833	32	1610	983	1034	1271	1322	1559
1562	1319	1274	1031	986	1607	41	824	617	536	329	248
233	344	521	632	809	56	1634	959	1058	1247	1346	1535
1538	1343	1250	1055	962	1631	65	800	641	512	353	224
152	425	440	713	728	137	1727	866	1151	1154	1439	1442
1511	1370	1223	1082	935	1658	128	737	704	449	416	161
176	401	464	689	752	113	1703	890	1127	1178	1415	1466
1463	1418	1175	1130	887	1706	104	761	680	473	392	185
200	377	488	665	776	89	1679	914	1103	1202	1391	1490
1487	1394	1199	1106	911	1682	80	785	656	497	368	209

图 20-74　行变换后所得方阵 B_8^*

297	568	585	856	9	280	1582	1587	1006	1011	1294	1299
1366	1227	1078	939	1654	1515	273	16	849	592	561	304
321	544	609	832	33	256	1558	1611	982	1035	1270	1323
1318	1275	1030	987	1606	1563	249	40	825	616	537	328
345	520	633	808	57	232	1534	1635	958	1059	1246	1347
1342	1251	1054	963	1630	1539	225	64	801	640	513	352
424	441	712	729	136	153	1443	1726	867	1150	1155	1438
1371	1222	1083	934	1659	1510	160	129	736	705	448	417
400	465	688	753	112	177	1467	1702	891	1126	1179	1414
1419	1174	1131	886	1707	1462	184	105	760	681	472	393
376	489	664	777	88	201	1491	1678	915	1102	1203	1390
1395	1198	1107	910	1683	1486	208	81	784	657	496	369

图 20-75　行变换后所得方阵 B_9^*

567	586	855	10	279	298	1300	1581	1588	1005	1012	1293
1228	1077	940	1653	1516	1365	303	274	15	850	591	562
543	610	831	34	255	322	1324	1557	1612	981	1036	1269
1276	1029	988	1605	1564	1317	327	250	39	826	615	538
519	634	807	58	231	346	1348	1533	1636	957	1060	1245
1252	1053	964	1629	1540	1341	351	226	63	802	639	514
442	711	730	135	154	423	1437	1444	1725	868	1149	1156
1221	1084	933	1660	1509	1372	418	159	130	735	706	447
466	687	754	111	178	399	1413	1468	1701	892	1125	1180
1173	1132	885	1708	1461	1420	394	183	106	759	682	471
490	663	778	87	202	375	1389	1492	1677	916	1101	1204
1197	1108	909	1684	1485	1396	370	207	82	783	658	495

图 20－76 行变换后所得方阵 B_{10}^{*}

587	854	11	278	299	566	1292	1301	1580	1589	1004	1013
1076	941	1652	1517	1364	1229	563	302	275	14	851	590
611	830	35	254	323	542	1268	1325	1556	1613	980	1037
1028	989	1604	1565	1316	1277	539	326	251	38	827	614
635	806	59	230	347	518	1244	1349	1532	1637	956	1061
1052	965	1628	1541	1340	1253	515	350	227	62	803	638
710	731	134	155	422	443	1157	1436	1445	1724	869	1148
1085	932	1661	1508	1373	1220	446	419	158	131	734	707
686	755	110	179	398	467	1181	1412	1469	1700	893	1124
1133	884	1709	1460	1421	1172	470	395	182	107	758	683
662	779	86	203	374	491	1205	1388	1493	1676	917	1100
1109	908	1685	1484	1397	1196	494	371	206	83	782	659

图 20－77 行变换后所得方阵 B_{11}^{*}

853	12	277	300	565	588	1014	1291	1302	1579	1590	1003
942	1651	1518	1363	1230	1075	589	564	301	276	13	852
829	36	253	324	541	612	1038	1267	1326	1555	1614	979
990	1603	1566	1315	1278	1027	613	540	325	252	37	828
805	60	229	348	517	636	1062	1243	1350	1531	1638	955
966	1627	1542	1339	1254	1051	637	516	349	228	61	804
732	133	156	421	444	709	1147	1158	1435	1446	1723	870
931	1662	1507	1374	1219	1086	708	445	420	157	132	733
756	109	180	397	468	685	1123	1182	1411	1470	1699	894
883	1710	1459	1422	1171	1134	684	469	396	181	108	757
780	85	204	373	492	661	1099	1206	1387	1494	1675	918
907	1686	1483	1398	1195	1110	660	493	372	205	84	781

图 20－78 行变换后所得方阵 B_{12}^{*}

第 3 步，列变换。

行变换后所得方阵 $B_1^{*}\sim B_6^{*}$ 保持不变，依次记为 $C_1^{*}\sim C_6^{*}$（图略）；行变换后所得方阵 $B_7^{*}\sim B_{12}^{*}$ 左右两部分各自左右翻转，列变换后所得方阵依次记为 $C_7^{*}\sim C_{12}^{*}$，依次如图 20－79～图 20－84 所示。

858	583	570	295	282	7	1585	1584	1297	1296	1009	1008
937	1080	1225	1368	1513	1656	18	271	306	559	594	847
834	607	546	319	258	31	1609	1560	1321	1272	1033	984
985	1032	1273	1320	1561	1608	42	247	330	535	618	823
810	631	522	343	234	55	1633	1536	1345	1248	1057	960
961	1056	1249	1344	1537	1632	66	223	354	511	642	799
727	714	439	426	151	138	1728	1441	1440	1153	1152	865
936	1081	1224	1369	1512	1657	127	162	415	450	703	738
751	690	463	402	175	114	1704	1465	1416	1177	1128	889
888	1129	1176	1417	1464	1705	103	186	391	474	679	762
775	666	487	378	199	90	1680	1489	1392	1201	1104	913
912	1105	1200	1393	1488	1681	79	210	367	498	655	786

图 20－79　列变换后所得方阵 C_7^*

8	857	584	569	296	281	1583	1298	1295	1010	1007	1586
1655	938	1079	1226	1367	1514	272	305	560	593	848	17
32	833	608	545	320	257	1559	1322	1271	1034	983	1610
1607	986	1031	1274	1319	1562	248	329	536	617	824	41
56	809	632	521	344	233	1535	1346	1247	1058	959	1634
1631	962	1055	1250	1343	1538	224	353	512	641	800	65
137	728	713	440	425	152	1442	1439	1154	1151	866	1727
1658	935	1082	1223	1370	1511	161	416	449	704	737	128
113	752	689	464	401	176	1466	1415	1178	1127	890	1703
1706	887	1130	1175	1418	1463	185	392	473	680	761	104
89	776	665	488	377	200	1490	1391	1202	1103	914	1679
1682	911	1106	1199	1394	1487	209	368	497	656	785	80

图 20－80　列变换后所得方阵 C_8^*

280	9	856	585	568	297	1299	1294	1011	1006	1587	1582
1515	1654	939	1078	1227	1366	304	561	592	849	16	273
256	33	832	609	544	321	1323	1270	1035	982	1611	1558
1563	1606	987	1030	1275	1318	328	537	616	825	40	249
232	57	808	633	520	345	1347	1246	1059	958	1635	1534
1539	1630	963	1054	1251	1342	352	513	640	801	64	225
153	136	729	712	441	424	1438	1155	1150	867	1726	1443
1510	1659	934	1083	1222	1371	417	448	705	736	129	160
177	112	753	688	465	400	1414	1179	1126	891	1702	1467
1462	1707	886	1131	1174	1419	393	472	681	760	105	184
201	88	777	664	489	376	1390	1203	1102	915	1678	1491
1486	1683	910	1107	1198	1395	369	496	657	784	81	208

图 20－81　列变换后所得方阵 C_9^*

298	279	10	855	586	567	1293	1012	1005	1588	1581	1300
1365	1516	1653	940	1077	1228	562	591	850	15	274	303
322	255	34	831	610	543	1269	1036	981	1612	1557	1324
1317	1564	1605	988	1029	1276	538	615	826	39	250	327
346	231	58	807	634	519	1245	1060	957	1636	1533	1348
1341	1540	1629	964	1053	1252	514	639	802	63	226	351
423	154	135	730	711	442	1156	1149	868	1725	1444	1437
1372	1509	1660	933	1084	1221	447	706	735	130	159	418
399	178	111	754	687	466	1180	1125	892	1701	1468	1413
1420	1461	1708	885	1132	1173	471	682	759	106	183	394
375	202	87	778	663	490	1204	1101	916	1677	1492	1389
1396	1485	1684	909	1108	1197	495	658	783	82	207	370

图 20－82 列变换后所得方阵 C_{10}^*

566	299	278	11	854	587	1013	1004	1589	1580	1301	1292
1229	1364	1517	1652	941	1076	590	851	14	275	302	563
542	323	254	35	830	611	1037	980	1613	1556	1325	1268
1277	1316	1565	1604	989	1028	614	827	38	251	326	539
518	347	230	59	806	635	1061	956	1637	1532	1349	1244
1253	1340	1541	1628	965	1052	638	803	62	227	350	515
443	422	155	134	731	710	1148	869	1724	1445	1436	1157
1220	1373	1508	1661	932	1085	707	734	131	158	419	446
467	398	179	110	755	686	1124	893	1700	1469	1412	1181
1172	1421	1460	1709	884	1133	683	758	107	182	395	470
491	374	203	86	779	662	1100	917	1676	1493	1388	1205
1196	1397	1484	1685	908	1109	659	782	83	206	371	494

图 20－83 列变换后所得方阵 C_{11}^*

588	565	300	277	12	853	1003	1590	1579	1302	1291	1014
1075	1230	1363	1518	1651	942	852	13	276	301	564	589
612	541	324	253	36	829	979	1614	1555	1326	1267	1038
1027	1278	1315	1566	1603	990	828	37	252	325	540	613
636	517	348	229	60	805	955	1638	1531	1350	1243	1062
1051	1254	1339	1542	1627	966	804	61	228	349	516	637
709	444	421	156	133	732	870	1723	1446	1435	1158	1147
1086	1219	1374	1507	1662	931	733	132	157	420	445	708
685	468	397	180	109	756	894	1699	1470	1411	1182	1123
1134	1171	1422	1459	1710	883	757	108	181	396	469	684
661	492	373	204	85	780	918	1675	1494	1387	1206	1099
1110	1195	1398	1483	1686	907	781	84	205	372	493	660

图 20－84 列变换后所得方阵 C_{12}^*

第 4 步,列变换所得方阵 $C_1^* \sim C_{12}^*$,局部行变换后得截面方阵 $D_1^* \sim D_{12}^*$。

列变换后所得方阵 C_1^*、方阵 C_7^* 保持不变,分别记为 D_1^*,D_7^*。列变换后所得方阵 C_2^*、方阵 C_8^* 上下两部分各自上移 1 行,行变换后所得方阵分别记为 D_2^*,D_8^*。列变换后所得方阵 C_3^*、方阵 C_9^* 上下两部分各自上移 2 行,行变换后所得方阵分别记为 D_3^*,D_9^*。列变换后所得方阵 C_4^*、方阵 C_{10}^*上下两部分各自上移 3 行,行变换后所得方阵分别记为 D_4^*,D_{10}^*。列变换后所得方阵 C_5^*、方阵 C_{11}^*上下两部分各自上移 4 行,行变换后

所得方阵分别记为 D_5^*，D_{11}^*。列变换后所得方阵 C_6^*、方阵 C_{12}^*上下两部分各自上移 5 行，行变换后所得方阵分别记为 D_6^*，D_{12}^*。它们就是相应的截面方阵，如图 20－85 ~ 图 20－96 所示。

1	288	289	576	577	864	1002	1015	1290	1303	1578	1591		10374
1602	1567	1314	1279	1026	991	793	648	505	360	217	72		10374
25	264	313	552	601	840	978	1039	1266	1327	1554	1615		10374
1626	1543	1338	1255	1050	967	841	600	553	312	265	24		10374
49	240	337	528	625	816	954	1063	1242	1351	1530	1639		10374
1650	1519	1362	1231	1074	943	817	624	529	336	241	48		10374
144	145	432	433	720	721	871	1146	1159	1434	1447	1722		10374
1711	1458	1423	1170	1135	882	792	649	504	361	216	73		10374
120	169	408	457	696	745	895	1122	1183	1410	1471	1698		10374
1687	1482	1399	1194	1111	906	744	697	456	409	168	121		10374
96	193	384	481	672	769	919	1098	1207	1386	1495	1674		10374
1663	1506	1375	1218	1087	930	768	673	480	385	192	97		10374
10374	10374	10374	10374	10374	10374	10374	10374	10374	10374	10374	10374		

图 20－85　截面方阵 D_1^*

1568	1313	1280	1025	992	1601	71	794	647	506	359	218		10374
263	314	551	602	839	26	1616	977	1040	1265	1328	1553		10374
1544	1337	1256	1049	968	1625	23	842	599	554	311	266		10374
239	338	527	626	815	50	1640	953	1064	1241	1352	1529		10374
1520	1361	1232	1073	944	1649	47	818	623	530	335	242		10374
287	290	575	578	863	2	1592	1001	1016	1289	1304	1577		10374
1457	1424	1169	1136	881	1712	74	791	650	503	362	215		10374
170	407	458	695	746	119	1697	896	1121	1184	1409	1472		10374
1481	1400	1193	1112	905	1688	122	743	698	455	410	167		10374
194	383	482	671	770	95	1673	920	1097	1208	1385	1496		10374
1505	1376	1217	1088	929	1664	98	767	674	479	386	191		10374
146	431	434	719	722	143	1721	872	1145	1160	1433	1448		10374
10374	10374	10374	10374	10374	10374	10374	10374	10374	10374	10374	10374		

图 20－86　截面方阵 D_2^*

315	550	603	838	27	262	1552	1617	976	1041	1264	1329		10374
1336	1257	1048	969	1624	1545	267	22	843	598	555	310		10374
339	526	627	814	51	238	1528	1641	952	1065	1240	1353		10374
1360	1233	1072	945	1648	1521	243	46	819	622	531	334		10374
291	574	579	862	3	286	1576	1593	1000	1017	1288	1305		10374
1312	1281	1024	993	1600	1569	219	70	795	646	507	358		10374
406	459	694	747	118	171	1473	1696	897	1120	1185	1408		10374
1401	1192	1113	904	1689	1480	166	123	742	699	454	411		10374
382	483	670	771	94	195	1497	1672	921	1096	1209	1384		10374
1377	1216	1089	928	1665	1504	190	99	766	675	478	387		10374
430	435	718	723	142	147	1449	1720	873	1144	1161	1432		10374
1425	1168	1137	880	1713	1456	214	75	790	651	502	363		10374
10374	10374	10374	10374	10374	10374	10374	10374	10374	10374	10374	10374		

图 20－87　截面方阵 D_3^*

1258	1047	970	1623	1546	1335	309	268	21	844	597	556		10374
525	628	813	52	237	340	1354	1527	1642	951	1066	1239		10374
1234	1071	946	1647	1522	1359	333	244	45	820	621	532		10374
573	580	861	4	285	292	1306	1575	1594	999	1018	1287		10374
1282	1023	994	1599	1570	1311	357	220	69	796	645	508		10374
549	604	837	28	261	316	1330	1551	1618	975	1042	1263		10374
1191	1114	903	1690	1479	1402	412	165	124	741	700	453		10374
484	669	772	93	196	381	1383	1498	1671	922	1095	1210		10374
1215	1090	927	1666	1503	1378	388	189	100	765	676	477		10374
436	717	724	141	148	429	1431	1450	1719	874	1143	1162		10374
1167	1138	879	1714	1455	1426	364	213	76	789	652	501		10374
460	693	748	117	172	405	1407	1474	1695	898	1119	1186		10374
10374	10374	10374	10374	10374	10374	10374	10374	10374	10374	10374	10374		

图 20－88 截面方阵 D_4^*

629	812	53	236	341	524	1238	1355	1526	1643	950	1067		10374
1070	947	1646	1523	1358	1235	533	332	245	44	821	620		10374
581	860	5	284	293	572	1286	1307	1574	1595	998	1019		10374
1022	995	1598	1571	1310	1283	509	356	221	68	797	644		10374
605	836	29	260	317	548	1262	1331	1550	1619	974	1043		10374
1046	971	1622	1547	1334	1259	557	308	269	20	845	596		10374
668	773	92	197	380	485	1211	1382	1499	1670	923	1094		10374
1091	926	1667	1502	1379	1214	476	389	188	101	764	677		10374
716	725	140	149	428	437	1163	1430	1451	1718	875	1142		10374
1139	878	1715	1454	1427	1166	500	365	212	77	788	653		10374
692	749	116	173	404	461	1187	1406	1475	1694	899	1118		10374
1115	902	1691	1478	1403	1190	452	413	164	125	740	701		10374
10374	10374	10374	10374	10374	10374	10374	10374	10374	10374	10374	10374		

图 20－89 截面方阵 D_5^*

948	1645	1524	1357	1236	1069	619	534	331	246	43	822		10374
859	6	283	294	571	582	1020	1285	1308	1573	1596	997		10374
996	1597	1572	1309	1284	1021	643	510	355	222	67	798		10374
835	30	259	318	547	606	1044	1261	1332	1549	1620	973		10374
972	1621	1548	1333	1260	1045	595	558	307	270	19	846		10374
811	54	235	342	523	630	1068	1237	1356	1525	1644	949		10374
925	1668	1501	1380	1213	1092	678	475	390	187	102	763		10374
726	139	150	427	438	715	1141	1164	1429	1452	1717	876		10374
877	1716	1453	1428	1165	1140	654	499	366	211	78	787		10374
750	115	174	403	462	691	1117	1188	1405	1476	1693	900		10374
901	1692	1477	1404	1189	1116	702	451	414	163	126	739		10374
774	91	198	379	486	667	1093	1212	1381	1500	1669	924		10374
10374	10374	10374	10374	10374	10374	10374	10374	10374	10374	10374	10374		

图 20－90 截面方阵 D_6^*

858	583	570	295	282	7	1585	1584	1297	1296	1009	1008		10374
937	1080	1225	1368	1513	1656	18	271	306	559	594	847		10374
834	607	546	319	258	31	1609	1560	1321	1272	1033	984		10374
985	1032	1273	1320	1561	1608	42	247	330	535	618	823		10374
810	631	522	343	234	55	1633	1536	1345	1248	1057	960		10374
961	1056	1249	1344	1537	1632	66	223	354	511	642	799		10374
727	714	439	426	151	138	1728	1441	1440	1153	1152	865		10374
936	1081	1224	1369	1512	1657	127	162	415	450	703	738		10374
751	690	463	402	175	114	1704	1465	1416	1177	1128	889		10374
888	1129	1176	1417	1464	1705	103	186	391	474	679	762		10374
775	666	487	378	199	90	1680	1489	1392	1201	1104	913		10374
912	1105	1200	1393	1488	1681	79	210	367	498	655	786		10374
10374	10374	10374	10374	10374	10374	10374	10374	10374	10374	10374	10374		

图 20－91　截面方阵 D_7^*

1655	938	1079	1226	1367	1514	272	305	560	593	848	17		10374
32	833	608	545	320	257	1559	1322	1271	1034	983	1610		10374
1607	986	1031	1274	1319	1562	248	329	536	617	824	41		10374
56	809	632	521	344	233	1535	1346	1247	1058	959	1634		10374
1631	962	1055	1250	1343	1538	224	353	512	641	800	65		10374
8	857	584	569	296	281	1583	1298	1295	1010	1007	1586		10374
1658	935	1082	1223	1370	1511	161	416	449	704	737	128		10374
113	752	689	464	401	176	1466	1415	1178	1127	890	1703		10374
1706	887	1130	1175	1418	1463	185	392	473	680	761	104		10374
89	776	665	488	377	200	1490	1391	1202	1103	914	1679		10374
1682	911	1106	1199	1394	1487	209	368	497	656	785	80		10374
137	728	713	440	425	152	1442	1439	1154	1151	866	1727		10374
10374	10374	10374	10374	10374	10374	10374	10374	10374	10374	10374	10374		

图 20－92　截面方阵 D_8^*

256	33	832	609	544	321	1323	1270	1035	982	1611	1558		10374
1563	1606	987	1030	1275	1318	328	537	616	825	40	249		10374
232	57	808	633	520	345	1347	1246	1059	958	1635	1534		10374
1539	1630	963	1054	1251	1342	352	513	640	801	64	225		10374
280	9	856	585	568	297	1299	1294	1011	1006	1587	1582		10374
1515	1654	939	1078	1227	1366	304	561	592	849	16	273		10374
177	112	753	688	465	400	1414	1179	1126	891	1702	1467		10374
1462	1707	886	1131	1174	1419	393	472	681	760	105	184		10374
201	88	777	664	489	376	1390	1203	1102	915	1678	1491		10374
1486	1683	910	1107	1198	1395	369	496	657	784	81	208		10374
153	136	729	712	441	424	1438	1155	1150	867	1726	1443		10374
1510	1659	934	1083	1222	1371	417	448	705	736	129	160		10374
10374	10374	10374	10374	10374	10374	10374	10374	10374	10374	10374	10374		

图 20－93　截面方阵 D_9^*

1317	1564	1605	988	1029	1276	538	615	826	39	250	327	10374
346	231	58	807	634	519	1245	1060	957	1636	1533	1348	10374
1341	1540	1629	964	1053	1252	514	639	802	63	226	351	10374
298	279	10	855	586	567	1293	1012	1005	1588	1581	1300	10374
1365	1516	1653	940	1077	1228	562	591	850	15	274	303	10374
322	255	34	831	610	543	1269	1036	981	1612	1557	1324	10374
1420	1461	1708	885	1132	1173	471	682	759	106	183	394	10374
375	202	87	778	663	490	1204	1101	916	1677	1492	1389	10374
1396	1485	1684	909	1108	1197	495	658	783	82	207	370	10374
423	154	135	730	711	442	1156	1149	868	1725	1444	1437	10374
1372	1509	1660	933	1084	1221	447	706	735	130	159	418	10374
399	178	111	754	687	466	1180	1125	892	1701	1468	1413	10374
10374	10374	10374	10374	10374	10374	10374	10374	10374	10374	10374	10374	

图 20－94　截面方阵 D_{10}^{*}

518	347	230	59	806	635	1061	956	1637	1532	1349	1244	10374
1253	1340	1541	1628	965	1052	638	803	62	227	350	515	10374
566	299	278	11	854	587	1013	1004	1589	1580	1301	1292	10374
1229	1364	1517	1652	941	1076	590	851	14	275	302	563	10374
542	323	254	35	830	611	1037	980	1613	1556	1325	1268	10374
1277	1316	1565	1604	989	1028	614	827	38	251	326	539	10374
491	374	203	86	779	662	1100	917	1676	1493	1388	1205	10374
1196	1397	1484	1685	908	1109	659	782	83	206	371	494	10374
443	422	155	134	731	710	1148	869	1724	1445	1436	1157	10374
1220	1373	1508	1661	932	1085	707	734	131	158	419	446	10374
467	398	179	110	755	686	1124	893	1700	1469	1412	1181	10374
1172	1421	1460	1709	884	1133	683	758	107	182	395	470	10374
10374	10374	10374	10374	10374	10374	10374	10374	10374	10374	10374	10374	

图 20－95　截面方阵 D_{11}^{*}

1051	1254	1339	1542	1627	966	804	61	228	349	516	637	10374
588	565	300	277	12	853	1003	1590	1579	1302	1291	1014	10374
1075	1230	1363	1518	1651	942	852	13	276	301	564	589	10374
612	541	324	253	36	829	979	1614	1555	1326	1267	1038	10374
1027	1278	1315	1566	1603	990	828	37	252	325	540	613	10374
636	517	348	229	60	805	955	1638	1531	1350	1243	1062	10374
1110	1195	1398	1483	1686	907	781	84	205	372	493	660	10374
709	444	421	156	133	732	870	1723	1446	1435	1158	1147	10374
1086	1219	1374	1507	1662	931	733	132	157	420	445	708	10374
685	468	397	180	109	756	894	1699	1470	1411	1182	1123	10374
1134	1171	1422	1459	1710	883	757	108	181	396	469	684	10374
661	492	373	204	85	780	918	1675	1494	1387	1206	1099	10374
10374	10374	10374	10374	10374	10374	10374	10374	10374	10374	10374	10374	

图 20－96　截面方阵 D_{12}^{*}

由上述 $k(k=1,2,\cdots,12)$ 个截面方阵 D_k^{*} 组成的是一个 12 阶空间最完美幻立方，由 1 ~ 1728 的自然数所组成。其$(12)^2$ 个行、$(12)^2$ 个列、$(12)^2$ 个纵列，以及四条空间对角线及与其同向的空间泛对角线上的 12

个数字之和都等于$\frac{12}{2}((12)^3+1)=10374$即幻立方常数。四条空间对角线及与其同向的空间泛对角线上相距6个位置上的两个数字之和都等于$(12)^3+1=1729$。每个截面左右两部分任意选取的一个2×2的小方阵(包括跨边界的2×2小方阵),其中4个数字之和都等于$2\times1729=3458$。从而在相应的两个$12\times6\times12$的长方体内,任意选取的一个$2\times2\times2$小立方体(包括跨边界的$2\times2\times2$小立方体),其中8个数字之和都等于$4\times1729=6916$。

因为我们的方法已给出了理论证明,由此得出的12阶空间最完美幻立方自是不必验算。有兴趣的读者可验证一下$(12)^2$个纵列上的12个数字之和确实都等于幻立方常数。

20.4 双偶数阶空间最完美幻立方

如何构造一个$n=4m$(m为正整数)阶空间最完美幻立方?

第1步,按上一章的方法构造一个小立方体$(2\times2\times2)$取等值的$n=4m$(m为正整数)阶空间中心对称幻立方。把其前$2m$个截面方阵$E_1\sim E_{2m}$依次作为此处的基方阵$A_1^*\sim A_{2m}^*$,截面方阵$E_n\sim E_{2m+1}$作为此处的基方阵$A_{2m+1}^*\sim A_n^*$。

第2步,行变换。

基方阵$A_1^*\sim A_{2m}^*$保持不变,依次记为$B_1^*\sim B_{2m}^*$。基方阵$A_{2m+1}^*\sim A_n^*$上下两部分各自上下翻转,行变换后所得方阵依次记为$B_{2m+1}^*\sim B_n^*$。

第3步,列变换。

行变换后所得方阵$B_1^*\sim B_{2m}^*$保持不变,依次记为$C_1^*\sim C_{2m}^*$。行变换后所得方阵为$B_{2m+1}^*\sim B_n^*$左右两部分各自左右翻转,列变换后所得方阵依次记为$C_{2m+1}^*\sim C_n^*$。

第4步,列变换所得方阵$C_1^*\sim C_n^*$。局部行变换后得截面方阵$D_1^*\sim D_n^*$。

列变换后所得方阵C_1^*、方阵C_{2m+1}^*保持不变,分别记为D_1^*,D_{2m+1}^*;列变换后所得方阵C_t^*、方阵C_{t+2m}^*上下两部分各自上移$t-1$行,行变换后所得方阵分别记为$D_t^*,D_{t+2m}^*(t=2,3,\cdots,2m)$。$D_1^*\sim D_n^*$就是相应的截面方阵。

由上述k $(k=1,2,\cdots,n)$个截面方阵D_k^*组成的是一个$n=4m$(m为正整数)阶空间最完美幻立方,由$1\sim n^3$的自然数所组成。其n^2个行、n^2个列、n^2个纵列以及四条空间对角线及与其同向的空间泛对角线上的n个数字之和都等于$\frac{n}{2}(n^3+1)$,即幻立方常数;四条空间对角线及与其同向的空间泛对角线上相距$2m$个位置上的两个数字之和都等于n^3+1。每个截面左右两部分任意选取的一个2×2的小方阵(包跨边界的2×2小方阵),其中4个数字之和都等于$2(1+n^3)$。从而在相应的两个$4m\times2m\times4m$的长方体内,任意选取的一个$2\times2\times2$小立方体(包跨边界的$2\times2\times2$小立方体),其8个数字之和都等于$4(1+n^3)$。

第21章　奇数平方阶空间最完美幻立方

我们把奇数平方阶最完美幻方作为本书的引子，奇数平方阶最完美幻方在三维空间上的推广，自可称之为奇数平方阶空间最完美幻立方。后者自然应在三维空间上保留前者的所有特性。我们在本书的第2部分最后一章中提出了这一概念，并给出其构造法。作为作者对读者的一种期盼：把问题想得简单点，数学其实并不是人们想象的那么难。

奇数平方 $n^2(n=2m+1, m=2,3,\cdots)$ 阶空间最完美幻立方有如下性质：

(1)是空间对称完美的。

(2)在其任何位置上截取一个 $n\times n\times n$ 小立方体，包括跨边界的 $n\times n\times n$ 小立方体，小立方体中 n^3 个数字之和都等于$\frac{n^3}{2}(1+n^6)$。

(3)从其中任一个位置出发，向右每隔 $k(k=1,2,\cdots,n-1)$ 个位置取一个数直至取到第 n 个数，然后再从此个数出发向下和向纵列方向每隔 k 个位置取一个数直至取到第 n 个数，所得 $n+(n-1)\cdot k$ 阶立方体，包括跨边界的 $n+(n-1)\cdot k$ 阶立方体，其中 n^3 个数之和为$\frac{n^3}{2}(1+n^6)$。

(4)从其中任意位置出发，沿同一方向按空间马步走下去，n^2 步后都回到出发点，且所历经的 n^2 个数字之和都等于 n^2 阶幻立方的幻立方常数。

读者可能要问，当 $m=1$ 时，情况又如何？用同样的方法所得9阶空间对称幻立方不具完美性，但仍具有其他所有特性。

21.1　25阶空间最完美幻立方

如何构造一个25阶空间最完美幻立方？

第1步，按《你亦可以造幻方》构造奇数阶各类幻方的二步法中构造基方阵的方法，把自然数1～125排成一个5×25的矩阵，如图21－1所示。

4	10	11	17	23	29	35	36	42	48	54	60	61	67	73	79	85	86	92	98	104	110	111	117	123
5	6	12	18	24	30	31	37	43	49	55	56	62	68	74	80	81	87	93	99	105	106	112	118	124
1	7	13	19	25	26	32	38	44	50	51	57	63	69	75	76	82	88	94	100	101	107	113	119	125
2	8	14	20	21	27	33	39	45	46	52	58	64	70	71	77	83	89	95	96	102	108	114	120	121
3	9	15	16	22	28	34	40	41	47	53	59	65	66	72	78	84	90	91	97	103	109	115	116	122

图21－1　5×25的矩阵

图21－1中各行25个数字之和都等于1575。

按上述二步法将每一行的25个数字构成一个5阶幻方，把它们视作一个5阶数字立方阵，这个数字立方阵是空间对称的。这是很容易做到的。例如，图21－2～图21－6就是一种最简单的结果。

第2步，构造 5^2 阶根立方阵 B。

(1)构造5^2阶根立方阵B的截面方阵$B_1 \sim B_5$。

把5阶幻方A_1各行的数向右顺移两个位置,得5阶方阵$\overline{A}_1$,如图21-7所示。

85	111	17	48	54
117	23	29	60	86
4	35	61	92	123
36	67	98	104	10
73	79	110	11	42

图21-2 5阶幻方A_1

81	112	18	49	55
118	24	30	56	87
5	31	62	93	124
37	68	99	105	6
74	80	106	12	43

图21-3 5阶幻方A_2

82	113	19	50	51
119	25	26	57	88
1	32	63	94	125
38	69	100	101	7
75	76	107	13	44

图21-4 5阶幻方A_3

83	114	20	46	52
120	21	27	58	89
2	33	64	95	121
39	70	96	102	8
71	77	108	14	45

图21-5 5阶幻方A_4

84	115	16	47	53
116	22	28	59	90
3	34	65	91	122
40	66	97	103	9
72	78	109	15	41

图21-6 5阶幻方A_5

48	54	85	111	17
60	86	117	23	29
92	123	4	35	61
104	10	36	67	98
11	42	73	79	110

图21-7 5阶方阵$\overline{A}_1$

由$\overline{A}_1$中间一行开始从下到上,把各行排成一个1×25的矩阵,称之为基本行1,如图21-8所示。

92	123	4	35	61	60	86	117	23	29	48	54	85	111	17	11	42	73	79	110	104	10	36	67	98

图21-8 基本行1

把基本行1作为截面方阵B_1的第1行,第1行的数向右顺移5个位置得第2行,第2行的数向右顺移5个位置得第3行,第3行的数向右顺移5个位置得第4行,第4行的数向右顺移5个位置得第5行。第$1+5k$行相同,第$2+5k$行相同,第$3+5k$行相同,第$4+5k$行相同,第$5+5k$行相同,其中$k=0,1,\cdots,4$,得截面方阵B_1,如图21-9所示。

把截面方阵B_1分为五个25×5矩阵,在各个矩阵内各行的数向左顺移一个位置得截面方阵B_2。把截面方阵B_2分为五个25×5矩阵,在各个矩阵内各行的数向左顺移一个位置得截面方阵B_3。把截面方阵B_3分为五个25×5矩阵,在各个矩阵内各行的数向左顺移一个位置得截面方阵B_4。把截面方阵B_4分为五个25×5矩阵,在各个矩阵内各行的数向左顺移一个位置得截面方阵B_5。图省略。

(2)构造5^2阶根立方阵B的截面方阵$B_6 \sim B_{10}$。

把5阶幻方A_2各行的数向右顺移两个位置,得5阶方阵$\overline{A}_2$,如图21-10所示。

92	123	4	35	61	60	86	117	23	29	48	54	85	111	17	11	42	73	79	110	104	10	36	67	98
104	10	36	67	98	92	123	4	35	61	60	86	117	23	29	48	54	85	111	17	11	42	73	79	110
11	42	73	79	110	104	10	36	67	98	92	123	4	35	61	60	86	117	23	29	48	54	85	111	17
48	54	85	111	17	11	42	73	79	110	104	10	36	67	98	92	123	4	35	61	60	86	117	23	29
60	86	117	23	29	48	54	85	111	17	11	42	73	79	110	104	10	36	67	98	92	123	4	35	61
92	123	4	35	61	60	86	117	23	29	48	54	85	111	17	11	42	73	79	110	104	10	36	67	98
104	10	36	67	98	92	123	4	35	61	60	86	117	23	29	48	54	85	111	17	11	42	73	79	110
11	42	73	79	110	104	10	36	67	98	92	123	4	35	61	60	86	117	23	29	48	54	85	111	17
48	54	85	111	17	11	42	73	79	110	104	10	36	67	98	92	123	4	35	61	60	86	117	23	29
60	86	117	23	29	48	54	85	111	17	11	42	73	79	110	104	10	36	67	98	92	123	4	35	61
92	123	4	35	61	60	86	117	23	29	48	54	85	111	17	11	42	73	79	110	104	10	36	67	98
104	10	36	67	98	92	123	4	35	61	60	86	117	23	29	48	54	85	111	17	11	42	73	79	110
11	42	73	79	110	104	10	36	67	98	92	123	4	35	61	60	86	117	23	29	48	54	85	111	17
48	54	85	111	17	11	42	73	79	110	104	10	36	67	98	92	123	4	35	61	60	86	117	23	29
60	86	117	23	29	48	54	85	111	17	11	42	73	79	110	104	10	36	67	98	92	123	4	35	61
92	123	4	35	61	60	86	117	23	29	48	54	85	111	17	11	42	73	79	110	104	10	36	67	98
104	10	36	67	98	92	123	4	35	61	60	86	117	23	29	48	54	85	111	17	11	42	73	79	110
11	42	73	79	110	104	10	36	67	98	92	123	4	35	61	60	86	117	23	29	48	54	85	111	17
48	54	85	111	17	11	42	73	79	110	104	10	36	67	98	92	123	4	35	61	60	86	117	23	29
60	86	117	23	29	48	54	85	111	17	11	42	73	79	110	104	10	36	67	98	92	123	4	35	61
92	123	4	35	61	60	86	117	23	29	48	54	85	111	17	11	42	73	79	110	104	10	36	67	98
104	10	36	67	98	92	123	4	35	61	60	86	117	23	29	48	54	85	111	17	11	42	73	79	110
11	42	73	79	110	104	10	36	67	98	92	123	4	35	61	60	86	117	23	29	48	54	85	111	17
48	54	85	111	17	11	42	73	79	110	104	10	36	67	98	92	123	4	35	61	60	86	117	23	29
60	86	117	23	29	48	54	85	111	17	11	42	73	79	110	104	10	36	67	98	92	123	4	35	61

图 21－9 截面方阵 B_1

49	55	81	112	18
56	87	118	24	30
93	124	5	31	62
105	6	37	68	99
12	43	74	80	106

图 21－10 5 阶方阵 $\overline{A}_2$

由 $\overline{A}_2$ 中间一行开始从下到上，把各行排成一个 1×25 的矩阵，称之为基本行 2，如图 21－11 所示。

93	124	5	31	62	56	87	118	24	30	49	55	81	112	18	12	43	74	80	106	105	6	37	68	99

图 21－11 基本行 2

把基本行 2 作为截面方阵 B_6 的第 1 行，第 1 行的数向右顺移 5 个位置得第 2 行，第 2 行的数向右顺移 5 个位置得第 3 行，第 3 行的数向右顺移 5 个位置得第 4 行，第 4 行的数向右顺移 5 个位置得第 5 行。第 $1+5k$ 行相同，第 $2+5k$ 行相同，第 $3+5k$ 行相同 第 $4+5k$ 行相同，第 $5+5k$ 行相同，其中 $k=0,1,\cdots,4$，得截面方阵 B_6，如图 21－12 所示。

93	124	5	31	62	56	87	118	24	30	49	55	81	112	18	12	43	74	80	106	105	6	37	68	99
105	6	37	68	99	93	124	5	31	62	56	87	118	24	30	49	55	81	112	18	12	43	74	80	106
12	43	74	80	106	105	6	37	68	99	93	124	5	31	62	56	87	118	24	30	49	55	81	112	18
49	55	81	112	18	12	43	74	80	106	105	6	37	68	99	93	124	5	31	62	56	87	118	24	30
56	87	118	24	30	49	55	81	112	18	12	43	74	80	106	105	6	37	68	99	93	124	5	31	62
93	124	5	31	62	56	87	118	24	30	49	55	81	112	18	12	43	74	80	106	105	6	37	68	99
105	6	37	68	99	93	124	5	31	62	56	87	118	24	30	49	55	81	112	18	12	43	74	80	106
12	43	74	80	106	105	6	37	68	99	93	124	5	31	62	56	87	118	24	30	49	55	81	112	18
49	55	81	112	18	12	43	74	80	106	105	6	37	68	99	93	124	5	31	62	56	87	118	24	30
56	87	118	24	30	49	55	81	112	18	12	43	74	80	106	105	6	37	68	99	93	124	5	31	62
93	124	5	31	62	56	87	118	24	30	49	55	81	112	18	12	43	74	80	106	105	6	37	68	99
105	6	37	68	99	93	124	5	31	62	56	87	118	24	30	49	55	81	112	18	12	43	74	80	106
12	43	74	80	106	105	6	37	68	99	93	124	5	31	62	56	87	118	24	30	49	55	81	112	18
49	55	81	112	18	12	43	74	80	106	105	6	37	68	99	93	124	5	31	62	56	87	118	24	30
56	87	118	24	30	49	55	81	112	18	12	43	74	80	106	105	6	37	68	99	93	124	5	31	62
93	124	5	31	62	56	87	118	24	30	49	55	81	112	18	12	43	74	80	106	105	6	37	68	99
105	6	37	68	99	93	124	5	31	62	56	87	118	24	30	49	55	81	112	18	12	43	74	80	106
12	43	74	80	106	105	6	37	68	99	93	124	5	31	62	56	87	118	24	30	49	55	81	112	18
49	55	81	112	18	12	43	74	80	106	105	6	37	68	99	93	124	5	31	62	56	87	118	24	30
56	87	118	24	30	49	55	81	112	18	12	43	74	80	106	105	6	37	68	99	93	124	5	31	62
93	124	5	31	62	56	87	118	24	30	49	55	81	112	18	12	43	74	80	106	105	6	37	68	99
105	6	37	68	99	93	124	5	31	62	56	87	118	24	30	49	55	81	112	18	12	43	74	80	106
12	43	74	80	106	105	6	37	68	99	93	124	5	31	62	56	87	118	24	30	49	55	81	112	18
49	55	81	112	18	12	43	74	80	106	105	6	37	68	99	93	124	5	31	62	56	87	118	24	30
56	87	118	24	30	49	55	81	112	18	12	43	74	80	106	105	6	37	68	99	93	124	5	31	62

图 21－12　截面方阵 B_6

把截面方阵 B_6 分为五个 25×5 矩阵，在各个矩阵内各行的数向左顺移一个位置得截面方阵 B_7；把截面方阵 B_7 分为五个 25×5 矩阵，在各个矩阵内各行的数向左顺移一个位置得截面方阵 B_8；把截面方阵 B_8 分为五个 25×5 矩阵，在各个矩阵内各行的数向左顺移一个位置得截面方阵 B_9；把截面方阵 B_9 分为五个 25×5 矩阵，在各个矩阵内各行的数向左顺移一个位置得截面方阵 B_{10}（图省略）。

（3）构造 5^2 阶根立方阵 B 的截面方阵 $B_{11}\sim B_{15}$。

把 5 阶幻方 A_3 各行的数向右顺移两个位置得 5 阶方阵 $\overline{A}_3$，如图 21－13 所示。

50	51	82	113	19
57	88	119	25	26
94	125	1	32	63
101	7	38	69	100
13	44	75	76	107

图 21－13　5 阶方阵 $\overline{A}_3$

由 $\overline{A}_3$ 中间一行开始从下到上，把各行排成一个 1×25 的矩阵，称之为基本行 3，如图 21－14 所示。

94	125	1	32	63	57	88	119	25	26	50	51	82	113	19	13	44	75	76	107	101	7	38	69	100

图 21－14　基本行 3

把基本行3作为截面方阵B_{11}的第1行，第1行的数向右顺移5个位置得第2行，第2行的数向右顺移5个位置得第3行，第3行的数向右顺移5个位置得第4行，第4行的数向右顺移5个位置得第5行。第$1+5k$行相同，第$2+5k$行相同，第$3+5k$行相同，第$4+5k$行相同，第$5+5k$行相同，其中$k=0,1,\cdots,4$，得截面方阵B_{11}，如图21－15所示。

94	125	1	32	63	57	88	119	25	26	50	51	82	113	19	13	44	75	76	107	101	7	38	69	100
101	7	38	69	100	94	125	1	32	63	57	88	119	25	26	50	51	82	113	19	13	44	75	76	107
13	44	75	76	107	101	7	38	69	100	94	125	1	32	63	57	88	119	25	26	50	51	82	113	19
50	51	82	113	19	13	44	75	76	107	101	7	38	69	100	94	125	1	32	63	57	88	119	25	26
57	88	119	25	26	50	51	82	113	19	13	44	75	76	107	101	7	38	69	100	94	125	1	32	63
94	125	1	32	63	57	88	119	25	26	50	51	82	113	19	13	44	75	76	107	101	7	38	69	100
101	7	38	69	100	94	125	1	32	63	57	88	119	25	26	50	51	82	113	19	13	44	75	76	107
13	44	75	76	107	101	7	38	69	100	94	125	1	32	63	57	88	119	25	26	50	51	82	113	19
50	51	82	113	19	13	44	75	76	107	101	7	38	69	100	94	125	1	32	63	57	88	119	25	26
57	88	119	25	26	50	51	82	113	19	13	44	75	76	107	101	7	38	69	100	94	125	1	32	63
94	125	1	32	63	57	88	119	25	26	50	51	82	113	19	13	44	75	76	107	101	7	38	69	100
101	7	38	69	100	94	125	1	32	63	57	88	119	25	26	50	51	82	113	19	13	44	75	76	107
13	44	75	76	107	101	7	38	69	100	94	125	1	32	63	57	88	119	25	26	50	51	82	113	19
50	51	82	113	19	13	44	75	76	107	101	7	38	69	100	94	125	1	32	63	57	88	119	25	26
57	88	119	25	26	50	51	82	113	19	13	44	75	76	107	101	7	38	69	100	94	125	1	32	63
94	125	1	32	63	57	88	119	25	26	50	51	82	113	19	13	44	75	76	107	101	7	38	69	100
101	7	38	69	100	94	125	1	32	63	57	88	119	25	26	50	51	82	113	19	13	44	75	76	107
13	44	75	76	107	101	7	38	69	100	94	125	1	32	63	57	88	119	25	26	50	51	82	113	19
50	51	82	113	19	13	44	75	76	107	101	7	38	69	100	94	125	1	32	63	57	88	119	25	26
57	88	119	25	26	50	51	82	113	19	13	44	75	76	107	101	7	38	69	100	94	125	1	32	63
94	125	1	32	63	57	88	119	25	26	50	51	82	113	19	13	44	75	76	107	101	7	38	69	100
101	7	38	69	100	94	125	1	32	63	57	88	119	25	26	50	51	82	113	19	13	44	75	76	107
13	44	75	76	107	101	7	38	69	100	94	125	1	32	63	57	88	119	25	26	50	51	82	113	19
50	51	82	113	19	13	44	75	76	107	101	7	38	69	100	94	125	1	32	63	57	88	119	25	26
57	88	119	25	26	50	51	82	113	19	13	44	75	76	107	101	7	38	69	100	94	125	1	32	63

图21－15 截面方阵B_{11}

把截面方阵B_{11}分为五个25×5矩阵，在各个矩阵内各行的数向左顺移一个位置得截面方阵B_{12}；把截面方阵B_{12}分为五个25×5矩阵，在各个矩阵内各行的数向左顺移一个位置得截面方阵B_{13}；把截面方阵B_{13}分为五个25×5矩阵，在各个矩阵内各行的数向左顺移一个位置得截面方阵B_{14}；把截面方阵B_{14}分为五个25×5矩阵，在各个矩阵内各行的数向左顺移一个位置得截面方阵B_{15}（图省略）。

（4）构造5^2阶根立方阵B的截面方阵$B_{16}\sim B_{20}$。

把5阶幻方A_4各行的数向右顺移两个位置得5阶方阵$\overline{A}_4$，如图21－16所示。

46	52	83	114	20
58	89	120	21	27
95	121	2	33	64
102	8	39	70	96
14	45	71	77	108

图21－16 5阶方阵$\overline{A}_4$

由 $\overline{A}_4$ 中间一行开始从下到上，把各行排成一个 1×25 的矩阵，称之为基本行 4，如图 21－17 所示。

95	121	2	33	64	58	89	120	21	27	46	52	83	114	20	14	45	71	77	108	102	8	39	70	96

图 21－17　基本行 4

把基本行 4 作为截面方阵 B_{16} 的第 1 行，第 1 行的数向右顺移 5 个位置得第 2 行，第 2 行的数向右顺移 5 个位置得第 3 行，第 3 行的数向右顺移 5 个位置得第 4 行，第 4 行的数向右顺移 5 个位置得第 5 行。第 $1+5k$ 行相同，第 $2+5k$ 行相同，第 $3+5k$ 行相同，第 $4+5k$ 行相同，第 $5+5k$ 行相同，其中 $k=0,1,\cdots,4$，得截面方阵 B_{16}，如图 21－18 所示。

95	121	2	33	64	58	89	120	21	27	46	52	83	114	20	14	45	71	77	108	102	8	39	70	96
102	8	39	70	96	95	121	2	33	64	58	89	120	21	27	46	52	83	114	20	14	45	71	77	108
14	45	71	77	108	102	8	39	70	96	95	121	2	33	64	58	89	120	21	27	46	52	83	114	20
46	52	83	114	20	14	45	71	77	108	102	8	39	70	96	95	121	2	33	64	58	89	120	21	27
58	89	120	21	27	46	52	83	114	20	14	45	71	77	108	102	8	39	70	96	95	121	2	33	64
95	121	2	33	64	58	89	120	21	27	46	52	83	114	20	14	45	71	77	108	102	8	39	70	96
102	8	39	70	96	95	121	2	33	64	58	89	120	21	27	46	52	83	114	20	14	45	71	77	108
14	45	71	77	108	102	8	39	70	96	95	121	2	33	64	58	89	120	21	27	46	52	83	114	20
46	52	83	114	20	14	45	71	77	108	102	8	39	70	96	95	121	2	33	64	58	89	120	21	27
58	89	120	21	27	46	52	83	114	20	14	45	71	77	108	102	8	39	70	96	95	121	2	33	64
95	121	2	33	64	58	89	120	21	27	46	52	83	114	20	14	45	71	77	108	102	8	39	70	96
102	8	39	70	96	95	121	2	33	64	58	89	120	21	27	46	52	83	114	20	14	45	71	77	108
14	45	71	77	108	102	8	39	70	96	95	121	2	33	64	58	89	120	21	27	46	52	83	114	20
46	52	83	114	20	14	45	71	77	108	102	8	39	70	96	95	121	2	33	64	58	89	120	21	27
58	89	120	21	27	46	52	83	114	20	14	45	71	77	108	102	8	39	70	96	95	121	2	33	64
95	121	2	33	64	58	89	120	21	27	46	52	83	114	20	14	45	71	77	108	102	8	39	70	96
102	8	39	70	96	95	121	2	33	64	58	89	120	21	27	46	52	83	114	20	14	45	71	77	108
14	45	71	77	108	102	8	39	70	96	95	121	2	33	64	58	89	120	21	27	46	52	83	114	20
46	52	83	114	20	14	45	71	77	108	102	8	39	70	96	95	121	2	33	64	58	89	120	21	27
58	89	120	21	27	46	52	83	114	20	14	45	71	77	108	102	8	39	70	96	95	121	2	33	64
95	121	2	33	64	58	89	120	21	27	46	52	83	114	20	14	45	71	77	108	102	8	39	70	96
102	8	39	70	96	95	121	2	33	64	58	89	120	21	27	46	52	83	114	20	14	45	71	77	108
14	45	71	77	108	102	8	39	70	96	95	121	2	33	64	58	89	120	21	27	46	52	83	114	20
46	52	83	114	20	14	45	71	77	108	102	8	39	70	96	95	121	2	33	64	58	89	120	21	27
58	89	120	21	27	46	52	83	114	20	14	45	71	77	108	102	8	39	70	96	95	121	2	33	64

图 21－18　截面方阵 B_{16}

把截面方阵 B_{16} 分为五个 25×5 矩阵，在各个矩阵内各行的数向左顺移一个位置得截面方阵 B_{17}；把截面方阵 B_{17} 分为五个 25×5 矩阵，在各个矩阵内各行的数向左顺移一个位置得截面方阵 B_{18}；把截面方阵 B_{18} 分为五个 25×5 矩阵，在各个矩阵内各行的数向左顺移一个位置得截面方阵 B_{19}；把截面方阵 B_{19} 分为五个 25×5矩阵，在各个矩阵内各行的数向左顺移一个位置得截面方阵 B_{20}（图省略）。

（5）构造 5^2 阶根立方阵 B 的截面方阵 $B_{21}\sim B_{25}$。

把 5 阶幻方 A_5 各行的数向右顺移两个位置得 5 阶方阵 $\overline{A}_5$，如图 21－19 所示。

47	53	84	115	16
59	90	116	22	28
91	122	3	34	65
103	9	40	66	97
15	41	72	78	109

图 21－19　5 阶方阵 $\overline{A}_5$

由 $\overline{A}_5$ 中间一行开始从下到上，把各行排成一个 1×25 的矩阵，称之为基本行 5，如图 21－20 所示。

91	122	3	34	65	59	90	116	22	28	47	53	84	115	16	15	41	72	78	109	103	9	40	66	97

图 21－20　基本行 5

把基本行 5 作为截面方阵 B_{21} 的第 1 行，第 1 行的数向右顺移 5 个位置得第 2 行，第 2 行的数向右顺移 5 个位置得第 3 行，第 3 行的数向右顺移 5 个位置得第 4 行，第 4 行的数向右顺移 5 个位置得第 5 行。第 $1+5k$ 行相同，第 $2+5k$ 行相同，第 $3+5k$ 行相同，第 $4+5k$ 行相同，第 $5+5k$ 行相同，其中 $k=0,1,\cdots,4$，得截面方阵 B_{21}，如图 21－21 所示。

91	122	3	34	65	59	90	116	22	28	47	53	84	115	16	15	41	72	78	109	103	9	40	66	97
103	9	40	66	97	91	122	3	34	65	59	90	116	22	28	47	53	84	115	16	15	41	72	78	109
15	41	72	78	109	103	9	40	66	97	91	122	3	34	65	59	90	116	22	28	47	53	84	115	16
47	53	84	115	16	15	41	72	78	109	103	9	40	66	97	91	122	3	34	65	59	90	116	22	28
59	90	116	22	28	47	53	84	115	16	15	41	72	78	109	103	9	40	66	97	91	122	3	34	65
91	122	3	34	65	59	90	116	22	28	47	53	84	115	16	15	41	72	78	109	103	9	40	66	97
103	9	40	66	97	91	122	3	34	65	59	90	116	22	28	47	53	84	115	16	15	41	72	78	109
15	41	72	78	109	103	9	40	66	97	91	122	3	34	65	59	90	116	22	28	47	53	84	115	16
47	53	84	115	16	15	41	72	78	109	103	9	40	66	97	91	122	3	34	65	59	90	116	22	28
59	90	116	22	28	47	53	84	115	16	15	41	72	78	109	103	9	40	66	97	91	122	3	34	65
91	122	3	34	65	59	90	116	22	28	47	53	84	115	16	15	41	72	78	109	103	9	40	66	97
103	9	40	66	97	91	122	3	34	65	59	90	116	22	28	47	53	84	115	16	15	41	72	78	109
15	41	72	78	109	103	9	40	66	97	91	122	3	34	65	59	90	116	22	28	47	53	84	115	16
47	53	84	115	16	15	41	72	78	109	103	9	40	66	97	91	122	3	34	65	59	90	116	22	28
59	90	116	22	28	47	53	84	115	16	15	41	72	78	109	103	9	40	66	97	91	122	3	34	65
91	122	3	34	65	59	90	116	22	28	47	53	84	115	16	15	41	72	78	109	103	9	40	66	97
103	9	40	66	97	91	122	3	34	65	59	90	116	22	28	47	53	84	115	16	15	41	72	78	109
15	41	72	78	109	103	9	40	66	97	91	122	3	34	65	59	90	116	22	28	47	53	84	115	16
47	53	84	115	16	15	41	72	78	109	103	9	40	66	97	91	122	3	34	65	59	90	116	22	28
59	90	116	22	28	47	53	84	115	16	15	41	72	78	109	103	9	40	66	97	91	122	3	34	65
91	122	3	34	65	59	90	116	22	28	47	53	84	115	16	15	41	72	78	109	103	9	40	66	97
103	9	40	66	97	91	122	3	34	65	59	90	116	22	28	47	53	84	115	16	15	41	72	78	109
15	41	72	78	109	103	9	40	66	97	91	122	3	34	65	59	90	116	22	28	47	53	84	115	16
47	53	84	115	16	15	41	72	78	109	103	9	40	66	97	91	122	3	34	65	59	90	116	22	28
59	90	116	22	28	47	53	84	115	16	15	41	72	78	109	103	9	40	66	97	91	122	3	34	65

图 21－21　截面方阵 B_{21}

把截面方阵 B_{21} 分为五个 25×5 矩阵，在各个矩阵内各行的数向左顺移一个位置得截面方阵 B_{22}；把截面方阵 B_{22} 分为五个 25×5 矩阵，在各个矩阵内各行的数向左顺移一个位置得截面方阵 B_{23}；把截面方阵 B_{23} 分为五个 25 ×5 矩阵,在各个矩阵内各行的数向左顺移一个位置得截面方阵 B_{24};把截面方阵 B_{24}分为五个 25 ×5 矩阵,在各个矩阵内各行的数向左顺移一个位置得截面方阵 B_{25}(图省略)。

第 3 步,求 5^2 阶根立方阵 B 的转置立方阵 C。

把 5^2 阶根立方阵 B 的行作为立方阵 C 的列,把根立方阵 B 的列作为立方阵 C 的纵列,把根立方阵 B 的纵列作为立方阵 C 的行,所得就是转置立方阵 C。

(1)转置立方阵 C 的截面方阵 C_1,C_6,C_{11},C_{16}和 C_{21}是相同的,如图 21 -22 所示。

92	123	4	35	61	93	124	5	31	62	94	125	1	32	63	95	121	2	33	64	91	122	3	34	65
123	4	35	61	92	124	5	31	62	93	125	1	32	63	94	121	2	33	64	95	122	3	34	65	91
4	35	61	92	123	5	31	62	93	124	1	32	63	94	125	2	33	64	95	121	3	34	65	91	122
35	61	92	123	4	31	62	93	124	5	32	63	94	125	1	33	64	95	121	2	34	65	91	122	3
61	92	123	4	35	62	93	124	5	31	63	94	125	1	32	64	95	121	2	33	65	91	122	3	34
60	86	117	23	29	56	87	118	24	30	57	88	119	25	26	58	89	120	21	27	59	90	116	22	28
86	117	23	29	60	87	118	24	30	56	88	119	25	26	57	89	120	21	27	58	90	116	22	28	59
117	23	29	60	86	118	24	30	56	87	119	25	26	57	88	120	21	27	58	89	116	22	28	59	90
23	29	60	86	117	24	30	56	87	118	25	26	57	88	119	21	27	58	89	120	22	28	59	90	116
29	60	86	117	23	30	56	87	118	24	26	57	88	119	25	27	58	89	120	21	28	59	90	116	22
48	54	85	111	17	49	55	81	112	18	50	51	82	113	19	46	52	83	114	20	47	53	84	115	16
54	85	111	17	48	55	81	112	18	49	51	82	113	19	50	52	83	114	20	46	53	84	115	16	47
85	111	17	48	54	81	112	18	49	55	82	113	19	50	51	83	114	20	46	52	84	115	16	47	53
111	17	48	54	85	112	18	49	55	81	113	19	50	51	82	114	20	46	52	83	115	16	47	53	84
17	48	54	85	111	18	49	55	81	112	19	50	51	82	113	20	46	52	83	114	16	47	53	84	115
11	42	73	79	110	12	43	74	80	106	13	44	75	76	107	14	45	71	77	108	15	41	72	78	109
42	73	79	110	11	43	74	80	106	12	44	75	76	107	13	45	71	77	108	14	41	72	78	109	15
73	79	110	11	42	74	80	106	12	43	75	76	107	13	44	71	77	108	14	45	72	78	109	15	41
79	110	11	42	73	80	106	12	43	74	76	107	13	44	75	77	108	14	45	71	78	109	15	41	72
110	11	42	73	79	106	12	43	74	80	107	13	44	75	76	108	14	45	71	77	109	15	41	72	78
104	10	36	67	98	105	6	37	68	99	101	7	38	69	100	102	8	39	70	96	103	9	40	66	97
10	36	67	98	104	6	37	68	99	105	7	38	69	100	101	8	39	70	96	102	9	40	66	97	103
36	67	98	104	10	37	68	99	105	6	38	69	100	101	7	39	70	96	102	8	40	66	97	103	9
67	98	104	10	36	68	99	105	6	37	69	100	101	7	38	70	96	102	8	39	66	97	103	9	40
98	104	10	36	67	99	105	6	37	68	100	101	7	38	69	96	102	8	39	70	97	103	9	40	66

图 21 -22　截面方阵 C_1,C_6,C_{11},C_{16}和 C_{21}

(2)转置立方阵 C 的截面方阵 C_2,C_7,C_{12},C_{17}和 C_{22}是相同的,如图 21-23 所示。

104	10	36	67	98	105	6	37	68	99	101	7	38	69	100	102	8	39	70	96	103	9	40	66	97
10	36	67	98	104	6	37	68	99	105	7	38	69	100	101	8	39	70	96	102	9	40	66	97	103
36	67	98	104	10	37	68	99	105	6	38	69	100	101	7	39	70	96	102	8	40	66	97	103	9
67	98	104	10	36	68	99	105	6	37	69	100	101	7	38	70	96	102	8	39	66	97	103	9	40
98	104	10	36	67	99	105	6	37	68	100	101	7	38	69	96	102	8	39	70	97	103	9	40	66
92	123	4	35	61	93	124	5	31	62	94	125	1	32	63	95	121	2	33	64	91	122	3	34	65
123	4	35	61	92	124	5	31	62	93	125	1	32	63	94	121	2	33	64	95	122	3	34	65	91
4	35	61	92	123	5	31	62	93	124	1	32	63	94	125	2	33	64	95	121	3	34	65	91	122
35	61	92	123	4	31	62	93	124	5	32	63	94	125	1	33	64	95	121	2	34	65	91	122	3
61	92	123	4	35	62	93	124	5	31	63	94	125	1	32	64	95	121	2	33	65	91	122	3	34
60	86	117	23	29	56	87	118	24	30	57	88	119	25	26	58	89	120	21	27	59	90	116	22	28
86	117	23	29	60	87	118	24	30	56	88	119	25	26	57	89	120	21	27	58	90	116	22	28	59
117	23	29	60	86	118	24	30	56	87	119	25	26	57	88	120	21	27	58	89	116	22	28	59	90
23	29	60	86	117	24	30	56	87	118	25	26	57	88	119	21	27	58	89	120	22	28	59	90	116
29	60	86	117	23	30	56	87	118	24	26	57	88	119	25	27	58	89	120	21	28	59	90	116	22
48	54	85	111	17	49	55	81	112	18	50	51	82	113	19	46	52	83	114	20	47	53	84	115	16
54	85	111	17	48	55	81	112	18	49	51	82	113	19	50	52	83	114	20	46	53	84	115	16	47
85	111	17	48	54	81	112	18	49	55	82	113	19	50	51	83	114	20	46	52	84	115	16	47	53
111	17	48	54	85	112	18	49	55	81	113	19	50	51	82	114	20	46	52	83	115	16	47	53	84
17	48	54	85	111	18	49	55	81	112	19	50	51	82	113	20	46	52	83	114	16	47	53	84	115
11	42	73	79	110	12	43	74	80	106	13	44	75	76	107	14	45	71	77	108	15	41	72	78	109
42	73	79	110	11	43	74	80	106	12	44	75	76	107	13	45	71	77	108	14	41	72	78	109	15
73	79	110	11	42	74	80	106	12	43	75	76	107	13	44	71	77	108	14	45	72	78	109	15	41
79	110	11	42	73	80	106	12	43	74	76	107	13	44	75	77	108	14	45	71	78	109	15	41	72
110	11	42	73	79	106	12	43	74	80	107	13	44	75	76	108	14	45	71	77	109	15	41	72	78

图 21-23 截面方阵 C_2,C_7,C_{12},C_{17}和 C_{22}

(3)转置立方阵 C 的截面方阵 C_3,C_8,C_{13},C_{18}和 C_{23}是相同的,如图 21-24 所示。

11	42	73	79	110	12	43	74	80	106	13	44	75	76	107	14	45	71	77	108	15	41	72	78	109
42	73	79	110	11	43	74	80	106	12	44	75	76	107	13	45	71	77	108	14	41	72	78	109	15
73	79	110	11	42	74	80	106	12	43	75	76	107	13	44	71	77	108	14	45	72	78	109	15	41
79	110	11	42	73	80	106	12	43	74	76	107	13	44	75	77	108	14	45	71	78	109	15	41	72
110	11	42	73	79	106	12	43	74	80	107	13	44	75	76	108	14	45	71	77	109	15	41	72	78
104	10	36	67	98	105	6	37	68	99	101	7	38	69	100	102	8	39	70	96	103	9	40	66	97
10	36	67	98	104	6	37	68	99	105	7	38	69	100	101	8	39	70	96	102	9	40	66	97	103
36	67	98	104	10	37	68	99	105	6	38	69	100	101	7	39	70	96	102	8	40	66	97	103	9
67	98	104	10	36	68	99	105	6	37	69	100	101	7	38	70	96	102	8	39	66	97	103	9	40
98	104	10	36	67	99	105	6	37	68	100	101	7	38	69	96	102	8	39	70	97	103	9	40	66
92	123	4	35	61	93	124	5	31	62	94	125	1	32	63	95	121	2	33	64	91	122	3	34	65
123	4	35	61	92	124	5	31	62	93	125	1	32	63	94	121	2	33	64	95	122	3	34	65	91
4	35	61	92	123	5	31	62	93	124	1	32	63	94	125	2	33	64	95	121	3	34	65	91	122
35	61	92	123	4	31	62	93	124	5	32	63	94	125	1	33	64	95	121	2	34	65	91	122	3
61	92	123	4	35	62	93	124	5	31	63	94	125	1	32	64	95	121	2	33	65	91	122	3	34
60	86	117	23	29	56	87	118	24	30	57	88	119	25	26	58	89	120	21	27	59	90	116	22	28
86	117	23	29	60	87	118	24	30	56	88	119	25	26	57	89	120	21	27	58	90	116	22	28	59
117	23	29	60	86	118	24	30	56	87	119	25	26	57	88	120	21	27	58	89	116	22	28	59	90
23	29	60	86	117	24	30	56	87	118	25	26	57	88	119	21	27	58	89	120	22	28	59	90	116
29	60	86	117	23	30	56	87	118	24	26	57	88	119	25	27	58	89	120	21	28	59	90	116	22
48	54	85	111	17	49	55	81	112	18	50	51	82	113	19	46	52	83	114	20	47	53	84	115	16
54	85	111	17	48	55	81	112	18	49	51	82	113	19	50	52	83	114	20	46	53	84	115	16	47
85	111	17	48	54	81	112	18	49	55	82	113	19	50	51	83	114	20	46	52	84	115	16	47	53
111	17	48	54	85	112	18	49	55	81	113	19	50	51	82	114	20	46	52	83	115	16	47	53	84
17	48	54	85	111	18	49	55	81	112	19	50	51	82	113	20	46	52	83	114	16	47	53	84	115

图 21-24 截面方阵 C_3,C_8,C_{13},C_{18}和 C_{23}

(4)转置立方阵 C 的截面方阵 C_4,C_9,C_{14},C_{19}和 C_{24}是相同的,如图 21 - 25 所示。

48	54	85	111	17	49	55	81	112	18	50	51	82	113	19	46	52	83	114	20	47	53	84	115	16
54	85	111	17	48	55	81	112	18	49	51	82	113	19	50	52	83	114	20	46	53	84	115	16	47
85	111	17	48	54	81	112	18	49	55	82	113	19	50	51	83	114	20	46	52	84	115	16	47	53
111	17	48	54	85	112	18	49	55	81	113	19	50	51	82	114	20	46	52	83	115	16	47	53	84
17	48	54	85	111	18	49	55	81	112	19	50	51	82	113	20	46	52	83	114	16	47	53	84	115
11	42	73	79	110	12	43	74	80	106	13	44	75	76	107	14	45	71	77	108	15	41	72	78	109
42	73	79	110	11	43	74	80	106	12	44	75	76	107	13	45	71	77	108	14	41	72	78	109	15
73	79	110	11	42	74	80	106	12	43	75	76	107	13	44	71	77	108	14	45	72	78	109	15	41
79	110	11	42	73	80	106	12	43	74	76	107	13	44	75	77	108	14	45	71	78	109	15	41	72
110	11	42	73	79	106	12	43	74	80	107	13	44	75	76	108	14	45	71	77	109	15	41	72	78
104	10	36	67	98	105	6	37	68	99	101	7	38	69	100	102	8	39	70	96	103	9	40	66	97
10	36	67	98	104	6	37	68	99	105	7	38	69	100	101	8	39	70	96	102	9	40	66	97	103
36	67	98	104	10	37	68	99	105	6	38	69	100	101	7	39	70	96	102	8	40	66	97	103	9
67	98	104	10	36	68	99	105	6	37	69	100	101	7	38	70	96	102	8	39	66	97	103	9	40
98	104	10	36	67	99	105	6	37	68	100	101	7	38	69	96	102	8	39	70	97	103	9	40	66
92	123	4	35	61	93	124	5	31	62	94	125	1	32	63	95	121	2	33	64	91	122	3	34	65
123	4	35	61	92	124	5	31	62	93	125	1	32	63	94	121	2	33	64	95	122	3	34	65	91
4	35	61	92	123	5	31	62	93	124	1	32	63	94	125	2	33	64	95	121	3	34	65	91	122
35	61	92	123	4	31	62	93	124	5	32	63	94	125	1	33	64	95	121	2	34	65	91	122	3
61	92	123	4	35	62	93	124	5	31	63	94	125	1	32	64	95	121	2	33	65	91	122	3	34
60	86	117	23	29	56	87	118	24	30	57	88	119	25	26	58	89	120	21	27	59	90	116	22	28
86	117	23	29	60	87	118	24	30	56	88	119	25	26	57	89	120	21	27	58	90	116	22	28	59
117	23	29	60	86	118	24	30	56	87	119	25	26	57	88	120	21	27	58	89	116	22	28	59	90
23	29	60	86	117	24	30	56	87	118	25	26	57	88	119	21	27	58	89	120	22	28	59	90	116
29	60	86	117	23	30	56	87	118	24	26	57	88	119	25	27	58	89	120	21	28	59	90	116	22

图 21 - 25　截面方阵 C_4,C_9,C_{14},C_{19}和 C_{24}

(5)转置立方阵 C 的截面方阵 C_5,C_{10},C_{15},C_{20}和 C_{25}是相同的,如图 21 - 26 所示。

60	86	117	23	29	56	87	118	24	30	57	88	119	25	26	58	89	120	21	27	59	90	116	22	28
86	117	23	29	60	87	118	24	30	56	88	119	25	26	57	89	120	21	27	58	90	116	22	28	59
117	23	29	60	86	118	24	30	56	87	119	25	26	57	88	120	21	27	58	89	116	22	28	59	90
23	29	60	86	117	24	30	56	87	118	25	26	57	88	119	21	27	58	89	120	22	28	59	90	116
29	60	86	117	23	30	56	87	118	24	26	57	88	119	25	27	58	89	120	21	28	59	90	116	22
48	54	85	111	17	49	55	81	112	18	50	51	82	113	19	46	52	83	114	20	47	53	84	115	16
54	85	111	17	48	55	81	112	18	49	51	82	113	19	50	52	83	114	20	46	53	84	115	16	47
85	111	17	48	54	81	112	18	49	55	82	113	19	50	51	83	114	20	46	52	84	115	16	47	53
111	17	48	54	85	112	18	49	55	81	113	19	50	51	82	114	20	46	52	83	115	16	47	53	84
17	48	54	85	111	18	49	55	81	112	19	50	51	82	113	20	46	52	83	114	16	47	53	84	115
11	42	73	79	110	12	43	74	80	106	13	44	75	76	107	14	45	71	77	108	15	41	72	78	109
42	73	79	110	11	43	74	80	106	12	44	75	76	107	13	45	71	77	108	14	41	72	78	109	15
73	79	110	11	42	74	80	106	12	43	75	76	107	13	44	71	77	108	14	45	72	78	109	15	41
79	110	11	42	73	80	106	12	43	74	76	107	13	44	75	77	108	14	45	71	78	109	15	41	72
110	11	42	73	79	106	12	43	74	80	107	13	44	75	76	108	14	45	71	77	109	15	41	72	78
104	10	36	67	98	105	6	37	68	99	101	7	38	69	100	102	8	39	70	96	103	9	40	66	97
10	36	67	98	104	6	37	68	99	105	7	38	69	100	101	8	39	70	96	102	9	40	66	97	103
36	67	98	104	10	37	68	99	105	6	38	69	100	101	7	39	70	96	102	8	40	66	97	103	9
67	98	104	10	36	68	99	105	6	37	69	100	101	7	38	70	96	102	8	39	66	97	103	9	40
98	104	10	36	67	99	105	6	37	68	100	101	7	38	69	96	102	8	39	70	97	103	9	40	66
92	123	4	35	61	93	124	5	31	62	94	125	1	32	63	95	121	2	33	64	91	122	3	34	65
123	4	35	61	92	124	5	31	62	93	125	1	32	63	94	121	2	33	64	95	122	3	34	65	91
4	35	61	92	123	5	31	62	93	124	1	32	63	94	125	2	33	64	95	121	3	34	65	91	122
35	61	92	123	4	31	62	93	124	5	32	63	94	125	1	33	64	95	121	2	34	65	91	122	3
61	92	123	4	35	62	93	124	5	31	63	94	125	1	32	64	95	121	2	33	65	91	122	3	34

图 21 - 26　截面方阵 C_5,C_{10},C_{15},C_{20}和 C_{25}

第 4 步,求 25 阶空间最完美幻立方 D。

25 阶立方阵 B 的每一个元素减 1 乘以 125,然后再与 25 阶立方阵 C 的对应元素相加,所得就是 25 阶最完美幻立方 D。由于它是空间中心对称的,我们只列出其前十三个截面方阵,如图 21 - 27 ~ 图 21 - 39 所示。

11467	15373	379	4285	7561	7468	10749	14505	2781	3562	5969	6750	10501	13782	2063	1345	5246	9002	9783	13689	12966	1247	4378	8284	12190
12998	1129	4410	8311	12217	11499	15255	406	4312	7593	7500	10626	14532	2813	3594	5996	6627	10533	13814	2095	1372	5128	9034	9815	13716
1254	5160	9061	9842	13748	12880	1156	4437	8343	12249	11376	15282	438	4344	7625	7377	10658	14564	2845	3621	5878	6659	10565	13841	2122
5910	6686	10592	13873	2004	1281	5187	9093	9874	13630	12907	1188	4469	8375	12126	11408	15314	470	4371	7502	7409	10690	14591	2872	3503
7436	10717	14623	2754	3535	5937	6718	10624	13755	2031	1313	5219	9125	9751	13657	12939	1220	4496	8252	12158	11440	15341	497	4253	7534
11435	15336	492	4273	7529	7431	10712	14618	2774	3530	5932	6713	10619	13775	2026	1308	5214	9120	9771	13652	12934	1215	4491	8272	12153
12961	1242	4398	8279	12185	11462	15368	399	4280	7556	7463	10744	14525	2776	3557	5964	6745	10521	13777	2058	1340	5241	9022	9778	13684
1367	5148	9029	9810	13711	12993	1149	4405	8306	12212	11494	15275	401	4307	7588	7495	10646	14527	2808	3589	5991	6647	10528	13809	2090
5898	6654	10560	13836	2117	1274	5155	9056	9837	13743	12900	1151	4432	8338	12244	11396	15277	433	4339	7620	7397	10653	14559	2840	3616
7404	10685	14586	2867	3523	5905	6681	10587	13868	2024	1276	5182	9088	9869	13650	12902	1183	4464	8370	12146	11403	15309	465	4366	7522
11423	15304	460	4361	7517	7424	10680	14581	2862	3518	5925	6676	10582	13863	2019	1296	5177	9083	9864	13645	12922	1178	4459	8365	12141
12929	1210	4486	8267	12173	11430	15331	487	4268	7549	7426	10707	14613	2769	3550	5927	6708	10614	13770	2046	1303	5209	9115	9766	13672
1335	5236	9017	9798	13679	12956	1237	4393	8299	12180	11457	15363	394	4300	7551	7458	10739	14520	2796	3552	5959	6740	10516	13797	2053
5986	6642	10548	13804	2085	1362	5143	9049	9805	13706	12988	1144	4425	8301	12207	11489	15270	421	4302	7583	7490	10641	14547	2803	3584
7392	10673	14554	2835	3611	5893	6674	10555	13831	2112	1269	5175	9051	9832	13738	12895	1171	4427	8333	12239	11391	15297	428	4334	7615
11386	15292	448	4329	7610	7387	10668	14574	2830	3606	5888	6669	10575	13826	2107	1264	5170	9071	9827	13733	12890	1166	4447	8328	12234
12917	1198	4454	8360	12136	11418	15324	455	4356	7512	7419	10700	14576	2857	3513	5920	6696	10577	13858	2014	1291	5197	9078	9859	13640
1323	5204	9110	9761	13667	12949	1205	4481	8262	12168	11450	15326	482	4263	7544	7446	10702	14608	2764	3545	5947	6703	10609	13765	2041
5954	6735	10511	13792	2073	1330	5231	9012	9793	13699	12951	1232	4388	8294	12200	11452	15358	389	4295	7571	7453	10734	14515	2791	3572
7485	10636	14542	2823	3579	5981	6637	10543	13824	2080	1357	5138	9044	9825	13701	12983	1139	4420	8321	12202	11484	15265	416	4322	7578
11479	15260	411	4317	7598	7480	10631	14537	2818	3599	5976	6632	10538	13819	2100	1352	5133	9039	9820	13721	12978	1134	4415	8316	12222
12885	1161	4442	8348	12229	11381	15287	443	4349	7605	7382	10663	14569	2850	3601	5883	6664	10570	13846	2102	1259	5165	9066	9847	13728
1286	5192	9098	9854	13635	12912	1193	4474	8355	12131	11413	15319	475	4351	7507	7414	10695	14596	2852	3508	5915	6691	10597	13853	2009
5942	6723	10604	13760	2036	1318	5224	9105	9756	13662	12944	1225	4476	8257	12163	11445	15346	477	4258	7539	7441	10722	14603	2759	3540
7473	10729	14510	2786	3567	5974	6730	10506	13787	2068	1350	5226	9007	9788	13694	12971	1227	4383	8289	12195	11472	15353	384	4290	7566

图 21－27　截面方阵 D_1

15354	385	4286	7567	11473	10730	14506	2787	3568	7474	6726	10507	13788	2069	5975	5227	9008	9789	13695	1346	1228	4384	8290	12191	12972
1135	4411	8317	12223	12979	15256	412	4318	7599	11480	10632	14538	2819	3600	7476	6633	10539	13820	2096	5977	5134	9040	9816	13722	1353
5161	9067	9848	13729	1260	1162	4443	8349	12230	12881	15288	444	4350	7601	11382	10664	14570	2846	3602	7383	6665	10566	13847	2103	5884
6692	10598	13854	2010	5911	5193	9099	9855	13631	1287	1194	4475	8351	12132	12913	15320	471	4352	7508	11414	10691	14597	2853	3509	7415
10723	14604	2760	3536	7442	6724	10605	13756	2037	5943	5225	9101	9757	13663	1319	1221	4477	8258	12164	12945	15347	478	4259	7540	11441
15342	498	4254	7535	11436	10718	14624	2755	3531	7437	6719	10625	13751	2032	5938	5220	9121	9752	13658	1314	1216	4497	8253	12159	12940
1248	4379	8285	12186	12967	15374	380	4281	7562	11468	10750	14501	2782	3563	7469	6746	10502	13783	2064	5970	5247	9003	9784	13690	1341
5129	9035	9811	13717	1373	1130	4406	8312	12218	12999	15251	407	4313	7594	11500	10627	14533	2814	3595	7496	6628	10534	13815	2091	5997
6660	10561	13842	2123	5879	5156	9062	9843	13749	1255	1157	4438	8344	12250	12876	15283	439	4345	7621	11377	10659	14565	2841	3622	7378
10686	14592	2873	3504	7410	6687	10593	13874	2005	5906	5188	9094	9875	13626	1282	1189	4470	8371	12127	12908	15315	466	4372	7503	11409
15310	461	4367	7523	11404	10681	14587	2868	3524	7405	6682	10588	13869	2025	5901	5183	9089	9870	13646	1277	1184	4465	8366	12147	12903
1211	4492	8273	12154	12935	15337	493	4274	7530	11431	10713	14619	2775	3526	7432	6714	10620	13771	2027	5933	5215	9116	9772	13653	1309
5242	9023	9779	13685	1336	1243	4399	8280	12181	12962	15369	400	4276	7557	11463	10745	14521	2777	3558	7464	6741	10522	13778	2059	5965
6648	10529	13810	2086	5992	5149	9030	9806	13712	1368	1150	4401	8307	12213	12994	15271	402	4308	7589	11495	10647	14528	2809	3590	7491
10654	14560	2836	3617	7398	6655	10556	13837	2118	5899	5151	9057	9838	13744	1275	1152	4433	8339	12245	12896	15278	434	4340	7616	11397
15298	429	4335	7611	11392	10674	14555	2831	3612	7393	6675	10551	13832	2113	5894	5171	9052	9833	13739	1270	1172	4428	8334	12240	12891
1179	4460	8361	12142	12923	15305	456	4362	7518	11424	10676	14582	2863	3519	7425	6677	10583	13864	2020	5921	5178	9084	9865	13641	1297
5210	9111	9767	13673	1304	1206	4487	8268	12174	12930	15332	488	4269	7550	11426	10708	14614	2770	3546	7427	6709	10615	13766	2047	5928
6736	10517	13798	2054	5960	5237	9018	9799	13680	1331	1238	4394	8300	12176	12957	15364	395	4296	7552	11458	10740	14516	2797	3553	7459
10642	14548	2804	3585	7486	6643	10549	13805	2081	5987	5144	9050	9801	13707	1363	1145	4421	8302	12208	12989	15266	422	4303	7584	11490
15261	417	4323	7579	11485	10637	14543	2824	3580	7481	6638	10544	13825	2076	5982	5139	9045	9821	13702	1358	1140	4416	8322	12203	12984
1167	4448	8329	12235	12886	15293	449	4330	7606	11387	10669	14575	2826	3607	7388	6670	10571	13827	2108	5889	5166	9072	9828	13734	1265
5198	9079	9860	13636	1292	1199	4455	8356	12137	12918	15325	451	4357	7513	11419	10696	14577	2858	3514	7420	6697	10578	13859	2015	5916
6704	10610	13761	2042	5948	5205	9106	9762	13668	1324	1201	4482	8263	12169	12950	15327	483	4264	7545	11446	10703	14609	2765	3541	7447
10735	14511	2792	3573	7454	6731	10512	13793	2074	5955	5232	9013	9794	13700	1326	1233	4389	8295	12196	12952	15359	390	4291	7572	11453

图 21－28　截面方阵 D_2

386	4292	7573	11454	15360	14512	2793	3574	7455	10731	10513	13794	2075	5951	6732	9014	9795	13696	1327	5233	4390	8291	12197	12953	1234
4417	8323	12204	12985	1136	418	4324	7580	11481	15262	14544	2825	3576	7482	10638	10545	13821	2077	5983	6639	9041	9822	13703	1359	5140
9073	9829	13735	1261	5167	4449	8330	12231	12887	1168	450	4326	7607	11388	15294	14571	2827	3608	7389	10670	10572	13828	2109	5890	6666
10579	13860	2011	5917	6698	9080	9856	13637	1293	5199	4451	8357	12138	12919	1200	452	4358	7514	11420	15321	14578	2859	3515	7416	10697
14610	2761	3542	7448	10704	10606	13762	2043	5949	6705	9107	9763	13669	1325	5201	4483	8264	12170	12946	1202	484	4265	7541	11447	15328
479	4260	7536	11442	15348	14605	2756	3537	7443	10724	10601	13757	2038	5944	6725	9102	9758	13664	1320	5221	4478	8259	12165	12941	1222
4385	8286	12192	12973	1229	381	4287	7568	11474	15355	14507	2788	3569	7475	10726	10508	13789	2070	5971	6727	9009	9790	13691	1347	5228
9036	9817	13723	1354	5135	4412	8318	12224	12980	1131	413	4319	7600	11476	15257	14539	2820	3596	7477	10633	10540	13816	2097	5978	6634
10567	13848	2104	5885	6661	9068	9849	13730	1256	5162	4444	8350	12226	12882	1163	445	4346	7602	11383	15289	14566	2847	3603	7384	10665
14598	2854	3510	7411	10692	10599	13855	2006	5912	6693	9100	9851	13632	1288	5194	4471	8352	12133	12914	1195	472	4353	7509	11415	15316
467	4373	7504	11410	15311	14593	2874	3505	7406	10687	10594	13875	2001	5907	6688	9095	9871	13627	1283	5189	4466	8372	12128	12909	1190
4498	8254	12160	12936	1217	499	4255	7531	11437	15343	14625	2751	3532	7438	10719	10621	13752	2033	5939	6720	9122	9753	13659	1315	5216
9004	9785	13686	1342	5248	4380	8281	12187	12968	1249	376	4282	7563	11469	15375	14502	2783	3564	7470	10746	10503	13784	2065	5966	6747
10535	13811	2092	5998	6629	9031	9812	13718	1374	5130	4407	8313	12219	13000	1126	408	4314	7595	11496	15252	14534	2815	3591	7497	10628
14561	2842	3623	7379	10660	10562	13843	2124	5880	6656	9063	9844	13750	1251	5157	4439	8345	12246	12877	1158	440	4341	7622	11378	15284
435	4336	7617	11398	15279	14556	2837	3618	7399	10655	10557	13838	2119	5900	6651	9058	9839	13745	1271	5152	4434	8340	12241	12897	1153
4461	8367	12148	12904	1185	462	4368	7524	11405	15306	14588	2869	3525	7401	10682	10589	13870	2021	5902	6683	9090	9866	13647	1278	5184
9117	9773	13654	1310	5211	4493	8274	12155	12931	1212	494	4275	7526	11432	15338	14620	2771	3527	7433	10714	10616	13772	2028	5934	6715
10523	13779	2060	5961	6742	9024	9780	13681	1337	5243	4400	8276	12182	12963	1244	396	4277	7558	11464	15370	14522	2778	3559	7465	10741
14529	2810	3586	7492	10648	10530	13806	2087	5993	6649	9026	9807	13713	1369	5150	4402	8308	12214	12995	1146	403	4309	7590	11491	15272
423	4304	7585	11486	15267	14549	2805	3581	7487	10643	10550	13801	2082	5988	6644	9046	9802	13708	1364	5145	4422	8303	12209	12990	1141
4429	8335	12236	12892	1173	430	4331	7612	11393	15299	14551	2832	3613	7394	10675	10552	13833	2114	5895	6671	9053	9834	13740	1266	5172
9085	9861	13642	1298	5179	4456	8362	12143	12924	1180	457	4363	7519	11425	15301	14583	2864	3520	7421	10677	10584	13865	2016	5922	6678
10611	13767	2048	5929	6710	9112	9768	13674	1305	5206	4488	8269	12175	12926	1207	489	4270	7546	11427	15333	14615	2766	3547	7428	10709
14517	2798	3554	7460	10736	10518	13799	2055	5956	6737	9019	9800	13676	1332	5238	4395	8296	12177	12958	1239	391	4297	7553	11459	15365

图 21－29 截面方阵 D_3

4298	7554	11460	15361	392	2799	3555	7456	10737	14518	13800	2051	5957	6738	10519	9796	13677	1333	5239	9020	8297	12178	12959	1240	4391
8304	12210	12986	1142	4423	4305	7581	11487	15268	424	2801	3582	7488	10644	14550	13802	2083	5989	6645	10546	9803	13709	1365	5141	9047
9835	13736	1267	5173	9054	8331	12237	12893	1174	4430	4332	7613	11394	15300	426	2833	3614	7395	10671	14552	13834	2115	5891	6672	10553
13861	2017	5923	6679	10585	9862	13643	1299	5180	9081	8363	12144	12925	1176	4457	4364	7520	11421	15302	458	2865	3516	7422	10678	14584
2767	3548	7429	10710	14611	13768	2049	5930	6706	10612	9769	13675	1301	5207	9113	8270	12171	12927	1208	4489	4266	7547	11428	15334	490
4261	7542	11448	15329	485	2762	3543	7449	10705	14606	13763	2044	5950	6701	10607	9764	13670	1321	5202	9108	8265	12166	12947	1203	4484
8292	12198	12954	1235	4386	4293	7574	11455	15356	387	2794	3575	7451	10732	14513	13795	2071	5952	6733	10514	9791	13697	1328	5234	9015
9823	13704	1360	5136	9042	8324	12205	12981	1137	4418	4325	7576	11482	15263	419	2821	3577	7483	10639	14545	13822	2078	5984	6640	10541
13829	2110	5886	6667	10573	9830	13731	1262	5168	9074	8326	12232	12888	1169	4450	4327	7608	11389	15295	446	2828	3609	7390	10666	14572
2860	3511	7417	10698	14579	13856	2012	5918	6699	10580	9857	13638	1294	5200	9076	8358	12139	12920	1196	4452	4359	7515	11416	15322	453
4354	7510	11411	15317	473	2855	3506	7412	10693	14599	13851	2007	5913	6694	10600	9852	13633	1289	5195	9096	8353	12134	12915	1191	4472
8260	12161	12942	1223	4479	4256	7537	11443	15349	480	2757	3538	7444	10725	14601	13758	2039	5945	6721	10602	9759	13665	1316	5222	9103
9786	13692	1348	5229	9010	8287	12193	12974	1230	4381	4288	7569	11475	15351	382	2789	3570	7471	10727	14508	13790	2066	5972	6728	10509
13817	2098	5979	6635	10536	9818	13724	1355	5131	9037	8319	12225	12976	1132	4413	4320	7596	11477	15258	414	2816	3597	7478	10634	14540
2848	3604	7385	10661	14567	13849	2105	5881	6662	10568	9850	13726	1257	5163	9069	8346	12227	12883	1164	4445	4347	7603	11384	15290	441
4342	7623	11379	15285	436	2843	3624	7380	10656	14562	13844	2125	5876	6657	10563	9845	13746	1252	5158	9064	8341	12247	12878	1159	4440
8373	12129	12910	1186	4467	4374	7505	11406	15312	468	2875	3501	7407	10688	14594	13871	2002	5908	6689	10595	9872	13628	1284	5190	9091
9754	13660	1311	5217	9123	8255	12156	12937	1218	4499	4251	7532	11438	15344	500	2752	3533	7439	10720	14621	13753	2034	5940	6716	10622
13785	2061	5967	6748	10504	9781	13687	1343	5249	9005	8282	12188	12969	1250	4376	4283	7564	11470	15371	377	2784	3565	7466	10747	14503
2811	3592	7498	10629	14535	13812	2093	5999	6630	10531	9813	13719	1375	5126	9032	8314	12220	12996	1127	4408	4315	7591	11497	15253	409
4310	7586	11492	15273	404	2806	3587	7493	10649	14530	13807	2088	5994	6650	10526	9808	13714	1370	5146	9027	8309	12215	12991	1147	4403
8336	12242	12898	1154	4435	4337	7618	11399	15280	431	2838	3619	7400	10651	14557	13839	2120	5896	6652	10558	9840	13741	1272	5153	9059
9867	13648	1279	5185	9086	8368	12149	12905	1181	4462	4369	7525	11401	15307	463	2870	3521	7402	10683	14589	13866	2022	5903	6684	10590
13773	2029	5935	6711	10617	9774	13655	1306	5212	9118	8275	12151	12932	1213	4494	4271	7527	11433	15339	495	2772	3528	7434	10715	14616
2779	3560	7461	10742	14523	13780	2056	5962	6743	10524	9776	13682	1338	5244	9025	8277	12183	12964	1245	4396	4278	7559	11465	15366	397

图 21-30　截面方阵 D_4

7560	11461	15367	398	4279	3556	7462	10743	14524	2780	2057	5963	6744	10525	13776	13683	1339	5245	9021	9777	12184	12965	1241	4397	8278
12211	12992	1148	4404	8310	7587	11493	15274	405	4306	3588	7494	10650	14526	2807	2089	5995	6646	10527	13808	13715	1366	5147	9028	9809
13742	1273	5154	9060	9836	12243	12899	1155	4431	8337	7619	11400	15276	432	4338	3620	7396	10652	14558	2839	2116	5897	6653	10559	13840
2023	5904	6685	10586	13867	13649	1280	5181	9087	9868	12150	12901	1182	4463	8369	7521	11402	15308	464	4370	3522	7403	10684	14590	2866
3529	7435	10711	14617	2773	2030	5931	6712	10618	13774	13651	1307	5213	9119	9775	12152	12933	1214	4495	8271	7528	11434	15340	491	4272
7548	11429	15335	486	4267	3549	7430	10706	14612	2768	2050	5926	6707	10613	13769	13671	1302	5208	9114	9770	12172	12928	1209	4490	8266
12179	12960	1236	4392	8298	7555	11456	15362	393	4299	3551	7457	10738	14519	2800	2052	5958	6739	10520	13796	13678	1334	5240	9016	9797
13710	1361	5142	9048	9804	12206	12987	1143	4424	8305	7582	11488	15269	425	4301	3583	7489	10645	14546	2802	2084	5990	6641	10547	13803
2111	5892	6673	10554	13835	13737	1268	5174	9055	9831	12238	12894	1175	4426	8332	7614	11395	15296	427	4333	3615	7391	10672	14553	2834
3517	7423	10679	14585	2861	2018	5924	6680	10581	13862	13644	1300	5176	9082	9863	12145	12921	1177	4458	8364	7516	11422	15303	459	4365
7511	11417	15323	454	4360	3512	7418	10699	14580	2856	2013	5919	6700	10576	13857	13639	1295	5196	9077	9858	12140	12916	1197	4453	8359
12167	12948	1204	4485	8261	7543	11449	15330	481	4262	3544	7450	10701	14607	2763	2045	5946	6702	10608	13764	13666	1322	5203	9109	9765
13698	1329	5235	9011	9792	12199	12955	1231	4387	8293	7575	11451	15357	388	4294	3571	7452	10733	14514	2795	2072	5953	6734	10515	13791
2079	5985	6636	10542	13823	13705	1356	5137	9043	9824	12201	12982	1138	4419	8325	7577	11483	15264	420	4321	3578	7484	10640	14541	2822
3610	7386	10667	14573	2829	2106	5887	6668	10574	13830	13732	1263	5169	9075	9826	12233	12889	1170	4446	8327	7609	11390	15291	447	4328
7604	11385	15286	442	4348	3605	7381	10662	14568	2849	2101	5882	6663	10569	13850	13727	1258	5164	9070	9846	12228	12884	1165	4441	8347
12135	12911	1192	4473	8354	7506	11412	15318	474	4355	3507	7413	10694	14600	2851	2008	5914	6695	10596	13852	13634	1290	5191	9097	9853
13661	1317	5223	9104	9760	12162	12943	1224	4480	8256	7538	11444	15350	476	4257	3539	7445	10721	14602	2758	2040	5941	6722	10603	13759
2067	5973	6729	10510	13786	13693	1349	5230	9006	9787	12194	12975	1226	4382	8288	7570	11471	15352	383	4289	3566	7472	10728	14509	2790
3598	7479	10635	14536	2817	2099	5980	6631	10537	13818	13725	1351	5132	9038	9819	12221	12977	1133	4414	8320	7597	11478	15259	415	4316
7592	11498	15254	410	4311	3593	7499	10630	14531	2812	2094	6000	6626	10532	13813	13720	1371	5127	9033	9814	12216	12997	1128	4409	8315
12248	12879	1160	4436	8342	7624	11380	15281	437	4343	3625	7376	10657	14563	2844	2121	5877	6658	10564	13845	13747	1253	5159	9065	9841
13629	1285	5186	9092	9873	12130	12906	1187	4468	8374	7501	11407	15313	469	4375	3502	7408	10689	14595	2871	2003	5909	6690	10591	13872
2035	5936	6717	10623	13754	13656	1312	5218	9124	9755	12157	12938	1219	4500	8251	7533	11439	15345	496	4252	3534	7440	10716	14622	2753
3561	7467	10748	14504	2785	2062	5968	6749	10505	13781	13688	1344	5250	9001	9782	12189	12970	1246	4377	8283	7565	11466	15372	378	4284

图 21 − 31　截面方阵 D_5

11592	15498	504	3785	7686	6968	10874	14630	2906	3687	6094	6875	10001	13907	2188	1470	5371	9127	9908	13189	13091	747	4503	8409	12315
13123	629	4535	8436	12342	11624	15380	531	3812	7718	7000	10751	14657	2938	3719	6121	6752	10033	13939	2220	1497	5253	9159	9940	13216
1379	5285	9186	9967	13248	13005	656	4562	8468	12374	11501	15407	563	3844	7750	6877	10783	14689	2970	3746	6003	6784	10065	13966	2247
6035	6811	10092	13998	2129	1406	5312	9218	9999	13130	13032	688	4594	8500	12251	11533	15439	595	3871	7627	6909	10815	14716	2997	3628
6936	10842	14748	2879	3660	6062	6843	10124	13880	2156	1438	5344	9250	9876	13157	13064	720	4621	8377	12283	11565	15466	622	3753	7659
11560	15461	617	3773	7654	6931	10837	14743	2899	3655	6057	6838	10119	13900	2151	1433	5339	9245	9896	13152	13059	715	4616	8397	12278
13086	742	4523	8404	12310	11587	15493	524	3780	7681	6963	10869	14650	2901	3682	6089	6870	10021	13902	2183	1465	5366	9147	9903	13184
1492	5273	9154	9935	13211	13118	649	4530	8431	12337	11619	15400	526	3807	7713	6995	10771	14652	2933	3714	6116	6772	10028	13934	2215
6023	6779	10060	13961	2242	1399	5280	9181	9962	13243	13025	651	4557	8463	12369	11521	15402	558	3839	7745	6897	10778	14684	2965	3741
6904	10810	14711	2992	3648	6030	6806	10087	13993	2149	1401	5307	9213	9994	13150	13027	683	4589	8495	12271	11528	15434	590	3866	7647
11548	15429	585	3861	7642	6924	10805	14706	2987	3643	6050	6801	10082	13988	2144	1421	5302	9208	9989	13145	13047	678	4584	8490	12266
13054	710	4611	8392	12298	11555	15456	612	3768	7674	6926	10832	14738	2894	3675	6052	6833	10114	13895	2171	1428	5334	9240	9891	13172
1460	5361	9142	9923	13179	13081	737	4518	8424	12305	11582	15488	519	3800	7676	6958	10864	14645	2921	3677	6084	6865	10016	13922	2178
6111	6767	10048	13929	2210	1487	5268	9174	9930	13206	13113	644	4550	8426	12332	11614	15395	546	3802	7708	6990	10766	14672	2928	3709
6892	10798	14679	2960	3736	6018	6799	10055	13956	2237	1394	5300	9176	9957	13238	13020	671	4552	8458	12364	11516	15422	553	3834	7740
11511	15417	573	3829	7735	6887	10793	14699	2955	3731	6013	6794	10075	13951	2232	1389	5295	9196	9952	13233	13015	666	4572	8453	12359
13042	698	4579	8485	12261	11543	15449	580	3856	7637	6919	10825	14701	2982	3638	6045	6821	10077	13983	2139	1416	5322	9203	9984	13140
1448	5329	9235	9886	13167	13074	705	4606	8387	12293	11575	15451	607	3763	7669	6946	10827	14733	2889	3670	6072	6828	10109	13890	2166
6079	6860	10011	13917	2198	1455	5356	9137	9918	13199	13076	732	4513	8419	12325	11577	15483	514	3795	7696	6953	10859	14640	2916	3697
6985	10761	14667	2948	3704	6106	6762	10043	13949	2205	1482	5263	9169	9950	13201	13108	639	4545	8446	12327	11609	15390	541	3822	7703
11604	15385	536	3817	7723	6980	10756	14662	2943	3724	6101	6757	10038	13944	2225	1477	5258	9164	9945	13221	13103	634	4540	8441	12347
13010	661	4567	8473	12354	11506	15412	568	3849	7730	6882	10788	14694	2975	3726	6008	6789	10070	13971	2227	1384	5290	9191	9972	13228
1411	5317	9223	9979	13135	13037	693	4599	8480	12256	11538	15444	600	3851	7632	6914	10820	14721	2977	3633	6040	6816	10097	13978	2134
6067	6848	10104	13885	2161	1443	5349	9230	9881	13162	13069	725	4601	8382	12288	11570	15471	602	3758	7664	6941	10847	14728	2884	3665
6973	10854	14635	2911	3692	6099	6855	10006	13912	2193	1475	5351	9132	9913	13194	13096	727	4508	8414	12320	11597	15478	509	3790	7691

图 21－32　截面方阵 D_6

15479	510	3786	7692	11598	10855	14631	2912	3693	6974	6851	10007	13913	2194	6100	5352	9133	9914	13195	1471	728	4509	8415	12316	13097
635	4536	8442	12348	13104	15381	537	3818	7724	11605	10757	14663	2944	3725	6976	6758	10039	13945	2221	6102	5259	9165	9941	13222	1478
5286	9192	9973	13229	1385	662	4568	8474	12355	13006	15413	569	3850	7726	11507	10789	14695	2971	3727	6883	6790	10066	13972	2228	6009
6817	10098	13979	2135	6036	5318	9224	9980	13131	1412	694	4600	8476	12257	13038	15445	596	3852	7633	11539	10816	14722	2978	3634	6915
10848	14729	2885	3661	6942	6849	10105	13881	2162	6068	5350	9226	9882	13163	1444	721	4602	8383	12289	13070	15472	603	3759	7665	11566
15467	623	3754	7660	11561	10843	14749	2880	3656	6937	6844	10125	13876	2157	6063	5345	9246	9877	13158	1439	716	4622	8378	12284	13065
748	4504	8410	12311	13092	15499	505	3781	7687	11593	10875	14626	2907	3688	6969	6871	10002	13908	2189	6095	5372	9128	9909	13190	1466
5254	9160	9936	13217	1498	630	4531	8437	12343	13124	15376	532	3813	7719	11625	10752	14658	2939	3720	6996	6753	10034	13940	2216	6122
6785	10061	13967	2248	6004	5281	9187	9968	13249	1380	657	4563	8469	12375	13001	15408	564	3845	7746	11502	10784	14690	2966	3747	6878
10811	14717	2998	3629	6910	6812	10093	13999	2130	6031	5313	9219	10000	13126	1407	689	4595	8496	12252	13033	15440	591	3872	7628	11534
15435	586	3867	7648	11529	10806	14712	2993	3649	6905	6807	10088	13994	2150	6026	5308	9214	9995	13146	1402	684	4590	8491	12272	13028
711	4617	8398	12279	13060	15462	618	3774	7655	11556	10838	14744	2900	3651	6932	6839	10120	13896	2152	6058	5340	9241	9897	13153	1434
5367	9148	9904	13185	1461	743	4524	8405	12306	13087	15494	525	3776	7682	11588	10870	14646	2902	3683	6964	6866	10022	13903	2184	6090
6773	10029	13935	2211	6117	5274	9155	9931	13212	1493	650	4526	8432	12338	13119	15396	527	3808	7714	11620	10772	14653	2934	3715	6991
10779	14685	2961	3742	6898	6780	10056	13962	2243	6024	5276	9182	9963	13244	1400	652	4558	8464	12370	13021	15403	559	3840	7741	11522
15423	554	3835	7736	11517	10799	14680	2956	3737	6893	6800	10051	13957	2238	6019	5296	9177	9958	13239	1395	672	4553	8459	12365	13016
679	4585	8486	12267	13048	15430	581	3862	7643	11549	10801	14707	2988	3644	6925	6802	10083	13989	2145	6046	5303	9209	9990	13141	1422
5335	9236	9892	13173	1429	706	4612	8393	12299	13055	15457	613	3769	7675	11551	10833	14739	2895	3671	6927	6834	10115	13891	2172	6053
6861	10017	13923	2179	6085	5362	9143	9924	13180	1456	738	4519	8425	12301	13082	15489	520	3796	7677	11583	10865	14641	2922	3678	6959
10767	14673	2929	3710	6986	6768	10049	13930	2206	6112	5269	9175	9926	13207	1488	645	4546	8427	12333	13114	15391	547	3803	7709	11615
15386	542	3823	7704	11610	10762	14668	2949	3705	6981	6763	10044	13950	2201	6107	5264	9170	9946	13202	1483	640	4541	8447	12328	13109
667	4573	8454	12360	13011	15418	574	3830	7731	11512	10794	14700	2951	3732	6888	6795	10071	13952	2233	6014	5291	9197	9953	13234	1390
5323	9204	9985	13136	1417	699	4580	8481	12262	13043	15450	576	3857	7638	11544	10821	14702	2983	3639	6920	6822	10078	13984	2140	6041
6829	10110	13886	2167	6073	5330	9231	9887	13168	1449	701	4607	8388	12294	13075	15452	608	3764	7670	11571	10828	14734	2890	3666	6947
10860	14636	2917	3698	6954	6856	10012	13918	2199	6080	5357	9138	9919	13200	1451	733	4514	8420	12321	13077	15484	515	3791	7697	11578

图 21－33 截面方阵 D_7

511	3792	7698	11579	15485	14637	2918	3699	6955	10856	10013	13919	2200	6076	6857	9139	9920	13196	1452	5358	4515	8416	12322	13078	734
4542	8448	12329	13110	636	543	3824	7705	11606	15387	14669	2950	3701	6982	10763	10045	13946	2202	6108	6764	9166	9947	13203	1484	5265
9198	9954	13235	1386	5292	4574	8455	12356	13012	668	575	3826	7732	11513	15419	14696	2952	3733	6889	10795	10072	13953	2234	6015	6791
10079	13985	2136	6042	6823	9205	9981	13137	1418	5324	4576	8482	12263	13044	700	577	3858	7639	11545	15446	14703	2984	3640	6916	10822
14735	2886	3667	6948	10829	10106	13887	2168	6074	6830	9232	9888	13169	1450	5326	4608	8389	12295	13071	702	609	3765	7666	11572	15453
604	3760	7661	11567	15473	14730	2881	3662	6943	10849	10101	13882	2163	6069	6850	9227	9883	13164	1445	5346	4603	8384	12290	13066	722
4510	8411	12317	13098	729	506	3787	7693	11599	15480	14632	2913	3694	6975	10851	10008	13914	2195	6096	6852	9134	9915	13191	1472	5353
9161	9942	13223	1479	5260	4537	8443	12349	13105	631	538	3819	7725	11601	15382	14664	2945	3721	6977	10758	10040	13941	2222	6103	6759
10067	13973	2229	6010	6786	9193	9974	13230	1381	5287	4569	8475	12351	13007	663	570	3846	7727	11508	15414	14691	2972	3728	6884	10790
14723	2979	3635	6911	10817	10099	13980	2131	6037	6818	9225	9976	13132	1413	5319	4596	8477	12258	13039	695	597	3853	7634	11540	15441
592	3873	7629	11535	15436	14718	2999	3630	6906	10812	10094	14000	2126	6032	6813	9220	9996	13127	1408	5314	4591	8497	12253	13034	690
4623	8379	12285	13061	717	624	3755	7656	11562	15468	14750	2876	3657	6938	10844	10121	13877	2158	6064	6845	9247	9878	13159	1440	5341
9129	9910	13186	1467	5373	4505	8406	12312	13093	749	501	3782	7688	11594	15500	14627	2908	3689	6970	10871	10003	13909	2190	6091	6872
10035	13936	2217	6123	6754	9156	9937	13218	1499	5255	4532	8438	12344	13125	626	533	3814	7720	11621	15377	14659	2940	3716	6997	10753
14686	2967	3748	6879	10785	10062	13968	2249	6005	6781	9188	9969	13250	1376	5282	4564	8470	12371	13002	658	565	3841	7747	11503	15409
560	3836	7742	11523	15404	14681	2962	3743	6899	10780	10057	13963	2244	6025	6776	9183	9964	13245	1396	5277	4559	8465	12366	13022	653
4586	8492	12273	13029	685	587	3868	7649	11530	15431	14713	2994	3650	6901	10807	10089	13995	2146	6027	6808	9215	9991	13147	1403	5309
9242	9898	13154	1435	5336	4618	8399	12280	13056	712	619	3775	7651	11557	15463	14745	2896	3652	6933	10839	10116	13897	2153	6059	6840
10023	13904	2185	6086	6867	9149	9905	13181	1462	5368	4525	8401	12307	13088	744	521	3777	7683	11589	15495	14647	2903	3684	6965	10866
14654	2935	3711	6992	10773	10030	13931	2212	6118	6774	9151	9932	13213	1494	5275	4527	8433	12339	13120	646	528	3809	7715	11616	15397
548	3804	7710	11611	15392	14674	2930	3706	6987	10768	10050	13926	2207	6113	6769	9171	9927	13208	1489	5270	4547	8428	12334	13115	641
4554	8460	12361	13017	673	555	3831	7737	11518	15424	14676	2957	3738	6894	10800	10052	13958	2239	6020	6796	9178	9959	13240	1391	5297
9210	9986	13142	1423	5304	4581	8487	12268	13049	680	582	3863	7644	11550	15426	14708	2989	3645	6921	10802	10084	13990	2141	6047	6803
10111	13892	2173	6054	6835	9237	9893	13174	1430	5331	4613	8394	12300	13051	707	614	3770	7671	11552	15458	14740	2891	3672	6928	10834
14642	2923	3679	6960	10861	10018	13924	2180	6081	6862	9144	9925	13176	1457	5363	4520	8421	12302	13083	739	516	3797	7678	11584	15490

图 21－34　截面方阵 D_8

3798	7679	11585	15486	517	2924	3680	6956	10862	14643	13925	2176	6082	6863	10019	9921	13177	1458	5364	9145	8422	12303	13084	740	4516
8429	12335	13111	642	4548	3805	7706	11612	15393	549	2926	3707	6988	10769	14675	13927	2208	6114	6770	10046	9928	13209	1490	5266	9172
9960	13236	1392	5298	9179	8456	12362	13018	674	4555	3832	7738	11519	15425	551	2958	3739	6895	10796	14677	13959	2240	6016	6797	10053
13986	2142	6048	6804	10085	9987	13143	1424	5305	9206	8488	12269	13050	676	4582	3864	7645	11546	15427	583	2990	3641	6922	10803	14709
2892	3673	6929	10835	14736	13893	2174	6055	6831	10112	9894	13175	1426	5332	9238	8395	12296	13052	708	4614	3766	7672	11553	15459	615
3761	7667	11573	15454	610	2887	3668	6949	10830	14731	13888	2169	6075	6826	10107	9889	13170	1446	5327	9233	8390	12291	13072	703	4609
8417	12323	13079	735	4511	3793	7699	11580	15481	512	2919	3700	6951	10857	14638	13920	2196	6077	6858	10014	9916	13197	1453	5359	9140
9948	13204	1485	5261	9167	8449	12330	13106	637	4543	3825	7701	11607	15388	544	2946	3702	6983	10764	14670	13947	2203	6109	6765	10041
13954	2235	6011	6792	10073	9955	13231	1387	5293	9199	8451	12357	13013	669	4575	3827	7733	11514	15420	571	2953	3734	6890	10791	14697
2985	3636	6917	10823	14704	13981	2137	6043	6824	10080	9982	13138	1419	5325	9201	8483	12264	13045	696	4577	3859	7640	11541	15447	578
3854	7635	11536	15442	598	2980	3631	6912	10818	14724	13976	2132	6038	6819	10100	9977	13133	1414	5320	9221	8478	12259	13040	691	4597
8385	12286	13067	723	4604	3756	7662	11568	15474	605	2882	3663	6944	10850	14726	13883	2164	6070	6846	10102	9884	13165	1441	5347	9228
9911	13192	1473	5354	9135	8412	12318	13099	730	4506	3788	7694	11600	15476	507	2914	3695	6971	10852	14633	13915	2191	6097	6853	10009
13942	2223	6104	6760	10036	9943	13224	1480	5256	9162	8444	12350	13101	632	4538	3820	7721	11602	15383	539	2941	3722	6978	10759	14665
2973	3729	6885	10786	14692	13974	2230	6006	6787	10068	9975	13226	1382	5288	9194	8471	12352	13008	664	4570	3847	7728	11509	15415	566
3842	7748	11504	15410	561	2968	3749	6880	10781	14687	13969	2250	6001	6782	10063	9970	13246	1377	5283	9189	8466	12372	13003	659	4565
8498	12254	13035	686	4592	3874	7630	11531	15437	593	3000	3626	6907	10813	14719	13996	2127	6033	6814	10095	9997	13128	1409	5315	9216
9879	13160	1436	5342	9248	8380	12281	13062	718	4624	3751	7657	11563	15469	625	2877	3658	6939	10845	14746	13878	2159	6065	6841	10122
13910	2186	6092	6873	10004	9906	13187	1468	5374	9130	8407	12313	13094	750	4501	3783	7689	11595	15496	502	2909	3690	6966	10872	14628
2936	3717	6998	10754	14660	13937	2218	6124	6755	10031	9938	13219	1500	5251	9157	8439	12345	13121	627	4533	3815	7716	11622	15378	534
3810	7711	11617	15398	529	2931	3712	6993	10774	14655	13932	2213	6119	6775	10026	9933	13214	1495	5271	9152	8434	12340	13116	647	4528
8461	12367	13023	654	4560	3837	7743	11524	15405	556	2963	3744	6900	10776	14682	13964	2245	6021	6777	10058	9965	13241	1397	5278	9184
9992	13148	1404	5310	9211	8493	12274	13030	681	4587	3869	7650	11526	15432	588	2995	3646	6902	10808	14714	13991	2147	6028	6809	10090
13898	2154	6060	6836	10117	9899	13155	1431	5337	9243	8400	12276	13057	713	4619	3771	7652	11558	15464	620	2897	3653	6934	10840	14741
2904	3685	6961	10867	14648	13905	2181	6087	6868	10024	9901	13182	1463	5369	9150	8402	12308	13089	745	4521	3778	7684	11590	15491	522

图 21 – 35 截面方阵 D_9

7685	11586	15492	523	3779	3681	6962	10868	14649	2905	2182	6088	6869	10025	13901	13183	1464	5370	9146	9902	12309	13090	741	4522	8403
12336	13117	648	4529	8435	7712	11618	15399	530	3806	3713	6994	10775	14651	2932	2214	6120	6771	10027	13933	13215	1491	5272	9153	9934
13242	1398	5279	9185	9961	12368	13024	655	4556	8462	7744	11525	15401	557	3838	3745	6896	10777	14683	2964	2241	6022	6778	10059	13965
2148	6029	6810	10086	13992	13149	1405	5306	9212	9993	12275	13026	682	4588	8494	7646	11527	15433	589	3870	3647	6903	10809	14715	2991
3654	6935	10836	14742	2898	2155	6056	6837	10118	13899	13151	1432	5338	9244	9900	12277	13058	714	4620	8396	7653	11559	15465	616	3772
7673	11554	15460	611	3767	3674	6930	10831	14737	2893	2175	6051	6832	10113	13894	13171	1427	5333	9239	9895	12297	13053	709	4615	8391
12304	13085	736	4517	8423	7680	11581	15487	518	3799	3676	6957	10863	14644	2925	2177	6083	6864	10020	13921	13178	1459	5365	9141	9922
13210	1486	5267	9173	9929	12331	13112	643	4549	8430	7707	11613	15394	550	3801	3708	6989	10770	14671	2927	2209	6115	6766	10047	13928
2236	6017	6798	10054	13960	13237	1393	5299	9180	9956	12363	13019	675	4551	8457	7739	11520	15421	552	3833	3740	6891	10797	14678	2959
3642	6923	10804	14710	2986	2143	6049	6805	10081	13987	13144	1425	5301	9207	9988	12270	13046	677	4583	8489	7641	11547	15428	584	3865
7636	11542	15448	579	3860	3637	6918	10824	14705	2981	2138	6044	6825	10076	13982	13139	1420	5321	9202	9983	12265	13041	697	4578	8484
12292	13073	704	4610	8386	7668	11574	15455	606	3762	3669	6950	10826	14732	2888	2170	6071	6827	10108	13889	13166	1447	5328	9234	9890
13198	1454	5360	9136	9917	12324	13080	731	4512	8418	7700	11576	15482	513	3794	3696	6952	10858	14639	2920	2197	6078	6859	10015	13916
2204	6110	6761	10042	13948	13205	1481	5262	9168	9949	12326	13107	638	4544	8450	7702	11608	15389	545	3821	3703	6984	10765	14666	2947
3735	6886	10792	14698	2954	2231	6012	6793	10074	13955	13232	1388	5294	9200	9951	12358	13014	670	4571	8452	7734	11515	15416	572	3828
7729	11510	15411	567	3848	3730	6881	10787	14693	2974	2226	6007	6788	10069	13975	13227	1383	5289	9195	9971	12353	13009	665	4566	8472
12260	13036	692	4598	8479	7631	11537	15443	599	3855	3632	6913	10819	14725	2976	2133	6039	6820	10096	13977	13134	1415	5316	9222	9978
13161	1442	5348	9229	9885	12287	13068	724	4605	8381	7663	11569	15475	601	3757	3664	6945	10846	14727	2883	2165	6066	6847	10103	13884
2192	6098	6854	10010	13911	13193	1474	5355	9131	9912	12319	13100	726	4507	8413	7695	11596	15477	508	3789	3691	6972	10853	14634	2915
3723	6979	10760	14661	2942	2224	6105	6756	10037	13943	13225	1476	5257	9163	9944	12346	13102	633	4539	8445	7722	11603	15384	540	3816
7717	11623	15379	535	3811	3718	6999	10755	14656	2937	2219	6125	6751	10032	13938	13220	1496	5252	9158	9939	12341	13122	628	4534	8440
12373	13004	660	4561	8467	7749	11505	15406	562	3843	3750	6876	10782	14688	2969	2246	6002	6783	10064	13970	13247	1378	5284	9190	9966
13129	1410	5311	9217	9998	12255	13031	687	4593	8499	7626	11532	15438	594	3875	3627	6908	10814	14720	2996	2128	6034	6815	10091	13997
2160	6061	6842	10123	13879	13156	1437	5343	9249	9880	12282	13063	719	4625	8376	7658	11564	15470	621	3752	3659	6940	10841	14747	2878
3686	6967	10873	14629	2910	2187	6093	6874	10005	13906	13188	1469	5375	9126	9907	12314	13095	746	4502	8408	7690	11591	15497	503	3784

图 21－36　截面方阵 D_{10}

11717	15623	4	3910	7811	7093	10999	14755	3031	3187	6219	6375	10126	14032	2313	1595	5496	9252	9408	13314	12591	872	4628	8534	12440
12623	754	4660	8561	12467	11749	15505	31	3937	7843	7125	10876	14782	3063	3219	6246	6252	10158	14064	2345	1622	5378	9284	9440	13341
1504	5410	9311	9467	13373	12505	781	4687	8593	12499	11626	15532	63	3969	7875	7002	10908	14814	3095	3246	6128	6284	10190	14091	2372
6160	6311	10217	14123	2254	1531	5437	9343	9499	13255	12532	813	4719	8625	12376	11658	15564	95	3996	7752	7034	10940	14841	3122	3128
7061	10967	14873	3004	3160	6187	6343	10249	14005	2281	1563	5469	9375	9376	13282	12564	845	4746	8502	12408	11690	15591	122	3878	7784
11685	15586	117	3898	7779	7056	10962	14868	3024	3155	6182	6338	10244	14025	2276	1558	5464	9370	9396	13277	12559	840	4741	8522	12403
12586	867	4648	8529	12435	11712	15618	24	3905	7806	7088	10994	14775	3026	3182	6214	6370	10146	14027	2308	1590	5491	9272	9403	13309
1617	5398	9279	9435	13336	12618	774	4655	8556	12462	11744	15525	26	3932	7838	7120	10896	14777	3058	3214	6241	6272	10153	14059	2340
6148	6279	10185	14086	2367	1524	5405	9306	9462	13368	12525	776	4682	8588	12494	11646	15527	58	3964	7870	7022	10903	14809	3090	3241
7029	10935	14836	3117	3148	6155	6306	10212	14118	2274	1526	5432	9338	9494	13275	12527	808	4714	8620	12396	11653	15559	90	3991	7772
11673	15554	85	3986	7767	7049	10930	14831	3112	3143	6175	6301	10207	14113	2269	1546	5427	9333	9489	13270	12547	803	4709	8615	12391
12554	835	4736	8517	12423	11680	15581	112	3893	7799	7051	10957	14863	3019	3175	6177	6333	10239	14020	2296	1553	5459	9365	9391	13297
1585	5486	9267	9423	13304	12581	862	4643	8549	12430	11707	15613	19	3925	7801	7083	10989	14770	3046	3177	6209	6365	10141	14047	2303
6236	6267	10173	14054	2335	1612	5393	9299	9430	13331	12613	769	4675	8551	12457	11739	15520	46	3927	7833	7115	10891	14797	3053	3209
7017	10923	14804	3085	3236	6143	6299	10180	14081	2362	1519	5425	9301	9457	13363	12520	796	4677	8583	12489	11641	15547	53	3959	7865
11636	15542	73	3954	7860	7012	10918	14824	3080	3231	6138	6294	10200	14076	2357	1514	5420	9321	9452	13358	12515	791	4697	8578	12484
12542	823	4704	8610	12386	11668	15574	80	3981	7762	7044	10950	14826	3107	3138	6170	6321	10202	14108	2264	1541	5447	9328	9484	13265
1573	5454	9360	9386	13292	12574	830	4731	8512	12418	11700	15576	107	3888	7794	7071	10952	14858	3014	3170	6197	6328	10234	14015	2291
6204	6360	10136	14042	2323	1580	5481	9262	9418	13324	12576	857	4638	8544	12450	11702	15608	14	3920	7821	7078	10984	14765	3041	3197
7110	10886	14792	3073	3204	6231	6262	10168	14074	2330	1607	5388	9294	9450	13326	12608	764	4670	8571	12452	11734	15515	41	3947	7828
11729	15510	36	3942	7848	7105	10881	14787	3068	3224	6226	6257	10163	14069	2350	1602	5383	9289	9445	13346	12603	759	4665	8566	12472
12510	786	4692	8598	12479	11631	15537	68	3974	7855	7007	10913	14819	3100	3226	6133	6289	10195	14096	2352	1509	5415	9316	9472	13353
1536	5442	9348	9479	13260	12537	818	4724	8605	12381	11663	15569	100	3976	7757	7039	10945	14846	3102	3133	6165	6316	10222	14103	2259
6192	6348	10229	14010	2286	1568	5474	9355	9381	13287	12569	850	4726	8507	12413	11695	15596	102	3883	7789	7066	10972	14853	3009	3165
7098	10979	14760	3036	3192	6224	6355	10131	14037	2318	1600	5476	9257	9413	13319	12596	852	4633	8539	12445	11722	15603	9	3915	7816

图 21 – 37 截面方阵 D_{11}

15604	10	3911	7817	11723	10980	14756	3037	3193	7099	6351	10132	14038	2319	6225	5477	9258	9414	13320	1596	853	4634	8540	12441	12597
760	4661	8567	12473	12604	15506	37	3943	7849	11730	10882	14788	3069	3225	7101	6258	10164	14070	2346	6227	5384	9290	9441	13347	1603
5411	9317	9473	13354	1510	787	4693	8599	12480	12506	15538	69	3975	7851	11632	10914	14820	3096	3227	7008	6290	10191	14097	2353	6134
6317	10223	14104	2260	6161	5443	9349	9480	13256	1537	819	4725	8601	12382	12538	15570	96	3977	7758	11664	10941	14847	3103	3134	7040
10973	14854	3010	3161	7067	6349	10230	14006	2287	6193	5475	9351	9382	13288	1569	846	4727	8508	12414	12570	15597	103	3884	7790	11691
15592	123	3879	7785	11686	10968	14874	3005	3156	7062	6344	10250	14001	2282	6188	5470	9371	9377	13283	1564	841	4747	8503	12409	12565
873	4629	8535	12436	12592	15624	5	3906	7812	11718	11000	14751	3032	3188	7094	6371	10127	14033	2314	6220	5497	9253	9409	13315	1591
5379	9285	9436	13342	1623	755	4656	8562	12468	12624	15501	32	3938	7844	11750	10877	14783	3064	3220	7121	6253	10159	14065	2341	6247
6285	10186	14092	2373	6129	5406	9312	9468	13374	1505	782	4688	8594	12500	12501	15533	64	3970	7871	11627	10909	14815	3091	3247	7003
10936	14842	3123	3129	7035	6312	10218	14124	2255	6156	5438	9344	9500	13251	1532	814	4720	8621	12377	12533	15565	91	3997	7753	11659
15560	86	3992	7773	11654	10931	14837	3118	3149	7030	6307	10213	14119	2275	6151	5433	9339	9495	13271	1527	809	4715	8616	12397	12528
836	4742	8523	12404	12560	15587	118	3899	7780	11681	10963	14869	3025	3151	7057	6339	10245	14021	2277	6183	5465	9366	9397	13278	1559
5492	9273	9404	13310	1586	868	4649	8530	12431	12587	15619	25	3901	7807	11713	10995	14771	3027	3183	7089	6366	10147	14028	2309	6215
6273	10154	14060	2336	6242	5399	9280	9431	13337	1618	775	4651	8557	12463	12619	15521	27	3933	7839	11745	10897	14778	3059	3215	7116
10904	14810	3086	3242	7023	6280	10181	14087	2368	6149	5401	9307	9463	13369	1525	777	4683	8589	12495	12521	15528	59	3965	7866	11647
15548	54	3960	7861	11642	10924	14805	3081	3237	7018	6300	10176	14082	2363	6144	5421	9302	9458	13364	1520	797	4678	8584	12490	12516
804	4710	8611	12392	12548	15555	81	3987	7768	11674	10926	14832	3113	3144	7050	6302	10208	14114	2270	6171	5428	9334	9490	13266	1547
5460	9361	9392	13298	1554	831	4737	8518	12424	12555	15582	113	3894	7800	11676	10958	14864	3020	3171	7052	6334	10240	14016	2297	6178
6361	10142	14048	2304	6210	5487	9268	9424	13305	1581	863	4644	8550	12426	12582	15614	20	3921	7802	11708	10990	14766	3047	3178	7084
10892	14798	3054	3210	7111	6268	10174	14055	2331	6237	5394	9300	9426	13332	1613	770	4671	8552	12458	12614	15516	47	3928	7834	11740
15511	42	3948	7829	11735	10887	14793	3074	3205	7106	6263	10169	14075	2326	6232	5389	9295	9446	13327	1608	765	4666	8572	12453	12609
792	4698	8579	12485	12511	15543	74	3955	7856	11637	10919	14825	3076	3232	7013	6295	10196	14077	2358	6139	5416	9322	9453	13359	1515
5448	9329	9485	13261	1542	824	4705	8606	12387	12543	15575	76	3982	7763	11669	10946	14827	3108	3139	7045	6322	10203	14109	2265	6166
6329	10235	14011	2292	6198	5455	9356	9387	13293	1574	826	4732	8513	12419	12575	15577	108	3889	7795	11696	10953	14859	3015	3166	7072
10985	14761	3042	3198	7079	6356	10137	14043	2324	6205	5482	9263	9419	13325	1576	858	4639	8545	12446	12577	15609	15	3916	7822	11703

图 21－38　截面方阵 D_{12}

11	3917	7823	11704	15610	14762	3043	3199	7080	10981	10138	14044	2325	6201	6357	9264	9420	13321	1577	5483	4640	8541	12447	12578	859
4667	8573	12454	12610	761	43	3949	7830	11731	15512	14794	3075	3201	7107	10888	10170	14071	2327	6233	6264	9291	9447	13328	1609	5390
9323	9454	13360	1511	5417	4699	8580	12481	12512	793	75	3951	7857	11638	15544	14821	3077	3233	7014	10920	10197	14078	2359	6140	6291
10204	14110	2261	6167	6323	9330	9481	13262	1543	5449	4701	8607	12388	12544	825	77	3983	7764	11670	15571	14828	3109	3140	7041	10947
14860	3011	3167	7073	10954	10231	14012	2293	6199	6330	9357	9388	13294	1575	5451	4733	8514	12420	12571	827	109	3890	7791	11697	15578
104	3885	7786	11692	15598	14855	3006	3162	7068	10974	10226	14007	2288	6194	6350	9352	9383	13289	1570	5471	4728	8509	12415	12566	847
4635	8536	12442	12598	854	6	3912	7818	11724	15605	14757	3038	3194	7100	10976	10133	14039	2320	6221	6352	9259	9415	13316	1597	5478
9286	9442	13348	1604	5385	4662	8568	12474	12605	756	38	3944	7850	11726	15507	14789	3070	3221	7102	10883	10165	14066	2347	6228	6259
10192	14098	2354	6135	6286	9318	9474	13355	1506	5412	4694	8600	12476	12507	788	70	3971	7852	11633	15539	14816	3097	3228	7009	10915
14848	3104	3135	7036	10942	10224	14105	2256	6162	6318	9350	9476	13257	1538	5444	4721	8602	12383	12539	820	97	3978	7759	11665	15566
92	3998	7754	11660	15561	14843	3124	3130	7031	10937	10219	14125	2251	6157	6313	9345	9496	13252	1533	5439	4716	8622	12378	12534	815
4748	8504	12410	12561	842	124	3880	7781	11687	15593	14875	3001	3157	7063	10969	10246	14002	2283	6189	6345	9372	9378	13284	1565	5466
9254	9410	13311	1592	5498	4630	8531	12437	12593	874	1	3907	7813	11719	15625	14752	3033	3189	7095	10996	10128	14034	2315	6216	6372
10160	14061	2342	6248	6254	9281	9437	13343	1624	5380	4657	8563	12469	12625	751	33	3939	7845	11746	15502	14784	3065	3216	7122	10878
14811	3092	3248	7004	10910	10187	14093	2374	6130	6281	9313	9469	13375	1501	5407	4689	8595	12496	12502	783	65	3966	7872	11628	15534
60	3961	7867	11648	15529	14806	3087	3243	7024	10905	10182	14088	2369	6150	6276	9308	9464	13370	1521	5402	4684	8590	12491	12522	778
4711	8617	12398	12529	810	87	3993	7774	11655	15556	14838	3119	3150	7026	10932	10214	14120	2271	6152	6308	9340	9491	13272	1528	5434
9367	9398	13279	1560	5461	4743	8524	12405	12556	837	119	3900	7776	11682	15588	14870	3021	3152	7058	10964	10241	14022	2278	6184	6340
10148	14029	2310	6211	6367	9274	9405	13306	1587	5493	4650	8526	12432	12588	869	21	3902	7808	11714	15620	14772	3028	3184	7090	10991
14779	3060	3211	7117	10898	10155	14056	2337	6243	6274	9276	9432	13338	1619	5400	4652	8558	12464	12620	771	28	3934	7840	11741	15522
48	3929	7835	11736	15517	14799	3055	3206	7112	10893	10175	14051	2332	6238	6269	9296	9427	13333	1614	5395	4672	8553	12459	12615	766
4679	8585	12486	12517	798	55	3956	7862	11643	15549	14801	3082	3238	7019	10925	10177	14083	2364	6145	6296	9303	9459	13365	1516	5422
9335	9486	13267	1548	5429	4706	8612	12393	12549	805	82	3988	7769	11675	15551	14833	3114	3145	7046	10927	10209	14115	2266	6172	6303
10236	14017	2298	6179	6335	9362	9393	13299	1555	5456	4738	8519	12425	12551	832	114	3895	7796	11677	15583	14865	3016	3172	7053	10959
14767	3048	3179	7085	10986	10143	14049	2305	6206	6362	9269	9425	13301	1582	5488	4645	8546	12427	12583	864	16	3922	7803	11709	15615

图 21－39 截面方阵 D_{13}

读者可自行验证 25 阶空间最完美幻立方 D 的空间完美性。

至于性质(2),比如,我们从截面方阵 D_4 第 23 行、第 22 列的元素 2022 出发，在截面方阵 D_4,D_5,D_6,D_7 和 D_8 中截得的一个跨边界的 5 ×5 ×5 小立方体 E,如图 21 –40 所示。

2022	5903	6684	10590	9867
3528	7434	10715	14616	13773
7559	11465	15366	397	2779
12178	12959	1240	4391	4298
13709	1365	5141	9047	8304

5909	6690	10591	13872	13629
7440	10716	14622	2753	2035
11466	15372	378	4284	3561
12965	1241	4397	8278	7560
1366	5147	9028	9809	12211

6816	10097	13978	2134	1411
10847	14728	2884	3665	6067
15478	509	3790	7691	6973
747	4503	8409	12315	11592
5253	9159	9940	13216	13123

10078	13984	2140	6041	5323
14734	2890	3666	6947	6829
515	3791	7697	11578	10860
4509	8415	12316	13097	15479
9165	9941	13222	1478	635

13990	2141	6047	6803	9210
2891	3672	6928	10834	10111
3797	7678	11584	15490	14642
8416	12322	13078	734	511
9947	13203	1484	5265	4542

图 21 –40　跨边界的 5 ×5 ×5 小立方体 E

其 125 个数字之和等于 25 阶幻立方的幻立方常数的 5 倍 5 ×195325 =976625。

至于性质(3),比如,我们从截面方阵 D_{18}第 3 行、第 11 列的元素 200 出发，向右每隔 1 个位置取一个数直至取到第 5 个数,然后再从此 5 个数出发向下和向纵列方向每隔 1 个位置取一个数直至取到第 5 个数,即在截面方阵 D_{18},D_{20},D_{22},D_{24}和 D_1 中截得的一个跨边界的 5 ×5 ×5 小立方体 F,如图 21 –41 所示。

其 125 个数字之和等于 25 阶幻立方的幻立方常数的 5 倍 5 ×195325 =976625。

至于性质(4),比如,我们从截面方阵 D_1 第 8 行、第 7 列的元素 1149 出发，沿同一方向按空间马步走下去,25 步后回到出发点，且所历经的 25 个数字之和等于 25 阶幻立方的幻方常数,其轨迹如图 21 –42 所示。

200	7982	15044	2577	7139
8857	13419	5576	8639	12696
14882	3319	11101	14164	5721
4819	11976	913	4096	11758
10344	2376	6438	9621	1658

7994	15026	4088	7146	14933
13401	5588	9525	12683	4870
3301	11113	2550	5708	10270
11988	925	8707	11770	177
2388	6450	14232	1670	8827

15163	4225	11257	14445	3477
5100	9632	1819	4977	12039
11250	2657	7344	10377	1939
1032	8219	12751	314	8121
6557	14369	5776	8964	13521

4207	11269	301	3489	11171
9644	1801	8988	12046	1083
2669	7326	14388	1946	6608
8201	12763	4950	8108	15170
14351	5788	10475	13508	5070

11376	438	7625	10658	2845
1313	9125	13657	1220	8252
7463	14525	3557	6745	13777
12900	4432	12244	15277	4339
5925	10582	2019	5177	9864

图 21－41　跨边界的 5×5×5 小立方体 *F*

1149	13874	11437	9037	2101	15451	9926	6894	4619	13183	10908	8508	6221
71	12390	6490	4090	1653	14878	7967	5067	2667	12860	10460	3424	1149

1149	13874	11437	9037	2101	15451	9926	6894	4619	13183	10908	8508	6221		113308
71	12390	6490	4090	1653	14878	7967	5067	2667	12860	10460	3424			82017
														195325

图 21－42　空间马步的轨迹

读者可自行抽验 25 阶空间最完美幻立方 D 的各项性质，很有趣的。

在第 1 步中，按二步法可得$(4!)^2=576$ 个不同的五阶幻方 A_1，可得$(4!)^2=576$ 个不同的五阶幻方 A_2，可得 $2^2\cdot(2!)\cdot 2=16$ 个不同的五阶对称幻方 A_3，所以我们给出的方法可得出 $576\times576\times16=5308416$ 个不同的 25 阶空间最完美幻立方。

21.2　奇数平方 n^2 阶空间最完美幻立方

构造奇数平方 $n^2(n=2m+1,m=2,3,\cdots)$阶空间最完美幻立方的四步法：

第 1 步，按《你亦可以造幻方》构造奇数阶各类幻方的二步法中构造基方阵的方法，把自然数 $1\sim n^3$ 排成一个 $n\times n^2$ 的矩阵。

按上述二步法，将每一行的 n^2 个数字构成一个 n 阶幻方，得 n 阶幻方 A_1 至 A_n，把它们视作一个 n 阶数字立方阵，这个数字立方阵是空间对称的。这是很容易做到的。

第 2 步，构造根立方阵 B。

(1)构造 n^2 阶根立方阵 B 的截面方阵 $B_1\sim B_n$。

把 n 阶幻方 A_1 的各行向右顺移 m 个位置得 n 阶方阵$\overline{A_1}$，由$\overline{A_1}$中间一行开始从下到上，把各行排成一个 $1\times n^2$ 的矩阵，称之为基本行 1。把基本行 1 作为截面方阵 B_1 的第 1 行，第 1 行的数向右顺移 n 个位置得第 2 行，第 2 行的数向右顺移 n 个位置得第 3 行，依此类推直至得到第 n 行。第 $1+n\cdot k$ 行相同，第 $2+n\cdot k$ 行相同，……，第 $n+n\cdot k$ 行相同，其中 $k=0,1,\cdots,n-1$，得截面方阵 B_1。

把截面方阵 B_1 分为 n 个 $n^2\times n$ 矩阵，在各个矩阵内各行的数向左顺移一个位置得截面方阵 B_2。把截面方阵 B_2 分为 n 个 $n^2\times n$ 矩阵，在各个矩阵内各行的数向左顺移一个位置得截面方阵 B_3，依此类推直至得到截面方阵 B_n。

(2)以上述(1)同样的方式，由 n 阶幻方 A_i 得到截面方阵 $B_{1+(i-1)n}$至 $B_{i\cdot n}$，其中 $i=2,3,\cdots,n$。

第 3 步，构造根立方阵 B 的转置立方阵 C。

把根立方阵 B 的行作为立方阵 C 的列，把根立方阵 B 的列作为立方阵 C 的纵列，把根立方阵 B 的纵列作为立方阵 C 的行，所得就是转置立方阵 C。

第 4 步，构造 n^2 阶空间最完美幻立方 D。

n^2 阶立方阵 B 的每一个元素减 1 乘以 n^3，然后再与 n^2 阶立方阵 C 的对应元素相加，所得就是 n^2 阶空

间最完美幻立方 D。

在第 1 步中,按二步法可得 $((n-1)!)^2$ 个不同的 n 阶幻方 A_j,其中,$j=1,2,\cdots,m$。可得 $2^{2m-1}\cdot(m!)\cdot((m-1)!)$ 个不同的 n 阶对称幻方 A_{m+1}。所以由此处提出的方法,我们可得出 $2^{2m-1}\cdot(m!)\cdot((m-1)!)\cdot((n-1)!)^{2m}$ 个不同的 n^2 阶最完美幻立方。

第3部分　变形幻方及其他

本部分共两章,第22章介绍了幻方的变形:六合图和幻圆;第23章介绍了便携式完美幻方生成器和幻方华容道。

第 22 章　六合图与幻圆

作者创作的 2022 年中英文幻方挂历，于 2021 年发表在知乎的专栏“幻方和幻立方”上，3 月～12 月有以相应月份为阶数的不同类型幻方与其匹配。有些幻方，比如偏心幻方，可能是你此前未曾见过的。这些幻方及其构造方法，在本书中都可找到。因最低阶是 3 阶幻方，因此 1 月份与 2 月份只好创作变形幻方与其匹配，即六合图与幻圆。六合图与 1 月份相匹配，自然就要有 2022 年的标识。为了满足某些读者的需要，本章也给出带有 2023 年标识的六合图的解说图，但不再予于讲解，分析。

22.1　六合图

2022 年幻方挂历中的六合图。

幻方挂历中的六合图，20，22 置于图的正中位置，以表示 2022 年，如图 22－1 所示。解说图，如图 22－2 所示。

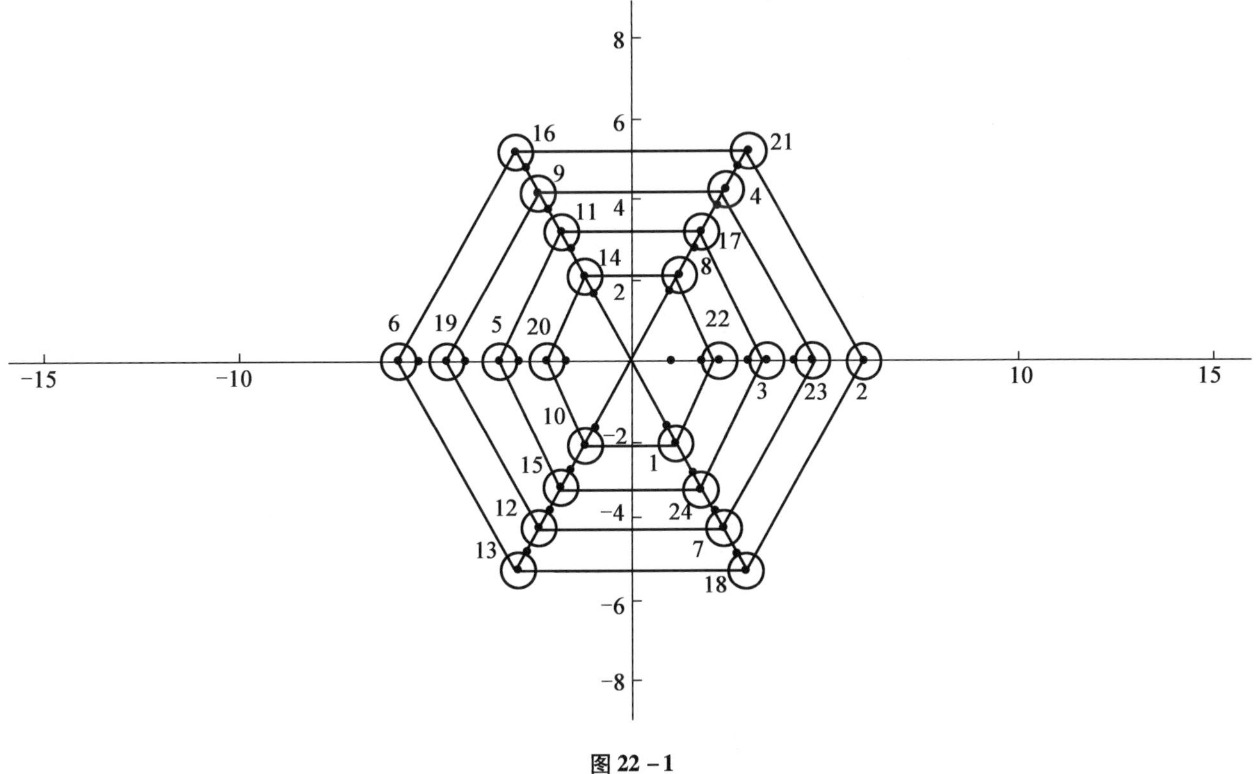

图 22－1

六合图中只有 24 个数，分布在同心的 4 个六边形的各个顶点。

	16								21	
		9						4		
			11				17			
				14		8				
6	19	5	**20**				**22**	3	23	2
				10		1				
			15				24			
		13						7		
	12								18	

图 22-2　六合图的解说图

图 22-1 中共有 15 组，组中 8 个数的和为 100：3 条对角线，由任意两条半对角线所围成的 12 个梯形周边。示例如图 22-3，图 22-4 和图 22-5 所示。

6	19	5	20				22	3	23	2		100
16	9	11	14				1	24	7	18		100
21	4	17	8				10	15	13	12		100

图 22-3

			10		1					11
		15				24				39
	13						7			20
12								18		30
										100

图 22-4

			20		1					21
		5				24				29
	19						7			26
6								18		24
										100

图 22-5

图 22-1 中 4 个六边形顶点上 6 个数的和为 75。如图 22-6 所示。

6	16	21	2	18	12		75
19	9	4	23	7	13		75
5	11	17	3	24	15		75
20	14	8	22	1	10		75

图 22-6

图 22-1 中共有 30 组,组中 4 个数和为 50:6 条半对角线。由靠内相邻两个六边形,任意两条半对角线所围成的 12 个梯形的周边。由靠外相邻两个六边形,任意两条半对角线所围成的 12 个梯形的周边。示例如图 22-7,图 22-8,图 22-9,图 22-10 和图 22-11 所示。

16	9	11	14		50
21	4	17	8		50
2	23	3	22		50
18	7	24	1		50
12	13	15	10		50
6	19	5	20		50

图 22-7

	10		1			11
15				24		39
						50

图 22-8

	20		1			21
5				24		29
						50

图 22-9

	13				7			20
12						18		30
								50

图 22-10

	19						7			26
6								18		24
										50

图 22－11

带有 2023 年标识的六合图的解说图，如图 22－12 所示。

	16								21	
		9						4		
			11				18			
				14		7				
6	19	5	**20**				**23**	2	22	3
				10		1				
			15				24			
		13						8		
	12								17	

图 22－12　六合图的解说图

22.2　幻圆

2022 年幻方挂历中的幻圆。

这个幻圆，它从内到外共有 5 个同心圆，4 条直径把这些圆按 45 度等分为 8 个扇形区和 4 个圆环共 32 个扇环区域，每个扇环中放 1 至 32 中的一个数，如图 22－13 所示。

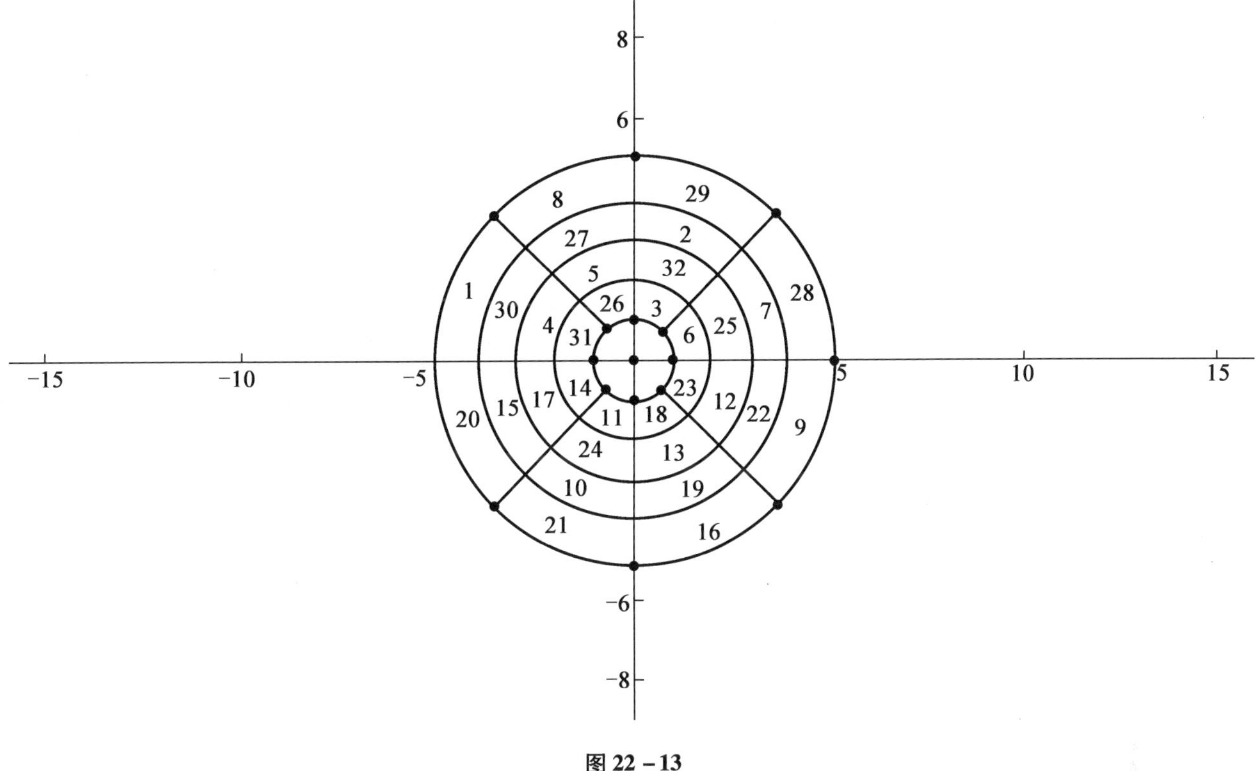

图 22 – 13

图 22 – 13 中每个扇形区和上,下两个半圆环中的 4 数之和都是 66,共有 16 组 4 数之和都是 66。

任何一个 2 × 2 的扇环(包括跨边界的 2 × 2 的扇环)中的 4 数之和都是 66,共有 32 组 4 数之和都是 66。示例如图 22 – 14 和图 22 – 15 所示。

27	2		29		28	9		37		24	17		41
5	32		37		7	22		29		11	14		25
			66					66					66

图 22 – 14

1	8	29	28		66		9	16	21	20		66
30	27	2	7		66		22	19	10	15		66
4	5	32	25		66		12	13	24	17		66
31	26	3	6		66		23	18	11	14		66

图 22 – 15

第 23 章　便携式完美幻方生成器和幻方华容道

23.1　便携式完美幻方生成器

玩幻方，要用笔和用纸，既费事又浪费资源，这时作者便产生一个疑问：可否用玩具代替纸和笔？可以，就是使用便携式完美幻方生成器。该生成器实际可用于生成所有各类幻方，它是作者于 2012 年获得的实用新型专利。该生成器是就任意奇数 n 阶完美幻方设计的。

原型机（生成器）是 7 阶的。图 23－1～图 23－5 是其使用状态图。

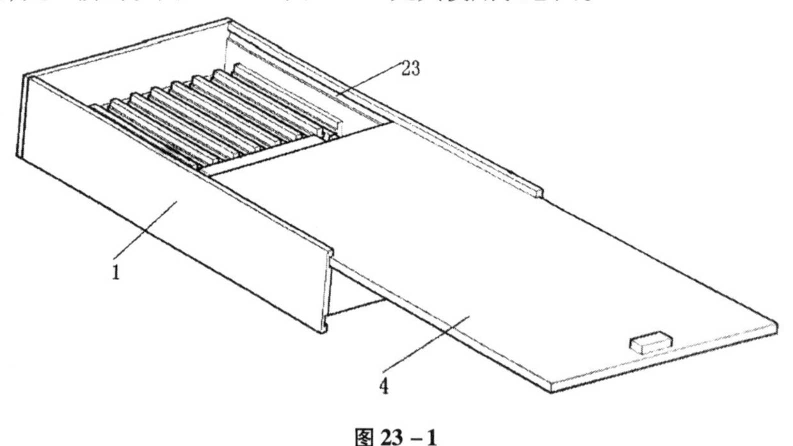

图 23－1

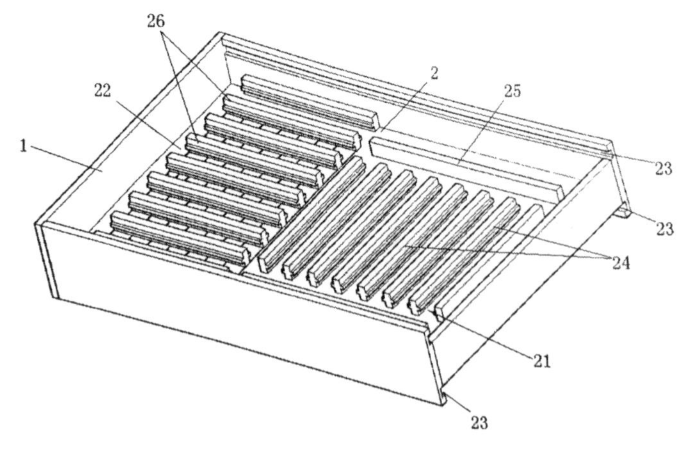

图 23－2

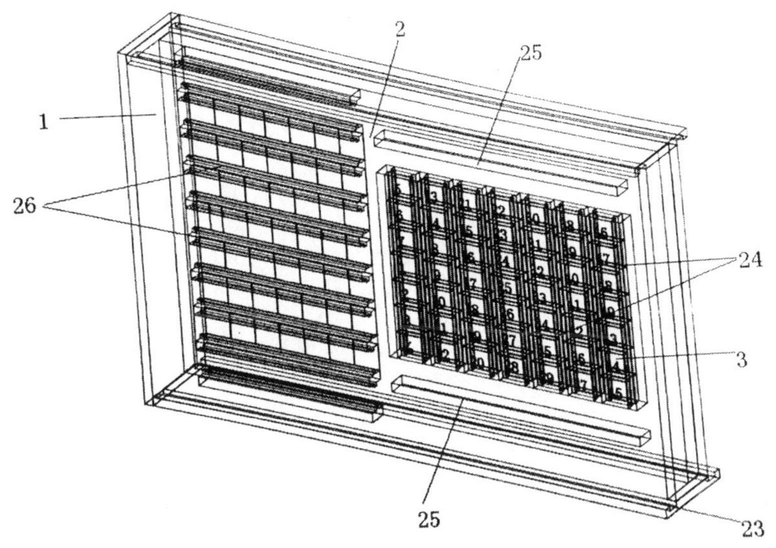

图 23 -3

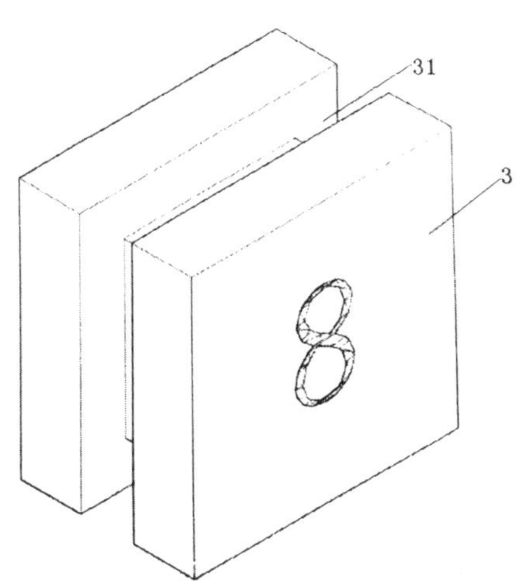

图 23 -4

5	13	21	22	30	38	46
6	14	15	23	31	39	47
7	8	16	24	32	40	48
1	9	17	25	33	41	49
2	10	18	26	34	42	43
3	11	19	27	35	36	44
4	12	20	28	29	37	45

图 23 -5

生成器箱体内的结构板包括带有纵向导轨的准备区和带有横向导轨的的生成区。1 ~49 的 49 个数码从小到大均分为 7 组锁定于结构板的准备区。

箱体设有可抽取式的箱盖，箱体内两长边靠近顶部处设有供箱盖插入及抽出的导槽，箱底外也相应设有导槽。使用生成器时，抽出箱盖并插入箱底外的导槽，目的是方便携带与使用。

结构板准备区的导轨与数码区域设有一个数码的盖体，这样在不使用该生成器时数码盖体可以锁定数码。

数码与导轨的设计，使数码既能沿纵向导轨轻快滑动亦能沿横向导轨轻快滑动。使用者只需把准备区的数码，按基方阵的形式移至生成区即已完成生成完美幻方的第一步；然后生成区的处于各条横向导轨中的数码，按构造完美幻方的二步法的要求顺移，这一过程结束时，所得就是一个完美幻方。

数码与导轨的设计，使我们只用食指轻按数码并推动，就可以很轻易地控制数码有条不紊地纵向或横向移动，在完美幻方的生成过程中自始至终不需用手捏出任何一个数码。

随着基方阵的不同，生成的完美幻方亦不同，其数量是巨大的。

很明显，便携式完美幻方生成器实际上可用于生成同阶各类幻方。当初作者取此名称申请实用新型专利，是出于名称要更具体。

在此展示的 7 阶原型机，动用其中 1 ~ 36 的数码，可用于生成 6 阶各类幻方；动用其中 1 ~ 25 的数码，可用于生成 5 阶各类幻方；动用其中 1 ~ 16 的数码，可用于生成 4 阶各类幻方；动用其中 1 ~ 9 的数码，可用于生成 3 阶幻方。

本生成器结构简单，玩法多，适合儿童、成人使用，适应性广。当生成器作为益智玩具时，使用者可不按规则排列与移动数码，其结果未必是完美幻方或幻方，但却增加了使用者兴趣，若偶有所得，就是一个新的成果。使用者会很享受这种成就感和满足感的。

23.2 幻方华容道

华容道是古老的汉族民间益智游戏，以其变化多端、百玩不厌的特点与魔方、独立钻石棋一起被国外智力专家并称为“智力游戏界的三个不可思议”。

三国华容道即华容道，通过移动各个棋子，帮助曹操从初始位置移到棋盘最下方中部，从出口逃走；不允许跨越棋子，还要设法用最少的步数把曹操移到出口。

小学生中风靡一时的数字华容道是用尽量少的步数，尽量短的时间，将棋盘上的数字方块，按照从左到右、从上到下的顺序重新排列整齐。但其起步时棋盘上的数字方块不是随意摆放的。比如某公司生产的木质数字华容道，由 1 ~ 15 的数字组成，数字顺序被事先打乱，要将华容道还原成按 1 ~ 15 顺序排列的初始状态，考核以还原速度快的获胜，该玩具给出的被事先打乱的顺序共四种，图 23 – 6 是其中的一种，而图 23 – 7 是初始状态。

9	6	1	3
11	4	15	8
5	12	2	13
14	7	10	

图 23 – 6　数字顺序被事先打乱

1	2	3	4
5	6	7	8
9	10	11	12
13	14	15	

图 23 – 7　初始状态

数字华容道的初始状态只有一种：按从小到大的顺序排列，被事先打乱的顺序也才区区几种。作为益智玩具，能否突破这些限制，让儿童和成人都能玩个淋漓尽致？能，这就是我们设计的幻方华容道。

4 阶幻方华容道的初始状态可以是任何一个事先选定的 4 阶最完美幻方，亦可以是你按照说明书的三步法造出的 4 阶最完美幻方。用三步法可造出 48 个不同的 4 阶最完美幻方。如果你不想动手，说明书中亦有供你选择的 4 阶最完美幻方。

至于起步状态，你可随意摆放，比如可把数字方块倒扣在桌子上，再一个一个地捡起来摆放在棋盘上。图 23－8 是 4 阶幻方华容道的一种初始状态，它是一个 4 阶最完美幻方。

1	8	13	12	
14	11	2	7	
4	5	16	9	
15	10	3	6	

图 23－8　4 阶幻方华容道的一种初始状态

其 4 行、4 列及 8 条对角线和泛对角线上 4 个数字之和都等于 34。对角线和泛对角线上相隔一个位置的两个数字之和都等于 17。

图 23－9 是 5 阶幻方华容道的一种初始状态。它是一个 5 阶对称完美幻方。

10	11	17	23	4	
18	24	5	6	12	
1	7	13	19	25	
14	20	21	2	8	
22	3	9	15	16	

图 23－9　5 阶幻方华容道的一种初始状态

其 5 行、5 列及 10 条对角线和泛对角线上 5 个数字之和都等于 65。中心对称位置上的两个数字之和都等于 26。

5 阶幻方华容道的初始状态可以是任何一个事先选定的 5 阶对称完美幻方，亦可以是你按照说明书的二步法造出的五阶对称完美幻方。用二步法可造出 16 个不同的 5 阶对称完美幻方。如果你不想动手，说明书中亦有供你选择的 5 阶对称完美幻方。

数字华容道的棋盘上有一个空格，幻方华容道的棋盘上有两个空格。

参考文献

[1] 吴鹤龄. 幻方及其他[M]. 北京:科学出版社,2005.

[2] 谈祥柏. 乐在其中的数学[M]. 北京:科学出版社,2005.

[3] 沈康身. 数学的魅力[M]. 上海:上海辞书出版社,2006.

[4] 詹森. 你亦可以造幻方[M]. 北京:科学出版社,2012.

[5] 詹森,詹晓颖. 幻中之幻[M]. 北京世界图书出版公司,2016.

[6] 詹森. 关于构造幻方的新方法[J]. 海南师范大学学报(自然科学版),2009,22(2):133 - 134.

[7] 詹森,王辉丰. 关于构造高阶幻方的新方法[J]. 海南师范大学学报(自然科学版),2009,22(3):250 - 254.

[8] 詹森,王辉丰. 奇数阶对称完美幻方的构造方法[J]. 海南师范大学学报(自然科学版),2009,22(4):296 - 402.

[9] 王辉丰,詹森. 关于构造三类奇数阶幻方的新方法[J]. 海南师范大学学报(自然科学版),2010,23(1):12 - 15.

[10] 詹森,王辉丰. 构造镶边幻方的代码法[J]. 海南师范大学学报(自然科学版),2010,23(2):152 - 157.

[11] 詹森,王辉丰. 构造奇数阶幻方,完美幻方和对称完美幻方的新方法[J]. 海南师范大学学报(自然科学版),2011. 24(3):265 - 269.

[12] 詹森,王辉丰. 构造奇数阶对称幻方及奇偶分开对称幻方的新方法[J]. 海南师范大学学报(自然科学版),2011. 24(4):395 - 399.

[13] 王辉丰. 构造奇数阶完美幻方和对称完美幻方的两步法[J]. 海南师范大学学报(自然科学版),2012,25(1):28 - 31.

[14] 詹森. 关于构造 k^2 阶完美幻方的方法[J]. 海南师范大学学报(自然科学版),2012,25(2):147 - 150.

[15] 詹森. 构造高阶 f 次幻方的新方法[J]. 海南师范大学学报(自然科学版),2012,25(3):263 - 267.

[16] 王辉丰. 构造镶边幻方代码法的代码公式[J]. 海南师范大学学报(自然科学版),2012,25(3):268 - 273.

[17] 詹森. 王辉丰, 黄澜. 构造单偶数阶幻方的四步法[J]. 海南师范大学学报(自然科学版),2013,26(2):145 - 151.

[18] 詹森,王辉丰. 构造奇数阶对称幻立方及对称完美幻立方的三步法[J]. 海南师范大学学报(自然科学版),2013,26(3): 266 - 273.

[19] 詹森,王辉丰. 构造 $3n$ 阶完美幻方的五步法[J]. 海南师范大学学报(自然科学版),2014,27(1):18 - 22.

[20] 詹森,王辉丰. 构造 $3(2m+1)$ 阶完美幻方的法[J]. 海南师范大学学报(自然科学版),2014,27(2):133 - 137.

[21] 詹森,王辉丰. 构造双偶数阶空间更完美幻立方的四步法[J]. 海南师范大学学报(自然科学版),2014,27(4):125 - 131.

[22] 詹森,王辉丰. 构造最完美幻方的三步法[J]. 海南师范大学学报(自然科学版),2014,27(1):18 - 22.

[23] 詹森,王辉丰. 构造奇数阶空间完美幻立方及空间对称完美幻立方的三步法[J]. 海南师范大学学报(自然科学版),2015,28(4):375 - 380.

[24] 詹森,王辉丰. SCE 双偶数阶空间中心对称幻立方的构造法[J]. 海南师范大学学报(自然科学版),

2019,32(1):78－88.
[25] 詹森,王辉丰. 构造双偶数 $n=4m$ 阶空间最完美幻立方的方法[J]. 海南师范大学学报(自然科学版),2020,33(2):179－186.
[26] 詹森,王辉丰. 构造奇数平方阶最完美幻方的方法[J]. 海南师范大学学报(自然科学版),2021,34(3):274－278.

后　　记

对于未曾接触过幻方的人而言,幻方是神秘的,棘手而又迷人。在江苏卫视 2015 年《最强大脑》第二季,挑战 7 阶幻立方节目中,现场人们的反应与表情,鲜活地表现了这一点。在研究幻方的有成者中,有许多并非专业的数学工作者,而是其他不相关行业的从业者。他们首先是幻方迷,然后玩出了成果。

我原本对幻方一无所知,2008 年因要照顾出生不久的孙女荞睿,闲极无聊,恰好在图书馆见到《幻方及其他》,就玩起了幻方。每当孩子要大人抱着才肯入睡时,我就在床上抱着孩子靠床撑而坐,思考幻方问题,对幻方问题的质疑、探究和求真就是在这样的环境中进行的。于是我就有了一系列论文的发表, 有了《你亦可以造幻方》和《幻中之幻》。随后在幻方的研究上我更是一发不可收拾,就又有了这本《玩转幻中之幻》。

这三本书囊括除了高维高次幻方之外你所能想到的绝大部分类型的幻方和幻立方,还给出了一系列简易的构造方法,并对它们做了系统化处理,都是原创。除每本书各自原有的特色外,三者合一就是一部幻方的"全书"。

我讲述这段经历除要留此存照外,更多的是希望消除人们对数学的恐惧,要敢玩幻方,享受其中的乐趣。

什么是美? 简单、和谐就是美。不论问题本身,还是解决问题的办法都是如此。费九牛二虎之力才构造出一个幻方,这说明创造者并没有掌握问题的真谛。在学习上也是如此。方法简单,结果和谐就是真理。这一点在幻方上体现得淋漓尽致。

玩幻方不仅能提高人们科学思维的能力,还可以提高人们学习和工作的效率。期盼更多幻方的玩者,成为研究幻方的有成者,事业或学业的成功者。

感谢科学出版社交叉学科分社社长李敏老师,当年接纳一位籍籍无名作者的投稿,使《你亦可以造幻方》得以出版。同时也要感谢张景中院士的评语,由于他们两位,作者坚持玩幻方进而玩幻立方至今,后续两本著作亦都已出版。感恩两位以及所有为此尽过力的科学出版社的朋友。当然更要感恩给我启蒙的《幻方及其他》的作者吴鹤龄先生,这是必须的。

还要感谢我的太太高清馨女士的理解、信任和一贯的支持,这是我玩幻方玩出成果的保证。

维持积极的脑力活动也有益养生,你说呢?

玩幻方并享受其中乐趣,好吗?

詹　森
2022 年 9 月

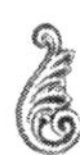

刘培杰数学工作室
已出版(即将出版)图书目录——初等数学

书　　名	出版时间	定　价	编号
新编中学数学解题方法全书(高中版)上卷(第2版)	2018—08	58.00	951
新编中学数学解题方法全书(高中版)中卷(第2版)	2018—08	68.00	952
新编中学数学解题方法全书(高中版)下卷(一)(第2版)	2018—08	58.00	953
新编中学数学解题方法全书(高中版)下卷(二)(第2版)	2018—08	58.00	954
新编中学数学解题方法全书(高中版)下卷(三)(第2版)	2018—08	68.00	955
新编中学数学解题方法全书(初中版)上卷	2008—01	28.00	29
新编中学数学解题方法全书(初中版)中卷	2010—07	38.00	75
新编中学数学解题方法全书(高考复习卷)	2010—01	48.00	67
新编中学数学解题方法全书(高考真题卷)	2010—01	38.00	62
新编中学数学解题方法全书(高考精华卷)	2011—03	68.00	118
新编平面解析几何解题方法全书(专题讲座卷)	2010—01	18.00	61
新编中学数学解题方法全书(自主招生卷)	2013—08	88.00	261
数学奥林匹克与数学文化(第一辑)	2006—05	48.00	4
数学奥林匹克与数学文化(第二辑)(竞赛卷)	2008—01	48.00	19
数学奥林匹克与数学文化(第二辑)(文化卷)	2008—07	58.00	36′
数学奥林匹克与数学文化(第三辑)(竞赛卷)	2010—01	48.00	59
数学奥林匹克与数学文化(第四辑)(竞赛卷)	2011—08	58.00	87
数学奥林匹克与数学文化(第五辑)	2015—06	98.00	370
世界著名平面几何经典著作钩沉——几何作图专题卷(共3卷)	2022—01	198.00	1460
世界著名平面几何经典著作钩沉(民国平面几何老课本)	2011—03	38.00	113
世界著名平面几何经典著作钩沉(建国初期平面三角老课本)	2015—08	38.00	507
世界著名解析几何经典著作钩沉——平面解析几何卷	2014—01	38.00	264
世界著名数论经典著作钩沉(算术卷)	2012—01	28.00	125
世界著名数学经典著作钩沉——立体几何卷	2011—02	28.00	88
世界著名三角学经典著作钩沉(平面三角卷Ⅰ)	2010—06	28.00	69
世界著名三角学经典著作钩沉(平面三角卷Ⅱ)	2011—01	38.00	78
世界著名初等数论经典著作钩沉(理论和实用算术卷)	2011—07	38.00	126
世界著名几何经典著作钩沉(解析几何卷)	2022—10	68.00	1564
发展你的空间想象力(第3版)	2021—01	98.00	1464
空间想象力进阶	2019—05	68.00	1062
走向国际数学奥林匹克的平面几何试题诠释.第1卷	2019—07	88.00	1043
走向国际数学奥林匹克的平面几何试题诠释.第2卷	2019—09	78.00	1044
走向国际数学奥林匹克的平面几何试题诠释.第3卷	2019—03	78.00	1045
走向国际数学奥林匹克的平面几何试题诠释.第4卷	2019—09	98.00	1046
平面几何证明方法全书	2007—08	35.00	1
平面几何证明方法全书习题解答(第2版)	2006—12	18.00	10
平面几何天天练上卷·基础篇(直线型)	2013—01	58.00	208
平面几何天天练中卷·基础篇(涉及圆)	2013—01	28.00	234
平面几何天天练下卷·提高篇	2013—01	58.00	237
平面几何专题研究	2013—07	98.00	258
平面几何解题之道.第1卷	2022—05	38.00	1494
几何学习题集	2020—10	48.00	1217
通过解题学习代数几何	2021—04	88.00	1301
圆锥曲线的奥秘	2022—06	88.00	1541

刘培杰数学工作室

已出版(即将出版)图书目录——初等数学

书　　名	出版时间	定　价	编号
最新世界各国数学奥林匹克中的平面几何试题	2007－09	38.00	14
数学竞赛平面几何典型题及新颖解	2010－07	48.00	74
初等数学复习及研究(平面几何)	2008－09	68.00	38
初等数学复习及研究(立体几何)	2010－06	38.00	71
初等数学复习及研究(平面几何)习题解答	2009－01	58.00	42
几何学教程(平面几何卷)	2011－03	68.00	90
几何学教程(立体几何卷)	2011－07	68.00	130
几何变换与几何证题	2010－06	88.00	70
计算方法与几何证题	2011－06	28.00	129
立体几何技巧与方法(第2版)	2022－10	168.00	1572
几何瑰宝——平面几何500名题暨1500条定理(上、下)	2021－07	168.00	1358
三角形的解法与应用	2012－07	18.00	183
近代的三角形几何学	2012－07	48.00	184
一般折线几何学	2015－08	48.00	503
三角形的五心	2009－06	28.00	51
三角形的六心及其应用	2015－10	68.00	542
三角形趣谈	2012－08	28.00	212
解三角形	2014－01	28.00	265
探秘三角形:一次数学旅行	2021－10	68.00	1387
三角学专门教程	2014－09	28.00	387
图天下几何新题试卷.初中(第2版)	2017－11	58.00	855
圆锥曲线习题集(上册)	2013－06	68.00	255
圆锥曲线习题集(中册)	2015－01	78.00	434
圆锥曲线习题集(下册・第1卷)	2016－10	78.00	683
圆锥曲线习题集(下册・第2卷)	2018－01	98.00	853
圆锥曲线习题集(下册・第3卷)	2019－10	128.00	1113
圆锥曲线的思想方法	2021－08	48.00	1379
圆锥曲线的八个主要问题	2021－10	48.00	1415
论九点圆	2015－05	88.00	645
近代欧氏几何学	2012－03	48.00	162
罗巴切夫斯基几何学及几何基础概要	2012－07	28.00	188
罗巴切夫斯基几何学初步	2015－06	28.00	474
用三角、解析几何、复数、向量计算解数学竞赛几何题	2015－03	48.00	455
用解析法研究圆锥曲线的几何理论	2022－05	48.00	1495
美国中学几何教程	2015－04	88.00	458
三线坐标与三角形特征点	2015－04	98.00	460
坐标几何学基础.第1卷,笛卡儿坐标	2021－08	48.00	1398
坐标几何学基础.第2卷,三线坐标	2021－09	28.00	1399
平面解析几何方法与研究(第1卷)	2015－05	18.00	471
平面解析几何方法与研究(第2卷)	2015－06	18.00	472
平面解析几何方法与研究(第3卷)	2015－07	18.00	473
解析几何研究	2015－01	38.00	425
解析几何学教程.上	2016－01	38.00	574
解析几何学教程.下	2016－01	38.00	575
几何学基础	2016－01	58.00	581
初等几何研究	2015－02	58.00	444
十九和二十世纪欧氏几何学中的片段	2017－01	58.00	696
平面几何中考.高考.奥数一本通	2017－07	28.00	820
几何学简史	2017－08	28.00	833
四面体	2018－01	48.00	880
平面几何证明方法思路	2018－12	68.00	913
折纸中的几何练习	2022－09	48.00	1559
中学新几何学(英文)	2022－10	98.00	1562
线性代数与几何	2023－04	68.00	1633

刘培杰数学工作室

已出版(即将出版)图书目录——初等数学

书 名	出版时间	定 价	编号
平面几何图形特性新析.上篇	2019－01	68.00	911
平面几何图形特性新析.下篇	2018－06	88.00	912
平面几何范例多解探究.上篇	2018－04	48.00	910
平面几何范例多解探究.下篇	2018－12	68.00	914
从分析解题过程学解题:竞赛中的几何问题研究	2018－07	68.00	946
从分析解题过程学解题:竞赛中的向量几何与不等式研究(全2册)	2019－06	138.00	1090
从分析解题过程学解题:竞赛中的不等式问题	2021－01	48.00	1249
二维、三维欧氏几何的对偶原理	2018－12	38.00	990
星形大观及闭折线论	2019－03	68.00	1020
立体几何的问题和方法	2019－11	58.00	1127
三角代换论	2021－05	58.00	1313
俄罗斯平面几何问题集	2009－08	88.00	55
俄罗斯立体几何问题集	2014－03	58.00	283
俄罗斯几何大师——沙雷金论数学及其他	2014－01	48.00	271
来自俄罗斯的5000道几何习题及解答	2011－03	58.00	89
俄罗斯初等数学问题集	2012－05	38.00	177
俄罗斯函数问题集	2011－03	38.00	103
俄罗斯组合分析问题集	2011－01	48.00	79
俄罗斯初等数学万题选——三角卷	2012－11	38.00	222
俄罗斯初等数学万题选——代数卷	2013－08	68.00	225
俄罗斯初等数学万题选——几何卷	2014－01	68.00	226
俄罗斯《量子》杂志数学征解问题100题选	2018－08	48.00	969
俄罗斯《量子》杂志数学征解问题又100题选	2018－08	48.00	970
俄罗斯《量子》杂志数学征解问题	2020－05	48.00	1138
463个俄罗斯几何老问题	2012－01	28.00	152
《量子》数学短文精粹	2018－09	38.00	972
用三角、解析几何等计算解来自俄罗斯的几何题	2019－11	88.00	1119
基谢廖夫平面几何	2022－01	48.00	1461
基谢廖夫立体几何	2023－04	48.00	1599
数学:代数、数学分析和几何(10－11年级)	2021－01	48.00	1250
立体几何.10—11年级	2022－01	58.00	1472
直观几何学:5—6年级	2022－04	58.00	1508
平面几何:9—11年级	2022－10	48.00	1571
谈谈素数	2011－03	18.00	91
平方和	2011－03	18.00	92
整数论	2011－05	38.00	120
从整数谈起	2015－10	28.00	538
数与多项式	2016－01	38.00	558
谈谈不定方程	2011－05	28.00	119
质数漫谈	2022－07	68.00	1529
解析不等式新论	2009－06	68.00	48
建立不等式的方法	2011－03	98.00	104
数学奥林匹克不等式研究(第2版)	2020－07	68.00	1181
不等式研究(第二辑)	2012－02	68.00	153
不等式的秘密(第一卷)(第2版)	2014－02	38.00	286
不等式的秘密(第二卷)	2014－01	38.00	268
初等不等式的证明方法	2010－06	38.00	123
初等不等式的证明方法(第二版)	2014－11	38.00	407
不等式・理论・方法(基础卷)	2015－07	38.00	496
不等式・理论・方法(经典不等式卷)	2015－07	38.00	497
不等式・理论・方法(特殊类型不等式卷)	2015－07	48.00	498
不等式探究	2016－03	38.00	582
不等式探秘	2017－01	88.00	689
四面体不等式	2017－01	68.00	715
数学奥林匹克中常见重要不等式	2017－09	38.00	845

刘培杰数学工作室

已出版(即将出版)图书目录——初等数学

书　　名	出版时间	定　价	编号
三正弦不等式	2018－09	98.00	974
函数方程与不等式:解法与稳定性结果	2019－04	68.00	1058
数学不等式.第1卷,对称多项式不等式	2022－05	78.00	1455
数学不等式.第2卷,对称有理不等式与对称无理不等式	2022－05	88.00	1456
数学不等式.第3卷,循环不等式与非循环不等式	2022－05	88.00	1457
数学不等式.第4卷,Jensen不等式的扩展与加细	2022－05	88.00	1458
数学不等式.第5卷,创建不等式与解不等式的其他方法	2022－05	88.00	1459
同余理论	2012－05	38.00	163
$[x]$与$\{x\}$	2015－04	48.00	476
极值与最值.上卷	2015－06	28.00	486
极值与最值.中卷	2015－06	38.00	487
极值与最值.下卷	2015－06	28.00	488
整数的性质	2012－11	38.00	192
完全平方数及其应用	2015－08	78.00	506
多项式理论	2015－10	88.00	541
奇数、偶数、奇偶分析法	2018－01	98.00	876
不定方程及其应用.上	2018－12	58.00	992
不定方程及其应用.中	2019－01	78.00	993
不定方程及其应用.下	2019－02	98.00	994
Nesbitt不等式加强式的研究	2022－06	128.00	1527
最值定理与分析不等式	2023－02	78.00	1567
一类积分不等式	2023－02	88.00	1579
邦费罗尼不等式及概率应用	2023－05	58.00	1637
历届美国中学生数学竞赛试题及解答(第一卷)1950－1954	2014－07	18.00	277
历届美国中学生数学竞赛试题及解答(第二卷)1955－1959	2014－04	18.00	278
历届美国中学生数学竞赛试题及解答(第三卷)1960－1964	2014－06	18.00	279
历届美国中学生数学竞赛试题及解答(第四卷)1965－1969	2014－04	28.00	280
历届美国中学生数学竞赛试题及解答(第五卷)1970－1972	2014－06	18.00	281
历届美国中学生数学竞赛试题及解答(第六卷)1973－1980	2017－07	18.00	768
历届美国中学生数学竞赛试题及解答(第七卷)1981－1986	2015－01	18.00	424
历届美国中学生数学竞赛试题及解答(第八卷)1987－1990	2017－05	18.00	769
历届中国数学奥林匹克试题集(第3版)	2021－10	58.00	1440
历届加拿大数学奥林匹克试题集	2012－08	38.00	215
历届美国数学奥林匹克试题集:1972～2019	2020－04	88.00	1135
历届波兰数学竞赛试题集.第1卷,1949～1963	2015－03	18.00	453
历届波兰数学竞赛试题集.第2卷,1964～1976	2015－03	18.00	454
历届巴尔干数学奥林匹克试题集	2015－05	38.00	466
保加利亚数学奥林匹克	2014－10	38.00	393
圣彼得堡数学奥林匹克试题集	2015－01	38.00	429
匈牙利奥林匹克数学竞赛题解.第1卷	2016－05	28.00	593
匈牙利奥林匹克数学竞赛题解.第2卷	2016－05	28.00	594
历届美国数学邀请赛试题集(第2版)	2017－10	78.00	851
普林斯顿大学数学竞赛	2016－06	38.00	669
亚太地区数学奥林匹克竞赛题	2015－07	18.00	492
日本历届(初级)广中杯数学竞赛试题及解答.第1卷(2000～2007)	2016－05	28.00	641
日本历届(初级)广中杯数学竞赛试题及解答.第2卷(2008～2015)	2016－05	38.00	642
越南数学奥林匹克题选:1962－2009	2021－07	48.00	1370
360个数学竞赛问题	2016－08	58.00	677
奥数最佳实战题.上卷	2017－06	38.00	760
奥数最佳实战题.下卷	2017－05	58.00	761
哈尔滨市早期中学数学竞赛试题汇编	2016－07	28.00	672
全国高中数学联赛试题及解答:1981—2019(第4版)	2020－07	138.00	1176
2022年全国高中数学联合竞赛模拟题集	2022－06	30.00	1521

刘培杰数学工作室
已出版(即将出版)图书目录——初等数学

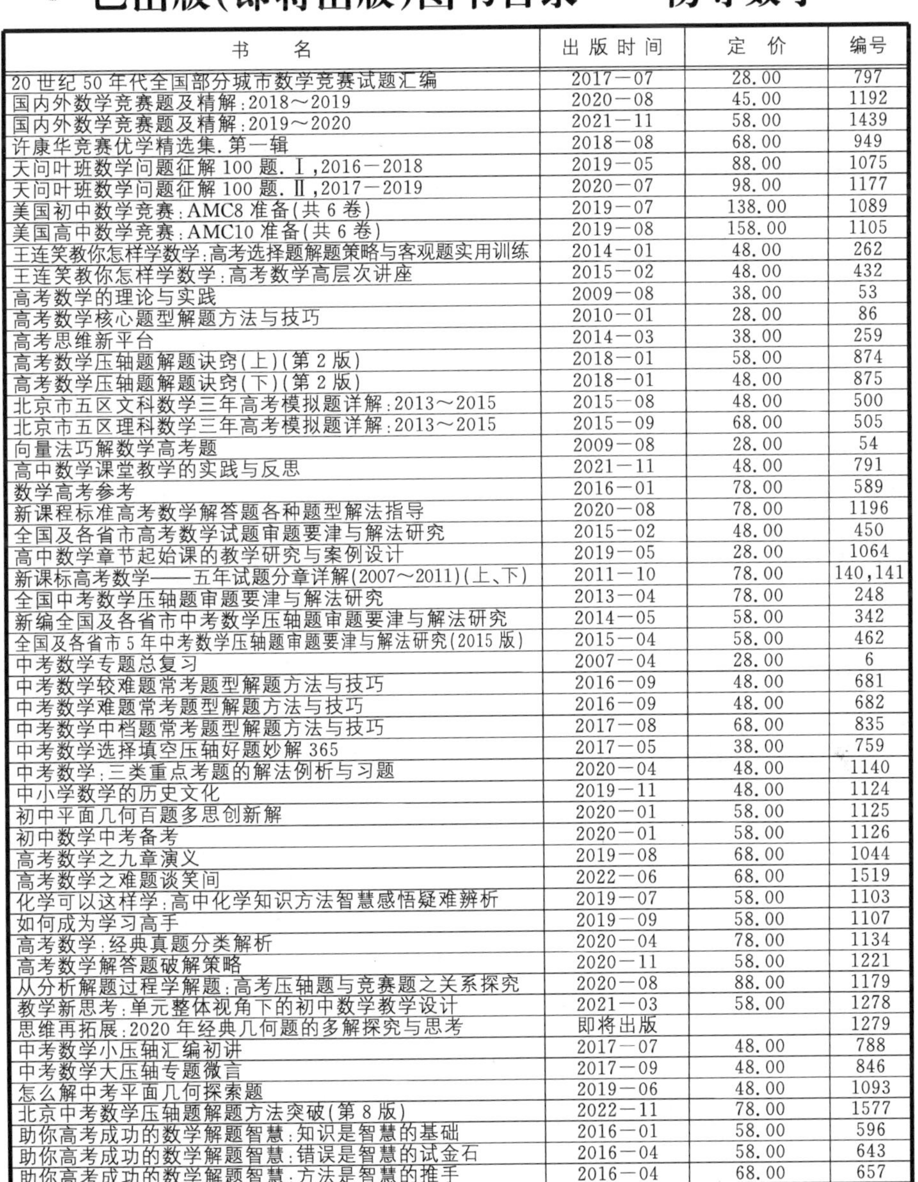

书　　名	出版时间	定　价	编号
20世纪50年代全国部分城市数学竞赛试题汇编	2017－07	28.00	797
国内外数学竞赛题及精解:2018～2019	2020－08	45.00	1192
国内外数学竞赛题及精解:2019～2020	2021－11	58.00	1439
许康华竞赛优学精选集.第一辑	2018－08	68.00	949
天问叶班数学问题征解100题.Ⅰ,2016－2018	2019－05	88.00	1075
天问叶班数学问题征解100题.Ⅱ,2017－2019	2020－07	98.00	1177
美国初中数学竞赛:AMC8准备(共6卷)	2019－07	138.00	1089
美国高中数学竞赛:AMC10准备(共6卷)	2019－08	158.00	1105
王连笑教你怎样学数学:高考选择题解题策略与客观题实用训练	2014－01	48.00	262
王连笑教你怎样学数学:高考数学高层次讲座	2015－02	48.00	432
高考数学的理论与实践	2009－08	38.00	53
高考数学核心题型解题方法与技巧	2010－01	28.00	86
高考思维新平台	2014－03	38.00	259
高考数学压轴题解题诀窍(上)(第2版)	2018－01	58.00	874
高考数学压轴题解题诀窍(下)(第2版)	2018－01	48.00	875
北京市五区文科数学三年高考模拟题详解:2013～2015	2015－08	48.00	500
北京市五区理科数学三年高考模拟题详解:2013～2015	2015－09	68.00	505
向量法巧解数学高考题	2009－08	28.00	54
高中数学课堂教学的实践与反思	2021－11	48.00	791
数学高考参考	2016－01	78.00	589
新课程标准高考数学解答题各种题型解法指导	2020－08	78.00	1196
全国及各省市高考数学试题审题要津与解法研究	2015－02	48.00	450
高中数学章节起始课的教学研究与案例设计	2019－05	28.00	1064
新课标高考数学——五年试题分章详解(2007～2011)(上、下)	2011－10	78.00	140,141
全国中考数学压轴题审题要津与解法研究	2013－04	78.00	248
新编全国及各省市中考数学压轴题审题要津与解法研究	2014－05	58.00	342
全国及各省市5年中考数学压轴题审题要津与解法研究(2015版)	2015－04	58.00	462
中考数学专题总复习	2007－04	28.00	6
中考数学较难题常考题型解题方法与技巧	2016－09	48.00	681
中考数学难题常考题型解题方法与技巧	2016－09	48.00	682
中考数学中档题常考题型解题方法与技巧	2017－08	68.00	835
中考数学选择填空压轴好题妙解365	2017－05	38.00	759
中考数学:三类重点考题的解法例析与习题	2020－04	48.00	1140
中小学数学的历史文化	2019－11	48.00	1124
初中平面几何百题多思创新解	2020－01	58.00	1125
初中数学中考备考	2020－01	58.00	1126
高考数学之九章演义	2019－08	68.00	1044
高考数学之难题谈笑间	2022－06	68.00	1519
化学可以这样学:高中化学知识方法智慧感悟疑难辨析	2019－07	58.00	1103
如何成为学习高手	2019－09	58.00	1107
高考数学:经典真题分类解析	2020－04	78.00	1134
高考数学解答题破解策略	2020－11	58.00	1221
从分析解题过程学解题:高考压轴题与竞赛题之关系探究	2020－08	88.00	1179
数学新思考:单元整体视角下的初中数学教学设计	2021－03	58.00	1278
思维再拓展:2020年经典几何题的多解探究与思考	即将出版		1279
中考数学小压轴汇编初讲	2017－07	48.00	788
中考数学大压轴专题微言	2017－09	48.00	846
怎么解中考平面几何探索题	2019－06	48.00	1093
北京中考数学压轴题解题方法突破(第8版)	2022－11	78.00	1577
助你高考成功的数学解题智慧:知识是智慧的基础	2016－01	58.00	596
助你高考成功的数学解题智慧:错误是智慧的试金石	2016－04	58.00	643
助你高考成功的数学解题智慧:方法是智慧的推手	2016－04	68.00	657
高考数学奇思妙解	2016－04	38.00	610
高考数学解题策略	2016－05	48.00	670
数学解题泄天机(第2版)	2017－10	48.00	850

刘培杰数学工作室

已出版(即将出版)图书目录——初等数学

书　　名	出版时间	定　价	编号
高考物理压轴题全解	2017－04	58.00	746
高中物理经典问题 25 讲	2017－05	28.00	764
高中物理教学讲义	2018－01	48.00	871
高中物理教学讲义:全模块	2022－03	98.00	1492
高中物理答疑解惑 65 篇	2021－11	48.00	1462
中学物理基础问题解析	2020－08	48.00	1183
初中数学、高中数学脱节知识补缺教材	2017－06	48.00	766
高考数学小题抢分必练	2017－10	48.00	834
高考数学核心素养解读	2017－09	38.00	839
高考数学客观题解题方法和技巧	2017－10	38.00	847
十年高考数学精品试题审题要津与解法研究	2021－10	98.00	1427
中国历届高考数学试题及解答.1949－1979	2018－01	38.00	877
历届中国高考数学试题及解答.第二卷,1980—1989	2018－10	28.00	975
历届中国高考数学试题及解答.第三卷,1990—1999	2018－10	48.00	976
数学文化与高考研究	2018－03	48.00	882
跟我学解高中数学题	2018－07	58.00	926
中学数学研究的方法及案例	2018－05	58.00	869
高考数学抢分技能	2018－07	68.00	934
高一新生常用数学方法和重要数学思想提升教材	2018－06	38.00	921
2018 年高考数学真题研究	2019－01	68.00	1000
2019 年高考数学真题研究	2020－05	88.00	1137
高考数学全国卷六道解答题常考题型解题诀窍:理科(全 2 册)	2019－07	78.00	1101
高考数学全国卷 16 道选择、填空题常考题型解题诀窍.理科	2018－09	88.00	971
高考数学全国卷 16 道选择、填空题常考题型解题诀窍.文科	2020－01	88.00	1123
高中数学一题多解	2019－06	58.00	1087
历届中国高考数学试题及解答:1917－1999	2021－08	98.00	1371
2000～2003 年全国及各省市高考数学试题及解答	2022－05	88.00	1499
2004 年全国及各省市高考数学试题及解答	2022－07	78.00	1500
突破高原:高中数学解题思维探究	2021－08	48.00	1375
高考数学中的"取值范围"	2021－10	48.00	1429
新课程标准高中数学各种题型解法大全.必修一分册	2021－06	58.00	1315
新课程标准高中数学各种题型解法大全.必修二分册	2022－01	68.00	1471
高中数学各种题型解法大全.选择性必修一分册	2022－06	68.00	1525
高中数学各种题型解法大全.选择性必修二分册	2023－01	58.00	1600
高中数学各种题型解法大全.选择性必修三分册	2023－04	48.00	1643
历届全国初中数学竞赛经典试题详解	2023－04	88.00	1624
新编 640 个世界著名数学智力趣题	2014－01	88.00	242
500 个最新世界著名数学智力趣题	2008－06	48.00	3
400 个最新世界著名数学最值问题	2008－09	48.00	36
500 个世界著名数学征解问题	2009－06	48.00	52
400 个中国最佳初等数学征解老问题	2010－01	48.00	60
500 个俄罗斯数学经典老题	2011－01	28.00	81
1000 个国外中学物理好题	2012－04	48.00	174
300 个日本高考数学题	2012－05	38.00	142
700 个早期日本高考数学试题	2017－02	88.00	752
500 个前苏联早期高考数学试题及解答	2012－05	28.00	185
546 个早期俄罗斯大学生数学竞赛题	2014－03	38.00	285
548 个来自美苏的数学好问题	2014－11	28.00	396
20 所苏联著名大学早期入学试题	2015－02	18.00	452
161 道德国工科大学生必做的微分方程习题	2015－05	28.00	469
500 个德国工科大学生必做的高数习题	2015－06	28.00	478
360 个数学竞赛问题	2016－08	58.00	677
200 个趣味数学故事	2018－02	48.00	857
470 个数学奥林匹克中的最值问题	2018－10	88.00	985
德国讲义日本考题.微积分卷	2015－04	48.00	456
德国讲义日本考题.微分方程卷	2015－04	38.00	457
二十世纪中叶中、英、美、日、法、俄高考数学试题精选	2017－06	38.00	783

刘培杰数学工作室
已出版(即将出版)图书目录——初等数学

书　　名	出版时间	定　价	编号
中国初等数学研究　2009 卷(第 1 辑)	2009—05	20.00	45
中国初等数学研究　2010 卷(第 2 辑)	2010—05	30.00	68
中国初等数学研究　2011 卷(第 3 辑)	2011—07	60.00	127
中国初等数学研究　2012 卷(第 4 辑)	2012—07	48.00	190
中国初等数学研究　2014 卷(第 5 辑)	2014—02	48.00	288
中国初等数学研究　2015 卷(第 6 辑)	2015—06	68.00	493
中国初等数学研究　2016 卷(第 7 辑)	2016—04	68.00	609
中国初等数学研究　2017 卷(第 8 辑)	2017—01	98.00	712

初等数学研究在中国.第 1 辑	2019—03	158.00	1024
初等数学研究在中国.第 2 辑	2019—10	158.00	1116
初等数学研究在中国.第 3 辑	2021—05	158.00	1306
初等数学研究在中国.第 4 辑	2022—06	158.00	1520

几何变换(Ⅰ)	2014—07	28.00	353
几何变换(Ⅱ)	2015—06	28.00	354
几何变换(Ⅲ)	2015—01	38.00	355
几何变换(Ⅳ)	2015—12	38.00	356

初等数论难题集(第一卷)	2009—05	68.00	44
初等数论难题集(第二卷)(上、下)	2011—02	128.00	82,83
数论概貌	2011—03	18.00	93
代数数论(第二版)	2013—08	58.00	94
代数多项式	2014—06	38.00	289
初等数论的知识与问题	2011—02	28.00	95
超越数论基础	2011—03	28.00	96
数论初等教程	2011—03	28.00	97
数论基础	2011—03	18.00	98
数论基础与维诺格拉多夫	2014—03	18.00	292
解析数论基础	2012—08	28.00	216
解析数论基础(第二版)	2014—01	48.00	287
解析数论问题集(第二版)(原版引进)	2014—05	88.00	343
解析数论问题集(第二版)(中译本)	2016—04	88.00	607
解析数论基础(潘承洞,潘承彪著)	2016—07	98.00	673
解析数论导引	2016—07	58.00	674
数论入门	2011—03	38.00	99
代数数论入门	2015—03	38.00	448
数论开篇	2012—07	28.00	194
解析数论引论	2011—03	48.00	100
Barban Davenport Halberstam 均值和	2009—01	40.00	33
基础数论	2011—03	28.00	101
初等数论 100 例	2011—05	18.00	122
初等数论经典例题	2012—07	18.00	204
最新世界各国数学奥林匹克中的初等数论试题(上、下)	2012—01	138.00	144,145
初等数论(Ⅰ)	2012—01	18.00	156
初等数论(Ⅱ)	2012—01	18.00	157
初等数论(Ⅲ)	2012—01	28.00	158

刘培杰数学工作室

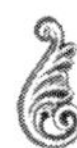

已出版(即将出版)图书目录——初等数学

书　　名	出版时间	定　价	编号
平面几何与数论中未解决的新老问题	2013－01	68.00	229
代数数论简史	2014－11	28.00	408
代数数论	2015－09	88.00	532
代数、数论及分析习题集	2016－11	98.00	695
数论导引提要及习题解答	2016－01	48.00	559
素数定理的初等证明.第2版	2016－09	48.00	686
数论中的模函数与狄利克雷级数(第二版)	2017－11	78.00	837
数论:数学导引	2018－01	68.00	849
范氏大代数	2019－02	98.00	1016
解析数学讲义.第一卷,导来式及微分、积分、级数	2019－04	88.00	1021
解析数学讲义.第二卷,关于几何的应用	2019－04	68.00	1022
解析数学讲义.第三卷,解析函数论	2019－04	78.00	1023
分析·组合·数论纵横谈	2019－04	58.00	1039
Hall 代数:民国时期的中学数学课本:英文	2019－08	88.00	1106
基谢廖夫初等代数	2022－07	38.00	1531
数学精神巡礼	2019－01	58.00	731
数学眼光透视(第2版)	2017－06	78.00	732
数学思想领悟(第2版)	2018－01	68.00	733
数学方法溯源(第2版)	2018－08	68.00	734
数学解题引论	2017－05	58.00	735
数学史话览胜(第2版)	2017－01	48.00	736
数学应用展观(第2版)	2017－08	68.00	737
数学建模尝试	2018－04	48.00	738
数学竞赛采风	2018－01	68.00	739
数学测评探营	2019－05	58.00	740
数学技能操握	2018－03	48.00	741
数学欣赏拾趣	2018－02	48.00	742
从毕达哥拉斯到怀尔斯	2007－10	48.00	9
从迪利克雷到维斯卡尔迪	2008－01	48.00	21
从哥德巴赫到陈景润	2008－05	98.00	35
从庞加莱到佩雷尔曼	2011－08	138.00	136
博弈论精粹	2008－03	58.00	30
博弈论精粹.第二版(精装)	2015－01	88.00	461
数学 我爱你	2008－01	28.00	20
精神的圣徒　别样的人生——60位中国数学家成长的历程	2008－09	48.00	39
数学史概论	2009－06	78.00	50
数学史概论(精装)	2013－03	158.00	272
数学史选讲	2016－01	48.00	544
斐波那契数列	2010－02	28.00	65
数学拼盘和斐波那契魔方	2010－07	38.00	72
斐波那契数列欣赏(第2版)	2018－08	58.00	948
Fibonacci 数列中的明珠	2018－06	58.00	928
数学的创造	2011－02	48.00	85
数学美与创造力	2016－01	48.00	595
数海拾贝	2016－01	48.00	590
数学中的美(第2版)	2019－04	68.00	1057
数论中的美学	2014－12	38.00	351

刘培杰数学工作室
已出版(即将出版)图书目录——初等数学

书　　名	出版时间	定　价	编号
数学王者　科学巨人——高斯	2015－01	28.00	428
振兴祖国数学的圆梦之旅:中国初等数学研究史话	2015－06	98.00	490
二十世纪中国数学史料研究	2015－10	48.00	536
数字谜、数阵图与棋盘覆盖	2016－01	58.00	298
时间的形状	2016－01	38.00	556
数学发现的艺术:数学探索中的合情推理	2016－07	58.00	671
活跃在数学中的参数	2016－07	48.00	675
数海趣史	2021－05	98.00	1314
数学解题——靠数学思想给力(上)	2011－07	38.00	131
数学解题——靠数学思想给力(中)	2011－07	48.00	132
数学解题——靠数学思想给力(下)	2011－07	38.00	133
我怎样解题	2013－01	48.00	227
数学解题中的物理方法	2011－06	28.00	114
数学解题的特殊方法	2011－06	48.00	115
中学数学计算技巧(第2版)	2020－10	48.00	1220
中学数学证明方法	2012－01	58.00	117
数学趣题巧解	2012－03	28.00	128
高中数学教学通鉴	2015－05	58.00	479
和高中生漫谈:数学与哲学的故事	2014－08	28.00	369
算术问题集	2017－03	38.00	789
张教授讲数学	2018－07	38.00	933
陈永明实话实说数学教学	2020－04	68.00	1132
中学数学学科知识与教学能力	2020－06	58.00	1155
怎样把课讲好:大罕数学教学随笔	2022－03	58.00	1484
中国高考评价体系下高考数学探秘	2022－03	48.00	1487
自主招生考试中的参数方程问题	2015－01	28.00	435
自主招生考试中的极坐标问题	2015－04	28.00	463
近年全国重点大学自主招生数学试题全解及研究.华约卷	2015－02	38.00	441
近年全国重点大学自主招生数学试题全解及研究.北约卷	2016－05	38.00	619
自主招生数学解证宝典	2015－09	48.00	535
中国科学技术大学创新班数学真题解析	2022－03	48.00	1488
中国科学技术大学创新班物理真题解析	2022－03	58.00	1489
格点和面积	2012－07	18.00	191
射影几何趣谈	2012－04	28.00	175
斯潘纳尔引理——从一道加拿大数学奥林匹克试题谈起	2014－01	28.00	228
李普希兹条件——从几道近年高考数学试题谈起	2012－10	18.00	221
拉格朗日中值定理——从一道北京高考试题的解法谈起	2015－10	18.00	197
闵科夫斯基定理——从一道清华大学自主招生试题谈起	2014－01	28.00	198
哈尔测度——从一道冬令营试题的背景谈起	2012－08	28.00	202
切比雪夫逼近问题——从一道中国台北数学奥林匹克试题谈起	2013－04	38.00	238
伯恩斯坦多项式与贝齐尔曲面——从一道全国高中数学联赛试题谈起	2013－03	38.00	236
卡塔兰猜想——从一道普特南竞赛试题谈起	2013－06	18.00	256
麦卡锡函数和阿克曼函数——从一道前南斯拉夫数学奥林匹克试题谈起	2012－08	18.00	201
贝蒂定理与拉姆贝克莫斯尔定理——从一个拣石子游戏谈起	2012－08	18.00	217
皮亚诺曲线和豪斯道夫分球定理——从无限集谈起	2012－08	18.00	211
平面凸图形与凸多面体	2012－10	28.00	218
斯坦因豪斯问题——从一道二十五省市自治区中学数学竞赛试题谈起	2012－07	18.00	196

刘培杰数学工作室

已出版(即将出版)图书目录——初等数学 

书　　名	出版时间	定　价	编号
纽结理论中的亚历山大多项式与琼斯多项式——从一道北京市高一数学竞赛试题谈起	2012—07	28.00	195
原则与策略——从波利亚"解题表"谈起	2013—04	38.00	244
转化与化归——从三大尺规作图不能问题谈起	2012—08	28.00	214
代数几何中的贝祖定理(第一版)——从一道 IMO 试题的解法谈起	2013—08	18.00	193
成功连贯理论与约当块理论——从一道比利时数学竞赛试题谈起	2012—04	18.00	180
素数判定与大数分解	2014—08	18.00	199
置换多项式及其应用	2012—10	18.00	220
椭圆函数与模函数——从一道美国加州大学洛杉矶分校(UCLA)博士资格考题谈起	2012—10	28.00	219
差分方程的拉格朗日方法——从一道 2011 年全国高考理科试题的解法谈起	2012—08	28.00	200
力学在几何中的一些应用	2013—01	38.00	240
从根式解到伽罗华理论	2020—01	48.00	1121
康托洛维奇不等式——从一道全国高中联赛试题谈起	2013—03	28.00	337
西格尔引理——从一道第 18 届 IMO 试题的解法谈起	即将出版		
罗斯定理——从一道前苏联数学竞赛试题谈起	即将出版		
拉克斯定理和阿廷定理——从一道 IMO 试题的解法谈起	2014—01	58.00	246
毕卡大定理——从一道美国大学数学竞赛试题谈起	2014—07	18.00	350
贝齐尔曲线——从一道全国高中联赛试题谈起	即将出版		
拉格朗日乘子定理——从一道 2005 年全国高中联赛试题的高等数学解法谈起	2015—05	28.00	480
雅可比定理——从一道日本数学奥林匹克试题谈起	2013—04	48.00	249
李天岩一约克定理——从一道波兰数学竞赛试题谈起	2014—06	28.00	349
受控理论与初等不等式:从一道 IMO 试题的解法谈起	2023—03	48.00	1601
布劳维不动点定理——从一道前苏联数学奥林匹克试题谈起	2014—01	38.00	273
伯恩赛德定理——从一道英国数学奥林匹克试题谈起	即将出版		
布查特一莫斯特定理——从一道上海市初中竞赛试题谈起	即将出版		
数论中的同余数问题——从一道普特南竞赛试题谈起	即将出版		
范·德蒙行列式——从一道美国数学奥林匹克试题谈起	即将出版		
中国剩余定理:总数法构建中国历史年表	2015—01	28.00	430
牛顿程序与方程求根——从一道全国高考试题解法谈起	即将出版		
库默尔定理——从一道 IMO 预选试题谈起	即将出版		
卢丁定理——从一道冬令营试题的解法谈起	即将出版		
沃斯滕霍姆定理——从一道 IMO 预选试题谈起	即将出版		
卡尔松不等式——从一道莫斯科数学奥林匹克试题谈起	即将出版		
信息论中的香农熵——从一道近年高考压轴题谈起	即将出版		
约当不等式——从一道希望杯竞赛试题谈起	即将出版		
拉比诺维奇定理	即将出版		
刘维尔定理——从一道《美国数学月刊》征解问题的解法谈起	即将出版		
卡塔兰恒等式与级数求和——从一道 IMO 试题的解法谈起	即将出版		
勒让德猜想与素数分布——从一道爱尔兰竞赛试题谈起	即将出版		
天平称重与信息论——从一道基辅市数学奥林匹克试题谈起	即将出版		
哈密尔顿一凯莱定理:从一道高中数学联赛试题的解法谈起	2014—09	18.00	376
艾思特曼定理——从一道 CMO 试题的解法谈起	即将出版		

刘培杰数学工作室

已出版(即将出版)图书目录——初等数学

书　　名	出版时间	定　价	编号
阿贝尔恒等式与经典不等式及应用	2018－06	98.00	923
迪利克雷除数问题	2018－07	48.00	930
幻方、幻立方与拉丁方	2019－08	48.00	1092
帕斯卡三角形	2014－03	18.00	294
蒲丰投针问题——从 2009 年清华大学的一道自主招生试题谈起	2014－01	38.00	295
斯图姆定理——从一道"华约"自主招生试题的解法谈起	2014－01	18.00	296
许瓦兹引理——从一道加利福尼亚大学伯克利分校数学系博士生试题谈起	2014－08	18.00	297
拉姆塞定理——从王诗宬院士的一个问题谈起	2016－04	48.00	299
坐标法	2013－12	28.00	332
数论三角形	2014－04	38.00	341
毕克定理	2014－07	18.00	352
数林掠影	2014－09	48.00	389
我们周围的概率	2014－10	38.00	390
凸函数最值定理:从一道华约自主招生题的解法谈起	2014－10	28.00	391
易学与数学奥林匹克	2014－10	38.00	392
生物数学趣谈	2015－01	18.00	409
反演	2015－01	28.00	420
因式分解与圆锥曲线	2015－01	18.00	426
轨迹	2015－01	28.00	427
面积原理:从常庚哲命的一道 CMO 试题的积分解法谈起	2015－01	48.00	431
形形色色的不动点定理:从一道 28 届 IMO 试题谈起	2015－01	38.00	439
柯西函数方程:从一道上海交大自主招生的试题谈起	2015－02	28.00	440
三角恒等式	2015－02	28.00	442
无理性判定:从一道 2014 年"北约"自主招生试题谈起	2015－01	38.00	443
数学归纳法	2015－03	18.00	451
极端原理与解题	2015－04	28.00	464
法雷级数	2014－08	18.00	367
摆线族	2015－01	38.00	438
函数方程及其解法	2015－05	38.00	470
含参数的方程和不等式	2012－09	28.00	213
希尔伯特第十问题	2016－01	38.00	543
无穷小量的求和	2016－01	28.00	545
切比雪夫多项式:从一道清华大学金秋营试题谈起	2016－01	38.00	583
泽肯多夫定理	2016－03	38.00	599
代数等式证题法	2016－01	28.00	600
三角等式证题法	2016－01	28.00	601
吴大任教授藏书中的一个因式分解公式:从一道美国数学邀请赛试题的解法谈起	2016－06	28.00	656
易卦——类万物的数学模型	2017－08	68.00	838
"不可思议"的数与数系可持续发展	2018－01	38.00	878
最短线	2018－01	38.00	879
数学在天文、地理、光学、机械力学中的一些应用	2023－03	88.00	1576
从阿基米德三角形谈起	2023－01	28.00	1578

书　　名	出版时间	定　价	编号
幻方和魔方(第一卷)	2012－05	68.00	173
尘封的经典——初等数学经典文献选读(第一卷)	2012－07	48.00	205
尘封的经典——初等数学经典文献选读(第二卷)	2012－07	38.00	206

书　　名	出版时间	定　价	编号
初级方程式论	2011－03	28.00	106
初等数学研究(Ⅰ)	2008－09	68.00	37
初等数学研究(Ⅱ)(上、下)	2009－05	118.00	46,47
初等数学专题研究	2022－10	68.00	1568

刘培杰数学工作室
已出版(即将出版)图书目录——初等数学

书　　名	出版时间	定　价	编号
趣味初等方程妙题集锦	2014－09	48.00	388
趣味初等数论选美与欣赏	2015－02	48.00	445
耕读笔记(上卷):一位农民数学爱好者的初数探索	2015－04	28.00	459
耕读笔记(中卷):一位农民数学爱好者的初数探索	2015－05	28.00	483
耕读笔记(下卷):一位农民数学爱好者的初数探索	2015－05	28.00	484
几何不等式研究与欣赏.上卷	2016－01	88.00	547
几何不等式研究与欣赏.下卷	2016－01	48.00	552
初等数列研究与欣赏·上	2016－01	48.00	570
初等数列研究与欣赏·下	2016－01	48.00	571
趣味初等函数研究与欣赏.上	2016－09	48.00	684
趣味初等函数研究与欣赏.下	2018－09	48.00	685
三角不等式研究与欣赏	2020－10	68.00	1197
新编平面解析几何解题方法研究与欣赏	2021－10	78.00	1426
火柴游戏(第2版)	2022－05	38.00	1493
智力解谜.第1卷	2017－07	38.00	613
智力解谜.第2卷	2017－07	38.00	614
故事智力	2016－07	48.00	615
名人们喜欢的智力问题	2020－01	48.00	616
数学大师的发现、创造与失误	2018－01	48.00	617
异曲同工	2018－09	48.00	618
数学的味道	2018－01	58.00	798
数学千字文	2018－10	68.00	977
数贝偶拾——高考数学题研究	2014－04	28.00	274
数贝偶拾——初等数学研究	2014－04	38.00	275
数贝偶拾——奥数题研究	2014－04	48.00	276
钱昌本教你快乐学数学(上)	2011－12	48.00	155
钱昌本教你快乐学数学(下)	2012－03	58.00	171
集合、函数与方程	2014－01	28.00	300
数列与不等式	2014－01	38.00	301
三角与平面向量	2014－01	28.00	302
平面解析几何	2014－01	38.00	303
立体几何与组合	2014－01	28.00	304
极限与导数、数学归纳法	2014－01	38.00	305
趣味数学	2014－03	28.00	306
教材教法	2014－04	68.00	307
自主招生	2014－05	58.00	308
高考压轴题(上)	2015－01	48.00	309
高考压轴题(下)	2014－10	68.00	310
从费马到怀尔斯——费马大定理的历史	2013－10	198.00	Ⅰ
从庞加莱到佩雷尔曼——庞加莱猜想的历史	2013－10	298.00	Ⅱ
从切比雪夫到爱尔特希(上)——素数定理的初等证明	2013－07	48.00	Ⅲ
从切比雪夫到爱尔特希(下)——素数定理100年	2012－12	98.00	Ⅲ
从高斯到盖尔方特——二次域的高斯猜想	2013－10	198.00	Ⅳ
从库默尔到朗兰兹——朗兰兹猜想的历史	2014－01	98.00	Ⅴ
从比勃巴赫到德布朗斯——比勃巴赫猜想的历史	2014－02	298.00	Ⅵ
从麦比乌斯到陈省身——麦比乌斯变换与麦比乌斯带	2014－02	298.00	Ⅶ
从布尔到豪斯道夫——布尔方程与格论漫谈	2013－10	198.00	Ⅷ
从开普勒到阿诺德——三体问题的历史	2014－05	298.00	Ⅸ
从华林到华罗庚——华林问题的历史	2013－10	298.00	Ⅹ

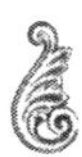

刘培杰数学工作室
已出版(即将出版)图书目录——初等数学

书　　名	出版时间	定　价	编号
美国高中数学竞赛五十讲.第1卷(英文)	2014—08	28.00	357
美国高中数学竞赛五十讲.第2卷(英文)	2014—08	28.00	358
美国高中数学竞赛五十讲.第3卷(英文)	2014—09	28.00	359
美国高中数学竞赛五十讲.第4卷(英文)	2014—09	28.00	360
美国高中数学竞赛五十讲.第5卷(英文)	2014—10	28.00	361
美国高中数学竞赛五十讲.第6卷(英文)	2014—11	28.00	362
美国高中数学竞赛五十讲.第7卷(英文)	2014—12	28.00	363
美国高中数学竞赛五十讲.第8卷(英文)	2015—01	28.00	364
美国高中数学竞赛五十讲.第9卷(英文)	2015—01	28.00	365
美国高中数学竞赛五十讲.第10卷(英文)	2015—02	38.00	366
三角函数(第2版)	2017—04	38.00	626
不等式	2014—01	38.00	312
数列	2014—01	38.00	313
方程(第2版)	2017—04	38.00	624
排列和组合	2014—01	28.00	315
极限与导数(第2版)	2016—04	38.00	635
向量(第2版)	2018—08	58.00	627
复数及其应用	2014—08	28.00	318
函数	2014—01	38.00	319
集合	2020—01	48.00	320
直线与平面	2014—01	28.00	321
立体几何(第2版)	2016—04	38.00	629
解三角形	即将出版		323
直线与圆(第2版)	2016—11	38.00	631
圆锥曲线(第2版)	2016—09	48.00	632
解题通法(一)	2014—07	38.00	326
解题通法(二)	2014—07	38.00	327
解题通法(三)	2014—05	38.00	328
概率与统计	2014—01	28.00	329
信息迁移与算法	即将出版		330
IMO 50年.第1卷(1959—1963)	2014—11	28.00	377
IMO 50年.第2卷(1964—1968)	2014—11	28.00	378
IMO 50年.第3卷(1969—1973)	2014—09	28.00	379
IMO 50年.第4卷(1974—1978)	2016—04	38.00	380
IMO 50年.第5卷(1979—1984)	2015—04	38.00	381
IMO 50年.第6卷(1985—1989)	2015—04	58.00	382
IMO 50年.第7卷(1990—1994)	2016—01	48.00	383
IMO 50年.第8卷(1995—1999)	2016—06	38.00	384
IMO 50年.第9卷(2000—2004)	2015—04	58.00	385
IMO 50年.第10卷(2005—2009)	2016—01	48.00	386
IMO 50年.第11卷(2010—2015)	2017—03	48.00	646

刘培杰数学工作室
已出版(即将出版)图书目录——初等数学

书　　名	出版时间	定　价	编号
数学反思(2006—2007)	2020—09	88.00	915
数学反思(2008—2009)	2019—01	68.00	917
数学反思(2010—2011)	2018—05	58.00	916
数学反思(2012—2013)	2019—01	58.00	918
数学反思(2014—2015)	2019—03	78.00	919
数学反思(2016—2017)	2021—03	58.00	1286
数学反思(2018—2019)	2023—01	88.00	1593
历届美国大学生数学竞赛试题集.第一卷(1938—1949)	2015—01	28.00	397
历届美国大学生数学竞赛试题集.第二卷(1950—1959)	2015—01	28.00	398
历届美国大学生数学竞赛试题集.第三卷(1960—1969)	2015—01	28.00	399
历届美国大学生数学竞赛试题集.第四卷(1970—1979)	2015—01	18.00	400
历届美国大学生数学竞赛试题集.第五卷(1980—1989)	2015—01	28.00	401
历届美国大学生数学竞赛试题集.第六卷(1990—1999)	2015—01	28.00	402
历届美国大学生数学竞赛试题集.第七卷(2000—2009)	2015—08	18.00	403
历届美国大学生数学竞赛试题集.第八卷(2010—2012)	2015—01	18.00	404
新课标高考数学创新题解题诀窍:总论	2014—09	28.00	372
新课标高考数学创新题解题诀窍:必修1～5分册	2014—08	38.00	373
新课标高考数学创新题解题诀窍:选修2—1,2—2,1—1,1—2分册	2014—09	38.00	374
新课标高考数学创新题解题诀窍:选修2—3,4—4,4—5分册	2014—09	18.00	375
全国重点大学自主招生英文数学试题全攻略:词汇卷	2015—07	48.00	410
全国重点大学自主招生英文数学试题全攻略:概念卷	2015—01	28.00	411
全国重点大学自主招生英文数学试题全攻略:文章选读卷(上)	2016—09	38.00	412
全国重点大学自主招生英文数学试题全攻略:文章选读卷(下)	2017—01	58.00	413
全国重点大学自主招生英文数学试题全攻略:试题卷	2015—07	38.00	414
全国重点大学自主招生英文数学试题全攻略:名著欣赏卷	2017—03	48.00	415
劳埃德数学趣题大全.题目卷.1:英文	2016—01	18.00	516
劳埃德数学趣题大全.题目卷.2:英文	2016—01	18.00	517
劳埃德数学趣题大全.题目卷.3:英文	2016—01	18.00	518
劳埃德数学趣题大全.题目卷.4:英文	2016—01	18.00	519
劳埃德数学趣题大全.题目卷.5:英文	2016—01	18.00	520
劳埃德数学趣题大全.答案卷:英文	2016—01	18.00	521
李成章教练奥数笔记.第1卷	2016—01	48.00	522
李成章教练奥数笔记.第2卷	2016—01	48.00	523
李成章教练奥数笔记.第3卷	2016—01	38.00	524
李成章教练奥数笔记.第4卷	2016—01	38.00	525
李成章教练奥数笔记.第5卷	2016—01	38.00	526
李成章教练奥数笔记.第6卷	2016—01	38.00	527
李成章教练奥数笔记.第7卷	2016—01	38.00	528
李成章教练奥数笔记.第8卷	2016—01	48.00	529
李成章教练奥数笔记.第9卷	2016—01	28.00	530

刘培杰数学工作室
已出版(即将出版)图书目录——初等数学

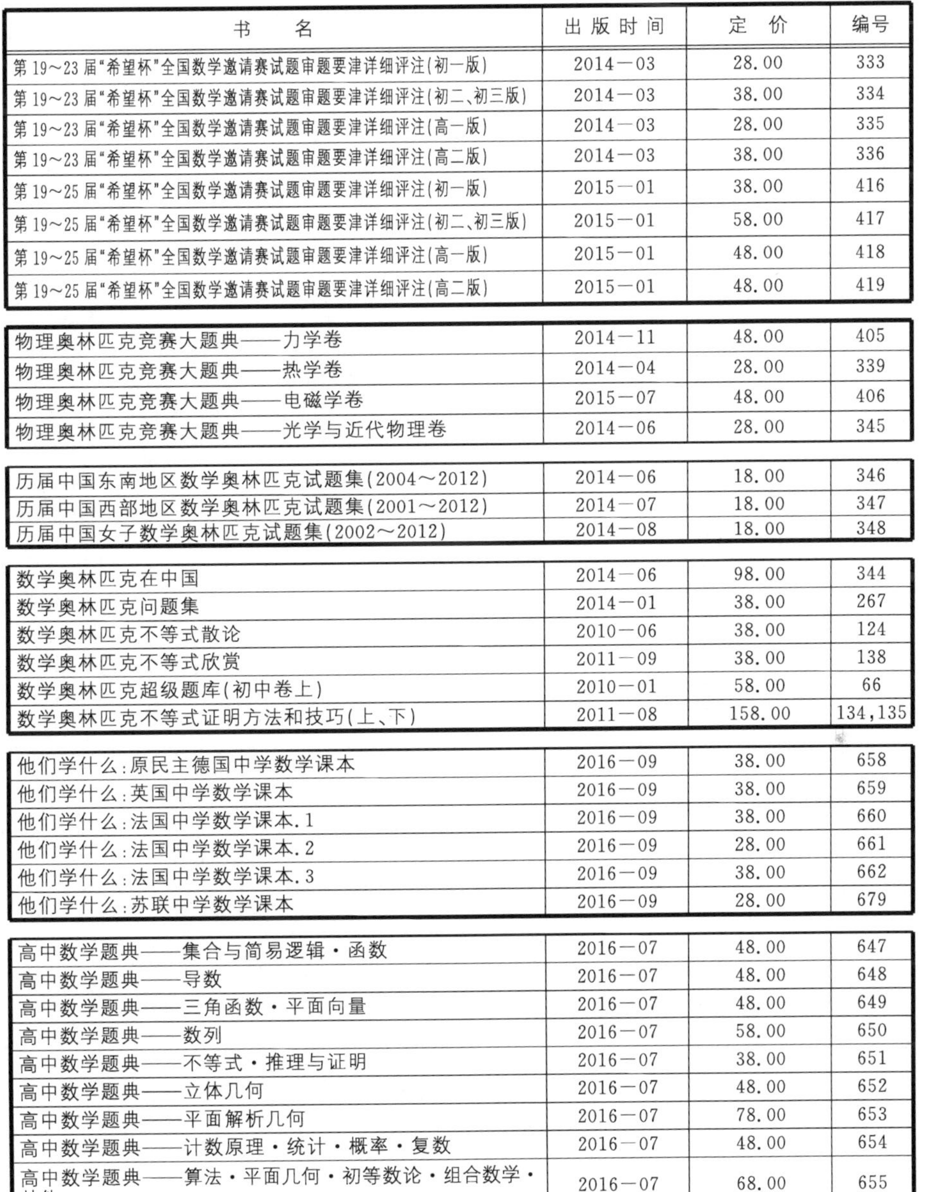

书　　名	出版时间	定　价	编号
第19～23届"希望杯"全国数学邀请赛试题审题要津详细评注(初一版)	2014－03	28.00	333
第19～23届"希望杯"全国数学邀请赛试题审题要津详细评注(初二、初三版)	2014－03	38.00	334
第19～23届"希望杯"全国数学邀请赛试题审题要津详细评注(高一版)	2014－03	28.00	335
第19～23届"希望杯"全国数学邀请赛试题审题要津详细评注(高二版)	2014－03	38.00	336
第19～25届"希望杯"全国数学邀请赛试题审题要津详细评注(初一版)	2015－01	38.00	416
第19～25届"希望杯"全国数学邀请赛试题审题要津详细评注(初二、初三版)	2015－01	58.00	417
第19～25届"希望杯"全国数学邀请赛试题审题要津详细评注(高一版)	2015－01	48.00	418
第19～25届"希望杯"全国数学邀请赛试题审题要津详细评注(高二版)	2015－01	48.00	419
物理奥林匹克竞赛大题典——力学卷	2014－11	48.00	405
物理奥林匹克竞赛大题典——热学卷	2014－04	28.00	339
物理奥林匹克竞赛大题典——电磁学卷	2015－07	48.00	406
物理奥林匹克竞赛大题典——光学与近代物理卷	2014－06	28.00	345
历届中国东南地区数学奥林匹克试题集(2004～2012)	2014－06	18.00	346
历届中国西部地区数学奥林匹克试题集(2001～2012)	2014－07	18.00	347
历届中国女子数学奥林匹克试题集(2002～2012)	2014－08	18.00	348
数学奥林匹克在中国	2014－06	98.00	344
数学奥林匹克问题集	2014－01	38.00	267
数学奥林匹克不等式散论	2010－06	38.00	124
数学奥林匹克不等式欣赏	2011－09	38.00	138
数学奥林匹克超级题库(初中卷上)	2010－01	58.00	66
数学奥林匹克不等式证明方法和技巧(上、下)	2011－08	158.00	134,135
他们学什么:原民主德国中学数学课本	2016－09	38.00	658
他们学什么:英国中学数学课本	2016－09	38.00	659
他们学什么:法国中学数学课本.1	2016－09	38.00	660
他们学什么:法国中学数学课本.2	2016－09	28.00	661
他们学什么:法国中学数学课本.3	2016－09	38.00	662
他们学什么:苏联中学数学课本	2016－09	28.00	679
高中数学题典——集合与简易逻辑・函数	2016－07	48.00	647
高中数学题典——导数	2016－07	48.00	648
高中数学题典——三角函数・平面向量	2016－07	48.00	649
高中数学题典——数列	2016－07	58.00	650
高中数学题典——不等式・推理与证明	2016－07	38.00	651
高中数学题典——立体几何	2016－07	48.00	652
高中数学题典——平面解析几何	2016－07	78.00	653
高中数学题典——计数原理・统计・概率・复数	2016－07	48.00	654
高中数学题典——算法・平面几何・初等数论・组合数学・其他	2016－07	68.00	655

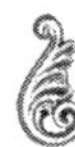

刘培杰数学工作室
已出版(即将出版)图书目录——初等数学

书　　名	出版时间	定　价	编号
台湾地区奥林匹克数学竞赛试题.小学一年级	2017-03	38.00	722
台湾地区奥林匹克数学竞赛试题.小学二年级	2017-03	38.00	723
台湾地区奥林匹克数学竞赛试题.小学三年级	2017-03	38.00	724
台湾地区奥林匹克数学竞赛试题.小学四年级	2017-03	38.00	725
台湾地区奥林匹克数学竞赛试题.小学五年级	2017-03	38.00	726
台湾地区奥林匹克数学竞赛试题.小学六年级	2017-03	38.00	727
台湾地区奥林匹克数学竞赛试题.初中一年级	2017-03	38.00	728
台湾地区奥林匹克数学竞赛试题.初中二年级	2017-03	38.00	729
台湾地区奥林匹克数学竞赛试题.初中三年级	2017-03	28.00	730
不等式证题法	2017-04	28.00	747
平面几何培优教程	2019-08	88.00	748
奥数鼎级培优教程.高一分册	2018-09	88.00	749
奥数鼎级培优教程.高二分册.上	2018-04	68.00	750
奥数鼎级培优教程.高二分册.下	2018-04	68.00	751
高中数学竞赛冲刺宝典	2019-04	68.00	883
初中尖子生数学超级题典.实数	2017-07	58.00	792
初中尖子生数学超级题典.式、方程与不等式	2017-08	58.00	793
初中尖子生数学超级题典.圆、面积	2017-08	38.00	794
初中尖子生数学超级题典.函数、逻辑推理	2017-08	48.00	795
初中尖子生数学超级题典.角、线段、三角形与多边形	2017-07	58.00	796
数学王子——高斯	2018-01	48.00	858
坎坷奇星——阿贝尔	2018-01	48.00	859
闪烁奇星——伽罗瓦	2018-01	58.00	860
无穷统帅——康托尔	2018-01	48.00	861
科学公主——柯瓦列夫斯卡娅	2018-01	48.00	862
抽象代数之母——埃米·诺特	2018-01	48.00	863
电脑先驱——图灵	2018-01	58.00	864
昔日神童——维纳	2018-01	48.00	865
数坛怪侠——爱尔特希	2018-01	68.00	866
传奇数学家徐利治	2019-09	88.00	1110
当代世界中的数学.数学思想与数学基础	2019-01	38.00	892
当代世界中的数学.数学问题	2019-01	38.00	893
当代世界中的数学.应用数学与数学应用	2019-01	38.00	894
当代世界中的数学.数学王国的新疆域(一)	2019-01	38.00	895
当代世界中的数学.数学王国的新疆域(二)	2019-01	38.00	896
当代世界中的数学.数林撷英(一)	2019-01	38.00	897
当代世界中的数学.数林撷英(二)	2019-01	48.00	898
当代世界中的数学.数学之路	2019-01	38.00	899

刘培杰数学工作室

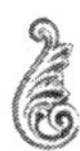

已出版(即将出版)图书目录——初等数学

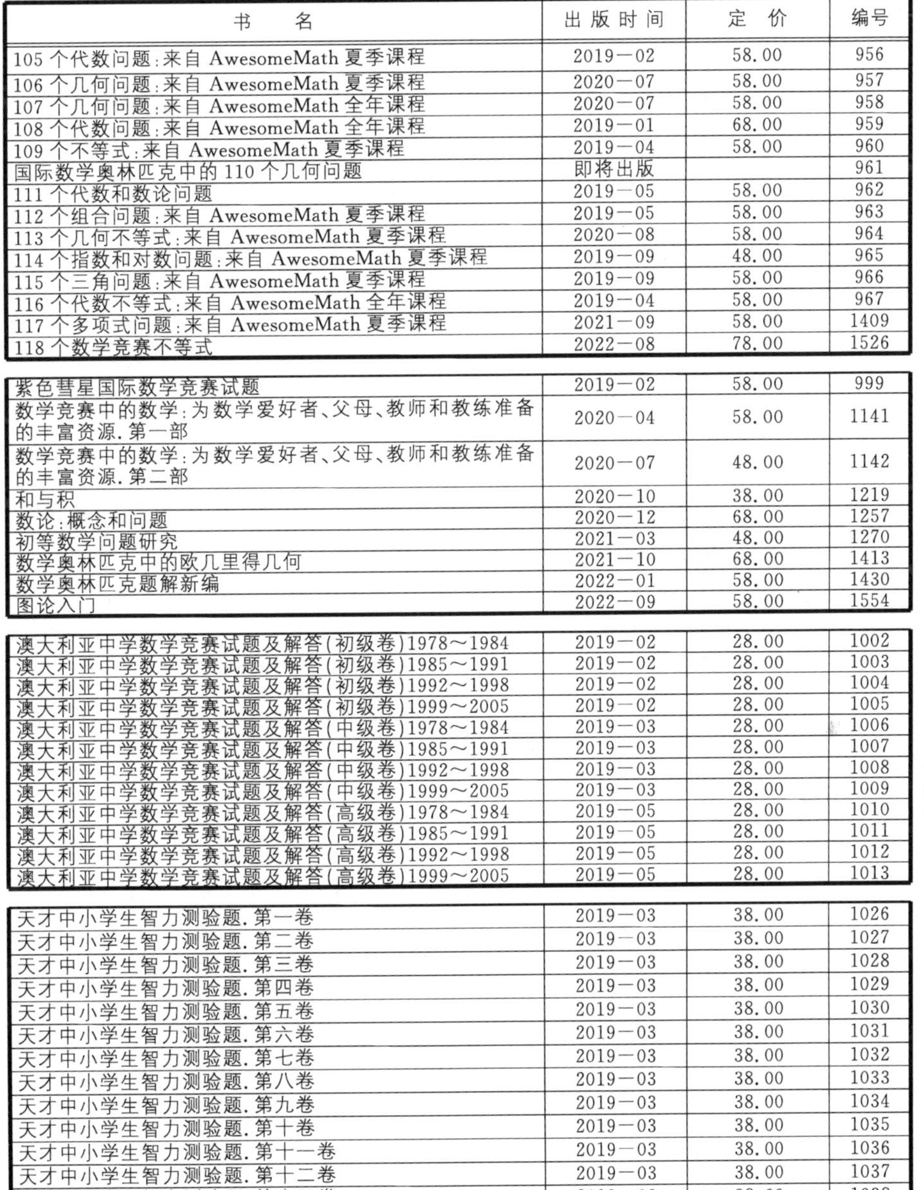

书 名	出版时间	定 价	编号
105 个代数问题:来自 AwesomeMath 夏季课程	2019—02	58.00	956
106 个几何问题:来自 AwesomeMath 夏季课程	2020—07	58.00	957
107 个几何问题:来自 AwesomeMath 全年课程	2020—07	58.00	958
108 个代数问题:来自 AwesomeMath 全年课程	2019—01	68.00	959
109 个不等式:来自 AwesomeMath 夏季课程	2019—04	58.00	960
国际数学奥林匹克中的 110 个几何问题	即将出版		961
111 个代数和数论问题	2019—05	58.00	962
112 个组合问题:来自 AwesomeMath 夏季课程	2019—05	58.00	963
113 个几何不等式:来自 AwesomeMath 夏季课程	2020—08	58.00	964
114 个指数和对数问题:来自 AwesomeMath 夏季课程	2019—09	48.00	965
115 个三角问题:来自 AwesomeMath 夏季课程	2019—09	58.00	966
116 个代数不等式:来自 AwesomeMath 全年课程	2019—04	58.00	967
117 个多项式问题:来自 AwesomeMath 夏季课程	2021—09	58.00	1409
118 个数学竞赛不等式	2022—08	78.00	1526
紫色彗星国际数学竞赛试题	2019—02	58.00	999
数学竞赛中的数学:为数学爱好者、父母、教师和教练准备的丰富资源.第一部	2020—04	58.00	1141
数学竞赛中的数学:为数学爱好者、父母、教师和教练准备的丰富资源.第二部	2020—07	48.00	1142
和与积	2020—10	38.00	1219
数论:概念和问题	2020—12	68.00	1257
初等数学问题研究	2021—03	48.00	1270
数学奥林匹克中的欧几里得几何	2021—10	68.00	1413
数学奥林匹克题解新编	2022—01	58.00	1430
图论入门	2022—09	58.00	1554
澳大利亚中学数学竞赛试题及解答(初级卷)1978～1984	2019—02	28.00	1002
澳大利亚中学数学竞赛试题及解答(初级卷)1985～1991	2019—02	28.00	1003
澳大利亚中学数学竞赛试题及解答(初级卷)1992～1998	2019—02	28.00	1004
澳大利亚中学数学竞赛试题及解答(初级卷)1999～2005	2019—02	28.00	1005
澳大利亚中学数学竞赛试题及解答(中级卷)1978～1984	2019—03	28.00	1006
澳大利亚中学数学竞赛试题及解答(中级卷)1985～1991	2019—03	28.00	1007
澳大利亚中学数学竞赛试题及解答(中级卷)1992～1998	2019—03	28.00	1008
澳大利亚中学数学竞赛试题及解答(中级卷)1999～2005	2019—03	28.00	1009
澳大利亚中学数学竞赛试题及解答(高级卷)1978～1984	2019—05	28.00	1010
澳大利亚中学数学竞赛试题及解答(高级卷)1985～1991	2019—05	28.00	1011
澳大利亚中学数学竞赛试题及解答(高级卷)1992～1998	2019—05	28.00	1012
澳大利亚中学数学竞赛试题及解答(高级卷)1999～2005	2019—05	28.00	1013
天才中小学生智力测验题.第一卷	2019—03	38.00	1026
天才中小学生智力测验题.第二卷	2019—03	38.00	1027
天才中小学生智力测验题.第三卷	2019—03	38.00	1028
天才中小学生智力测验题.第四卷	2019—03	38.00	1029
天才中小学生智力测验题.第五卷	2019—03	38.00	1030
天才中小学生智力测验题.第六卷	2019—03	38.00	1031
天才中小学生智力测验题.第七卷	2019—03	38.00	1032
天才中小学生智力测验题.第八卷	2019—03	38.00	1033
天才中小学生智力测验题.第九卷	2019—03	38.00	1034
天才中小学生智力测验题.第十卷	2019—03	38.00	1035
天才中小学生智力测验题.第十一卷	2019—03	38.00	1036
天才中小学生智力测验题.第十二卷	2019—03	38.00	1037
天才中小学生智力测验题.第十三卷	2019—03	38.00	1038

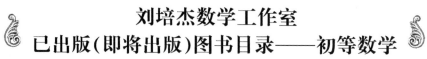

刘培杰数学工作室

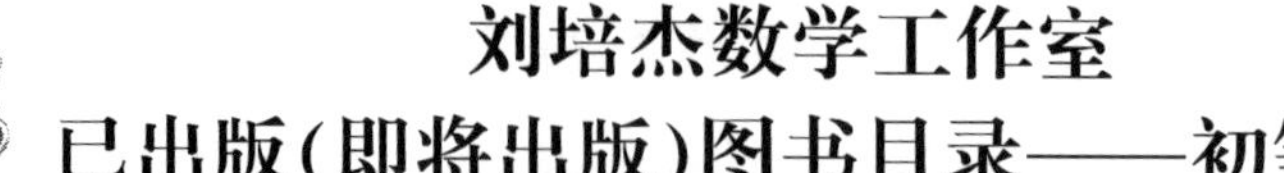

已出版(即将出版)图书目录——初等数学

书　　名	出版时间	定　价	编号
重点大学自主招生数学备考全书:函数	2020—05	48.00	1047
重点大学自主招生数学备考全书:导数	2020—08	48.00	1048
重点大学自主招生数学备考全书:数列与不等式	2019—10	78.00	1049
重点大学自主招生数学备考全书:三角函数与平面向量	2020—08	68.00	1050
重点大学自主招生数学备考全书:平面解析几何	2020—07	58.00	1051
重点大学自主招生数学备考全书:立体几何与平面几何	2019—08	48.00	1052
重点大学自主招生数学备考全书:排列组合·概率统计·复数	2019—09	48.00	1053
重点大学自主招生数学备考全书:初等数论与组合数学	2019—08	48.00	1054
重点大学自主招生数学备考全书:重点大学自主招生真题.上	2019—04	68.00	1055
重点大学自主招生数学备考全书:重点大学自主招生真题.下	2019—04	58.00	1056
高中数学竞赛培训教程:平面几何问题的求解方法与策略.上	2018—05	68.00	906
高中数学竞赛培训教程:平面几何问题的求解方法与策略.下	2018—06	78.00	907
高中数学竞赛培训教程:整除与同余以及不定方程	2018—01	88.00	908
高中数学竞赛培训教程:组合计数与组合极值	2018—04	48.00	909
高中数学竞赛培训教程:初等代数	2019—04	78.00	1042
高中数学讲座:数学竞赛基础教程(第一册)	2019—06	48.00	1094
高中数学讲座:数学竞赛基础教程(第二册)	即将出版		1095
高中数学讲座:数学竞赛基础教程(第三册)	即将出版		1096
高中数学讲座:数学竞赛基础教程(第四册)	即将出版		1097
新编中学数学解题方法 1000 招丛书.实数(初中版)	2022—05	58.00	1291
新编中学数学解题方法 1000 招丛书.式(初中版)	2022—05	48.00	1292
新编中学数学解题方法 1000 招丛书.方程与不等式(初中版)	2021—04	58.00	1293
新编中学数学解题方法 1000 招丛书.函数(初中版)	2022—05	38.00	1294
新编中学数学解题方法 1000 招丛书.角(初中版)	2022—05	48.00	1295
新编中学数学解题方法 1000 招丛书.线段(初中版)	2022—05	48.00	1296
新编中学数学解题方法 1000 招丛书.三角形与多边形(初中版)	2021—04	48.00	1297
新编中学数学解题方法 1000 招丛书.圆(初中版)	2022—05	48.00	1298
新编中学数学解题方法 1000 招丛书.面积(初中版)	2021—07	28.00	1299
新编中学数学解题方法 1000 招丛书.逻辑推理(初中版)	2022—06	48.00	1300
高中数学题典精编.第一辑.函数	2022—01	58.00	1444
高中数学题典精编.第一辑.导数	2022—01	68.00	1445
高中数学题典精编.第一辑.三角函数·平面向量	2022—01	68.00	1446
高中数学题典精编.第一辑.数列	2022—01	58.00	1447
高中数学题典精编.第一辑.不等式·推理与证明	2022—01	58.00	1448
高中数学题典精编.第一辑.立体几何	2022—01	58.00	1449
高中数学题典精编.第一辑.平面解析几何	2022—01	68.00	1450
高中数学题典精编.第一辑.统计·概率·平面几何	2022—01	58.00	1451
高中数学题典精编.第一辑.初等数论·组合数学·数学文化·解题方法	2022—01	58.00	1452
历届全国初中数学竞赛试题分类解析.初等代数	2022—09	98.00	1555
历届全国初中数学竞赛试题分类解析.初等数论	2022—09	48.00	1556
历届全国初中数学竞赛试题分类解析.平面几何	2022—09	38.00	1557
历届全国初中数学竞赛试题分类解析.组合	2022—09	38.00	1558

联系地址:哈尔滨市南岗区复华四道街 10 号　哈尔滨工业大学出版社刘培杰数学工作室

网　　址:http://lpj.hit.edu.cn/

邮　　编:150006

联系电话:0451—86281378　　13904613167

E-mail:lpj1378@163.com